科学出版社"十三五"普通高等教育研究生规划教材

航空宇航科学与技术教材出版工程

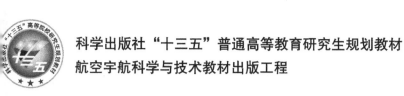

U0158430

航空发动机控制原理

Aeroengine Control Principles

王　曦　杨舒柏　朱美印　孔祥兴　编著

科 学 出 版 社

北 京

内 容 简 介

　　航空发动机控制原理是航空发动机控制学科中一门重要的专业基础课程。本书以航空发动机控制系统的基本设计要求为目标,系统地讲授航空发动机控制系统的基本原理和设计方法,主要包括航空发动机及其执行机构的数学模型建立、控制计划、稳态控制规律、过渡态控制规律和限制保护控制规律设计的内容,以及航空发动机控制系统综合设计及其验证的内容。

　　本书结构完整,内容丰富,论述严谨,重点突出,渐进有序地论述航空发动机控制系统的基本概念、原理、方法,着重强调解决工程实际问题时理论指导的重要性,适合航空发动机控制学科的研究生学习,可作为研究生的教材或参考书,也可以供从事航空发动机控制专业的工程技术人员学习参考。

图书在版编目(CIP)数据

航空发动机控制原理/王曦等编著. — 北京：
科学出版社,2021.11
航空宇航科学与技术教材出版工程
ISBN 978-7-03-069605-2

Ⅰ.①航…　Ⅱ.①王…　Ⅲ.①航空发动机-控制系统
Ⅳ.①V233.7

中国版本图书馆 CIP 数据核字(2021)第169172号

责任编辑：徐杨峰/责任校对：谭宏宇
责任印制：黄晓鸣/封面设计：殷　靓

科学出版社 出版
北京东黄城根北街16号
邮政编码：100717
http://www.sciencep.com

南京展望文化发展有限公司排版
广东虎彩云印刷有限公司印刷
科学出版社发行　各地新华书店经销

*

2021年11月第 一 版　开本：787×1092　1/16
2022年12月第五次印刷　印张：24
字数：531 000

定价：**100.00元**
(如有印装质量问题,我社负责调换)

航空宇航科学与技术教材出版工程
专家委员会

航空宇航科学与技术教材出版工程
编写委员会

丛书序

　　我在清华园中出生,旧航空馆对面北坡静置的一架旧飞机是我童年时流连忘返之处。1973 年,我作为一名陕北延安老区的北京知青,怀揣着一张印有西北工业大学航空类专业的入学通知书来到古城西安,开始了延绵 46 年矢志航宇的研修生涯。1984 年底,我在美国布朗大学工学部固体与结构力学学门通过 Ph. D 的论文答辩,旋即带着在 24 门力学、材料科学和应用数学方面的修课笔记回到清华大学,开始了一名力学学者的登攀之路。1994 年我担任该校工程力学系的系主任。随之不久,清华大学委托我组织一个航天研究中心,并在 2004 年成为该校航天航空学院的首任执行院长。2006 年,我受命到杭州担任浙江大学校长,第二年便在该校组建了航空航天学院。力学学科与航宇学科就像一个交互传递信息的双螺旋,记录下我的学业成长。

　　以我对这两个学科所用教科书的观察:力学教科书有一个推陈出新的问题,航宇教科书有一个宽窄适度的问题。20 世纪 80~90 年代是我国力学类教科书发展的鼎盛时期,之后便只有局部的推进,未出现整体的推陈出新。力学教科书的现状也确实令人扼腕叹息:近现代的力学新应用还未能有效地融入力学学科的基本教材;在物理、生物、化学中所形成的新认识还没能以学科交叉的形式折射到力学学科;以数据科学、人工智能、深度学习为代表的数据驱动研究方法还没有在力学的知识体系中引起足够的共鸣。

　　如果说力学学科面临着知识固结的危险,航宇学科却孕育着重新洗牌的机遇。在军民融合发展的教育背景下,随着知识体系的涌动向前,航宇学科出现了重塑架构的可能性。一是知识配置方式的融合。在传统的航宇强校(如哈尔滨工业大学、北京航空航天大学、西北工业大学、国防科技大学等),实行的是航宇学科的密集配置。每门课程专业性强,但知识覆盖面窄,于是必然缺少融会贯通的教科书之作。而 2000 年后在综合型大学(如清华大学、浙江大学、同济大学等)新成立的航空航天学院,其课程体系与教科书知识面较宽,但不够健全,即宽失于泛、窄不概全,缺乏军民融合、深入浅出的上乘之作。若能够将这两类大学的教育名家聚集于一堂,互相切磋,是有可能纲举目张,塑造出一套横跨航空和宇航领域、体系完备、粒度适中的经典教科书。于是在郑耀教授的热心倡导和推动下,我们聚得 22 所高校和 5 个工业部门(航天科技、航天科工、中航、商飞、中航发)的数十位航宇专家为一堂,开启"航空宇航科学与技术教材出版工程"。在科学出版社的大力促进下,为航空与宇航一级学科编纂这套教科书。

考虑到多所高校的航宇学科,或以力学作为理论基础,或由其原有的工程力学系改造而成,所以有必要在教学体系上实行航宇与力学这两个一级学科的共融。美国航宇学科之父冯·卡门先生曾经有一句名言:"科学家发现现存的世界,工程师创造未来的世界……而力学则处在最激动人心的地位,即我们可以两者并举!"因此,我们既希望能够表达航宇学科的无垠、神奇与壮美,也得以表达力学学科的严谨和博大。感谢包为民先生、杜善义先生两位学贯中西的航宇大家的加盟,我们这个由 18 位专家(多为两院院士)组成的教材建设专家委员会开始使出十八般武艺,推动这一出版工程。

因此,为满足航宇课程建设和不同类型高校之需,在科学出版社盛情邀请下,我们决心编好这套丛书。本套丛书力争实现三个目标:一是全景式地反映航宇学科在当代的知识全貌;二是为不同类型教研机构的航宇学科提供可剪裁组配的教科书体系;三是为若干传统的基础性课程提供其新貌。我们旨在为移动互联网时代,有志于航空和宇航的初学者提供一个全视野和启发性的学科知识平台。

这里要感谢科学出版社上海分社的潘志坚编审和徐杨峰编辑,他们的大胆提议、不断鼓励、精心编辑和精品意识使得本套丛书的出版成为可能。

是为总序。

2019 年于杭州西湖区求是村、北京海淀区紫竹公寓

前　　言

　　运动是自然界普遍存在的,其所研究的对象遵从自然规律中的质量守恒、动量守恒和能量守恒,具有按其内在特性变化的表现形式,为使研究对象的运动具有给定的性质和特征,按照一定的预期轨迹运行,必须对作用于研究对象的动力学平衡体系施加合适的控制行为。

　　航空发动机是一种结构非常复杂的热动力运动机械,作为给飞机提供推力或功率的动力装置,长期在高温、高压、高转速的极端环境下工作,这一热动力机械将燃料的热能通过化学变化、质量守恒、动量守恒和能量守恒的关系转换为推力或功率,为使航空发动机能够按期望的性质和特征运动,为飞行器提供可靠的推力和功率,需要研究施加给航空发动机控制作用的合适方法和控制规律。现代航空发动机结构非常复杂,功能越来越强,性能越来越高,控制系统是航空发动机的“大脑”及传输信息的复杂中枢神经系统,在航空发动机的整个生命周期内担负着为航空发动机可靠工作实现供需平衡的重任。

　　航空发动机控制是研究控制系统如何使航空发动机以最佳工作方式发挥其最佳潜能的一门综合性很强的学科,其特点是以工程热力学、传热学、气体动力学、流体力学、理论力学、材料力学等基础专业知识支撑建立的航空发动机原理为基础,以自动控制原理、现代控制理论为研究方法,以矩阵理论、数值计算方法、计算机软件为工具,以航空发动机为被控对象,并集成传感器、执行机构、电子控制器为一体的航空发动机控制系统,对这一航空发动机控制系统进行研究以实现航空发动机供需平衡正是这一综合性应用学科的研究目标。

　　在本书的开始章节,首先基于航空发动机工作特点,阐述了航空发动机控制系统的基本设计要求,明确航空发动机控制的目标,其次按序渐进、次第展开,先讲授航空发动机及其执行机构的数学模型,作为研究的对象——航空发动机,只有了解和掌握了其特性,才能为以后学习控制理论的章节奠定基础,这是知己知彼的道理,在此,“彼”代表航空发动机特性。在此基础上讲授控制计划的设计问题,这是期望航空发动机在其有限的能力范围内发挥其最大的潜力,控制计划就是一台航空发动机最完美的指令中枢,其设计的好坏也就决定了已定型的航空发动机性能的优和劣。后面的章节属于控制理论的方法学和应用学范畴,主要包括稳态、过渡态和限制保护等控制的方法学,这些章节是实现期望的控制计划所必需的,稳态控制规律是航空发动机需要长期在不同的稳定状态下工作的控制方法,过渡态控制规律是航空发动机需要快速改变不同的状态工作点时过渡态工作的控制方法,而限制保护控制规律是当航空发动机的气动热力参数或机械力参数超过其安全极限阈值时实施的一种限制保护控制方法,稳态、过渡态和限制保护控制规律被称为航空发动机的三大控制规律,为了设计优越的控制规律,控制理论起到了极为重要的指导作用,在此,"己"代表了控制规律,正所谓"知己知彼,百战不殆"。第5章稳态控制规律设计和第6章过渡态控制规律设计是本书的重点和难点,这两章突出重要的概念、原理、方法和结论,集中体现了控制理论的重要指导作用,方法多样,思维开阔。在本书相应的章节中安排了设计验证内容,由于篇幅有限,不能展开详细讨论,仅以算例作代表,这也是作者期望的理论如何应用于实践的抛砖引玉之处。

本书以航空发动机控制学科的研究生为读者对象,系统地、渐进有序地、有重点地阐述航空发动机控制原理的理论和设计方法,本书各章的具体内容安排如下。

第1章绪论,首先基于航空发动机工作特点,阐述了航空发动机控制系统的基本设计要求,明确了航空发动机控制的目标,其次,回顾了控制理论的发展历程,分析了航空发动机控制的发展趋势,最后对本书的结构作了安排。

第2章航空发动机动态模型,以带增压级分开排气涡扇发动机为对象,讲授基于容腔动力学的发动机部件级非线性动态数学模型的建模方法和采用指数平衡外推法的发动机起动模型建模方法,以单轴涡喷发动机为对象,讲授基于部件级非线性动态迭代数学模型的建模方法,以及顺数法、差分进化法、最小二乘辨识法三种发动机线性模型的建立方法,最后安排了建立航空发动机线性变参数LPV模型的内容。

第3章执行机构模型与传感器动态补偿,以液压机械系统两个基本动力学方程为基础研究液压机械系统的动态特性,重点讲授电液伺服燃油计量、几何调节执行机构建模方法、高速占空比伺服执行机构设计和建模方法,内容包括主燃油计量执行机构、加力燃油计量执行机构、喷口喉道面积调节执行机构,通过算例给出了电液伺服系统动态特性的一般分析方法,同时,给出了计量型孔几何设计的通用方法和热电偶温度传感器动态特性的补偿算法。

第4章控制计划,以分开排气式大涵道比涡扇发动机为对象,讲授稳态控制计划、过渡态控制计划的分析和设计方法,稳态控制计划包括起飞推力计划、慢车推力计划、部分推力计划及推力计划设计方案和验证等内容,过渡态控制计划包括开环油气比计划和闭环 Ndot 计划。

第5章稳态控制规律设计,以闭环控制系统的渐进稳定、伺服跟踪和扰动抑制理论为基础,重点讲授稳态控制的时域设计方法和频域设计方法,包括频域回路成型设计、差分进化 PI 控制设计、状态反馈极点配置伺服控制设计、多变量 PI/LMI 控制设计、内模参数化控制器设计、混合灵敏度 H_∞ 控制设计、抗饱和限制补偿器设计、控制系统不确定性描述与系统鲁棒性问题、不确定性系统自适应控制、μ 分析和 μ 综合控制器设计等方法。本章内容丰富,反映了控制理论在航空发动机控制应用中的多样性。

第6章过渡态控制规律设计,重点讲授航空发动机过渡态控制规律的设计方法,包括开环式和闭环式两大类型,其中开环式过渡态供油规律主要有含温度参数的油气比加减速供油规律设计和不含温度参数的油气比加减速供油规律设计两种方法,闭环式过渡态

控制规律除直接式 *Ndot* 过渡态控制规律、间接式 *Ndot* 过渡态控制规律这两种以外,基于现代控制理论的分析方法,还讨论了一种基于发动机增广 LPV 模型的过渡态主控回路闭环控制律的 LMI 优化设计方法,这种设计方法融合了发动机稳态控制律和过渡态控制律,适用于稳态和过渡态两种情况下的控制,由于控制器具有相同的结构,避免了稳态、过渡态之间切换所带来的跳变问题,属于现代控制理论在发动机控制学科的应用发展范畴。

第 7 章起动控制规律设计,以某大涵道比涡扇发动机为例,重点讲授起动供油规律的设计,内容包括开环油气比起动控制规律、涡轮前总温闭环起动控制规律、N_2dot 闭环起动控制规律的设计方法,并简要介绍了起动控制逻辑的内容。

第 8 章限制保护控制规律设计,以航空发动机排气温度 EGT 为典型案例,讲授 EGT限制保护控制规律的设计方法和仿真验证等内容。

第 9 章控制系统设计综合,讲授控制系统设计的综合方法,以大涵道比涡扇发动机完成一次完整的飞行任务为典型案例,在前几章的基础上补充过渡态控制中的非线性饱和抑制方法、发动机几何调节方法等,内容包括慢车以上加减速控制中的抗积分饱和方法、起动加速控制中的积分冻结方法、VSV、VBV、TBV 几何调节控制规律设计等,最后完成大涵道比涡扇发动机控制系统的综合设计。

第 10 章直接推力控制,以某型双转子喷口不可调涡扇发动机为被控对象,讲授直接推力控制的方法,内容包括直接推力控制结构、内环控制、外环控制的设计方法。

本书是作者二十年来在北京航空航天大学能源与动力工程学院发动机控制专业开设的研究生"发动机数字控制系统"课程的教学讲义的基础上,经过反复推敲、不断地修改、更新、提炼和完善整理而成的,其中有重点地选择了多年来和国内研究厂所开展的科研合作课题的若干研究成果,博士生期间郑铁军、徐敏、何皑、孔祥兴、王斌、杨舒柏、朱美印、陈怀荣、缪柯强、裴希同、姜震、刘佳帅、龙一夫、赵文帅以及硕士生期间李志鹏、杨超、党伟、王华威、李洪胜、芦海洋、王运来、王浩楠、苗浩洁、陈康康等参与了研究,在此特别感谢。

我期待着这本教材能够作为控制理论在航空发动机控制领域中应用的方法学范例,起到启发式教育的作用。

控制理论博大精深,是近百年期间人类探索自然奥秘的重大进步和重要发展,将控制理论应用于航空发动机控制学科,以解决航空发动机控制的工程应用实际问题,也可能仅仅是个开端,相信热爱航空发动机控制事业的人们,扎根于这片沃土,开花结果,大有作为。

本书部分研究内容来自"航空发动机和燃气轮机"国家重大科技专项的资助,并获得北京航空航天大学出版教材、学术著作项目的资助,在此深表感谢。

在本书完成之时,深深感谢父母的养育之恩。

最后需要指出的是,尽管作者在写作过程中花了近一年的时间,但书中难免还有不妥之处,敬请读者批评指正。

王　曦

2021 年 2 月 18 日于北京沙河高教园恒大城幸福家园

目　录

第1章
绪　论

1.1　航空发动机控制系统的基本设计要求

　　航空发动机作为飞机的动力装置为飞机提供必需的推力或功率,其工作循环是一个十分复杂的气动热力过程,飞行包线范围宽广,发动机特性变化很大,在高温、高压、高转速下长期工作,工作环境极其恶劣,航空发动机控制系统必须保证推进系统在任何工作条件下正常、安全工作,肩负着为发动机保驾护航的重要使命。

　　随着科学技术的不断进步,航空发动机控制系统由最早的 20 世纪 30 年代的单变量液压机械式控制已发展为当今的多变量全权限数字式电子控制,国外 F100、F110、PW2037、M88、EJ200、F119、F135、RB199、V2500、PW6000 等高性能发动机装备了先进的全权限数字电子控制器,使发动机在飞行包线内各个工作点能够工作在最佳状态,使发动机总体性能得以发挥,可操作性、安全可靠性大大提高,满足飞机对发动机的动力需求。

　　现代航空发动机的性能越来越高,涡扇发动机推重比达 10~15,涡轴发动机功重比达 10~12,美国在一项未来先进控制技术研究计划中预计在 2030 年前航空发动机要达到推重比 25~30,涡轮前温度 2 200~2 250 K,这些新技术给航空发动机控制系统带来极大的挑战,要求控制系统的功能、性能、安全可靠性越来越高,被控制的变量越来越多。先进的航空发动机能否发挥最佳性能在很大程度上取决于控制计划设计的先进性和控制计划、控制逻辑的可实现性。先进航空发动机控制系统体现在能够使航空发动机在全飞行包线内获得最佳整体性能,包括最佳的起动加速、慢车、加减速过渡态、稳态、加力等性能,并使发动机各部件获得最佳的工作协调匹配性能。

　　航空发动机控制系统在整个飞行包线内,在发动机各个气动、热力、机械设计的限制内及发动机所有工作范围内,根据外界飞行条件或油门杆的指令,按照合理的控制计划,通过闭环反馈回路的控制结构,实现燃油流量和几何面积的快速调节,并具备自动超限保护和状态监控、故障诊断、隔离、重构、容错控制和健康监视等功能。与传统的液压机械控制器相比,数字电子控制器具有数学计算速度快、信息存储容量大、体积重量小、可实现高精准的复杂控制规律和逻辑运算、易于调整等优点,双通道全权限数字电子控制器和基于模型的多变量先进控制技术为提高整个推进系统的功能、性能和安全可靠性奠定了基础。

　　航空发动机数字电子控制系统主要由内嵌于微处理芯片的控制算法、控制逻辑、故障诊断容错控制软件、系统通信软件以及传感器、信号滤波放大器、电液机械执行机构等组成,控制变量数目对应执行机构数目,测量变量数目对应传感器数目,通过执行机构和传感器可重复冗余方法提高控制系统的可靠性。典型的航空发动机控制变量包括：主燃烧室燃油流量、加力燃烧室燃油流量、风扇可调静子叶片角度、压气机可调静子叶片角度、尾喷管喉道面积、矢量喷口面积、各种空气引气、放气阀开度、热管理燃滑油温度、压力以及开关类型的控制变量等,如点火电磁阀、停车电磁阀、防冰电磁阀、防喘、消喘电磁阀、应急放油电磁阀等。

现代先进航空发动机均采用双转子加力燃烧涡轮喷气式气动热力结构,在很大的飞行包线范围内获得了最佳的气动热力效果,使得各部件的单独性能(机械强度、热强度、气动强度等)和系统的综合性能(推力、耗油率等)发挥到了极致,这是在先进的控制计划下得以保证的。高性能现代航空发动机为了适应宽广的飞行包线,控制计划采用了关键性能参数按飞行条件变化的先进控制策略,如稳态控制中转速指令按发动机进口温度进行修正,形成了分段组合式的复杂控制计划,加减速控制中采用的油气比按发动机换算转速变化的限制保护控制计划,在中间状态和加力以上状态涡轮落压比指令按发动机进口温度变化的控制计划等,由于飞机对发动机推重比的要求,控制器的体积和质量受到限制,航空发动机在飞行包线大范围内工作时采用了复杂的多变量分段组合控制计划,以保证发动机的功能、性能和安全可靠性。

航空发动机的工作特点和其工作特性决定了航空发动机控制系统的基本设计要求,任何类型的航空发动机在起动过程中都要求起动时间越短越好,发动机起动时间是由发动机剩余功率决定的,但是,在起动过程中受压气机喘振线和涡轮前极限温度的限制,起动太快就会导致压气机喘振和涡轮超温,因此,存在一条最佳的起动供油曲线,另外,起动供油规律由于受不同的地面起动高度和空中起动高度的影响,起动供油曲线需要随起动高度进行修正,同时,由于发动机服役后,随着工作循环时数的增加,发动机性能衰减对起动过程带来非常不利的影响,因此,对起动控制的要求为起动时间短,能够适应不同的地面起动高度、工作环境的变化以及发动机性能退化的影响,不容许出现喘振、超温等现象,同时,起动过程结束时要保证发动机转速平稳切换到慢车转速状态,并具有起动控制性能的一致性和鲁棒性。

在全飞行包线范围内,飞机对发动机推力的要求是不断变化的,这要求发动机的工作状态也要能够快速变化,发动机在加减速过程中同样受风扇喘振线、压气机喘振线、涡轮前温度和燃烧室富油、贫油熄火的限制,加减速时间短同样会导致风扇、压气机喘振、涡轮超温、燃烧室富油、贫油熄火,因此,存在一条最佳的加速供油曲线和一条最佳的减速供油曲线,因此,对于加减速过渡态控制的要求为加减速时间短,但不能出现喘振、超温、熄火等现象,同时,加减速过程结束时要保证发动机转速平稳切换到对应的稳态转速状态,并具有加减速控制性能的一致性和鲁棒性。

航空发动机在中间状态及加力状态工作时,转速、温度、压力接近其极限能力,受到各自的物理参数极限的限制,因此,转速、涡轮落压比、风扇可调静子叶片角度、压气机可调静子叶片角度的稳态控制精度要求很高,同时,由于在全飞行包线范围内发动机特性变化、环境因素变化等不确定因素的影响,要求各自的开环、闭环控制系统具有足够的鲁棒稳定性和鲁棒性能。

航空发动机不论工作在稳态还是过渡态,在任何工作状态、任何飞行条件下,发动机主要工作参数不能超出其规定的安全条件范围,并具备自动超限保护和状态监控、故障诊断、隔离、重构、容错控制和健康监视等功能。

1.2　控制理论的发展

控制系统设计的基本要求包括稳定性、稳态特性(渐进调节)、动态特性和鲁棒性等几个方面,最基本的控制要求是稳定性。稳态特性、动态特性是控制系统的性能要求,即稳态性能和动态性能;鲁棒性包括鲁棒稳定性和鲁棒性能,是指当不确定性在一定范围内变化时,能够使控制系统的稳定性、稳态特性、动态特性不受其影响。

航空发动机控制技术是在自动控制理论的基础上发展起来的。在自动控制理论的发展中,拉普拉斯、傅里叶、李雅普诺夫、奈奎斯特的开拓性研究工作起到了重大的作用。

拉普拉斯变换是法国数学家、物理学家拉普拉斯(P. S. Laplace, 1749~1827)发明的一种积分变换,它是一种线性变换,可将一个参数为实数 t 的函数转换为一个参数为复数 s 的函数,拉普拉斯变换法是求解带有初始条件的常系数线性常微分方程的一个重要方法,在控制领域其重要价值在于运用拉普拉斯变换将常系数微分方程的求解问题化为线性代数方程或方程组的求解问题来分析和研究控制系统的规律,是经典控制理论中由微分方程建立系统传递函数的理论基础。

法国数学家傅里叶(J. B. J. Fourier, 1768~1830)于 1807 年在法国科学学会上展示了一篇具有划时代意义的论文——《任何连续周期信号可以由一组正弦曲线组合而成》,其学术思想是任意周期信号可以分解为直流分量和一组不同幅值、频率、相位的正弦波,这些正弦波的频率符合一个规律,即为某个频率的整数倍,这个频率称为基波频率,而其他频率称为谐波频率,如果谐波频率是基波频率的 n 倍,就称为 n 次谐波,其中直流频率为零次谐波,分解的方法就是傅里叶变换。傅里叶的这篇论文为频率响应分析法奠定了理论基础,频率响应分析法的基本思想是把控制系统中的所有变量看成由许多不同频率的正弦波信号合成的,每一变量的运动就是系统对各个不同频率信号响应的总和。可见,频率响应分析法是傅里叶这篇论文在控制学科中的一个具体应用和推广,傅里叶变换方法是时域空间拓展到频域空间的一座桥梁。

运动的稳定性是俄国数学家、力学家李雅普诺夫(A. M. Lyapunov, 1857~1918)于 1892 年在发表的博士论文《运动稳定性的一般问题》中提出的,李雅普诺夫不仅为运动的稳定性给出了严格的定义,还提出了从微分方程判定运动是否稳定的两种方法,称为李雅普诺夫第一方法和李雅普诺夫第二方法,第一方法也称为间接法,其基本思想是对于非线性自治系统的运动方程在某一工作点附近进行泰勒展开,导出一次近似化线性系统,再根据线性系统特征值在复平面上的分布推断非线性系统在其邻域内的稳定性,若系统特征值均具有负实部,则非线性系统在其邻域内稳定,若系统特征值含有正实部,则非线性系统在其领域内不稳定,其渐进稳定性的定义在工程控制论中占有重要的地位;第二方法也称为直接法,它是对非线性系统引入具有广义能量的李雅普诺夫函数和分析李雅普诺夫函数导数的定号性,以此建立了判断稳定性的定理,直接法概念直观、理论严谨、方法普遍、物理意义清晰,是研究稳定性问题的主要思想来源,李雅普诺夫运动稳定性方法为自动控制理论的发展奠定了坚实的基础。

美国物理学家奈奎斯特(H. Nyquist，1889~1976)于 1932 年发表了划时代的论文,提出了频域稳定判据,发现了负反馈放大器的稳定性条件,即著名的奈奎斯特稳定判据,其基本思想是采用复变函数理论研究反馈系统,从稳定性理论上给出了反馈系统稳定性的严格判据,为反馈系统的研究开辟了全新的道路和前景,他对控制理论的重大贡献大大推动了控制工程在各种工业中的应用和发展。

自动控制技术最早诞生于 18 世纪 60 年代,1768 年英国发明家瓦特(J. Watt，1736~1819)发明了离心飞重调速器,利用蒸汽机飞轮带动的离心飞重产生的离心力操纵进气阀门的开度,进而通过控制进入蒸汽机的蒸汽流量,实现对蒸汽机转速的控制,使蒸汽机发生的功率能够被人们控制,可以说蒸汽机是第一次工业革命的原动机,从那时起人们认识到自动控制技术在工业革命中的巨大威力及其重要地位。

生产的发展和生产过程中出现的问题是推动科学进步的原动力。由于蒸汽机在工业革命时代的广泛应用,人们发现蒸汽机在运行过程中普遍存在猎振(hunting)现象,即控制的转速发生周期性的时快时慢变化,当时,人们急于消除这种神秘的猎振现象,花了大量时间对制造工艺进行改进,如减少摩擦力,但无济于事,原因何在? 影响系统稳定性的本质规律没有找到。在这一背景下,英国物理学家麦克斯韦(J. C. Maxwell，1831~1879)于 1868 年发表了关于飞球调速器运动的论文《论调节器》,这篇论文是自动控制理论创立的开始,麦克斯韦首次应用天体力学分析解释了猎振现象,他在论文中指出,在控制系统的平衡点附近,运动可以用线性微分方程描述,并根据特征方程的根的位置判断稳定性,从理论上给出了系统稳定性的条件: 特征方程的根是否具有负实部。这是自动控制理论学科诞生的萌芽。1877 年,劳斯(E. J. Routh，1831~1907)提出了用劳斯阵列系数判别稳定性的代数判据,1895 年,赫尔维茨(A. Hurwitz，1859~1919)提出了另一种等价的根据赫尔维茨行列式的各阶主子式来判别稳定性的代数判据。与此同时,李雅普诺夫在1892 年通过研究非线性运动方程的稳定性,给出了非线性系统的稳定性判据。在此后的很长一段时期内,人们采用微分方程来分析控制系统的运动,并在控制系统中引入微分和积分的作用,1879 年,人们在离心飞重调速器中采用了液压放大机构,这是积分器在控制系统中的首次应用,其带来的好处是减小了静态误差,随后,人们在鱼雷潜水深度控制中引入了微分反馈的作用以改善系统的阻尼,使动态调节的振荡明显减小,提高了动态品质。可以说,19 世纪 70 年代,比例、积分和微分(proportional integral differential，PID)作用已在控制系统中存在了,1873 年,专业词汇"伺服机构"(servomechanism)问世,1912年,瑞典科学家达伦(N. G. Dalén，1869~1937)发明了用于灯塔和灯标的自动控制器,获得了控制领域的第一块诺贝尔奖章。

19 世纪用微分方程分析控制系统运动的思路可称为"机械工程师思路",而 20 世纪初"通讯工程师思路"也悄悄诞生了。频域响应分析法的基本思想是把控制系统中的所有变量看成一些信号,而每一信号又是由许多不同频率的正弦信号组合而成,各个变量的运动就是系统对各个不同频率信号响应的总和。这一思想的起源来自通讯科学,在通讯领域,各种音频信号和视频信号都是由不同频率的正弦信号合成的,并按此处理和传递。20 世纪 30 年代,这种思想被引入控制科学,对控制理论的发展起到了重大的推进作用,其重要价值在于它克服了直接用微分方程研究系统的种种困难,解决了许多理论问题和工程问题,形成了完整的在频率域中对控制系统分析和综合的方法,即频率响应分析法。其核心思想:系统是由各个部件组成的,这些部件可看成是一些"盒子"或"框",信号在各"框"之间传递,由"框"中的"算子"对信号进行基于傅里叶分析的变换,其结果导致了"反馈系统产生自激振荡的条件是 $KF(j\omega) = 1$"。1932 年,奈奎斯特发表的划时代的论文彻底解决了自激振荡的条件问题,促使奈奎斯特这篇论文成熟的是美国贝尔公司(Bell System)在纽约至旧金山 5 000 km 长距离电话传输中采用了反馈放大器而导致的"啸鸣"现象,这就是条件稳定的表现,与离心飞重调速器中的"猎振"现象本质上是类同的,但由于电话传输中有大量的储能元件,显然不能用处理"猎振"问题那样通过分析系统的微分方程来解决,在这样的背景下,奈奎斯特只能另辟蹊径采用复变函数理论研究反馈系统、从稳定性理论上给出了反馈系统稳定性严格判据,为反馈系统的研究开辟了全新的道路和前景,他对控制理论的重大贡献大大推动了各种工业控制工程的发展。利用奈奎斯特稳定性判据可以直接根据开环系统的频率特性来判别闭环系统的稳定性,从而使复变函数方法成为控制理论领域中继微分方程方法后的又一重要方法。随后,伯德(H. W. Bode,1905~1979)进一步给出了幅频特性函数与最小相位函数的关系,并引入对数单位来计量增益和频率,使频域响应法更适合工程研究,并于 1945 年给出了闭环稳定性与开环增益及穿越频率附近相位的重要关系。1948 年,伊文思(W. R. Evans,1920~1999)提出了完整的根轨迹方法,主要运用了复变函数方法解决了当开环增益变化时判断闭环系统特征频率的变化问题,其基本思想是用闭环特征方程根在开环参数变化时的轨迹来研究闭环系统的稳定性,至此,频率响应法已成为控制领域中居主导地位的方法,经典控制理论和技术已经十分完善,复数域和频率域方法的成就达到了高峰。维纳(N. Weiner,1894~1964)1948 年在《控制论》中首次提出了"控制论"学科的名称,用广义傅里叶变换研究通信和控制问题,将反馈控制中的频率域方法引申到了随机系统理论。

到了 20 世纪 50 年代,频率响应法的成就在控制界达到了高峰,已成为控制领域中的主流方法,框图、传递函数、奈奎斯特图、伯德图、描述函数、根轨迹图等概念和理论已成为工程应用的主流。频率响应法之所以在控制界能发挥重大作用,是由其优点决定的,其一,频率响应法物理意义明确,按频率响应的观点,一个控制系统的运动无非是信号在一个一个环节之间的传递过程,每个信号又是由不同频率的正弦信号合成的,在传递过程中,这些正弦信号的幅值和相角依照严格的函数关系变化,产生形式多样的运动,使运动的概念具有因果性,能够区分影响运动的主次因素,并能够以此提出改善系统性能的思路和方法;其二,可以通过实验方法辨识出对象的数学模型,这对于机理不明和机理复杂的对象提供了建模的途径;其三,与直接求解微分方程相比计算量小;其四,频率响应法作图简单、直观,便于研究参数变化对于系统动态性能的影响,易于工程应用。经典控制理论以单输入单输出线性定常系统为主要研究对象、以传递函数作为系统的数学模型、以频率响应法和根轨迹法作为核心工具、利用图表进行分析和设计,概念清晰,至今仍广泛地在工程中应用。

进入 20 世纪 70 年代,随着计算机科学、数学的发展及工程实际对控制理论需求的推动,产生了基于状态空间法的现代控制理论,使人们对系统的把握更为深刻、丰富和全面。

美籍匈牙利数学家、计算机科学家、物理学家约翰·冯·诺依曼(J. v. Noumann, 1903 ~ 1957)发明了计算机,1946 年 2 月 14 日数字计算机在美国宾夕法尼亚大学问世,给控制界带来了空前的活力,使人们摆脱了计算的局限性,开始考虑复杂系统同时控制多个变量并实现频率响应法不可能实现的复杂控制目标,如能耗最小的控制等问题。与此同时,美国和苏联开始研究空间运载工具的发射、操纵、制导和跟踪等控制问题,这类被控对象属于弹道性的,其力学模型可以精确建立,控制目标是使某一控制指标达到最小,这使人们重新关注常微分方程组的控制问题,以及力学中的变分学问题,在这一背景下,苏联数学家庞特里亚金(L. S. Pontryagin, 1908 ~ 1988)于 1963 年提出了极大值原理,极大值原理与维纳提出的最优滤波方法奠定了最优控制理论的基础,最优控制理论在 20 世纪 60 年代达到成熟。

以状态空间来描述运动对象和控制系统是从 20 世纪 60 年代以来开辟的新领域,多变量控制中的一个关键技术是把一般动力学系统表示为一阶常微分方程组进行研究,早在 1892 年庞加莱(J. H. Poincaré)在研究天体力学中提出一组变量可看作 n 维空间中的点的运动轨迹的思路以及李雅普诺夫提出的稳定性控制理论,这些研究形成了状态空间方法的理论基础,今天,状态空间方法已成为处理动力学问题和反馈问题的基本方法,卡尔曼(R. E. Kalman, 1930 ~ 2016)1960 年基于状态概念解决了二次型性能指标下的线性最优控制问题,并根据状态空间模型和传递函数描述之间的关系建立了可控性和可观性这两个基本的系统结构概念,1961 年卡尔曼和布西(R. S. Bucy)采用状态空间多变量时间响应方法处理非平稳随机过程,从有噪声的信号中恢复有用信号,即卡尔曼-布西滤波器,其原理就是多变量反馈信号发生器的动力学模型,由此,将二次型性能指标下的线性对象的最优控制问题改进为从受高斯噪声过程污染的观测器中利用卡尔曼-布西滤波器提取对状态估计的问题,即标准的 LQG(linear quadratic Gaussian,线性二次型高斯)最优控制问题,这正是以状态空间方法处理多变量控制问题的关键所在,1962 年罗森布罗克(H. H. Rosenbrock)提出了模态控制的概念,1967 年旺钠姆(W. M. Wonham)推导了全部闭环特征频率可以通过反馈进行配置的任意配置条件,为解决制导问题提供了重要理论依据。状态空间方法属于时域方法,其重要的学术价值在于,它比频率域理论更为一般、严格、深刻地揭示了系统的内在结构,对后续控制学科的发展起到了极其重要的作用。

状态空间法的一个重要作用是将系统研究范围扩展到多变量系统,但这种方法是基于精确模型的,而实际系统中存在大量的不确定性因素。线性二次高斯 LQG 在空间技术领域大获成功,其背景是与美国及苏联在空间技术领域投入的重大研究项目直接相关的,尽管 LQG 问题(或 H_2 控制问题)可以获得较好的动态、稳态性能,但试图将其用于常规工业技术领域却未能够达到期望的目标,究其原因在于 LQG 依赖于精准的对象数学模型,同时,白噪声扰动假设不符合实际工作情况,也就是说 LQG 方法的鲁棒适应性较差,由此,对象模型不确定性的控制问题,即鲁棒性问题开始引起人们的关注。鉴于 LQG 控制本身存在着对模型误差敏感的缺点,20 世纪 80 年代控制界的关注点转向具有较强鲁棒性的 H_∞ 优化控制理论,1981 年 G. Zames 指出 LQG 鲁棒性能较差的原因在于采用了 H_2 范数描述的积分判据以及采用白噪声表示不确定性扰动并不符合实际情况的问题,并提出了能够提高系统鲁棒性的 H_∞ 优化控制理论。H_∞ 控制理论的发展经历了两个阶段,第一阶段为早期的频域算子理论,其中 D. C. Youla 的稳定控制器参数化理论起着核心作用,第二阶段是 80 年代末期的直接状态空间方法,主要有里卡蒂(Riccati)方法和线性矩阵不等式(linear matrix inequality, LMI)方法。目前,线性系统的 H_∞ 控制的理论体系已经基本形成,H_∞ 控制理论应用研究的关键步骤是建立被控系统的数学模型,然后将该模型化为 H_∞ 标准控制问题所对应的广义被控对象模型(频域或时域模型),最后按 H_∞ 标准控制问题的求解方法进行控制器的设计。自 1972 年加拿大多伦多大学的 E. J. Davison 首次提出鲁棒性概念以来,鲁棒控制理论的研究已成为控制学科的热点吸引了人们的广泛关注,鲁棒控制研究的主要内容是系统存在不确定性和外界干扰时,如何设计控制器使闭环系统具有期望的鲁棒性。鲁棒控制的研究方法主要有 H_∞ 控制方法、结构奇异值方法、线性矩阵不等式方法等,这些鲁棒分析和综合方法的不断完善,逐步形成了现代鲁棒控制理论的完整体系。

鲁棒控制理论发展最突出的标志是 H_∞ 控制方法和结构奇异值方法。1981 年,G. Zames 提出了最优灵敏度控制方法,同时,J. C. Doyle 和 G. Stein 指出了在频域内进行回路整形的重要价值,使得在控制系统设计中许多鲁棒稳定性和鲁棒性能指标能够表示为特定闭环传递函数矩阵的 H_∞ 范数进行描述,形成了如今的 H_∞ 鲁棒控制思想。H_∞ 控制理论主要解决具有非结构不确定性的控制系统问题,它把复杂的数学理论与实际的工程问题完美地结合,使 H_∞ 方法在工程设计中获得了广泛的应用。

H_∞ 控制的原始提法是设计控制器使系统内稳定且使干扰到输出的传递函数对应的 H_∞ 范数最小,这是典型的受约束最优控制问题。当 H_∞ 范数以最大奇异值表现时,次优化问题就与加性、乘性两种摄动模式下的系统鲁棒镇定联系在一起,说明 H_∞ 问题也是一种鲁棒控制问题。1988 年,Doyle 和 K. Glover 采用状态空间分析的方法依赖两个里卡蒂方程的求解突破了在算子空间中以逼近的方式求解 H_∞ 控制问题在计算上带来的难度,不仅在概念和算法上简化了 H_∞ 控制问题,同时开辟了状态空间方法和频率方法结合的新路,使 H_∞ 控制从理论走向了应用,成为现代鲁棒控制的核心问题之一;之后,1989 年 Doyle 等发表的状态空间标准 H_2 和 H_∞ 控制问题解的论文是 H_∞ 理论发展的一个重要里程碑,这篇论文完美地给出了 H_∞ 标准控制问题有解的充分必要条件及次优参数化控制器的求解方法。1994 年 P. Gahinet 从有界实引理出发,应用矩阵约束,提出了一种新的 H_∞ 解的状态空间表达式,这种方法用参数约束的耦合里卡蒂方程组取代了线性分式变换描述,推广了 Doyle 等的结论,更具有应用价值。

对于 SISO 系统,1945 年伯德给出了闭环稳定性与开环增益及穿越频率附近相位的重要关系。对于 MIMO 系统,在穿越频率区域也有类似的增益-相位关系,Doyle 和 Stein 用能够确保稳定性的控制器研究了回路整形的方法,对于多变量传递函数的整形,其基本思想是由传递函数的奇异值定义传递函数增益,这是多变量传递函数整形的奇异值方法。*IEEE Transactions on Automatic Control* 在 1981 年出版了一期多变量反馈系统分析与设计的奇异值方法,其中 Doyle 和 Stein 的论文尤具影响力,他们主要研究了非结构化不确定性存在的情况下如何设计反馈控制的问题,把经典回路整形思想通过奇异值的引用推广到了多变量系统中。

H_∞ 控制理论是在 H_∞ 控制空间用 H_∞ 范数作为目标函数的变量进行的优化设计方法,

H_∞ 控制范数是指在右半复平面上解析的有理函数矩阵的最大奇异值,其物理意义是系统获得的最大能量增益,由此可见,若使系统的干扰至误差的传递函数的 H_∞ 控制范数最小,则具有有限功率谱的干扰对系统误差的影响将会降到最低程度的能力,这就是最优控制理论的基本思想。H_∞ 控制的特点如下:

(1)吸取了经典控制理论频域概念和现代控制理论状态空间方法的优点,实现了在状态空间进行频率域回路成形;

(2)可以把不同性能目标的控制系统设计问题转为 H_∞ 标准控制问题的统一框架进行处理,具有灵活多样性和概念清晰的特点;

(3)对于系统不确定性的鲁棒控制设计问题,提供了两个里卡蒂方程或一组线性矩阵不等式的 H_∞ 控制器的求解方法,使控制系统能够保证鲁棒稳定性和一定的优化性能指标;

(4)H_∞ 控制是频域内的最优控制理论,但 H_∞ 控制器的参数设计比最优调节器更为直接。

当系统中的不确定性可以用一个范数有界的摄动来反映时,系统对不确定性的最大容限的稳定性问题可用小增益定理来描述,Doyle 和 Stein 研究了对象受加性和乘性摄动时闭环系统的鲁棒稳定性,给出了用矩阵奇异值表示的闭环系统鲁棒稳定的充要条件,然而,在许多实际问题中,系统的未建模动态不能简单地归结为一个范数有界的摄动来描述,对于未建模动态系统,可以获得部分的内部结构信息,若仍用小增益定理来估计系统的鲁棒性,设计的控制器存在很大的保守性。

为了弥补矩阵奇异值在处理系统不确定性问题上存在的缺陷,Doyle 在 1982 年首次引入了结构化奇异值 μ 方法,结构化奇异值已成为一种有效的鲁棒控制方法。μ 方法的基本思想是对控制系统中的输入、输出、传递函数、不确定性等进行回路成形,把实际问题归结为结构化奇异值 μ 的问题进行控制器的设计。它克服了小增益定理的保守性,并将鲁棒稳定性和鲁棒性能能够统一在一个标准框架下考虑,这正是控制系统设计中很难解决的一个最基本问题,与此同时,Safonov 采用了更自然的鲁棒稳定裕量的定义,对一个对角型摄动系统引入多变量稳定裕量 k_m,μ 可用其倒数计算,即

$$\mu(M) = \frac{1}{\min\{k_m \mid \det(I - k_m M\Delta) = 0, \ \sigma(\Delta) \leqslant 1\}}$$

当 $k_m = 0$ 时,$I - k_m M\Delta = I$ 显然非奇异,从 $k_m = 0$ 开始,逐渐增大 k_m 直到碰到 $\sigma(\Delta) = 1$ 且容许的 Δ,使得 $I - k_m M\Delta$ 奇异,这个 k_m 值的逆就是 μ,由此形成了结构奇异值的计算方法。

LMI 最早出现于 1890 年,Pyatnitskii 和 Skorodiskii 于 1982 年最先指出线性矩阵不等式可能被转化为易于计算机求解的凸优化问题,1988 年,直接求解线性矩阵不等式的内点法程序被开发出来,线性矩阵不等式在算法上较代数里卡蒂方程和代数里卡蒂不等式的优越性更为明显,在鲁棒分析和综合方面,线性矩阵不等式有更多的潜在自由度,许多控制问题可以转化为线性矩阵不等式的可解性问题,或者是一个具有线性矩阵不等式约束的凸优化问题,1995 年,美国 MathWorks 公司推出了 MATLAB 软件包中求解线性矩阵不等式问题的 LMI Control Toolbox,使得线性矩阵不等式方法在系统和控制领域发挥着越

来越重要的作用。

在线性矩阵不等式方法被开发出来以前,大多数控制问题是用代数里卡蒂方程和代数里卡蒂不等式的方法解决的,但是,代数里卡蒂方程和代数里卡蒂不等式的求解存在大量的参数和正定对称矩阵需要预先调整,因此解的结果具有一定的保守性,而线性矩阵不等式能够克服里卡蒂方程和里卡蒂不等式求解方法中的不足。采用线性矩阵不等式方法设计控制器的基本过程是将控制理论中的一些判据,如稳定性分析判据、性能指标综合的李雅普诺夫函数、凸二次矩阵不等式转化为线性矩阵不等式的标准问题进行求解,线性矩阵不等式方法还可以将问题表述为一个凸约束条件,用求解凸优化问题的方法进行求解,而这些凸约束条件保证了控制器设计的有效性。可以说,线性矩阵不等式方法在现代控制理论中所起到的作用并不比李雅普诺夫理论和里卡蒂方程逊色。线性矩阵不等式方法具有以下特点:

(1) 具有优秀的有限维凸优化算法,能获得全局最优解,其良好的数值特性与里卡蒂方程的方法相媲美;

(2) 可以统一处理多目标控制问题,如将镇定、H_∞ 控制、LQG 控制等问题纳入统一的框架,设计的控制器满足稳定性和其他多目标性能要求;

(3) 根据有界实引理,大量的分析和综合的控制问题都可以转化为凸优化问题用线性矩阵不等式的形式表示,这一凸优化问题可以通过椭球法、内点法得到有效解决。

自适应控制的研究始于 20 世纪 50 年代,源自设计高性能飞机自动驾驶的目的,以针对在整个飞行包线范围内设计能够满足高稳定性和高动态性能的飞机自动驾驶装置系统。自适应控制的主要目标是能够在动态系统的未知参数条件下对系统中存在的不确定性实施有效的控制,这些不确定性可能来自系统的未建模动态和外界环境变化引发被控对象的动态特性发生变化的干扰输入。自适应控制系统可以广义描述为基于可测的被控对象输出参数在线实时调整控制器的增益设计参数以适应系统不确定性变化的一种控制系统,其中可调控制器参数称为自适应参数,而将一组用数学微分方程描述的调整机制称为自适应律,显然,自适应控制是一种针对被控对象变化的动态特性更为灵活的控制方法。

李雅普诺夫稳定性理论奠定了模型参考自适应控制(model reference adaptive control,MRAC)的理论基础,20 世纪 60 年代建立的现代控制理论促成了自适应控制理论的发展,MRAC 的参考模型在系统指令信号变化的情况下为实际的被控对象提供了预期跟随的理想运行轨迹,以参考模型的输出和被控对象的输出产生的误差构成了跟踪误差,这一跟踪误差和被控对象的输出一起进入自适应律并对自适应参数进行在线实时调整,控制器根据参考输入、系统输出和自适应律的在线调整参数计算控制指令,以获得自适应系统不确定性的稳态、动态鲁棒性能。

1.3 航空发动机控制的发展趋势

航空发动机从 20 世纪 30 年代末的涡喷发动机诞生以来,已从简单的液压机械式控制发展为全权限数字式电子控制(full authority digital electronic control, FADEC)系统,从单变量控制发展为多变量控制。世界上第一架喷气式飞机是 1939 年 8 月 27 日由德国 Heinkel 公司制造的 HE - 178 喷气式飞机,飞机的动力装置是由 H. v. Ohain 设计的 HeS - 3B 涡轮喷气发动机。在差不多相同时期的英国,F. Whittle 在 1937 年 4 月完成了第一台发动机 W.1 的地面试车工作,1941 年 5 月 15 日,装有 W.1 发动机的 Gloster E28/39 飞机成功首飞标志着英国进入了喷气动力时代。美国 GE 公司第 1 架 GE I - A 喷气式发动机于 1942 年问世,其控制装置为单变量液压机械式转速闭环负反馈控制系统,根据转速偏差消除原理控制燃烧室燃油流量,并设计了最小、最大流量燃油限制器,用以防止发动机熄火和超温。1948 年,GE 公司第 1 架带加力燃烧室的涡轮喷气发动机 J47 问世,采用频率响应法设计了稳态控制器,解决了转速传感器噪声与高增益转速回路的耦合问题,同时基于部件测试台上获得的部件特性数据,利用连续气动热力特性、流量连续方程和能量平衡方程的迭代方法,建立了发动机稳态模型,采用发动机相似原理对高空特性参数进行修正的方法,减少了发动机在飞行包线内的计算点数。1951 年,PW 公司第 1 台双转子涡喷发动机 J57 成功地装在 YF - 100 飞机上进行了超声速飞行试验,J57 发动机控制系统由液压机械式主燃油控制器、加力燃油控制器和防冰控制器组成,控制系统的设计技术主要采用了经典控制理论的频率响应分析法,对闭环控制系统的设计参数进行稳定性求解,保证了系统的增益裕度和相角裕度。随着高增压比、大涵道比发动机技术的不断成熟,要求对控制系统进行几何通道控制,GE 公司在 J79 和 F101 发动机上、PW 公司在 TF30 和 F100 发动机上均采用了压气机静子导叶控制、进气道和喷管控制等先进技术,提高了发动机的综合性能和安全可靠性。

从 20 世纪 50 年代初到 70 年代初,液压机械控制是发动机的主要控制方式,如 J79、F101、TF30、F100、AL - 31F、RD - 33 等发动机上装备的液压机械控制器,其复杂程度和技术水平在功能、性能上达到了顶峰。同时,从军用发动机成功转型到商用发动机的代表型号有 PW 公司用于波音 B - 707 飞机的 JT3 发动机(J57 的改进型)、用于 B - 727 飞机的 JT8D 发动机(J52 的改进型)和用于 B - 747 的 JT9D 发动机(TF30 的改进型);GE 公司用于 DC - 10 飞机的 CF6 发动机(TF - 39 的改进型)和用于 B - 737 - 300 飞机的 CMF56 发动机(F10l 的改进型)。这个时期控制系统的设计技术主要采用了经典控制理论,即基于增益裕度和相角裕度的频率响应分析法。

随着发动机性能及控制功能的相应扩展,单纯的液压机械式燃油流量控制及相关伺服系统很快达到了实用的极限,由于复杂度太高无法进一步对功能进行扩充。在 20 世纪 70 年代中期,为了提高发动机控制系统的监控能力,开始采用电子控制单元(electronic control unit, ECU)。盖瑞特空气研究所(现霍尼韦尔的分公司)于 1972 年成功研制了首台全权限电子控制器,并装备在 TFE731 发动机上,在所有的飞行条件和工作状态下实现了全部的控制计划、功率设定及发动机极限状态的保护,在加减速过程中,通过打开或关闭放气活门来实现快速消喘,1973 年,在 F111E 发动机上首次对飞行推进综合控制系统进行了飞行验证。最早的这种电子控制器虽从功能、性能方面来讲还不是完整的,但具备了当发动机出现故障或者飞行员误操作时自动切换到备份的液压机械控制系统(hydromechanical unit, HMU)的能力,大大减轻了飞行员操纵负担。

与此同时,发动机建模和仿真技术由于计算机的快速发展和数值分析的一系列研究成果而成为可能。美国空军航空推进实验室（Air Force Aero-Propulsion Laboratory，AFAPL）建立了以部件级为单元的发动机动态模型，采用了有效的 Newton - Raphson 数值解法，大大提高了发动机模型的实时运算速度，建立了发动机控制系统半物理动态仿真试验平台，展开了全飞行包线内的动态仿真试验，包括频率响应、稳态抗干扰响应、加减速过渡态响应、起动、加力接通和关闭、压气机失速和燃烧室熄火等功能、性能仿真验证。仿真技术可明显降低成本、缩短研制周期、减少技术和投资风险，将仿真技术用于航空发动机控制系统预研、设计等领域，现已成为先进航空发动机控制系统设计、试验和制造中极为重要的技术和工具，极大地推动了推进系统的发展。

数字电子控制技术仿真的发展促进了多变量控制理论在航空发动机控制中的工程化应用。美国飞行研究实验室（现为美国技术研究中心），首次在发动机控制器设计中采用了线性二次调节器（linear quadratic regulator，LQR）多变量控制技术，美国空军莱特航空试验室（现为空军研究实验室）于 1973 年将这一技术应用到 J85 发动机上，并和 NASA 刘易斯实验室共同研制多变量控制计划，在 F100 发动机上设计了多变量数字电子控制器，以 LQR 控制算法为基础，加入过渡态保护逻辑技术和极值参数限制技术，有效地实现了大过渡态控制，并装备在 F - 15 飞机上，在美国国家航空航天局高空试验台上成功验证，促进了以高度综合数字电子控制（highly integrated digital electronic control，HIDEC）为核心，包括综合飞行推进控制、发动机自适应控制、发动机延长寿命控制和进气道一体化控制在内的综合控制技术的发展。

为了监测发动机健康状态和提高发动机的维修性能，发动机监测系统必须能够及时监测到早期尚未发生的潜在性故障，以及发动机在性能退化下运行时，在发动机尚未发生灾难性的严重故障之前就能够预测到发动机的工作寿命，20 世纪 80 年代，刘易斯实验室在 F100 发动机上首次配备了机载事件历史记录器（event history recorder，EHR），并采用了发动机数字电子控制（digital electronic engine control，DEEC）和发动机诊断单元（engine diagnostic unit，EDU）组合监控技术，实现了发动机监控系统（engine monitoring system，EMS）功能。DEEC 不断对自身和系统的完整性进行测试（如机内自检测，built in test，BIT），并将测试信息传输给 EDU 诊断系统，对控制系统故障进行诊断和记录，同时 EDU 负责检测发动机状态、数据记录，以及发动机与飞机的通讯。为了提高全权限数字电子控制（FADEC）的可靠性，NASA 刘易斯实验室使用余度分析方法进行传感器的实时故障检测，开发了先进的故障检测、隔离和余度分析、处理算法，具备了实时检测与诊断硬件和软件故障的能力。80 年代末，卡尔曼滤波方法被首次应用于喷气发动机的自适应机载模型，通过发动机自适应调节模型，不论发动机性能是否恶化，都可以预估飞行中的发动机气动热力参数，提高了故障诊断的准确率。数字电子控制的优点在于可以实现复杂控制计划、高速数学计算、灵活的软件修复等功能，复杂的液压机械控制（HMC）凸轮调节计划由数字电子控制取代，通过自检测可提高外场作业时更换部件（line replaceable unit，LRU）故障快速修复能力，提高了控制系统的稳态、动态调节精度，减轻了飞行员操纵油门杆的负担，大大缩短了研制周期，增强了飞行控制、火力控制等综合能力以及对机载设备的检测能力，具备了实时数据记录、故障诊断、隔离、容错、可维护性功能。

在 20 世纪 90 年代，双通道 FADEC 系统成为喷气发动机的标准控制系统。与第 1 代

FADEC 系统相比,控制系统增加了机内自检测功能和机载发动机模型,改进了发动机性能,处理器速度快、记忆存储量大,减轻了电子控制器质量并小型化,步进电机、电液伺服阀和高速占空比电磁阀等数字式执行机构得到了广泛应用,同时,进气道、尾喷管控制和飞推一体化综合控制得到重大发展。NASA 以加力改进型 F110 发动机为被控对象,采用了先进的多变量控制技术在短距离起飞和垂直着陆(short take off and vertical landing,STOVL)飞机上对飞行和推进一体化控制进行了验证,包括 H_∞ 控制综合技术、全飞行包线内的增益调度控制技术、速率限制技术、抗积分饱和非线性控制等关键技术。进入 21 世纪,PW 公司的 JSF F119 发动机(即 F135)采用了全权限数字电子多变量控制、性能寻优控制(performance seeking control, PSC)、飞推一体化控制、二元矢量推力喷口、机载自适应发动机实时模型、卡尔曼滤波等先进技术,F-22"猛禽"战斗机上的 F119-PW-100 发动机已装备第 3 代 FADEC,控制参数多达 13 个,采用双通道-双余度结构,无液压机械备份,具有容错控制能力,可以进行模块重构,同时实现对发动机及矢量喷管故障诊断和处理,并能根据飞推一体化系统确定发动机的最佳工作参数,这些先进技术赋予 F22 飞机前所未有的高机动性能。

Simulink 是 MathWorks 公司开发的以矩阵、向量为重点的数值分析软件 MATLAB 的扩充软件包,用于动态系统建模、仿真和分析,Simulink 可以直接利用数学模型进行仿真,简单可靠,灵活高效,同时 Simulink 软件提供了多种求解器,模型仿真效率相当高。

AMESim(Advanced Modeling Environment for Simulations of engineering systems)是 IMAGINE 公司于 1995 年推出的专门用于液压/机械系统建模、仿真及动力学分析的优秀软件,AMESim 软件为机械、液压和控制系统提供一个完善、优越的仿真环境及灵活的解决方案,AMESim 的子模型数目达到 2 500 多个,加之强大的二次开发功能,保证最大限度上满足用户的需求。凭借自身的优势,AMESim 已经成为世界诸多航空巨头进行研发的首选平台软件。空客公司(Airbus)、波音公司(Boeing)、欧洲直升机公司(Eurocopter)、欧洲航空防务与空间公司(EADS)等都已经将 AMESim 运用到日常的研发过程中,并且切实地提高了研发效率,降低了研发成本。

航空发动机数学模型一直是研究航空发动机控制系统设计的一项关键技术,先进的建模技术和仿真技术已相当成熟,结构方块图的方法普遍用于表达控制逻辑和分析过程,基于 MATLAB/Simulink 图形 GUI 的建模仿真技术被广泛用于发动机控制系统中,如美国国家航空航天局 NASA 为通用双轴高涵道比涡扇发动机开发的 C-MAPSS 现代高性能通用部件级模型仿真平台,以及美国空军研究实验室(Air Force Research Laboratory,AFRL)开发的通用 Simulink 双轴高涵道比非加力涡扇发动机模型具有高逼真度的稳态、瞬态模拟功能,并具有实时仿真、与硬件交互完成测试和全飞行包线功能以及性能验证的能力,自动代码生成技术已成为实时仿真和嵌入式应用的重要工具,减少了开发控制诊断软件的周期,一体化软件设计过程包括了从顶层建模开始、控制分析和仿真、控制代码自动生成、代码汇编、代码下载到硬件中、运行整个包括执行机构和传感器的硬件设备的闭环控制系统等,控制系统的快速原型设计能力大大增强,从模型建立、控制系统性能分析到半物理仿真和实际系统的验证,整个过程被有机地整合为一个标准的过程,大大减少了开发费用和技术风险。

模型基性能退化缓解智能控制包括智能推力控制模式选择器、机载发动机实时模型、内环转速控制回路、外环直接推力控制回路和状态监控、故障诊断、隔离、重构、容错控制器五部分。对于多台发动机，为了让不同的发动机输出各自所需的推力，采用模型基的性能退化缓解智能控制 PDMIC（performance deterioration mitigation intelligent control）技术，其特点是能够使退化后多台发动机自动获得平衡所需的推力。与传统控制方式相比较，模型基性能退化缓解智能控制的优点在于可对推力直接控制，在发动机性能发生退化的情况下能保证 PLA 指令与输出推力之间的对应关系。

航空发动机的大部分故障都发生在控制部件（如执行机构、传感器、控制器）中或发生在发动机部件中，而这些部件的故障是可以通过控制系统所施加的作用来避免或修复的，因此，监测系统必须和控制系统有机地协调工作，能够采集运行的信号数据并对发动机及其部件的健康状态作出评估。装备于先进的航空发动机上的传感器、执行机构和控制器都具有双重或三重的余度，这需要进行大量的多通道信号的交叉通信、容错逻辑判断。因此，故障诊断和重构、控制系统和监测系统的共同协作已称为控制系统的重要组成部分。模型基控制和诊断技术由机载实时气动热力学发动机模型和发动机控制系统组成，故障检测和隔离（fault detection and isolation，FDI）逻辑单元由此能快速诊断发动机当前故障和预测发动机未来故障，NASA Glenn 和 NASA Ames 在空军 C-17 飞机和其配装的 4 台 PW 公司的 F117 发动机上进行了模型基多变量预测健康管理（prognostic and health management，PHM）功能的飞行验证。美国的 F119-PW-100 的诊断与状态综合管理（diagnostics and health management，DHM）是迄今最先进的航空发动机智能状态监视和故障诊断系统，F119 的控制系统是由 2 个全权限发动机数字控制器和一个综合的发动机诊断装置（CEDU）组成的，如今，F-22 综合维护信息系统（integrated management information system，IMIS）适用于不拆卸发动机即可更换单元部件（LRU），实现了 100% 的发动机的状态监控、数据采集和给飞机提供显示和数据、故障诊断、隔离和维护的自动化与智能化，从而满足安全性、可靠性、可维护性和可支持性的发动机系统要求，这显示出 DHM 在发动机控制中所发挥出的巨大作用。

1.4 本书结构安排

本书是沿着航空发动机控制系统的设计要求—航空发动机动态特性—航空发动机控制计划—经典控制理论—现代控制理论的设计方法这条主线构思的，每一章节穿插了相关的实例以说明理论对于实践的指导作用，以阐明控制理论对于设计航空发动机控制系统的重要性。

全书共分为 10 章，第 1 章绪论介绍航空发动机的工作特点、航空发动机控制系统的设计要求，以及自动控制理论与航空发动机控制技术的发展概貌；第 2 章讲授航空发动机数学模型的基本原理，主要有部件级容腔动力学非线性模型、部件级非线性迭代模型、起动非线性模型、线性模型、线性变参数模型及其模型的求解算法等；第 3 章讲授电液伺服燃油计量、几何调节执行机构模型、传感器动态补偿方法及燃油流量计量型孔的几何设计方法等；第 4 章讲授航空发动机控制计划的设计方法，主要包括稳态控制计划和过渡态控制计划;第 5 章讲授稳态控制规律的设计方法,主要内容包括基本概念、频域回路成型设计、差分进化 PI 控制设计、状态反馈极点配置伺服控制设计、多变量 PI/LMI 控制设计、内模参数化控制器设计、混合灵敏度 H_∞ 控制设计、抗饱和限制补偿器设计、控制系统不确定性描述与系统鲁棒性问题、不确定性系统自适应控制、μ 分析和 μ 综合控制器设计等方法,本章内容丰富,反映了控制理论在航空发动机控制应用中的多样性;第 6 章讲授过渡态控制规律设计方法,包括开环油气比过渡态控制规律、闭环 $Ndot$ 加减速控制规律、过渡态主控回路闭环控制律 LMI 优化设计等;第 7 章讲授起动控制规律设计方法,包括起动控制逻辑和起动控制规律;第 8 章讲授限制保护控制规律设计方法;第 9 章讲授控制系统设计综合方法,主要有过渡态控制中的非线性饱和抑制方法、发动机几何调节方法等,内容包括慢车以上加减速控制中的抗积分饱和方法、起动加速控制中的积分冻结方法、VSV、VBV、TBV 几何调节控制规律设计等;第 10 章讲授直接推力控制,包括直接推力控制结构设计、内环控制、外环控制的设计方法;并在各个主要章节安排了设计算例和仿真验证等内容。

第 2 章
航空发动机动态模型

航空发动机高精度部件级非线性模型和线性模型忠实地反映了航空发动机的动态特性,是研究航空发动机控制系统的基础。发动机部件级非线性动态数学模型是基于工程热力学、气体动力学、理论力学、流体力学、发动机原理等基础专业理论建立的,从求解平衡方程组是否为隐式的角度可以划分为迭代模型和非迭代模型。迭代模型需要求解一组隐式的非线性方程组,该方程组的解法有很多,如 Newton-Raphson 法、Broyden 法以及 $N+1$ 点残差法等。Newton-Raphson 法需要求 Jacobi 矩阵,每求解一次需要调用发动机部件模型 $loop \times 2n + 1$ 次,Broyden 法需要调用 $loop + 2n + 1$ 次,而 $N+1$ 点残差法不需要求 Jacobi 矩阵,调用发动机部件模型的次数为 $loop \times (1 + n) + 1$ 次,其中 $loop$ 为循环迭代次数,n 为初猜向量的个数,三种算法快速性的先后顺序为: Broyden 法 $\rightarrow N+1$ 点法 $\rightarrow$ Newton-Raphson 法,而收敛性的先后顺序为: Newton-Raphson 法 $\rightarrow N+1$ 点法 $\rightarrow$ Broyden 法。容腔动力学建模是一种非迭代方法,是通过补充容腔动力学微分方程显式化的。发动机线性模型是基于非线性模型在稳态工作点上通过泰勒级数的展开并保留一阶导数项的稳态点小偏差方法建立的。

本章以带增压级分开排气涡扇发动机为对象,讲授基于容腔动力学的发动机部件级非线性动态数学模型的建模方法,并采用指数平衡外推法的发动机起动模型建模方法,以单轴涡喷发动机为对象,讲授基于部件级非线性动态迭代数学模型的建模方法,以及顺数法、差分进化法、最小二乘辨识法三种发动机线性模型的建立方法,最后安排了发动机线性变参数 LPV 模型的内容。

2.1 部件级非线性动态非迭代模型

2.1.1 建模假设

双轴分排带增压级的涡扇发动机结构如图 2.1 所示。

涡扇发动机主要部件包括进气道(inlet)、风扇(fan)、增压级压气机(booster/low pressure compressor)、高压压气机(high pressure compressor)、燃烧室(combustor)、高压涡轮(high pressure turbine)、低压涡轮(low pressure turbine)、内涵喷管(core nozzle)以及外涵喷管(duct nozzle)。部件级气动热力学模型建模假设:

(1) 忽略燃烧延迟的影响;

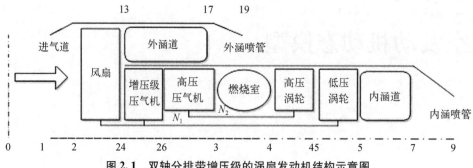

图 2.1 双轴分排带增压级的涡扇发动机结构示意图

（2）在发动机中气体按准一维流动处理；

（3）忽略雷诺数对压气机及涡轮的影响；

（4）忽略大气湿度对气体状态的影响；

（5）假设压缩部件的压比-流量特性中,每一条等转速线都是单调减的。

建模条件为发动机结构参数、设计点参数和各部件特性,模型运行需要飞行条件和发动机控制器的输出参数,模型结构为函数模块结构。

2.1.2 风扇部件的内外涵流量分配

大涵道比涡扇发动机,其风扇直径大,气流沿径向的状态变化较大,风扇特性沿着半径方向变化较大,因此,将风扇特性图拆成内涵和外涵两部分分别计算,并引入 Cf 流量修正系数对流过风扇内外涵的有效流量进行修正,以通过调整 Cf 系数的方法提高风扇模型精度,非设计点状态通过 Cf 系数修正风扇流线的示意图如图 2.2 所示。

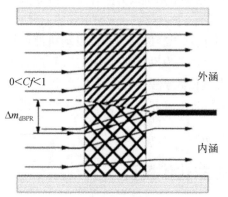

图 2.2 非设计状态风扇流线示意图

当实际涵道比 BPR 偏离设计点涵道比 BPR_{des} 并减小时,外涵道流量变小,如果仍将这部分损失的流量作为风扇外涵有效流量,则计算工作点会朝着风扇失速线方向移动,降低模型的建模精度,因此,必须对计算外涵和内涵的有效流量进行修正,修正方法如下。

假设进口气流未被扰动,且密度、流速以及压力是均匀分布的,画出虚拟的流线来显示进口气流最终进入风扇内、外涵的部分,以与分流器前缘相连的流线作为实际分界线,非设计点分界线的位置会随着实际 BPR 变化而发生改变,定义非设计点情况下实际流入外涵流量与设计点情况下流入外涵流量的差值 Δm_{dBPR} 为

$$\Delta m_{\mathrm{dBPR}} = m_{\mathrm{in}} \cdot \left(\frac{BPR}{BPR + 1} - \frac{BPR_{\mathrm{des}}}{BPR_{\mathrm{des}} + 1} \right) \tag{2.1}$$

并引入流量比例修正系数 Cf,则外涵有效流量的修正计算公式为

$$m_{\text{duct}} = m_{\text{in}} \cdot \frac{BPR_{\text{des}}}{BPR_{\text{des}} + 1} + Cf \cdot \Delta m_{\text{dBPR}} \qquad (2.2)$$

内涵有效流量的修正计算公式为

$$m_{\text{core}} = m_{\text{in}} \cdot \frac{1}{BPR_{\text{des}} + 1} - Cf \cdot \Delta m_{\text{dBPR}} \qquad (2.3)$$

工程上还有另外一种解决方法,即将风扇内涵与增压级看作一个整体,共用一张特性图,而风扇特性图只代表外涵风扇,这需要通过分别试验的方法获得风扇外涵特性图和风扇内涵与增压级压气机组合特性图。

2.1.3　部件级模型

1. 大气环境(atmosphere)

当 $H \leqslant 11 \text{ km}$ 时,

$$T_H = (288.15 - 6.5H) + (T_{\text{se}} - 288.15) \qquad (2.4)$$

$$P_H = 101\,325\left(1 - \frac{H}{44.3}\right)^{5.255} \qquad (2.5)$$

当 $H > 11 \text{ km}$ 时,

$$T_H = 216.5 + (T_{\text{se}} - 288.15) \qquad (2.6)$$

$$P_H = P_{11}\mathrm{e}^{\frac{11-H}{6.318}} \qquad (2.7)$$

$$T_1 = T_H\left(1 + \frac{k-1}{2}Ma^2\right) \qquad (2.8)$$

$$P_1 = P_H\left(1 + \frac{k-1}{2}Ma^2\right)^{\frac{k}{k-1}} \qquad (2.9)$$

$$v_0 = Ma\sqrt{kRT_H} \qquad (2.10)$$

输入参数有高度 H、马赫数 Ma,当地静温 T_{se};输出参数有环境静温 T_H 和静压 P_H,1 截面的总温 T_1、总压 P_1、飞行速度 v_0,大气环境模块函数为

$$[T_H, P_H, T_1, P_1, v_0] = atmosphere(H, Ma, T_{\text{se}}) \qquad (2.11)$$

2. 进气道(inlet)

$$T_2 = T_1 \qquad (2.12)$$

$$P_2 = \sigma_I P_1 \qquad (2.13)$$

进气道模块函数为

$$[T_2, P_2] = inlet(T_1, P_1) \tag{2.14}$$

3. 风扇(fan)

$$\pi_{\text{fan, duct}} = P_{13}/P_2 \tag{2.15}$$

$$N_{1\text{duct, cor, ref}} = N_1 \cdot \sqrt{288.15/T_2}/N_{1\text{duct, cor, des}} \tag{2.16}$$

$$[W_{\text{fan, duct, cor}}, \eta_{\text{fan, duct}}] = map_{\text{fan, duct}}(\pi_{\text{fan, duct}}, N_{1\text{duct, cor, ref}}) \tag{2.17}$$

$$W_{\text{fan, duct}} = W_{\text{fan, duct, cor}} \cdot \frac{\sqrt{288.15/T_2}}{101\,325/P_2} \tag{2.18}$$

其中,函数 $map_{\text{fan, duct}}$ 为风扇外涵的特性图插值函数。

$$[T_{13}, h_{13}] = f_1(T_2, \pi_{\text{fan, duct}}, \eta_{\text{fan, duct}}) \tag{2.19}$$

变比热函数 $f_1(\cdot)$ 的算法: 调用格式为 $[T_{\text{out}}, h_{\text{out}}] = f_1(T_{\text{in}}, \pi, \eta)$。

$$\psi_{\text{in}} = \psi\_T(T_{\text{in}}) \tag{2.20}$$

$$h_{\text{in}} = H\_T(T_{\text{in}}) \tag{2.21}$$

在等熵绝热过程中

$$\psi_{\text{out}, i} = \psi_{\text{in}} + \lg \pi \tag{2.22}$$

$$T_{\text{out}, i} = T\_\psi(\psi_{\text{out}, i}) \tag{2.23}$$

$$h_{\text{out}, i} = H\_T(T_{\text{out}, i}) \tag{2.24}$$

实际多变压缩过程中

$$h_{\text{out}} = h_{\text{in}} + \frac{h_{\text{out}, i} - h_{\text{in}}}{\eta} \tag{2.25}$$

$$T_{\text{out}} = T\_H(h_{\text{out}}) \tag{2.26}$$

其中, 热力学性质函数熵温函数 ψ_T、焓温函数 H_T 均是温度的单值函数, 温熵函数 T_ψ 是熵温函数 ψ_T 的反函数, 温焓函数 T_H 是焓温函数 H_T 的反函数, 这些函数采用分段拟合公式计算。

由 Cf 系数和 $W_{\text{fan, duct, cor}}$ 和实际涵道比 BPR 计算风扇内涵有效流量, 即

$$W_{\text{fan, cor}, i} = \frac{W_{\text{fan, duct, cor}}}{\dfrac{BPR_{\text{des}}}{BPR_{\text{des}} + 1} + Cf \cdot \left(\dfrac{BPR}{BPR + 1} - \dfrac{BPR_{\text{des}}}{BPR_{\text{des}} + 1}\right)} \tag{2.27}$$

$$W_{\text{fan, core, cor}} = W_{\text{fan, cor}, i} - W_{\text{fan, duct, cor}} \tag{2.28}$$

$$W_{\text{fan, core}} = W_{\text{fan, core, cor}} \cdot \frac{\sqrt{288.15/T_2}}{101\,325/P_2} \tag{2.29}$$

由内涵的有效换算流量和风扇换算转速求得风扇内涵的压比和效率,计算内涵出口的压力、温度等其他参数如下:

$$N_{1\text{core, cor, ref}} = N_1 \cdot \sqrt{288.15/T_2}/N_{1\text{core, cor, des}} \tag{2.30}$$

$$[\pi_{\text{fan, core}}, \eta_{\text{fan, core}}] = map_{\text{fan, core}}(W_{\text{fan, core, cor}}, N_{1\text{core, cor, ref}}) \tag{2.31}$$

$$[T_{24}, h_{24}] = f_1(T_2, \pi_{\text{fan, core}}, \eta_{\text{fan, core}}) \tag{2.32}$$

$$W_2 = W_{\text{fan, core}} + W_{\text{fan, duct}} \tag{2.33}$$

$$Power_{\text{fan}} = [W_{\text{fan, core}} \cdot (h_{24} - h_2) + W_{\text{fan, duct}} \cdot (h_{13} - h_2)] \tag{2.34}$$

风扇模块函数为

$$[W_2, T_{13}, P_{24}, T_{24}, Power_{\text{fan}}] = fan(P_2, T_2, N_1, P_{13}) \tag{2.35}$$

4. 增压级压气机(booster/low pressure compressor)

$$\pi_{\text{booster}} = P_{26}/P_{13} \tag{2.36}$$

$$N_{1\text{cor, 24, ref}} = N_1 \cdot \sqrt{288.15/T_{24}}/N_{1\text{cor, booster, des}} \tag{2.37}$$

$$[W_{\text{booster, cor}}, \eta_{\text{booster}}] = map_{\text{booster}}(\pi_{\text{booster}}, N_{1\text{cor, 24, ref}}) \tag{2.38}$$

其中,函数 map_{booster} 为增压级压气机的特性图插值函数。

$$W_{24} = W_{\text{booster, cor}} \cdot \frac{\sqrt{288.15/T_{24}}}{101\,325/P_{24}} \tag{2.39}$$

$$[T_{26}, h_{26}] = f_1(T_{24}, \pi_{\text{booster}}, \eta_{\text{booster}}) \tag{2.40}$$

$$Power_{\text{booster}} = W_{\text{booster}} \cdot (h_{26} - h_{24}) \tag{2.41}$$

增压级模块函数为

$$[W_{24}, T_{26}, Power_{\text{booster}}] = booster(P_{24}, T_{24}, N_1, P_{26}) \tag{2.42}$$

5. 高压压气机(high pressure compressor/hpc)

$$\pi_{\text{hpc}} = P_3/P_{26} \tag{2.43}$$

$$N_{2\text{cor, 26, ref}} = N_2 \cdot \sqrt{288.15/T_{26}}/N_{2\text{cor, hpc, des}} \tag{2.44}$$

$$[W_{\text{hpc, cor}}, \eta_{\text{hpc}}] = map_{\text{hpc}}(\pi_{\text{hpc}}, N_{2\text{cor, 26, ref}}) \tag{2.45}$$

其中,函数 map_{hpc} 为高压压气机的特性图插值函数。

$$W_3 = W_{\text{hpc, cor}} \cdot \frac{\sqrt{288.15/T_{26}}}{101\,325/P_{26}} \tag{2.46}$$

$$[T_3, h_3] = f_1(T_{26}, \pi_{\text{hpc}}, \eta_{\text{hpc}}) \tag{2.47}$$

$$Power_{hpc} = W_3 \cdot (h_3 - h_{26}) \tag{2.48}$$

高压压气机模块函数为

$$[W_{26}, T_3, Power_{hpc}] = hpc(P_{26}, T_{26}, N_2, P_3) \tag{2.49}$$

6. 燃烧室(combustor)

$$f = W_f / W_3 \tag{2.50}$$

$$h_3 = H\_T(T_3) \tag{2.51}$$

$$h_4 = H\_T(T_4) + \left(\frac{f}{f+1}\right) \theta_{H\_T}(T_4) \tag{2.52}$$

$$C_{p,4} = C_{p\_T}(T_4) + \left(\frac{f}{f+1}\right) \theta_{C_{p\_T}}(T_4) \tag{2.53}$$

$$R_4 = R(f) \tag{2.54}$$

$$\Delta W_{combustor} = W_3 + W_f - W_4 \tag{2.55}$$

$$\Delta Power_{combustor} = h_3 \cdot W_3 + C_{p\_f} \cdot T_f \cdot W_f + W_f \cdot H_u \cdot \eta_{combustor} - h_4 \cdot W_4 \tag{2.56}$$

燃烧室容腔动力学微分方程为

$$\frac{\mathrm{d}T_4}{\mathrm{d}t} = \frac{R_4 T_4}{V_{combustor} P_4} \frac{1}{(C_{p4} - R_4)} [-(h_4 - R_4 T_4) \Delta W_{combustor} + \Delta Power_{combustor}] \tag{2.57}$$

$$\frac{\mathrm{d}P_4}{\mathrm{d}t} = \frac{R_4}{V_{combustor}} \left[\left(T_4 - \frac{h_4 - R_4 T_4}{C_{p4} - R_4} \right) \cdot \Delta W_{combustor} + \frac{1}{(C_{p4} - R_4)} \cdot \Delta Power_{combustor} \right] \tag{2.58}$$

其中,焓修正参数 θ_{H_T}、定压比热容修正参数 $\theta_{C_{p\_T}}$、定压比热容 C_{p_T} 均为温度的单值函数,按分段拟合公式计算。

燃烧室模块函数为

$$\left[\frac{\mathrm{d}P_4}{\mathrm{d}t}, \frac{\mathrm{d}T_4}{\mathrm{d}t} \right] = combustor(W_3, T_3, W_f, W_4, T_4) \tag{2.59}$$

7. 高压涡轮(high pressure turbine/hpt)

$$\pi_{hpt} = P_4 / P_{45} \tag{2.60}$$

$$N_{2cor, 4, ref} = N_2 \cdot \sqrt{288.15 / T_4} / N_{2cor, hpt, des} \tag{2.61}$$

$$[W_{hpt, cor}, \eta_{hpt}] = map_{hpt}(\pi_{hpt}, N_{2cor, 4, ref}) \tag{2.62}$$

其中,函数 map_{hpt} 为高压涡轮的特性图插值函数。

$$W_4 = W_{\text{hpt, cor}} \cdot \frac{\sqrt{288.15/T_4}}{101\,325/P_4} \tag{2.63}$$

$$[T_{45},\ h_{45}] = f_2(T_4,\ \pi_{\text{hpt}},\ \eta_{\text{hpt}},\ f_{\text{hpt}}) \tag{2.64}$$

其中，f_2 为带油气比修正的变比热计算函数，$[T_{\text{out}},\ h_{\text{out}}] = f_2(T_{\text{in}},\ \pi,\ \eta,\ f)$，即

$$\psi_{\text{in}} = \psi\_T(T_{\text{in}}) + \frac{f}{f+1}\theta_{\psi\_T}(T_{\text{in}}) \tag{2.65}$$

$$h_{\text{in}} = H\_T(T_{\text{in}}) + \frac{f}{f+1}\theta_{H\_T}(T_{\text{in}}) \tag{2.66}$$

$$\psi_{\text{out},\,i} = \psi_{\text{in}} - \lg\pi \tag{2.67}$$

$$T_{\text{out},\,i} = T\_\psi(\psi_{\text{out},\,i},\ f) \tag{2.68}$$

其中，函数 T_ψ 需要迭代求解。

$$h_{\text{out},\,i} = H\_T(T_{\text{out},\,i}) + \frac{f}{f+1}\theta_{H\_T}(T_{\text{out},\,i}) \tag{2.69}$$

$$h_{\text{out}} = h_{\text{in}} + (h_{\text{out},\,i} - h_{\text{in}})\eta \tag{2.70}$$

$$T_{\text{out}} = T\_H(h_{\text{out}},\ f) \tag{2.71}$$

其中，函数 T_H 需要迭代求解。

输出功率为

$$Power_{\text{hpt}} = W_4 \cdot (h_4 - h_{45}) \tag{2.72}$$

高压涡轮模块函数为

$$[W_4,\ T_{45},\ Power_{\text{hpt}}] = hpt(P_4,\ T_4,\ N_2,\ P_{45}) \tag{2.73}$$

8. 低压涡轮(low pressure turbine/lpt)

$$\pi_{\text{lpt}} = P_{45}/P_5 \tag{2.74}$$

$$N_{1\text{cor},\,45,\,\text{ref}} = N_1 \cdot \sqrt{288.15/T_{45}}/N_{1\text{cor, lpt, des}} \tag{2.75}$$

$$[W_{\text{lpt, cor}},\ \eta_{\text{lpt}}] = map_{\text{lpt}}(\pi_{\text{lpt}},\ N_{1\text{cor},\,45,\,\text{ref}}) \tag{2.76}$$

其中，函数 map_{lpt} 为低压涡轮的特性图插值函数。

$$W_{45} = W_{\text{lpt, cor}} \cdot \frac{\sqrt{288.15/T_{45}}}{101\,325/P_{45}} \tag{2.77}$$

$$[T_5,\ h_5] = f_2(T_{45},\ \pi_{\text{lpt}},\ \eta_{\text{lpt}},\ f_{\text{lpt}}) \tag{2.78}$$

$$Power_{\text{lpt}} = W_{45} \cdot (h_{45} - h_5) \tag{2.79}$$

低压涡轮模块函数为

$$[W_{45}, T_5, Power_{lpt}] = hpt(P_{45}, T_{45}, N_1, P_5) \tag{2.80}$$

9. 内涵尾喷管

仅考虑收敛尾喷管,分亚临界、临界和超临界三种情况计算。定义尾喷管落压比 π_e、尾喷管临界落压比 $\pi_{e, cr}$ 分别为

$$\pi_e = \frac{P_7}{P_H} \tag{2.81}$$

$$\pi_{e, cr} = \left(\frac{k_7 + 1}{2}\right)^{\frac{k_7}{k_7 - 1}} \tag{2.82}$$

$$R_7 = f_{gas}(f_7) \tag{2.83}$$

$$C_{p7} = C_{p\_T}(T_7) + \frac{f_7}{f_7 + 1} \cdot \theta_{C_{p\_T}}(T_7) \tag{2.84}$$

$$k_7 = \frac{C_{p7}}{C_{p7} - R_7} \tag{2.85}$$

当 $\pi_e < \pi_{e, cr}$ 时,有

$$\pi(\lambda_{9i}) = \frac{1}{\pi_e} \tag{2.86}$$

$$\lambda_{9i} = \sqrt{\frac{k_7 + 1}{k_7 - 1} \cdot \left(1 - \pi(\lambda_{9i})^{\frac{k_7 - 1}{k_7}}\right)} \tag{2.87}$$

$$q(\lambda_{9i}) = \lambda_{9i} \left(\frac{1 - \frac{k_7 - 1}{k_7 + 1} \cdot \lambda_{9i}^2}{1 - \frac{k_7 - 1}{k_7 + 1}}\right)^{\frac{1}{k_7 - 1}} \tag{2.88}$$

$$P_{9si} = P_H \tag{2.89}$$

当 $\pi_e \geqslant \pi_{e, cr}$ 时,有

$$\pi(\lambda_{9i}) = \frac{1}{\pi_{e, cr}} \tag{2.90}$$

$$\lambda_{9i} = 1 \tag{2.91}$$

$$q(\lambda_{9i}) = 1 \tag{2.92}$$

$$P_{9si} = \frac{P_7}{\pi_{e, cr}} \tag{2.93}$$

则

$$V_{9i} = \lambda_{9i} \cdot \sqrt{\frac{2k_7}{k_7 + 1} R_7 T_7} \tag{2.94}$$

$$V_9 = \varphi_9 \cdot V_{9i} \tag{2.95}$$

$$\sigma_9 = \left(\frac{1 - \dfrac{k_7 - 1}{k_7 + 1} \cdot \lambda_{9i}^2}{1 - \dfrac{k_7 - 1}{k_7 + 1} \cdot \lambda_{9i}^2 \varphi_9^2} \right)^{\frac{1}{k_7 - 1}} \tag{2.96}$$

$$P_9 = \sigma_9 \cdot P_7 \tag{2.97}$$

$$P_{9s} = \max \{ P_H, P_9 / \pi_{e, cr} \} \tag{2.98}$$

$$W_{9i} = \sqrt{\frac{k_7}{R_7} \left(\frac{2}{k_7 + 1} \right)^{\frac{k_7 + 1}{k_7 - 1}}} \cdot \frac{P_7 A_9 q(\lambda_{9i})}{\sqrt{T_7}} \tag{2.99}$$

$$W_9 = C_{e, 9} \cdot W_{9i} \tag{2.100}$$

$$F_9 = C_{F_g, 9} \cdot \left[W_{9i} \cdot V_{9i} + (P_{s9i} - P_H) \cdot A_9 \right] \tag{2.101}$$

其中,喷管速度系数 φ_9、流量系数 $C_{e, 9}$ 以及推力系数 $C_{F_g, 9}$ 与尾喷管可用压比 π_e 有一定的函数对应关系,可按经验公式给定。

内涵尾喷管模块函数为

$$[W_7, P_{9s}, V_9, F_9] = core\_nozzle(P_7, T_7, P_H, f_7, \varphi_9, C_{e, 9}, C_{F_g, 9}) \tag{2.102}$$

10. 外涵尾喷管

外涵尾喷管模块与内涵喷管模块的计算过程类似,仅在计算比热比 k_{17} 时不用油气比修正,即

$$C_{p17} = C_{p\_T}(T_{17}) \tag{2.103}$$

$$k_{17} = \frac{C_{p17}}{C_{p17} - R_{17}} \tag{2.104}$$

11. 容腔

加入五个容腔的发动机各部件结构如图 2.3 所示。

容腔动力学涉及两个微分动力学的平衡条件即流量平衡和能量平衡,设容腔内的温度和压力是均匀分布的。由气体质量方程:

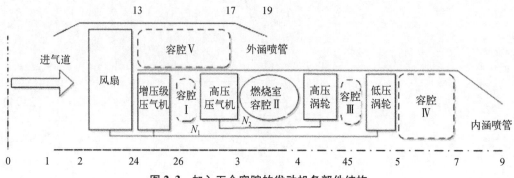

图 2.3　加入五个容腔的发动机各部件结构

$$m = \rho V \tag{2.105}$$

得

$$\frac{\Delta W}{V} = \dot{\rho} = \frac{\mathrm{d}\left(\dfrac{P}{RT}\right)}{\mathrm{d}t} = \frac{1}{R}\left(\frac{\dot{P}}{T} - \frac{P\dot{T}}{T^2}\right) = \frac{P}{RT}\left(\frac{\dot{P}}{P} - \frac{\dot{T}}{T}\right) \tag{2.106}$$

由气体内能方程：

$$U = m \cdot u \tag{2.107}$$

得

$$\dot{U} = \Delta W(h - RT) + m(C_p \dot{T} - R\dot{T}) \tag{2.108}$$

整理得

$$\frac{\mathrm{d}T}{\mathrm{d}t} = \frac{RT}{V \cdot P}\frac{1}{(C_p - R)}\left[-(h - RT)\Delta W + \dot{U}\right] \tag{2.109}$$

$$\frac{\mathrm{d}P}{\mathrm{d}t} = \frac{R}{V}\left(T - \frac{h - RT}{C_p - R}\right)\Delta W + \frac{R}{V}\frac{1}{(C_p - R)}\dot{U} \tag{2.110}$$

其中，

$$\Delta W = W_{\mathrm{up}} - W_{\mathrm{down}} \tag{2.111}$$

$$\dot{U} = h_{\mathrm{up}}W_{\mathrm{up}} - h_{\mathrm{down}}W_{\mathrm{down}} \tag{2.112}$$

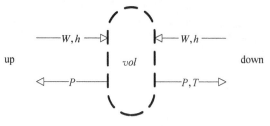

图 2.4　容腔输入输出关系

通过 Simulink 求解器提供的数值积分方法在给定初始条件下求出每一步长下的压力和温度,若下游的气流油气比 f 不为 0,则定压比热容 C_p、与气体常数 R 需要被油气比修正。容腔输入输出关系如图 2.4 所示。

容腔模块函数为

$$\left[\frac{\mathrm{d}T}{\mathrm{d}t},\ \frac{\mathrm{d}P}{\mathrm{d}t}\right] = volume(W_{\mathrm{up}},\ h_{\mathrm{up}},\ W_{\mathrm{down}},\ h_{\mathrm{down}},\ f_{\mathrm{down}},\ P,\ T) \qquad (2.113)$$

同时将压气机、涡轮部件的输入输出关系表示为图 2.5。

将喷管部件的输入输出关系表示为图 2.6。

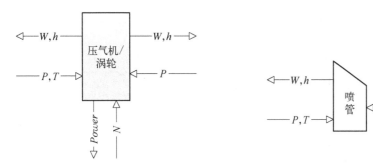

图 2.5　压气机/涡轮部件的输入输出关系图　　　图 2.6　喷管部件的输入输出关系图

分开排气涡扇发动机用部件模型表示为图 2.7。

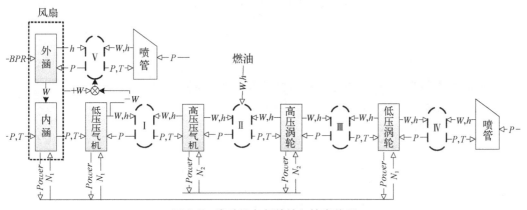

图 2.7　发动机各部件输入输出关系

2.1.4　仿真步长

对于航空发动机动态常微分方程初值问题的数值解法采用显式单步法求解,求解算法主要有 Euler 法、改进 Euler 法、Runge – Kutta(R – K)法等,合理的步长由数值解法、求解误差精度要求及其收敛性确定。

设有常微分方程初值问题:

$$\begin{cases} \dfrac{\mathrm{d}y}{\mathrm{d}t} = f(t,\ y),\ t_0 \leqslant t \leqslant T \\ y(t_0) = y_0 \end{cases} \qquad (2.114)$$

其模型方程为

$$\frac{\mathrm{d}y}{\mathrm{d}t} = \lambda y \tag{2.115}$$

其中,模型方程的特征根为

$$\lambda = \frac{\partial f}{\partial y} \tag{2.116}$$

$e^{\lambda t}$ 为原微分方程的模态,步长 h 的选取与 λ 成反比,二者的关系由绝对稳定区域确定。

1. Euler 法绝对稳定区域

Euler 法(一级一阶 R-K 法)的计算公式为

$$y_{n+1} = y_n + hf(t_n, y_n) \tag{2.117}$$

当 λ 为实数时,Euler 法的绝对稳定区域为 $-2 < \lambda h < 0$。

2. 改进 Euler 法绝对稳定区域

改进 Euler 法(二级二阶 R-K 法)的计算公式为

$$\begin{cases} y_{n+1} = y_n + \dfrac{h}{2}(k_1 + k_2) \\ k_1 = f(t_n, y_n) \\ k_2 = f(t_n + h, y_n + hk_1) \end{cases} \tag{2.118}$$

当 λ 为实数时,改进 Euler 法的绝对稳定区域为 $-2 < \lambda h < 0$。

3. 四级四阶经典 R-K 法绝对稳定区域

四级四阶经典 R-K 法

$$\begin{cases} y_{n+1} = y_n + \dfrac{h}{6}(k_1 + 2k_2 + 2k_3 + k_4) \\ k_1 = f(t_n, y_n) \\ k_2 = f\left(t_n + \dfrac{1}{2}h, y_n + \dfrac{1}{2}hk_1\right) \\ k_3 = f\left(t_n + \dfrac{1}{2}h, y_n + \dfrac{1}{2}hk_2\right) \\ k_4 = f(t_n + h, y_n + hk_3) \end{cases} \tag{2.119}$$

当 λ 为实数时,四级四阶经典 R-K 法的绝对稳定区域为 $-2.78 < \lambda h < 0$。

显然,模型方程的特征根 λ 的实部在左半复数平面上离虚轴越远,步长越小。部件容腔体积反映了容腔温度和压力动态的惯性,容腔体积越小,模型所对应的极点离虚轴越远,仿真步长也随之减小以满足稳定收敛条件。上述发动机模型中容腔Ⅲ的体积最小,其值限制了动态模型的仿真步长不能太大,仿真步长一般小于 0.25 ms,计算耗时无法满足实时性,可采用动态链接库加快计算速度。

2.2　部件级非线性动态迭代模型

单轴涡喷发动机结构如图 2.8 所示。

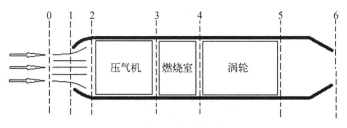

图 2.8　单轴涡喷发动机截面代号

2.2.1　部件级模型

1. 大气环境模块

当 $H \leqslant 11$ km 时：

$$T_H = (288.15 - 6.5H) + (T_{se} - 288.15) \tag{2.120}$$

其中，T_{se} 为地面温度。

$$P_H = 101\,325 \left(1 - \frac{H}{44.3}\right)^{5.255} \tag{2.121}$$

当 $H > 11$ km 时：

$$T_H = 216.5 + (T_{se} - 288.15) \tag{2.122}$$

$$P_H = P_{11} e^{\frac{11-H}{6.318}} \tag{2.123}$$

$$T_1 = T_H \left(1 + \frac{k-1}{2} Ma^2\right) \tag{2.124}$$

$$P_1 = P_H \left(1 + \frac{k-1}{2} Ma^2\right)^{\frac{k}{k-1}} \tag{2.125}$$

飞行速度为

$$v_0 = Ma \sqrt{kRT_H} \tag{2.126}$$

2. 进气道

$$T_2 = T_H \left(1 + \frac{k-1}{2} Ma^2\right) \tag{2.127}$$

$$P_2 = \sigma_i P_H \left(1 + \frac{k-1}{2} Ma^2 \right)^{\frac{k}{k-1}} \quad (2.128)$$

3. 压气机

$$\begin{cases} m_{a,\,cor} = m_{a,\,cor}(\bar{n}_{cor},\, \pi_C) \\ \eta_C = \eta_C(\bar{n}_{cor},\, \pi_C) \end{cases} \quad (2.129)$$

其中，$\bar{n}_{cor} = \dfrac{n}{n_{cor,\,des}} \sqrt{\dfrac{288.15}{T_2}}$ 为相对换算转速；π_C 为压气机增压比。

$$T_3 = T_2 \left(1 + \frac{\pi_C^{\frac{k-1}{k}} - 1}{\eta_C} \right) \quad (2.130)$$

$$P_3 = \pi_C P_2 \quad (2.131)$$

$$m_a = m_{a,\,cor} \frac{P_2}{101\,325} \sqrt{\frac{288.15}{T_2}} \quad (2.132)$$

$$Power_C = m_a c_p (T_3 - T_2) \quad (2.133)$$

4. 燃烧室

$$\eta_b = \eta_b(\alpha,\, P_3,\, T_3,\, T_4) \quad (2.134)$$

其中，α 为燃烧室混合气余气系数。

$$\sigma_b = \sigma_b(c_b,\, \theta) \quad (2.135)$$

其中，c_b 为燃烧室气流速度；$\theta = \dfrac{T_4}{T_3}$ 为燃烧室加热比。

$$\frac{m_f}{m_a} \left[H_\mu \eta_b + h_f(T_{f0}) - h_f(T_4) \right] - h_g(T_4) + h_a(T_3) = 0 \quad (2.136)$$

其中，T_{f0} 为进入燃烧室的燃油温度；h_f、h_a、h_g 分别为 1 kg 燃油、1 kg 空气、1 kg 燃气的热焓。

$$P_4 = \sigma_b P_3 \quad (2.137)$$

$$m_{g4} = m_a + m_f \quad (2.138)$$

5. 涡轮

$$\begin{cases} m_{g,\,cor} = m_{g,\,cor}(\bar{n}_{cor},\, \pi_T) \\ \eta_T = \eta_T(\bar{n}_{cor},\, \pi_T) \end{cases} \quad (2.139)$$

其中，π_T 为涡轮落压比。

$$P_5 = P_4/\pi_T \tag{2.140}$$

$$T_5 = T_4\left[1 - \left(1 - \cfrac{1}{\pi_T^{\frac{k_g-1}{k_g}}}\right)\eta_T\right] \tag{2.141}$$

$$m_{g5} = m_{g,cor}\frac{P_4}{101\,325}\sqrt{\frac{288.15}{T_4}} \tag{2.142}$$

$$Power_T = m_g c_{pg}(T_4 - T_5) \tag{2.143}$$

6. 尾喷管

设尾喷管为收敛型,尾喷管的工作状态分亚临界、临界和超临界三种情况计算。

$$P_6 = \sigma_e P_5 \tag{2.144}$$

当尾喷管落压比小于尾喷管临界落压比时,即

$$\frac{P_6}{P_H} < \left(\frac{k_g + 1}{2}\right)^{\frac{k_g}{k_g-1}} \tag{2.145}$$

尾喷管为亚临界工作状态,尾喷管出口气流速度小于声速,$\lambda_6 < 1$,燃气在尾喷管中完全膨胀,则

$$P_{s6} = P_H \tag{2.146}$$

$$\pi(\lambda_6) = \frac{P_{s6}}{P_6} \tag{2.147}$$

$$\lambda_6 = \sqrt{\frac{k_g + 1}{k_g - 1}\left[1 - \pi(\lambda_6)^{\frac{k_g-1}{k_g}}\right]} \tag{2.148}$$

$$q(\lambda_6) = \left(\frac{k_g + 1}{2}\right)^{\frac{1}{k_g-1}}\lambda_6\left(1 - \frac{k_g - 1}{k_g + 1}\lambda_6^2\right)^{\frac{1}{k_g-1}} \tag{2.149}$$

当尾喷管落压比等于尾喷管临界落压比时,即

$$\frac{P_6}{P_H} = \left(\frac{k_g + 1}{2}\right)^{\frac{k_g}{k_g-1}} \tag{2.150}$$

尾喷管为临界工作状态,尾喷管出口气流速度正好是声速,燃气在喷管中完全膨胀。

$$\lambda_6 = 1 \tag{2.151}$$

$$q(\lambda_6) = 1 \tag{2.152}$$

$$P_{s6} = P_H \tag{2.153}$$

当尾喷管落压比大于尾喷管临界落压比时,即

$$\frac{P_6}{P_H} > \left(\frac{k_g + 1}{2}\right)^{\frac{k_g}{k_g-1}} \tag{2.154}$$

尾喷管为超临界工作状态,尾喷管出口气流速度等于声速,燃气在喷管中不完全膨胀,尾喷管出口压力大于外界大气压力。

$$\lambda_6 = 1 \tag{2.155}$$

$$q(\lambda_6) = 1 \tag{2.156}$$

$$P_{s6} = P_6\left(1 - \frac{k_g - 1}{k_g + 1}\lambda_6\right)^{\frac{k_g}{k_g-1}} = P_6\left(\frac{2}{k_g + 1}\right)^{\frac{k_g}{k_g-1}} \tag{2.157}$$

尾喷管只能工作在上述三种情况之一的工作状态,当尾喷管工作状态确定以后,则尾喷管的出口速度为

$$v_6 = \varphi_6\lambda_6\sqrt{2\frac{k_g}{k_g + 1}R_g T_5} \tag{2.158}$$

其中,φ_6 为速度系数,尾喷管的出口燃气流量为

$$m_{g6} = \sqrt{\frac{k_g}{R}\left(\frac{2}{k_g + 1}\right)^{\frac{k_g+1}{k_g-1}}}\frac{P_6 A_6}{\sqrt{T_5}}q(\lambda_6) \tag{2.159}$$

7. 发动机性能参数

$$F = m_{g6}v_6 - m_a v_0 + (P_{s6} - P_H)A_6 \tag{2.160}$$

$$sfc = \frac{m_f}{F} \tag{2.161}$$

$$F_s = \frac{F}{m_a} \tag{2.162}$$

其中,F_s 为单位推力。

2.2.2 发动机各部件共同工作平衡方程

压气机和涡轮流量连续方程:

$$m_{g5} - m_{g4} = 0 \tag{2.163}$$

涡轮和喷管流量连续方程:

$$m_{g5} - m_{g6} = 0 \tag{2.164}$$

转子功率动态平衡方程：

$$Power_T \cdot \eta_m - Power_C - \left(\frac{\pi}{30}\right)^2 J \cdot n \cdot \frac{dn}{dt} = 0 \quad\quad (2.165)$$

2.2.3　非线性稳态模型求解

涡喷发动机共同工作点确定如图 2.9 所示。

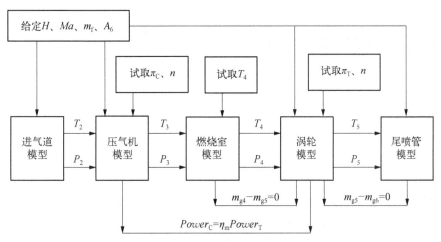

图 2.9　涡喷发动机共同工作点确定示意图

发动机稳态时，$\frac{dn}{dt} = 0$，给定飞行条件和控制输入，根据发动机各部件方程和共同工作方程，按 Newton - Raphson 或 Broyden 非线性方程组迭代算法，计算发动机非线性稳态模型，过程如下。

试取初猜值为压气机增压比 π_C、涡轮落压比 π_T、转子转速 n、涡轮前温度 T_4（其中 T_4 在每次迭代过程中，先由燃烧室部件能量平衡方程迭代求出），因此，只有 π_C、π_T、n 这三个初猜值可按发动机各部件共同工作平衡方程进行迭代求解。

发动机稳态模型算法：

（1）给定飞行条件和控制输入；

（2）试取初猜值 π_C、π_T、n、T_4；

（3）沿发动机部件顺序，逐一计算部件方程，其中在燃烧室模块中，通过能量平衡方程迭代求解，先在燃烧室模块的计算中求出 T_4；

（4）对于剩下的三个初猜值 π_C、π_T、n，计算发动机共同工作平衡方程的残差：

$$e_1 = \frac{m_{g4} - m_{g5}}{m_{g5}} \quad\quad (2.166)$$

$$e_2 = \frac{m_{g5} - m_{g6}}{m_{g6}} \qu\quad\quad (2.167)$$

$$e_3 = \frac{Power_C - Power_T \cdot \eta_m}{Power_T \cdot \eta_m} \qquad (2.168)$$

（5）判别收敛条件：

$$e = \sqrt{\sum_{i=1}^{3} e_i^2} < \varepsilon \qquad (2.169)$$

若上述条件不成立,则按 Newton‐Raphson 或 Broyden 法迭代求解,迭代结果作为新初猜值 π_C、π_T、n、T_4,并返回(3);若满足收敛条件,则求解结束。

2.2.4 非线性动态模型求解

给定飞行条件和控制输入,给定动态模型的仿真时间步长,如 0.02 s,根据发动机各部件方程和共同工作方程按 Newton‐Raphson 或 Broyden 非线性方程组迭代算法,计算发动机非线性动态模型。

将非线性稳态点模型计算的 π_C、π_T、n、T_4(其中 T_4 由燃烧室能量平衡方程迭代求解)作为非线性动态模型的计算初值,只有 π_C、π_T 这两个初猜值按部件共同工作平衡方程进行迭代求解。

发动机动态模型算法：

（1）给定飞行条件和控制输入;

（2）将非线性稳态点模型计算的 π_C、π_T、n、T_4 作为非线性动态模型的计算初值;

（3）将 π_C、π_T、T_4 作为初猜值;

（4）沿发动机部件顺序,逐一计算各部件方程,其中在燃烧室模块中,通过能量平衡方程迭代求解,先在燃烧室模块的计算中求出 T_4;

（5）对于初猜值 π_C、π_T,计算发动机共同工作平衡方程的残差：

$$e_1 = \frac{m_{g4} - m_{g5}}{m_{g5}} \qquad (2.170)$$

$$e_2 = \frac{m_{g5} - m_{g6}}{m_{g6}} \qquad (2.171)$$

（6）判别收敛条件：

$$e = \sqrt{\sum_{i=1}^{2} e_i^2} < \varepsilon \qquad (2.172)$$

若上述条件不成立,则按 Newton‐Raphson 或 Broyden 法迭代求解,迭代结果作为新初猜值 π_C、π_T、T_4,并返回(4);若满足收敛条件,继续下一步(7)。

（7）按 Euler 法(或 Rung‐Kutta 法)求解发动机转速 n：

$$\frac{dn_{i-1}}{dt} = \frac{Power_T \cdot \eta_m - Power_C}{\left(\frac{\pi}{30}\right)^2 J \cdot n_{i-1}} \qquad (2.173)$$

$$n_i = n_{i-1} + \frac{\mathrm{d}n_{i-1}}{\mathrm{d}t}\Delta t \quad i = 1, 2, \cdots \tag{2.174}$$

(8) 重复上述过程,直到仿真时间结束为止。

2.3　发动机起动非线性模型

发动机起动是从静止状态或者风车状态到慢车状态的复杂气动热力学过程,涉及气体动力学、燃烧学、传热学、化学、材料学、转子动力学等多个学科,由于低转速范围的部件特性难以通过台架试验获得,对于基于部件特性的发动机起动建模,需要使用特性外推法获得慢车以下的全部部件特性,包括等 β 线外推法、级叠加近似计算法、利用 BP 网络外推法以及指数平衡外推法等,本节采用指数平衡外推法建立双转子分排带增压级的涡扇发动机起动模型。

2.3.1　外推低转速部件特性

指数平衡外推法是根据已有慢车以上的部件特性对慢车以下的部件特性进行外推的过程,指数平衡外推公式为

$$\frac{W_{\mathrm{cor,\ new}}}{W_{\mathrm{cor,\ ref}}} = K_m\left(\frac{N_{\mathrm{cor,\ new}}}{N_{\mathrm{cor,\ ref}}}\right)^q \tag{2.175}$$

$$\frac{\pi_{\mathrm{new}}^{\frac{k-1}{k}} - 1}{\pi_{\mathrm{ref}}^{\frac{k-1}{k}} - 1} = K_n\left(\frac{N_{\mathrm{cor,\ new}}}{N_{\mathrm{cor,\ ref}}}\right)^m \tag{2.176}$$

$$\frac{\eta_{\mathrm{new}}}{\eta_{\mathrm{ref}}} = K_\eta\left(\frac{N_{\mathrm{cor,\ new}}}{N_{\mathrm{cor,\ ref}}}\right)^n \tag{2.177}$$

其中, η 为效率(%); π 为压比; N 为相对转速(%); W 为质量流量(kg/s);下标 new 为待求点,ref 为参考点,cor 表示换算参数; K_m、K_n、K_η 为修正系数,一般取 0.9～1.1。

外推特性时,首先根据已有的部件特性数据,选择合适的幂指数 q、m、n,其次以已有的最低换算转速为基准,外推出更低换算转速下的部件特性,各部件特性外推幂指数如表 2.1 所示。

表 2.1　各部件特性外推幂指数

	q	m	n
风扇外涵	1	1	0.15
风扇内涵	0.25	0.5	0.15
增压级	0.25	0.5	0.15
高压压气机	0.25	0.5	0.15
高压涡轮	-0.01	0.1	0.5
低压涡轮	-0.01	0.1	0.5

设 K_η、K_n、K_m 都为 1,外推各部件压比-流量特性如图 2.10 所示。

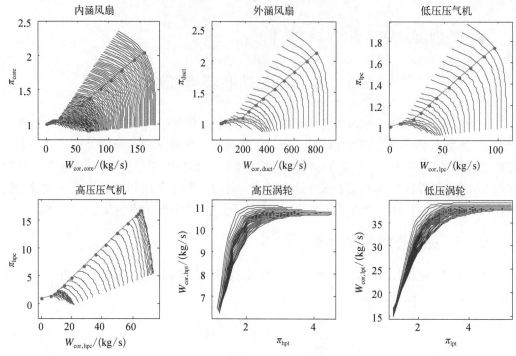

图 2.10　外推各部件压比-流量特性

外推各部件效率特性如图 2.11 所示。

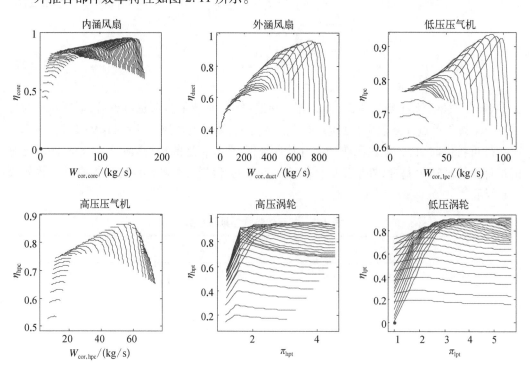

图 2.11　外推各部件效率特性

2.3.2　起动状态部件特性的特点

1. 压气机三种工作状态

涡扇发动机在地面起动或空中风车起动时,压气机有三种工作状态:压缩消耗功状态(Ⅰ区)、摩擦消耗功状态(Ⅱ区)以及膨胀做功状态(Ⅲ区),如图 2.12 所示。

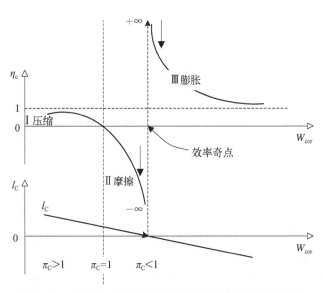

图 2.12　压比为 1 附近压气机效率与单位功的变化情况

起动过程中,压气机将从膨胀做功状态过渡到压缩消耗功的状态,当压气机不在压缩消耗功的状态工作时,不能使用下式表示压气机效率:

$$\eta_{c} = \frac{k}{k-1} R T_{in} (\pi_{C}^{\frac{k-1}{k}} - 1) / l_{C} \tag{2.178}$$

当压气机压比从 $\pi_{C} > 1$ 往下减小时,压气机消耗的单位功单调减小,压气机处于Ⅰ区的压缩状态;当 $\pi_{C} = 1$, 效率 $\eta_{c} = 0$, 此时使用效率来计算单位功将出现 0/0 型的不定式;当 $\pi_{C} < 1$ 且 $l_{C} > 0$ 时,效率会变为负值继续减小,此时压气机处于Ⅱ区摩擦状态,出口压力小于进口压力,但出口温度大于进口温度;当压比继续减小时, $\eta_{c} \to -\infty$, 单位功最终会小于 0, 即 $l_{C} < 0$, 此时效率会从负无穷突变到正无穷然后再减小且保持在 $\eta_{c} > 1$, 发动机进入Ⅲ区的膨胀状态,出口压力小于进口压力,同时出口温度也小于进口温度。

发动机进入Ⅱ区后,效率将变得非常敏感,采用台架试验获取压气机特性时,此区域将难以测得准确的效率特性。

使用指数平衡外推法进行外推时,如果外推出的效率有小于 0 或大于 1 的情况,则将效率修正到 0 和 1 之间,这样虽然无法模拟Ⅱ区和Ⅲ区的过程,但起动时占主要地位的还是Ⅰ区的压缩状态,损失了起动最开始一小段的准确性,可以避免迭代模型可能不收敛的问题。

2. 起动初值计算

由于使用指数外推法,无法获得 0 转速时的发动机部件特性,因此起动模型只能从一个略大于 0 的小转速开始仿真,需要确定模型的初始值。对于双转子分排带增压级的涡扇发动机,起动模型的初值变量有 13 个,初值取值分初值试取和初值确定两个步骤。

(1)初值试取。按照插值计算得出第一次初值,即将环境的静温和静压当作第一个节点,将加起动模块前程序能计算的最低转速点作为第二个节点,把 N_2 作为插值变量,运用线性内插法插出初值点上的其他初值点参数,同时为避免在起动过程中出现不合理的情况,需对以下 6 个关键参数设置合理下限:

$$N_{1\min} = N_{1\text{des}} \cdot 0.05 \tag{2.179}$$

$$N_{2\min} = N_{2\text{des}} \cdot 0.075 \tag{2.180}$$

$$P_{13\min} = P_2 \tag{2.181}$$

$$P_{17\min} = P_2 \tag{2.182}$$

$$P_{7\min} = P_H \tag{2.183}$$

$$P_{45\min} = P_H/\sigma_{\text{duct}} \tag{2.184}$$

(2)初值确定。将高低压转子转速限制在初值点上,运行模型,当流量达到平衡时再重新将需要的值提取出来替换之前的初值,将各部件流量匹配(不包括功率匹配)后的初值可作为起动模型开始运行的初值。

双转子分排带增压级的涡扇发动机地面起动初值如表 2.2 所示。

表 2.2 涡扇发动机地面起动初值计算结果

变量名	初 值	变量名	初 值
P_{17}/Pa	101 640	T_{45}/K	426.66
T_{17}/K	293.26	P_7/Pa	101 760
P_{26}/Pa	261 760	T_7/K	422.05
T_{26}/K	416.10	N_1/rpm *	3 390 · 0.05
P_4/Pa	207 420	N_2/rpm	10 300 · 0.075
T_4/K	458.05	T_{case}/K	415.78
P_{45}/Pa	115 870		

3. 功率修正

起动过程中效率特性存在不连续奇点,无法对外推的效率特性进行修正,需要对计算出的功率进行修正。

首先确定起动机功率。不同起动机功率与起动机重量的关系如表 2.3 所示。

表 2.3 起动机功率与起动机重量的关系

电起动机	14~20 N/kW
燃气涡轮起动机	9~12N/kW
冷却涡轮起动机	9~12 N/kW

* 1 rpm = 1 r/min。

如恒功率燃气涡轮起动机重量约 110 kg,根据表 2.3 将起动机设计点功率设定为 110 kW,且在功率到达 110 kW 前有约 10 s 的动态过程,起动机动态特性用二阶振荡环节传递函数表示为

$$G(s) = \frac{0.7^2}{s^2 + 2 \times 0.75 \times 0.7s + 0.7^2} \tag{2.185}$$

其次对压气机功率进行修正。运行起动模型,观察涡轮功率与起动机功率之和是否大于高压压气机功率,若功率不够,将小于 1 的修正系数乘以压气机功率,以产生剩余功率。当起动模型运行起来时,画出高压涡轮功率和高压压气机功率随 N_2 变化的曲线,如果在点火后高压压气机功率增加得比高压涡轮功率快,可将两条曲线同时往凹的方向修正,修正时应保证修正前后的功率值是连续的。如果修正后高压压气机功率过大,可改为修幂的方式进行修正,直到满足起动时间处于合理范围为止。

由于转差的原因,在 N_2 处于很低转速时,N_1 将更低,但受制于外推特性精度的限制,在此将 N_1 的初始转速设在 $N_{1\text{des}} \cdot 0.05$,并将其设为下限,以保证在起动开始阶段 N_1 一直保持在最低限制转速,只有经过一段起动时间后才出现正的剩余功率,使 N_1 开始增加。

起动过程修正后的功率随 N_2 的变化曲线如图 2.13 所示。

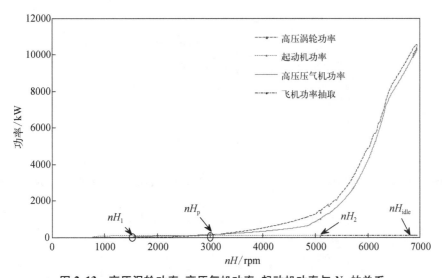

图 2.13　高压涡轮功率、高压气机功率、起动机功率与 N_2 的关系

(nH_1 为点火转速,nH_p 为最小平衡转速,nH_2 为起动机脱开转速,nH_{idle} 为慢车转速)

在地面标准大气条件、飞行马赫数为零时的起动过程中高压压气机部件特性图上的共同工作线如图 2.14 所示。

燃油流量变化曲线如图 2.15 所示。

高、低压转子转速曲线如图 2.16 所示。

高压涡轮前总温曲线如图 2.17 所示。

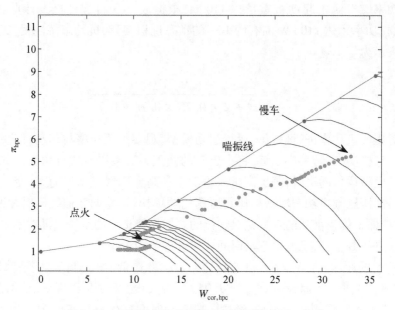

图 2.14　高压压气机特性图中起动过程共同工作线

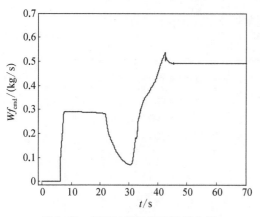

图 2.15　起动过程的燃油流量曲线

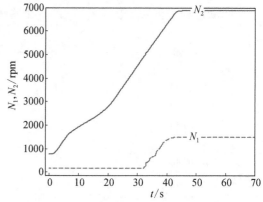

图 2.16　起动过程中的高、低压转子转速曲线

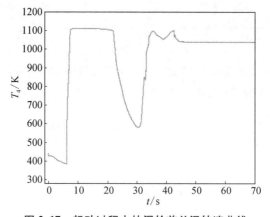

图 2.17　起动过程中的涡轮前总温转速曲线

2.4　非线性动态迭代模型的计算方法

发动机部件级非线性模型可用隐函数的代数方程和显函数的微分方程表示,隐函数的代数方程设为 $F(X) = 0$,其解需要给定初猜值进行迭代求解,初猜值的个数应与非线性代数方程的个数相等,并且初猜值变量的选取应保证发动机能够按部件次序完成各个部件的全部性能计算。对于稳态模型求解,数值解法主要有 Newton - Raphson(N - R)法、Broyden 法、$N+1$ 点残量法等迭代法;对于动态模型中微分方程的求解,主要有欧拉法、改进欧拉法、Runge - Kutta 法等。

2.4.1　N - R 迭代法

对于隐函数表示的代数方程 $F(X) = 0$,设向量 $X = (x_1, x_2, \cdots, x_n)^T$,其残差向量 $Z = (z_1, z_2, \cdots, z_n)^T$ 可表示为 $Z = F(X)$。

N - R(Newton - Raphson)法的主要思路是已知第 k 次迭代试取值 $X^{(k)} = (x_1^{(k)}, x_2^{(k)}, \cdots, x_n^{(k)})^T$ 和计算的残差为 $Z^{(k)} = (z_1^{(k)}, z_2^{(k)}, \cdots, z_n^{(k)})^T$,求第 $k + 1$ 次迭代的试取值 $X^{(k+1)}$,它应力求使 $Z^{(k+1)} = 0$,即 $F(X^{(k+1)}) = 0$。将非线性函数 $F(X)$ 在 $X^{(k)}$ 处展开为泰勒级数,保留线性一阶项,则

$$F(X) = F(X^{(k)}) + F'(X^{(k)})(X - X^{(k)}) \tag{2.186}$$

令 $F(X) = 0$,其解 X 作为 $X^{(k+1)}$,则第 $k + 1$ 次迭代的试取值为

$$X^{(k+1)} = X^{(k)} - F'(X^{(k)})^{-1} F(X^{(k)}) \tag{2.187}$$

每次迭代以新的试取值重新计算,直至残差 $|z_i| \leq \varepsilon (i = 1, 2, \cdots, n)$ 为止,其中 ε 为迭代误差。

由于发动机非线性模型不是显函数,无法直接求导获得雅可比矩阵 $F'(X^{(k)})$,一般采用数值差分方法近似求解微分方程,采用前向差分可求解雅可比矩阵,雅可比矩阵计算方法为

$$\left(\frac{\partial z_i}{\partial x_j}\right)_{ij}^{(k)} = \frac{z_i(x_1^{(k)}, \cdots, x_j^{(k)} + h_j, \cdots, x_n^{(k)}) - z_i(x_1^{(k)}, \cdots, x_j^{(k)}, \cdots, x_n^{(k)})}{h_j},$$
$$i = 1, 2, \cdots, n; j = 1, 2, \cdots, n \tag{2.188}$$

设第 k 次计算的残差值为 $Z(X^{(k)})$,对试取值的每一分量给一微小增量而保持其他分量不变,构成新的初猜值,进行发动机非线性模型的迭代求解,并按式(2.188)计算出解雅可比矩阵的每一元素。

N - R 法的局部收敛特性好,收敛速度能够达到平方收敛,但缺点是对初猜值选取比较敏感,初猜值选得不合适,迭代次数大大增加,且每次迭代计算都要计算雅可比矩阵及其逆,计算量较大,会增大数值计算误差,以稳态计算结果进行插值作为初猜值进行 N - R 法迭代,可以避免这一问题。

2.4.2　Broyden 迭代法

Broyden 迭代法计算公式为

$$
\begin{cases}
X^{(k+1)} = X^{(k)} - B^{(k)} F(X^{(k)}) \\
p^{(k)} = X^{(k+1)} - X^{(k)} \\
q^{(k)} = F(X^{(k+1)}) - F(X^{(k)}) \\
B^{(k+1)} = B^{(k)} + \dfrac{(p^{(k)} - B^{(k)} q^{(k)})(p^{(k)})^{\mathrm{T}} B^{(k)}}{(p^{(k)})^{\mathrm{T}} B^{(k)} q^{(k)}}
\end{cases}
\tag{2.189}
$$

Broyden 迭代法:

（1）给出精度要求和最大迭代次数;

（2）由初猜值 $X^{(1)}$ 计算雅可比矩阵的逆矩阵,作为初始 $B^{(1)}$;

（3）进入循环,令 $k = 1, 2, \cdots$;

（4）根据式(2.189),计算 $X^{(k+1)}$、$p^{(k)}$、$q^{(k)}$、$B^{(k+1)}$;

（5）如果满足精度要求,则迭代结束;否则,返回(3)。

Broyden 迭代法避免了每一次迭代中对雅可比矩阵及其逆的计算,而又保持了 N‑R 法的平方收敛性,加快了计算速度。

2.5　稳态点线性模型

2.5.1　顺数法建立线性模型

1. 基本方法

设发动机动态系统的非线性状态方程和输出方程分别为

$$
\begin{aligned}
\dot{x}(t) &= f(x(t), u(t), t) \\
y(t) &= g(x(t), u(t), t)
\end{aligned}
\tag{2.190}
$$

非线性函数 $f(\cdot)$ 和 $g(\cdot)$ 在发动机工作包线内都是连续平滑函数,在确定稳态工作点 x_0 和 u_0 处,其泰勒级数展开为

$$
\begin{cases}
\dot{x} = f(x_0, u_0) + \left.\dfrac{\partial f(x, u)}{\partial x}\right|_{\substack{x=x_0 \\ u=u_0}} (x - x_0) + \left.\dfrac{\partial f(x, u)}{\partial u}\right|_{\substack{x=x_0 \\ u=u_0}} (u - u_0) + o(x - x_0, u - u_0) \\[4mm]
y = g(x_0, u_0) + \left.\dfrac{\partial g(x, u)}{\partial x}\right|_{\substack{x=x_0 \\ u=u_0}} (x - x_0) + \left.\dfrac{\partial g(x, u)}{\partial u}\right|_{\substack{x=x_0 \\ u=u_0}} (u - u_0) + o(x - x_0, u - u_0)
\end{cases}
$$

$$
\tag{2.191}
$$

其中, $o(x - x_0, u - u_0)$ 是泰勒级数展开式中余项集合中的高阶小量,与变量 Δx 和 Δu 的平方具有相同的数量级,可取足够小的 Δx 和 Δu,从而使 $o(x - x_0, u - u_0)$ 任意小,忽略

后简化为

$$
\begin{cases}
\dot{x} = f(x_0, u_0) + \dfrac{\partial f(x, u)}{\partial x}\bigg|_{\substack{x=x_0 \\ u=u_0}} (x - x_0) + \dfrac{\partial f(x, u)}{\partial u}\bigg|_{\substack{x=x_0 \\ u=u_0}} (u - u_0) \\
y = g(x_0, u_0) + \dfrac{\partial g(x, u)}{\partial x}\bigg|_{\substack{x=x_0 \\ u=u_0}} (x - x_0) + \dfrac{\partial g(x, u)}{\partial u}\bigg|_{\substack{x=x_0 \\ u=u_0}} (u - u_0)
\end{cases}
\tag{2.192}
$$

令

$$
\begin{aligned}
\Delta \dot{x} &= \dot{x} - \dot{x}_0 \\
\Delta x &= x - x_0 \\
\Delta y &= y - y_0 \\
\Delta u &= u - u_0
\end{aligned}
\tag{2.193}
$$

则

$$
\begin{cases}
\Delta \dot{x} = A\Delta x + B\Delta u \\
\Delta y = C\Delta x + D\Delta u
\end{cases}
\tag{2.194}
$$

其中,各系数矩阵为

$$
\begin{cases}
A = \dfrac{\partial f(x, u)}{\partial x}\bigg|_{\substack{x=x_0 \\ u=u_0}}, \quad B = \dfrac{\partial f(x, u)}{\partial u}\bigg|_{\substack{x=x_0 \\ u=u_0}} \\
C = \dfrac{\partial g(x, u)}{\partial x}\bigg|_{\substack{x=x_0 \\ u=u_0}}, \quad D = \dfrac{\partial g(x, u)}{\partial u}\bigg|_{\substack{x=x_0 \\ u=u_0}}
\end{cases}
\tag{2.195}
$$

2. 设计算例

设某双转子涡喷发动机状态变量为

$$
\Delta x = \begin{bmatrix} \Delta x_1 \\ \Delta x_2 \end{bmatrix} = \begin{bmatrix} \Delta n_{\mathrm{L}} \\ \Delta n_{\mathrm{H}} \end{bmatrix}
\tag{2.196}
$$

输入变量为

$$
\Delta u = \begin{bmatrix} \Delta u_1 \\ \Delta u_2 \end{bmatrix} = \begin{bmatrix} \Delta m_{\mathrm{f}} \\ \Delta A_8 \end{bmatrix}
\tag{2.197}
$$

输出变量为

$$
\Delta y = \begin{bmatrix} \Delta y_1 \\ \Delta y_2 \\ \Delta y_3 \end{bmatrix} = \begin{bmatrix} \Delta P_3 \\ \Delta P_6 \\ \Delta T_6 \end{bmatrix}
\tag{2.198}
$$

其中, P_3 为高压压气机后总压; P_6、T_6 为低压涡轮后总压、总温。

动态过程中,低压、高压转子轴上的力矩平衡方程为

$$\frac{\mathrm{d}n_\mathrm{L}}{\mathrm{d}t} = \frac{\Delta M_\mathrm{L}}{J_\mathrm{L}\left(\dfrac{\pi}{30}\right)} \tag{2.199}$$

$$\frac{\mathrm{d}n_\mathrm{H}}{\mathrm{d}t} = \frac{\Delta M_\mathrm{H}}{J_\mathrm{H}\left(\dfrac{\pi}{30}\right)} \tag{2.200}$$

则

$$\frac{\mathrm{d}n_\mathrm{L}}{\mathrm{d}t} = f_1(n_\mathrm{H},\ n_\mathrm{L},\ m_\mathrm{f},\ A_8) \tag{2.201}$$

$$\frac{\mathrm{d}n_\mathrm{H}}{\mathrm{d}t} = f_2(n_\mathrm{H},\ n_\mathrm{L},\ m_\mathrm{f},\ A_8) \tag{2.202}$$

输出变量可表示为

$$\begin{aligned}
P_3 &= g_1(n_\mathrm{L},\ n_\mathrm{H},\ m_\mathrm{f},\ A_8)\\
P_6 &= g_2(n_\mathrm{L},\ n_\mathrm{H},\ m_\mathrm{f},\ A_8)\\
T_6 &= g_3(n_\mathrm{L},\ n_\mathrm{H},\ m_\mathrm{f},\ A_8)
\end{aligned} \tag{2.203}$$

则

$$\begin{bmatrix} \Delta \dot{n}_\mathrm{L} \\ \Delta \dot{n}_\mathrm{H} \end{bmatrix} = \begin{bmatrix} a_{11} & a_{12} \\ a_{21} & a_{22} \end{bmatrix} \begin{bmatrix} \Delta n_\mathrm{L} \\ \Delta n_\mathrm{H} \end{bmatrix} + \begin{bmatrix} b_{11} & b_{12} \\ b_{21} & b_{22} \end{bmatrix} \begin{bmatrix} \Delta m_\mathrm{f} \\ \Delta A_8 \end{bmatrix} \tag{2.204}$$

输出方程为

$$\begin{bmatrix} \Delta P_3 \\ \Delta P_6 \\ \Delta T_6 \end{bmatrix} = \begin{bmatrix} c_{11} & c_{12} \\ c_{21} & c_{22} \\ c_{31} & c_{32} \end{bmatrix} \begin{bmatrix} \Delta n_\mathrm{L} \\ \Delta n_\mathrm{H} \end{bmatrix} + \begin{bmatrix} d_{11} & d_{12} \\ d_{21} & d_{22} \\ d_{31} & d_{32} \end{bmatrix} \begin{bmatrix} \Delta m_\mathrm{f} \\ \Delta A_8 \end{bmatrix} \tag{2.205}$$

即

$$\Delta \dot{x} = A\Delta x + B\Delta u \tag{2.206}$$

$$\Delta y = C\Delta x + D\Delta u \tag{2.207}$$

其中, $\Delta x \in \mathrm{R}^2$ 为状态向量; $\Delta u \in \mathrm{R}^2$ 为输入向量; $\Delta y \in \mathrm{R}^3$ 为输出向量。

$$A = \begin{bmatrix} a_{11} & a_{12} \\ a_{21} & a_{22} \end{bmatrix} = \begin{bmatrix} \dfrac{\partial f_1}{\partial n_\mathrm{L}} & \dfrac{\partial f_1}{\partial n_\mathrm{H}} \\[2ex] \dfrac{\partial f_2}{\partial n_\mathrm{L}} & \dfrac{\partial f_2}{\partial n_\mathrm{H}} \end{bmatrix} = \left(\frac{\partial f_i}{\partial x_j}\right)_{i,j} = \left(\frac{\Delta \dot{x}_i}{\Delta x_j}\right)_{i,j},\ i = 1,\ 2;\ j = 1,\ 2 \tag{2.208}$$

$$B = \begin{bmatrix} b_{11} & b_{12} \\ b_{21} & b_{22} \end{bmatrix} = \begin{bmatrix} \dfrac{\partial f_1}{\partial m_f} & \dfrac{\partial f_1}{\partial A_8} \\ \dfrac{\partial f_2}{\partial m_f} & \dfrac{\partial f_2}{\partial A_8} \end{bmatrix} = \left(\dfrac{\partial f_i}{\partial u_j} \right)_{i,j} = \left(\dfrac{\Delta \dot{x}_i}{\Delta u_j} \right)_{i,j}, \quad i = 1, 2; \, j = 1, 2 \qquad (2.209)$$

$$C = \begin{bmatrix} c_{11} & c_{12} \\ c_{21} & c_{22} \\ c_{31} & c_{32} \end{bmatrix} = \begin{bmatrix} \dfrac{\partial g_1}{\partial n_L} & \dfrac{\partial g_1}{\partial n_H} \\ \dfrac{\partial g_2}{\partial n_L} & \dfrac{\partial g_2}{\partial n_H} \\ \dfrac{\partial g_3}{\partial n_L} & \dfrac{\partial g_3}{\partial n_H} \end{bmatrix} = \left(\dfrac{\partial g_i}{\partial x_j} \right)_{i,j} = \left(\dfrac{\Delta y_i}{\Delta x_j} \right)_{i,j}, \quad i = 1, 2, 3; \, j = 1, 2 \qquad (2.210)$$

$$D = \begin{bmatrix} d_{11} & d_{12} \\ d_{21} & d_{22} \\ d_{31} & d_{32} \end{bmatrix} = \begin{bmatrix} \dfrac{\partial g_1}{\partial m_f} & \dfrac{\partial g_1}{\partial A_8} \\ \dfrac{\partial g_2}{\partial m_f} & \dfrac{\partial g_2}{\partial A_8} \\ \dfrac{\partial g_3}{\partial m_f} & \dfrac{\partial g_3}{\partial A_8} \end{bmatrix} = \left(\dfrac{\partial g_i}{\partial u_j} \right)_{i,j} = \left(\dfrac{\Delta y_i}{\Delta u_j} \right)_{i,j}, \quad i = 1, 2, 3; \, j = 1, 2 \qquad (2.211)$$

其中,

$$\Delta \dot{x}_i = \frac{\dot{x}_i^+ - \dot{x}_i^-}{2}, \quad \Delta y_i = \frac{y_i^+ - y_i^-}{2} \qquad (2.212)$$

基于发动机非线性模型,通过依次改变状态变量、控制变量,获得发动机非线性模型的计算结果,作为顺数法的计算依据,计算过程如下:

（1）给定飞行高度、飞行马赫数和发动机控制输入 m_f、A_8,根据发动机非线性模型计算稳态工作点的各个参数值,记为 m_{f0}、A_{80}、n_{L0}、n_{H0}、P_{30}、P_{60}、T_{60};

（2）其他条件不变(相对稳态计算点),单独给低压转子转速一个正的小增量 δn_L,通过发动机非线性动态模型计算,使流量达到平衡,输出计算结果为 $\dot{n}_L^+$、$\dot{n}_H^+$、P_3^+、P_6^+、T_6^+;同理,其他条件不变(相对稳态计算点),单独给低压转子转速一个负的小增量 $-\delta n_L$,通过发动机非线性动态模型计算,使流量达到平衡,输出计算结果为 $\dot{n}_L^-$、$\dot{n}_H^-$、P_3^-、P_6^-、T_6^-,按下式计算 A 和 C 矩阵的第一列关于 n_L 偏导数的各元素值。

$$A = \begin{bmatrix} \dfrac{\partial f_1}{\partial n_L} & \dfrac{\partial f_1}{\partial n_H} \\ \dfrac{\partial f_2}{\partial n_L} & \dfrac{\partial f_2}{\partial n_H} \end{bmatrix} = \begin{bmatrix} \dfrac{\dot{n}_L^+ - \dot{n}_L^-}{2\delta n_L} & \dfrac{\partial f_1}{\partial n_H} \\ \dfrac{\dot{n}_H^+ - \dot{n}_H^-}{2\delta n_L} & \dfrac{\partial f_2}{\partial n_H} \end{bmatrix} \qquad (2.213)$$

$$C = \begin{bmatrix} \dfrac{\partial g_1}{\partial n_L} & \dfrac{\partial g_1}{\partial n_H} \\[2ex] \dfrac{\partial g_2}{\partial n_L} & \dfrac{\partial g_2}{\partial n_H} \\[2ex] \dfrac{\partial g_3}{\partial n_L} & \dfrac{\partial g_3}{\partial n_H} \end{bmatrix} = \begin{bmatrix} \dfrac{P_3^+ - P_3^-}{2\delta n_L} & \dfrac{\partial g_1}{\partial n_H} \\[2ex] \dfrac{P_6^+ - P_6^-}{2\delta n_L} & \dfrac{\partial g_2}{\partial n_H} \\[2ex] \dfrac{T_6^+ - T_6^-}{2\delta n_L} & \dfrac{\partial g_3}{\partial n_H} \end{bmatrix} \tag{2.214}$$

（3）同理，其他条件不变（相对稳态计算点），单独给高压转子转速一个正的、负的小增量，可计算 A 和 C 矩阵的第二列关于 n_H 偏导数的各元素值；

（4）其他条件不变（相对稳态计算点），单独给燃油流量一个正的小增量 $\delta m_f = m_{f0}\varepsilon$（取 $\varepsilon = 3\%$），得到 $m_f^+ = m_{f0} + \delta m_f$，通过发动机非线性动态模型计算，使流量达到平衡，输出计算结果为 $\dot{n}_L^+$、$\dot{n}_H^+$、P_3^+、P_6^+、T_6^+；同理，其他条件不变（相对稳态计算点），单独给燃油流量一个负的小增量 $-\delta m_f = -m_{f0}\varepsilon$，得到 $m_f^- = m_{f0} - \delta m_f$，通过发动机非线性动态模型计算，输出计算结果为 $\dot{n}_L^-$、$\dot{n}_H^-$、P_3^-、P_6^-、T_6^-，按下式计算 B 和 D 矩阵的第一列关于 m_f 偏导数的各元素值。

$$B = \begin{bmatrix} \dfrac{\partial f_1}{\partial m_f} & \dfrac{\partial f_1}{\partial A_8} \\[2ex] \dfrac{\partial f_2}{\partial m_f} & \dfrac{\partial f_2}{\partial A_8} \end{bmatrix} = \begin{bmatrix} \dfrac{\dot{n}_L^+ - \dot{n}_L^-}{2\delta m_f} & \dfrac{\partial f_1}{\partial A_8} \\[2ex] \dfrac{\dot{n}_H^+ - \dot{n}_H^-}{2\delta m_f} & \dfrac{\partial f_2}{\partial A_8} \end{bmatrix} \tag{2.215}$$

$$D = \begin{bmatrix} \dfrac{\partial g_1}{\partial m_f} & \dfrac{\partial g_1}{\partial A_8} \\[2ex] \dfrac{\partial g_2}{\partial m_f} & \dfrac{\partial g_2}{\partial A_8} \\[2ex] \dfrac{\partial g_3}{\partial m_f} & \dfrac{\partial g_3}{\partial A_8} \end{bmatrix} = \begin{bmatrix} \dfrac{P_3^+ - P_3^-}{2\delta m_f} & \dfrac{\partial g_1}{\partial A_8} \\[2ex] \dfrac{P_6^+ - P_6^-}{2\delta m_f} & \dfrac{\partial g_2}{\partial A_8} \\[2ex] \dfrac{T_6^+ - T_6^-}{2\delta m_f} & \dfrac{\partial g_3}{\partial A_8} \end{bmatrix} \tag{2.216}$$

（5）同理，其他条件不变（相对稳态计算点），单独给喷口面积 A_8 一个正的、负的小增量，记录发动机非线性动态模型使流量达到平衡的计算结果，可计算 B 和 D 矩阵的第二列关于 A_8 偏导数的各元素值。

2.5.2　差分进化法建立线性模型

1. 差分进化算法

差分进化算法遵循"优胜劣汰、适者生存"的自然界生物种群进化发展规则，保留了基于种群的全局搜索策略，采用实数编码、差分变异操作和一对一竞争生存策略，以特有的记忆能力动态跟踪当前的搜索情况，实现优化调整搜索策略，是遗传算法的变种，收敛速度快,是一种不需要初始信息寻求全局最优解的高效优化方法,其思想是基于种群内的个体差异度生成临时个体,然后随机重组实现种群进化,具有全局收敛性和鲁棒性。差分进化算法包括生成初始群体、变异、交叉和选择三个基本操作。

差分进化算法流程如图 2.18 所示。

差分进化算法中的参数设置如种群数量 NP、变异算子 F、交叉算子 CR 等的选取对差分进化算法的性能有着重要的影响,这些参数的选取依据一些经验规则。

（1）种群数量 NP 应合理选择在 $5D \sim 10D$(D 表示问题空间维度,即目标函数中变量个数),必须满足 $NP \geq 4$ 以确保差分进化算法具有足够不同的变异向量。

（2）变异算子 $F \in (0, 2]$ 是一个实常数因数,它决定了偏差向量的放大比例。若变异算子选取较大,算法在寻优过程中最优解容易遭到破坏,使搜索效率降低,求得全局最优解的概率降低;若选取过小,搜索的多样性减小,算法容易陷入局部最优解而提前收敛,可采用自适应变异算子:

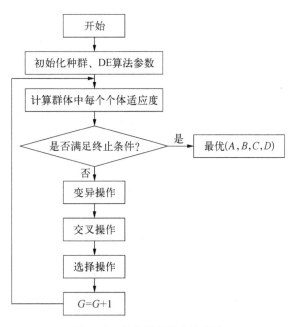

图 2.18　差分进化算法流程图

$$\eta = e^{1 - \frac{G}{G+1-t}}, \ t \ \text{为当前迭代次数} \tag{2.217}$$

$$F = 2^{\eta} F_0 \tag{2.218}$$

变异算子 F 在初期有较大的变异率以保持个体的多样性,避免早熟,在后期逐渐降低变异率以保留优良信息,避免最优解遭到破坏,增加了搜索到全局最优解的概率。

（3）交叉算子 $CR \in (0, 1]$,它控制个体参数的各维对交叉参与的程度,以及全局与局部搜索能力的平衡。CR 的一个较好的选择是 0.1,但较大的 CR 通常加速收敛,为获得一个快速解,可选 $CR = 0.9$ 或 $CR = 1.0$。

（4）最大进化代数 G 表示种群进化到当前代数的终止条件,一般取 $100 \sim 200$。较大的 G 会使优化结果更加精确,但是往往使算法的运算时间过长。

2. 建模算例

设发动机状态空间模型为

$$\begin{bmatrix} \Delta \dot{n}_{\mathrm{L}} \\ \Delta \dot{n}_{\mathrm{H}} \end{bmatrix} = A\Delta x + B\Delta u = \begin{bmatrix} a_{11} & a_{12} \\ a_{21} & a_{22} \end{bmatrix} \begin{bmatrix} \Delta n_{\mathrm{L}} \\ \Delta n_{\mathrm{H}} \end{bmatrix} + \begin{bmatrix} b_{11} & b_{12} \\ b_{21} & b_{22} \end{bmatrix} \begin{bmatrix} \Delta m_{\mathrm{f}} \\ \Delta A_8 \end{bmatrix}$$

$$\begin{bmatrix} \Delta P_3 \\ \Delta T_5 \\ \Delta P_5 \end{bmatrix} = C\Delta x + D\Delta u = \begin{bmatrix} c_{11} & c_{12} \\ c_{21} & c_{22} \\ c_{31} & c_{32} \end{bmatrix} \begin{bmatrix} \Delta n_L \\ \Delta n_H \end{bmatrix} + \begin{bmatrix} d_{11} & d_{12} \\ d_{21} & d_{22} \\ d_{31} & d_{32} \end{bmatrix} \begin{bmatrix} \Delta m_f \\ \Delta A_8 \end{bmatrix}$$

其中，Δn_L、Δn_H 分别表示风扇转速和高压转子转速的变化量；Δm_f 为主燃油流量的变化量；ΔA_8 为喷口喉道面积的变化量；ΔP_3 为高压压气机后总压的变化量；ΔP_5 为低压涡轮后总压的变化量；ΔT_5 为低压涡轮出口总温的变化量。

在发动机非线性系统稳态工作点上对控制输入 m_f 和 A_8 分别作小阶跃，得到非线性模型动态响应的偏差信号：

$$\Delta y = \begin{bmatrix} \Delta n_L & \Delta n_H & \Delta p_3 & \Delta T_5 & \Delta p_5 \end{bmatrix}$$

用随机数程序选取初值 A_0、B_0、C_0、D_0，矩阵中每个元素的范围取为 $[-10, 10]$，优化前对初值进行稳定性判断，保证其特征值在复平面的左半平面。

选取种群数量 $NP = 80$，变异算子 $F = 0.95$，交叉算子 $CR = 0.9$，最大迭代次数 $G = 100$，仿真步长 $\delta T = 0.02$ s，仿真时间 $T = 4$ s。

对线性模型输入阶跃参考信号 m_f 和 A_8，获得线性模型动态响应：

$$\Delta \tilde{y} = \begin{bmatrix} \Delta \tilde{n}_L & \Delta \tilde{n}_H & \Delta \tilde{p}_3 & \Delta \tilde{T}_5 & \Delta \tilde{p}_5 \end{bmatrix}$$

根据动态响应数据 $\Delta y(t)$ 和 $\Delta \tilde{y}(t)$，利用差分进化方法优化目标函数：

$$\min J = \sum_{t=0}^{n} (\Delta y(t) - \Delta \tilde{y}(t))^T (\Delta y(t) - \Delta \tilde{y}(t))$$

其中，$n = T/\delta T = 200$。

在某稳态工作点上对燃油流量和喷口面积分别作 2% 阶跃，按照上述差分进化算法辨识，得

$$A = \begin{bmatrix} -7.624 & 2.055 \\ -0.801 & -1.878 \end{bmatrix}, \quad B = \begin{bmatrix} 4.151 & 12.457 \\ 1.871 & 2.394 \end{bmatrix}$$

$$C = \begin{bmatrix} 1 & 0 \\ 0 & 1 \\ 2.652 \times 10^{-4} & 7.511 \times 10^{-5} \\ -3.907 \times 10^{-2} & -1.675 \times 10^{-3} \\ 5.009 \times 10^{-5} & -9.921 \times 10^{-7} \end{bmatrix}, \quad D = \begin{bmatrix} 0 & 0 \\ 0 & 0 \\ 1.823 \times 10^{-4} & -7.333 \times 10^{-4} \\ 0.109\,2 & 0.079\,08 \\ 1.667 \times 10^{-5} & -1.978 \times 10^{-4} \end{bmatrix}$$

主燃油流量阶跃变化时差分进化辨识模型与非线性模型输出变量对比曲线如图 2.19 所示，喷口面积阶跃变化时差分进化辨识模型与非线性模型输出变量对比曲线如图 2.20 所示，由图可知，差分进化辨识模型动态过程与非线性模型吻合度较好。同时，图中给出了顺数法建模的对比曲线，从对比情况可知，差分进化算法所建模型精度优于顺数法。

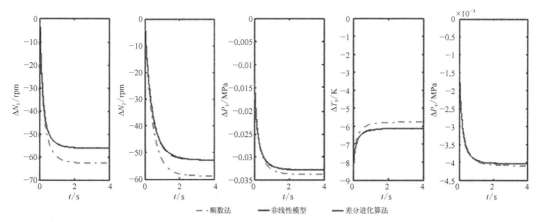

图 2.19　主燃油流量阶跃变化时差分进化辨识模型与非线性模型输出变量对比曲线

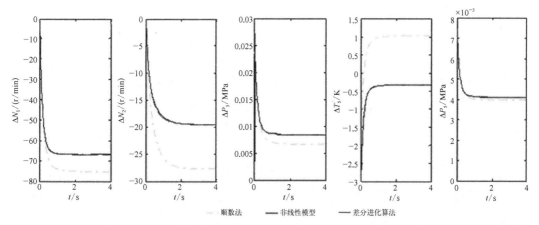

图 2.20　喷口面积阶跃变化时差分进化辨识模型与非线性模型输出变量对比曲线

2.5.3　最小二乘法辨识线性模型

设待辨识的发动机线性模型为

$$\Delta \dot{x} = A\Delta x + B\Delta u \tag{2.219}$$

$$\Delta y = C\Delta x + D\Delta u \tag{2.220}$$

其中，$\Delta x \in \mathrm{R}^n$ 为状态向量；$\Delta u \in \mathrm{R}^p$ 为输入向量；$\Delta y \in \mathrm{R}^q$ 为输出向量。对其进行离散化，设离散模型步长为 T_s，则

$$\Delta x_k = (I + T_\mathrm{s}A)\Delta x_{k-1} + T_\mathrm{s}B\Delta u_k \tag{2.221}$$

$$\Delta y_k = C\Delta x_k + D\Delta u_k \tag{2.222}$$

其中，Δu_k 为第 k 步的输入变量；Δx_k 为第 k 步的状态变量；Δy_k 为第 k 步的输出变量。

设第 k 步带有噪声的模型输出具有以下形式：

$$z(k) = h(k)\theta + v(k) \tag{2.223}$$

其中，$v(k)$ 为第 k 步的噪声输入信号，θ 为待估参数，$z(k)$ 为第 k 步的输出信号，$h(k)$ 包含了测量信号和输入信号的先验知识。

令 $k = 1, 2, \cdots, m$，则

$$Z_m = \begin{bmatrix} z(1) \\ z(2) \\ \vdots \\ z(m) \end{bmatrix}, \quad H_m = \begin{bmatrix} \Delta x_1(0) & \cdots & \Delta x_n(0) & \Delta u_1(1) & \cdots & \Delta u_p(1) \\ \Delta x_1(1) & \cdots & \Delta x_n(1) & \Delta u_1(2) & \cdots & \Delta u_p(2) \\ \vdots & \ddots & \vdots & \vdots & \ddots & \vdots \\ \Delta x_1(m-1) & \cdots & \Delta x_n(m-1) & \Delta u_1(m) & \cdots & \Delta u_p(m) \end{bmatrix}$$

$$(2.224)$$

$$\varTheta = \begin{bmatrix} \theta_1 & \theta_2 & \cdots & \theta_{n+p} \end{bmatrix}^{\mathrm{T}} \tag{2.225}$$

$$V_m = \begin{bmatrix} v(1) & v(2) & \cdots & v(m) \end{bmatrix}^{\mathrm{T}} \tag{2.226}$$

则式(2.221)表示的系统状态更新方程和式(2.222)输出更新方程都可以转化为

$$Z_m = H_m \varTheta + V_m \tag{2.227}$$

最小二乘法通过使得各次测量的 $Z_i (i = 1, 2, \cdots, m)$ 与由估计参数 $\hat{\theta}$ 确定的测量估计 $\hat{Z}_i = H_i \hat{\theta}$ 之差的平方和最小，即按照下述目标对估计值 $\hat{\theta}$ 进行优化：

$$\min J(\hat{\theta}) = (Z_m - H_m \hat{\theta})^{\mathrm{T}} (Z_m - H_m \hat{\theta}) \tag{2.228}$$

则

$$\left. \frac{\partial J}{\partial \hat{\theta}} \right|_{\theta = \theta_0} = -2 H_m^{\mathrm{T}} (Z_m - H_m \hat{\theta}) = 0 \tag{2.229}$$

即

$$H_m^{\mathrm{T}} H_m \hat{\theta} = H_m^{\mathrm{T}} Z_m \tag{2.230}$$

如果 H_m 的行数大于等于列数，即 $m \geqslant n + p$，$H_m^{\mathrm{T}} H_m$ 满秩，即 $\mathrm{rank}(H_m^{\mathrm{T}} H_m) = n + p$，则 $(H_m^{\mathrm{T}} H_m)^{-1}$ 存在，θ 的最小二乘估计为

$$\hat{\theta} = (H_m^{\mathrm{T}} H_m)^{-1} H_m^{\mathrm{T}} Z_m \tag{2.231}$$

对上述模型进行 A、B、C、D 矩阵的最小二乘法辨识，设

$$dot\_\Delta x(k) = \frac{\Delta x(k) - \Delta x(k-1)}{T_s} \tag{2.232}$$

$$\Delta x(k) = \begin{bmatrix} \Delta x_1(k) & \Delta x_2(k) & \cdots & \Delta x_n(k) \end{bmatrix}^{\mathrm{T}} \tag{2.233}$$

则，由状态变量关于时间的导数组成的矩阵 $Z_{m, AB}$ 可表示为

$$Z_{m, AB} = \begin{bmatrix} dot\_\Delta x(1)^{\mathrm{T}} \\ dot\_\Delta x(2)^{\mathrm{T}} \\ \vdots \\ dot\_\Delta x(m)^{\mathrm{T}} \end{bmatrix} \tag{2.234}$$

A、B 矩阵的参数估计矩阵为

$$\Theta_{AB} = (H_m^{\mathrm{T}} H_m)^{-1} H_m^{\mathrm{T}} Z_{m, AB} \tag{2.235}$$

则

$$A = \Theta_{AB}(1:n,:)^{\mathrm{T}} \tag{2.236}$$

$$B = \Theta_{AB}(1+n:n+p,:)^{\mathrm{T}} \tag{2.237}$$

由输出数据组成的矩阵 $Z_{m, CD}$ 可以表示为

$$Z_{m, CD} = \begin{bmatrix} y(1)^{\mathrm{T}} \\ y(2)^{\mathrm{T}} \\ \vdots \\ y(m)^{\mathrm{T}} \end{bmatrix} \tag{2.238}$$

$$y(k) = \begin{bmatrix} y_1(k) & y_2(k) & \cdots & y_q(k) \end{bmatrix}^{\mathrm{T}} \tag{2.239}$$

$$\Theta_{CD} = (H_m^{\mathrm{T}} H_m)^{-1} H_m^{\mathrm{T}} Z_{m, CD} \tag{2.240}$$

则

$$C = \Theta_{CD}(1:n,:)^{\mathrm{T}} \tag{2.241}$$

$$D = \Theta_{CD}(1+n:n+p,:)^{\mathrm{T}} \tag{2.242}$$

2.6　线性模型归一化及系统特征不变性

考虑到真实发动机各物理变量的数量级相差较大,在控制系统设计中会碰到计算上的不稳定问题,可采用归一化线性模型。

设稳态点连续时间线性时不变系统 $\sum$ 的状态空间模型为

$$\begin{cases} \Delta \dot{x} = A \Delta x + B \Delta u \\ \Delta y = C \Delta u + D \Delta u \end{cases} \tag{2.243}$$

其中,$\Delta x \in \mathrm{R}^n$ 为状态向量;$\Delta u \in \mathrm{R}^p$ 为输入向量;$\Delta y \in \mathrm{R}^q$ 为输出向量。对应的传递函数矩阵为

$$G(s) = C(sI - A)^{-1}B + D \tag{2.244}$$

对系统运动和结构的固有特性进行分析,主要有反映系统特征的量值如特征多项式、特征值、极点等和反映系统特征的属性如稳定性、能控性、能观性等。

对于线性定常动态对象可用频率域的传递函数 $G(s)$ 进行描述,在这种数学模型中,自变量不是实数时间 t,而是拉普拉斯变换公式中的复数频率 $s = \sigma + \mathrm{j}\omega$,其中 σ 和 ω 为实

数，$G(s)$ 是一个复变函数，具有复变函数的一切性质，传递函数 $G(s)$ 定义为零初值条件下该对象的输出量的拉普拉斯变换象函数与输入量的拉普拉斯变换象函数之比，即

$$G(s) = \frac{Y(s)}{U(s)} = \frac{b_m s^m + b_{m-1} s^{m-1} + \cdots + b_1 s + b_0}{s^n + a_{n-1} s^{n-1} + \cdots + a_1 s + a_0} = \frac{N(s)}{D(s)} \quad n \geq m \quad (2.245)$$

它描述了时域零初值条件下的输入量为 $u(t)$、输出量为 $y(t)$ 的 n 阶线性常系数微分方程：

$$\frac{\mathrm{d}^{(n)} y}{\mathrm{d}t^n} + a_{n-1} \frac{\mathrm{d}^{(n-1)} y}{\mathrm{d}t^{n-1}} + \cdots + a_1 \frac{\mathrm{d}y}{\mathrm{d}t} + a_0 = b_m \frac{\mathrm{d}^{(m)} u}{\mathrm{d}t^m} + b_{m-1} \frac{\mathrm{d}^{(m-1)} u}{\mathrm{d}t^{m-1}} + \cdots + b_1 \frac{\mathrm{d}u}{\mathrm{d}t} + b_0$$

$$(2.246)$$

设微分方程组或微分方程与代数方程混合的方程组：

$$T(s)y = u \quad (2.247)$$

其中，$T(s)$ 为微分算符 $s\left(\overset{\Delta}{=} \dfrac{d}{\mathrm{d}t}\right)$ 表示的方矩阵，该矩阵的元素为 s 的多项式，输入向量 u 和输出向量 y 的维数相等，定义 s 的多项式：

$$\rho(s) = \det(T(s)) \quad (2.248)$$

为矩阵 $T(s)$ 的特征多项式，即该微分方程组的特征多项式，定义

$$\rho(s) = \det(T(s)) = 0 \quad (2.249)$$

为特征方程，特征方程的根决定了用微分方程描述的对象的稳定性。

上述微分方程的特征多项式就是传递函数 $G(s)$ 的分母多项式 $D(s)$，可以说微分方程在零输入条件下 $u(t) = 0$ 的自由运动，其模态完全由对象的特征多项式的零点即特征根 $\lambda_i (i = 1, 2, \cdots, n)$ 决定，即自由运动的模态完全取决于传递函数 $G(s)$ 的分母多项式 $D(s)$，自由运动模态的特征根即 $D(s) = 0$ 的解。

系统 $\sum$ 的特征矩阵为

$$E_V \overset{\Delta}{=} (sI - A) \quad (2.250)$$

特征多项式为

$$f(s) \overset{\Delta}{=} \det(sI - A) = s^n + \alpha_{n-1} s^{n-1} + \cdots + \alpha_1 s + \alpha_0 \quad (2.251)$$

特征方程为

$$f(s) \overset{\Delta}{=} \det(sI - A) = s^n + \alpha_{n-1} s^{n-1} + \cdots + \alpha_1 s + \alpha_0 = 0 \quad (2.252)$$

特征方程的根为矩阵 A 的特征值 λ_i，$i = 1, 2, \cdots, n$。

矩阵 A 的谱为

$$\mathrm{ch}(A) = \{\lambda_1, \lambda_2, \cdots, \lambda_n\} \tag{2.253}$$

矩阵 A 的迹为

$$\mathrm{tr}(A) = \lambda_1 + \lambda_2 + \cdots + \lambda_n \tag{2.254}$$

矩阵 A 的行列式为

$$\det(A) = \lambda_1 \lambda_2 \cdots \lambda_n \tag{2.255}$$

对于 n 维连续时间线性时不变系统 $\sum$，定义能控阵为

$$Q_c \overset{\Delta}{=\joinrel=} [B \quad AB \quad \cdots \quad A^{n-1}B] \tag{2.256}$$

系统 $\sum$ 完全能控的充分必要条件为

$$\mathrm{rank}\, Q_c \overset{\Delta}{=\joinrel=} \mathrm{rank}[B \quad AB \quad \cdots \quad A^{n-1}B] = n \tag{2.257}$$

定义能观阵为

$$Q_o \overset{\Delta}{=\joinrel=} \begin{bmatrix} C \\ CA \\ \vdots \\ CA^{n-1} \end{bmatrix} \tag{2.258}$$

系统 $\sum$ 完全能观的充分必要条件为

$$\mathrm{rank}\, Q_o \overset{\Delta}{=\joinrel=} \mathrm{rank} \begin{bmatrix} C \\ CA \\ \vdots \\ CA^{n-1} \end{bmatrix} = n \tag{2.259}$$

对状态向量 $\Delta x \in \mathrm{R}^n$、输入向量 $\Delta u \in \mathrm{R}^p$ 和输出向量 $\Delta y \in \mathrm{R}^q$ 分别作以下线性非奇异变换：

$$\Delta \bar{x} = T_X \Delta x, \ \Delta \bar{u} = T_U \Delta u, \ \Delta \bar{y} = T_Y \Delta y \tag{2.260}$$

则，无量纲归一化线性模型为

$$\overline{\sum} : \quad \begin{aligned} \Delta \dot{\bar{x}} &= \bar{A} \Delta \bar{x} + \bar{B} \Delta \bar{u} \\ \Delta \bar{y} &= \bar{C} \Delta \bar{u} + \bar{D} \Delta \bar{u} \end{aligned} \tag{2.261}$$

其中，

$$\bar{A} = T_X A T_X^{-1}, \ \bar{B} = T_X B T_U^{-1}, \ \bar{C} = T_Y C T_X^{-1}, \ \bar{D} = T_Y D T_U^{-1} \tag{2.262}$$

$$T_X = \mathrm{diag}\left\{\frac{1}{x_{1,\,\max}},\ \cdots,\ \frac{1}{x_{n,\,\max}}\right\} \qquad (2.263)$$

$$T_U = \mathrm{diag}\left\{\frac{1}{u_{1,\,\max}},\ \cdots,\ \frac{1}{u_{p,\,\max}}\right\} \qquad (2.264)$$

$$T_Y = \mathrm{diag}\left\{\frac{1}{y_{1,\,\max}},\ \cdots,\ \frac{1}{y_{m,\,\max}}\right\} \qquad (2.265)$$

对应的传递函数矩阵为

$$\bar{G} = \bar{C}(sI - \bar{A})^{-1}\bar{B} + \bar{D} = T_Y G T_U^{-1} \qquad (2.266)$$

由于系统 $\overline{\sum}$ 的特征矩阵为

$$\bar{E}_V \overset{\Delta}{=\!=} (sI - \bar{A}) \qquad (2.267)$$

故

$$\begin{aligned}\bar{\alpha}(s) &\overset{\Delta}{=\!=} \det(sI - \bar{A}) = \det(sI - T_X A T_X^{-1}) = \det(T_X(sI - A)T_X^{-1})\\ &= \det(T_X)\det(sI - A)\det(T_X^{-1}) = \det(sI - A)\end{aligned} \qquad (2.268)$$

可见,归一化系统 $\overline{\sum}$ 的特征多项式与系统 $\sum$ 的特征多项式相同。

又由于系统 $\overline{\sum}$ 的能控阵:

$$\begin{aligned}\bar{Q}_c &\overset{\Delta}{=\!=} [\bar{B}\quad \bar{A}\bar{B}\quad \cdots\quad \bar{A}^{n-1}\bar{B}] = [T_X B T_U^{-1}\quad T_X A T_X^{-1} T_X B T_U^{-1}\quad \cdots\quad (T_X A T_X^{-1})^{n-1} T_X B T_U^{-1}]\\ &= T_X[B\quad AB\quad \cdots\quad A^{n-1}B]T_U^{-1} = T_X Q_c T_U^{-1}\end{aligned} \qquad (2.269)$$

由于 T_X 与 T_U 非奇异,左右对 Q_c 相乘,不改变 Q_c 的秩,$\mathrm{rank}\,\bar{Q}_c = \mathrm{rank}\,Q_c$,即归一化系统 $\overline{\sum}$ 的能控性与系统 $\sum$ 的能控性等价。同理,归一化系统 $\overline{\sum}$ 的能观性与系统 $\sum$ 的能观性等价。

对发动机状态空间模型进行了归一化处理,实质上,归一化模型的特征多项式、特征值、极点、谱、迹、特征矩阵行列式,这些反映系统特征的量值不会发生改变,稳定性、能控性、能观性这些属性也不会发生变化,它们反映了系统运动和结构的固有属性,因此,对发动机模型归一化处理后,针对归一化模型再进行控制系统的设计,能够避免原模型可能引发的数值计算稳定性的问题,这是要对发动机线性模型的原型进行归一化的原因所在。

2.7 发动机线性变参数 LPV 模型

发动机线性变参数(linear parameter varying, LPV)模型是以稳态点线性模型为基础,以能够反映发动机特征变化的特征变量为调度参数而建立的增益调度变参数线性模型,

LPV 模型能够描述和反映出原有非线性系统在不同工作点工作的动态特性,具有与发动机非线性模型功能相同的、能够模拟发动机过渡态和稳态工作的能力。

发动机非线性模型可看作是以绝对坐标系为参考基准描述的发动机过渡态和稳态的绝对运动特征,发动机线性模型是以稳态工作点这一动坐标系为相对运动参考基准描述的小偏差范围内的动态和稳态的相对运动特征,不同的稳态工作点描述了动坐标系对于绝对坐标系的稳态牵连运动特征,LPV 模型就是将牵连运动描述的稳态特性与相对运动描述的小偏差动态特性结合在一起,赋予了能够反映绝对运动描述的非线性稳态、动态特性的能力,这是理论力学中绝对运动为牵连运动与相对运动之和关系在 LPV 模型上的应用,是 LPV 模型的建模思想。

显然,建立 LPV 模型需要若干个动坐标系作为基础,究竟建立多少个动坐标系才能合理呢? 这是由其 LPV 模型的建模精度决定的。首先,要根据 LPV 模型建模精度要求,确定稳态工作点的数目,根据发动机非线性模型在这些稳态工作点计算出发动机各个截面上的气动热力参数,以此建立稳态工作点数据库;其次,根据发动机非线性模型在这些稳态工作点进行线性化,获得各个稳态工作点线性模型的系数矩阵数据库;最后,选取能够表征发动机动态和稳态特性的特征变量为调度参数,对稳态工作点数据及其对应的线性模型系数矩阵进行插值计算求和,完成 LPV 模型的建模任务。

以高压转子换算转速为调度参数的 LPV 线性模型为

$$\Delta \dot{x}(t) = A(\bar{n}_{\text{Hcor}})\Delta x(t) + B(\bar{n}_{\text{Hcor}})\Delta u(t) \tag{2.270}$$

$$\Delta y(t) = C(\bar{n}_{\text{Hcor}})\Delta x(t) + D(\bar{n}_{\text{Hcor}})\Delta u(t) \tag{2.271}$$

按照上述方法建立某双转子涡喷发动机非线性模型,以高压转子转速为调度变量构建 LPV 线性模型,并进行稳态、动态性能对比验证,图 2.21 为小台阶阶跃的主燃油流量信号,在小台阶阶跃的输入信号下,高、低压转子转速的输出响应对比曲线如图 2.22 所示。

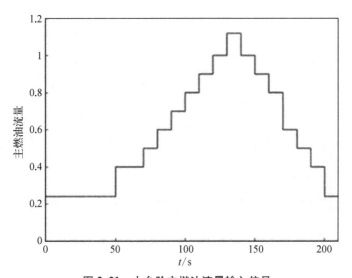

图 2.21　小台阶主燃油流量输入信号

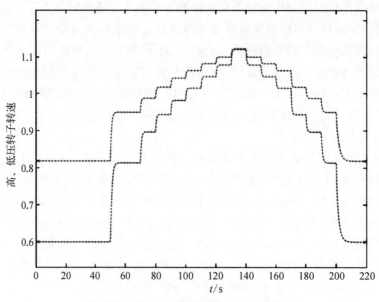

图 2.22　高、低压转子转速响应对比曲线

高压压气机出口总压响应对比曲线如图 2.23 所示。

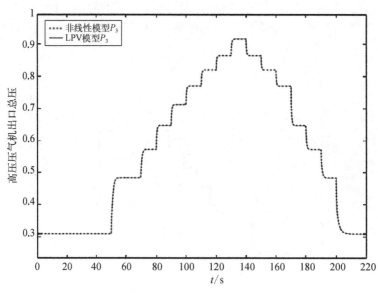

图 2.23　高压压气机出口总压响应对比曲线

低压涡轮出口总压响应对比曲线如图 2.24 所示。

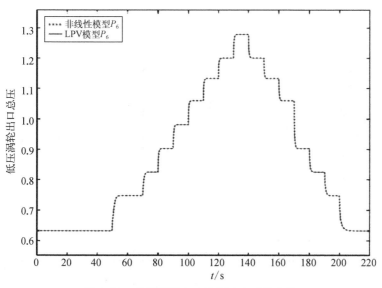

图 2.24　低压涡轮出口总压响应对比曲线

低压涡轮出口总温响应对比曲线如图 2.25 所示。

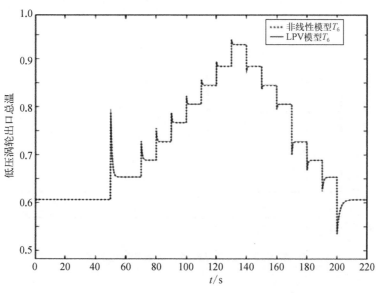

图 2.25　低压涡轮出口总温响应对比曲线

图 2.26 为主燃油流量大阶跃信号,高、低压转子转速响应对比曲线如图 2.27 所示。

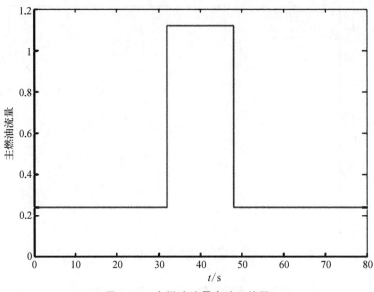

图 2.26 主燃油流量大阶跃信号

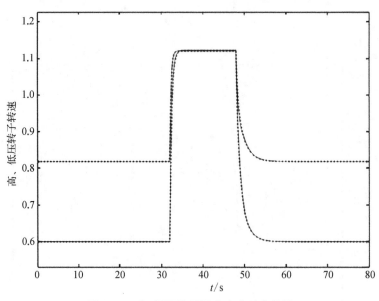

图 2.27 高、低压转子转速响应对比曲线

高压压气机出口总压响应对比曲线如图 2.28 所示,低压涡轮出口总压响应对比曲线 如图 2.29 所示,低压涡轮出口总温响应对比曲线如图 2.30 所示。

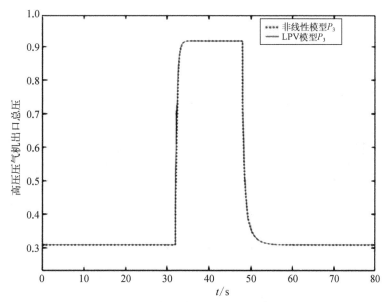

图 2.28　高压压气机出口总压响应对比曲线

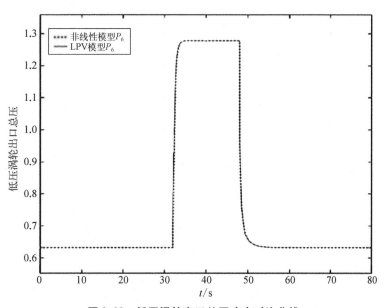

图 2.29　低压涡轮出口总压响应对比曲线

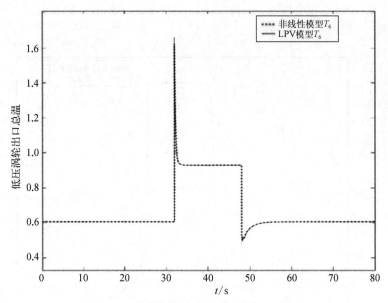

图 2.30 低压涡轮出口总温响应对比曲线

第3章
执行机构模型与传感器动态补偿

  航空发动机数字电子控制系统的燃油流量计量和几何调节的执行机构采用了电液伺服执行机构,在控制系统设计和仿真验证中是不可缺少的重要环节,由于执行机构的非线性特性(如死区特性、饱和特性等)构成了控制系统设计的约束条件,如位置饱和、速率饱和等限制,对控制系统的性能带来影响,在控制系统设计和仿真验证中需要考虑。

  本章以液压机械系统两个基本动力学方程为基础研究液压机械系统的动态特性,重点讲授电液伺服燃油计量、几何调节执行机构建模方法、高速占空比伺服执行机构设计和建模方法,内容包括主燃油流量计量执行机构、加力燃油流量计量执行机构、喷口喉道面积调节执行机构非线性模型及线性模型的建立方法,通过算例给出了电液伺服系统动态特性的一般分析方法,同时,给出了计量型孔几何设计的通用方法和热电偶温度传感器动态特性的补偿算法。

3.1   液压机械系统的基本动力学方程

  液压机械系统的动态特性是由两个基本动力学方程描述的,这两个基本动力学方程是控制腔压力的一阶微分方程和运动体速度的一阶微分方程。图3.1所述的液压机械系统由液压放大器和质量-阻尼-弹簧机械运动部件组成,液压放大器包括液压控制腔元件、进口节流嘴元件、出口节流嘴元件和机械运动部件,机械运动部件包括质量运动元件、弹簧元件、阻尼元件。

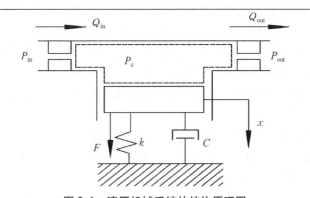

图3.1 液压机械系统的结构原理图

定义液压控制腔为腔内压力均相等的联通腔,进入液压控制腔的流量为"+",流出液压控制腔的流量为"−",对液压控制腔进行隔离,并设质量运动元件按图示箭头移动,则液压控制腔隔离体的压力一阶微分方程可描述为

$$\frac{\mathrm{d}P_{c}}{\mathrm{d}t} = \frac{\beta}{V_0 + Ax}\sum Q = \frac{\beta}{V_0 + Ax}(Q_{in} - Q_{out} - A\dot{x} - C_e P_c) \tag{3.1}$$

其中,β 为液体的弹性模量;V_0 为稳态时刻的液压控制腔体积;A 为质量运动元件的承压面积;x 为质量运动元件的动态位移;$\dot{x}$ 为质量运动元件的动态速度;Q_{in} 为进入液压控制腔的流量;Q_{out} 为流出液压控制腔的流量;C_e 为液压控制腔的泄露流量系数;P_c 为液压控制腔的压力。

定义机械运动部件的坐标 x 的正方向如图 3.1 所示,作用在运动体上的力,若力的方向与 x 坐标方向一致为"+",与 x 坐标方向相反为"−",对机械运动部件进行隔离,机械运动部件隔离体的速度一阶微分方程(位移二阶微分方程)可描述为

$$\frac{\mathrm{d}\dot{x}}{\mathrm{d}t} = \frac{\mathrm{d}^2 x}{\mathrm{d}t^2} = \frac{1}{m}\sum F = \frac{1}{m}(P_c A_1 - P_0 A_2 + F - c\dot{x} - kx) \tag{3.2}$$

其中,m 为质量运动元件的质量;P_c 为液压控制腔的压力;P_0 为作用在质量运动元件下端的压力;A_1、A_2 分别为质量运动元件上端和下端的承压面积;F 为作用在质量运动元件上的外力;x 为质量运动元件的动态位移;$\dot{x}$ 为质量运动元件的动态速度;c 为作用在质量运动元件上的阻尼系数;k 为弹簧刚度。

液压机械系统工作的核心思想就是控制腔中的压力变化与运动体的位移、速度、加速度变化之间的因果关系,通过间接控制液压控制腔的压力实现对机械运动部件运动量的精确控制。

3.2 电液伺服燃油系统

3.2.1 电液伺服燃油流量计量原理

电液伺服燃油流量计量装置有两种类型,一种是单腔控制计量活门,如图 3.2 所示,另一种是双腔控制计量活门,如图 3.3 所示,均由电液伺服阀和计量活门组成。单腔控制计量活门与双腔控制计量活门的结构差异是,单腔无杆腔为控制腔,有杆腔通定压油 P_s,而双腔无杆腔和有杆腔都是控制腔,控制压力分别为 P_1 和 P_2。

单腔控制计量活门与双腔控制计量活门通常采用闭环控制结构,以实现对位移的精准控制,如图 3.4 所示。

电液伺服燃油流量计量闭环控制原理:计量活门位移指令与计量活门阀芯位移的反馈量形成偏差,控制器对偏差进行调节,控制器输出电流信号传给电液伺服阀,电液伺服阀通过调节阀芯位移输出调节的流量并传递给计量活门的控制腔,计量活门在控制腔控制压力的间接作用下伺服跟踪计量活门的期望位移,以此循环,直至消除位移偏差。

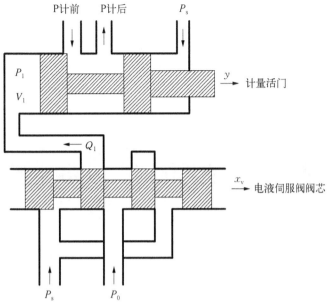

图 3.2   单腔控制计量活门

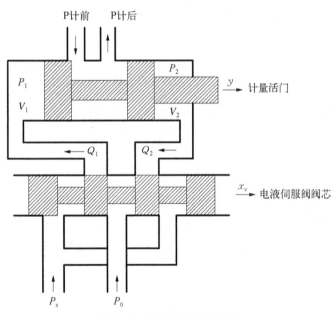

图 3.3   双腔控制计量活门

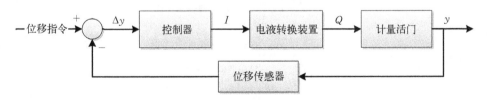

图 3.4   电液伺服燃油流量计量闭环系统

3.2.2 电液伺服计量装置非线性模型

设单腔控制燃油流量计量装置在控制腔中设计了弹簧,根据液压机械系统的两个基本动力学微分方程可以建立电液伺服单腔控制燃油流量计量装置 AMESim 模型如图 3.5 所示。

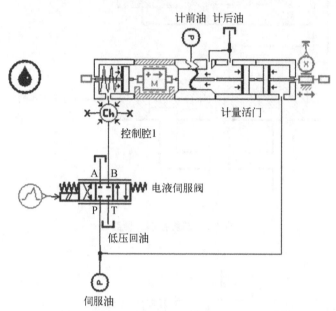

图 3.5　单腔控制燃油流量计量装置 AMESim 模型

建立电液伺服双腔控制燃油流量计量装置 AMESim 模型如图 3.6 所示。

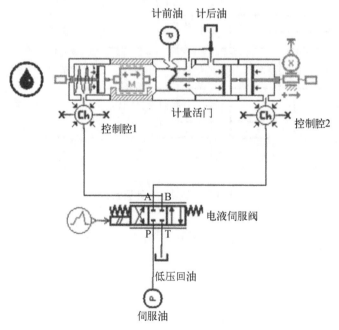

图 3.6　双腔控制燃油流量计量装置 AMESim 模型

3.2.3　电液伺服计量装置线性模型

电液伺服计量装置主要由电液伺服阀、计量活门、压差活门等组成,其线性模型可分为两个串联模块,即从电液伺服阀输入电流 I 至电液伺服阀调节阀芯(分油活门)位移 x_v 的传递函数 $G_1(s)$ 和从分油活门位移 x_v 至计量活门阀芯位移 y 的传递函数 $G_2(s)$。以下研究如图 3.2 所示的单腔控制电液伺服计量装置。

1. 模块 1 的传递函数 $G_1(s)$

考虑液体不可压缩,忽略电液伺服阀力矩马达和力-位移转换器的动态特性,并且前置级功率放大器可以看成是弹簧-阻尼-质量块系统,对时域信号 $f(t)$ 的拉普拉斯变换记为 $F(s) = L(f(t)) = \int_0^\infty f(t)\, e^{-st}\, dt$,如对时域小偏差信号 $\Delta I(t)$、$\Delta x_v(t)$ 的拉普拉斯变换记为 $I(s) = L(\Delta I(t))$、$x_v(s) = L(\Delta x_v(t))$,则电液伺服阀传递函数表示为二阶振荡环节:

$$G_1(s) = \frac{x_v(s)}{I(s)} = \frac{K_1 \omega_n^2}{s^2 + 2\zeta\omega_n s + \omega_n^2} \tag{3.3}$$

其中,稳态增益 K_1 为电液伺服阀稳态设计点分油活门位移与输入电流之比;ζ 为阻尼比;ω_n 为自然频率。

2. 模块 2 的传递函数 $G_2(s)$

1) 电液伺服阀阀芯正向移动 x_v 的情况

设电液伺服阀阀芯正向移动 x_v 时,计量活门左腔有效面积为 A_1,右腔有效面积为 A_2,伺服供油压力为 P_s、回油压力为 P_0,x_v 为电液伺服阀阀芯位移,y 为计量活门位移,y 和 x_v 的方向以图 3.2 中箭头方向为正。

(1) 电液伺服阀流量特性方程

当电液伺服阀阀芯正向移动 x_v 时,流入计量活门无杆腔的流量 Q_1 为

$$Q_1(t) = C_q w x_v(t) \sqrt{\frac{2}{\rho}(P_s - P_1(t))} \tag{3.4}$$

其中,C_q 为流量系数;w 为电液伺服阀阀芯节流孔面积梯度;x_v 为电液伺服阀阀芯位移,其稳态点线性化方程为

$$\Delta Q_1(t) = K_{q1}\Delta x_v(t) - K_{c1}\Delta P_1(t) \tag{3.5}$$

其中,

$$K_{q1} = \left.\frac{\partial Q_1(t)}{\partial x_v}\right|_0 = \left[C_q w \sqrt{\frac{2(P_s - P_1(t))}{\rho}} \right]_0 \tag{3.6}$$

$$K_{c1} = -\left.\frac{\partial Q_1(t)}{\partial P_1}\right|_0 = \left[C_q w x_v(t) \sqrt{\frac{1}{2\rho(P_s - P_1(t))}} \right]_0 \tag{3.7}$$

其拉普拉斯变换为

$$Q_1(s) = K_{q1}x_v(s) - K_{c1}P_1(s) \tag{3.8}$$

其中，$P_1(s) = L(\Delta P_1(t))$、$x_v(s) = L(\Delta x_v(t))$、$Q_1(s) = L(\Delta Q_1(t))$，后面类似的情况与此类同，不再一一标记。

（2）控制腔动力学方程

控制腔动力学方程：

$$Q_1 - A_1\dot{y} = \frac{V_1}{\beta}\frac{\mathrm{d}P_1}{\mathrm{d}t} \tag{3.9}$$

其中，β 为液体弹性模量；V_1 为控制腔体积；y 为计量活门位移。其稳态点线性化方程为

$$\Delta Q_1 = A_1\Delta\dot{y} + \frac{V_1}{\beta}\frac{\mathrm{d}\Delta P_1}{\mathrm{d}t} \tag{3.10}$$

其拉普拉斯变换为

$$Q_1(s) = A_1 s y(s) + \frac{V_1}{\beta}s P_1(s) \tag{3.11}$$

（3）计量活门动力学方程

设计单腔控制计量活门时，在左腔加入了弹簧。作用在计量活门上的力为左腔压力、右腔压力、左腔弹簧力、摩擦力和液动力，不考虑液动力的情况下，计量活门动力学方程为

$$m\ddot{y} = A_1 P_1 - A_2 P_s - B_s\dot{y} - K_s y \tag{3.12}$$

其中，m 为计量活门阀芯质量；B_s 为等效阻尼系数；K_s 为弹簧刚度。其稳态点线性化方程为

$$m\Delta\ddot{y} = A_1\Delta P_1 - B_s\Delta\dot{y} - K_s\Delta y \tag{3.13}$$

其拉普拉斯变换为

$$m s^2 y(s) = A_1 P_1(s) - B_s s y(s) - K_s y(s) \tag{3.14}$$

（4）模块 2 的传递函数

联立式（3.8）、式（3.11），得

$$P_1(s) = \frac{1}{\dfrac{V_1}{\beta}s + K_{c1}}(K_{q1}x_v(s) - A_1 s y(s)) \tag{3.15}$$

联立式（3.14）、式（3.15），得

$$y(s) = \frac{A_1 K_{q1}}{\dfrac{mV_1}{\beta}s^3 + \left(mK_{c1} + \dfrac{B_s V_1}{\beta}\right)s^2 + \left(\dfrac{K_s V_1}{\beta} + B_s K_{c1} + A_1^2\right)s + K_s K_{c1}}x_v(s) \tag{3.16}$$

（5）电液伺服计量装置线性模型

单腔电液伺服计量装置开环传递函数为

$$G(s) = \frac{y(s)}{I(s)} = \frac{y(s)}{x_v(s)} \frac{x_v(s)}{I(s)}$$

$$= \frac{K_1 \omega_n^2 A_1 K_{q1}}{(s^2 + 2\zeta\omega_n s + \omega_n^2)\left[\dfrac{mV_1}{\beta}s^3 + \left(mK_{c1} + \dfrac{B_s V_1}{\beta}\right)s^2 + \left(\dfrac{K_s V_1}{\beta} + B_s K_{c1} + A_1^2\right)s + K_s K_{c1}\right]}$$

$$\tag{3.17}$$

2）电液伺服阀阀芯反向移动 x_v 的情况

（1）电液伺服阀流量特性方程

当电液伺服阀阀芯反向移动 x_v 时，从计量活门控制腔流出的流量 Q_1 为

$$Q_1 = C_q w x_v \sqrt{\frac{2}{\rho}(P_1 - P_0)} \tag{3.18}$$

其中，C_q 为流量系数；w 为电液伺服阀阀芯面积梯度；x_v 为电液伺服阀阀芯位移。其稳态点线性化方程为

$$\Delta Q_1 = K_{q2}\Delta x_v + K_{c2}\Delta P_1 \tag{3.19}$$

其中，

$$K_{q2} = \frac{\partial Q_1}{\partial x_v}\bigg|_0 = \left[C_q w \sqrt{\frac{2}{\rho}(P_1 - P_0)}\right]_0 \tag{3.20}$$

$$K_{c2} = \frac{\partial Q_1}{\partial P_1}\bigg|_0 = \left[C_q w x_v \sqrt{\frac{1}{2\rho(P_1 - P_0)}}\right]_0 \tag{3.21}$$

其拉普拉斯变换为

$$Q_1(s) = K_{q2}x_v(s) + K_{c2}P_1(s) \tag{3.22}$$

（2）控制腔动力学方程

控制腔动力学方程：

$$A_1\dot{y} - Q_1 = \frac{V_1}{\beta}\frac{\mathrm{d}P_1}{\mathrm{d}t} \tag{3.23}$$

其中，β 为液体弹性模量；V_1 为控制腔体积；y 为计量活门位移。其稳态点线性化方程为

$$A_1\Delta\dot{y} = \Delta Q_1 + \frac{V_1}{\beta}\frac{\mathrm{d}\Delta P_1}{\mathrm{d}t} \tag{3.24}$$

其拉普拉斯变换为

$$A_1 s y(s) = Q_1(s) + \frac{V_1}{\beta} s P_1(s) \tag{3.25}$$

（3）计量活门动力学方程

作用在计量活门上的力为左腔压力、右腔压力、左腔弹簧力、摩擦力和液动力，不考虑液动力的情况下，计量活门动力学方程为

$$m\ddot{y} = A_2 P_s - A_1 P_1 - B_s \dot{y} - K_s y \tag{3.26}$$

其中，m 为计量活门阀芯质量；B_s 为等效阻尼系数；K_s 为等效弹簧刚度系数。其稳态点线性化方程为

$$m\Delta\ddot{y} = - A_1 \Delta P_1 - B_s \Delta\dot{y} - K_s \Delta y \tag{3.27}$$

其拉普拉斯变换为

$$m s^2 y(s) = - A_1 P_1(s) - B_s s y(s) - K_s y(s) \tag{3.28}$$

（4）模块 2 传递函数

联立式（3.22）、式（3.25），得

$$P_1(s) = \frac{1}{\dfrac{V_1}{\beta} s + K_{c2}} (A_1 s y(s) - K_{q2} x_v(s)) \tag{3.29}$$

联立式（3.28）、式（3.29），得

$$y(s) = \frac{A_1 K_{q2}}{\dfrac{m V_1}{\beta} s^3 + \left(m K_{c2} + \dfrac{B_s V_1}{\beta}\right) s^2 + \left(\dfrac{K_s V_1}{\beta} + B_s K_{c2} + A_1^2\right) s + K_s K_{c2}} x_v(s) \tag{3.30}$$

（5）电液伺服计量装置线性模型

当电液伺服阀阀芯反向移动 x_v 时，单腔电液伺服计量装置开环传递函数为

$$G(s) = \frac{y(s)}{I(s)} = \frac{y(s)}{x_v(s)} \frac{x_v(s)}{I(s)}$$

$$= \frac{K_1 \omega_n^2 A_1 K_{q2}}{(s^2 + 2\zeta\omega_n s + \omega_n^2)\left[\dfrac{m V_1}{\beta} s^3 + \left(m K_{c2} + \dfrac{B_s V_1}{\beta}\right) s^2 + \left(\dfrac{K_s V_1}{\beta} + B_s K_{c2} + A_1^2\right) s + K_s K_{c2}\right]} \tag{3.31}$$

3.2.4 设计算例

某型电液伺服计量装置参数如表 3.1 所示。

表 3.1　某型电液伺服计量装置参数

参　　数	单　位
计量活门无杆腔面积 A_1	m^2
计量活门有杆腔面积 A_2	m^2
计量活门活塞质量 m	kg
电液伺服阀流量系数 C_q	—
电液伺服阀面积梯度 w	m
液体弹性模量 β	Pa
供油压力 P_s	Pa
回油压力 P_0	Pa
阻尼系数 B_s	N·s/m
油液密度 ρ	kg/m^3
弹簧刚度 K_s	N/m
控制腔压力 P_1	Pa
无杆腔初始容积 V_1	m^3
计量前后压差 ΔP	Pa
单腔正向负载压力 P_L	Pa
电液伺服阀阀芯位移 x_v	m

单腔电液伺服计量活门位移正向运动开环传递函数为

$$G(s) = \frac{0.002\,252}{\begin{array}{l} 3.881 \times 10^{-17}s^5 + 2.113 \times 10^{-14}s^4 + 9.87 \times 10^{-8}s^3 + \\ 1.985 \times 10^{-5}s^2 + 1.558 \times 10^{-3}s + 6.423 \times 10^{-7} \end{array}}$$

单腔电液伺服计量活门位移正向运动开环传递函数伯德图如图 3.7 所示。

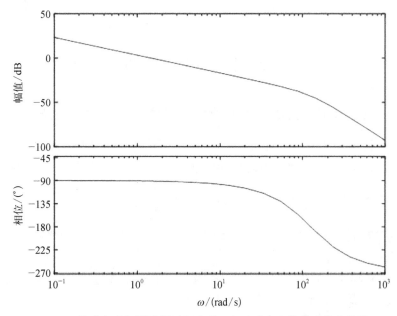

图 3.7　单腔电液伺服计量活门位移正向运动开环传递函数伯德图

单腔电液伺服计量活门位移反向运动开环传递函数为

$$G(s) = \frac{0.002\,134}{\begin{array}{l}3.881 \times 10^{-17}s^5 + 2.115 \times 10^{-14}s^4 + 9.87 \times 10^{-8}s^3 + \\ 1.985 \times 10^{-5}s^2 + 1.558 \times 10^{-3}s + 6.778 \times 10^{-7}\end{array}}$$

单腔电液伺服计量活门位移反向运动开环传递函数伯德图如图 3.8 所示。

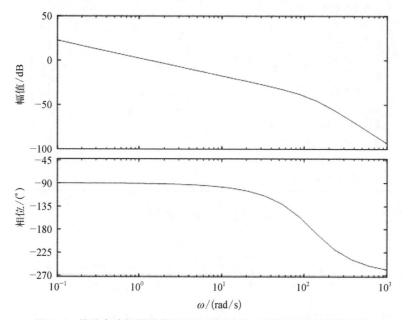

图 3.8　单腔电液伺服计量活门位移反向运动开环传递函数伯德图

3.3　高速占空比伺服主燃油流量计量

3.3.1　高速占空比伺服主燃油流量计量执行机构设计方法

高速占空比电磁阀是一个工作在"开"和"关"两种状态的数字比例电磁阀,采用脉宽-脉频混合调制方式工作,控制线圈中通过周期为 T 的阶梯、三角颤振波电流时,挡板活门"开""关"一次,处于打开状态的时间为 T_1,定义占空比为 $s_1 = \dfrac{T_1}{T}$,活门每秒通、断的次数为脉冲频率 f,当 $s_1 = 50\%$ 时,$f = 40\,Hz$,当 s_1 变化时,f 也作相应的变化。

占空比电磁阀液压放大器可设计为出口节流面积一定而进口节流面积可变的液压放大器,占空比电磁阀燃油流量计量执行机构如图 3.9 所示。

设占空比电磁阀工作全"开"状态时,其控制腔压力为

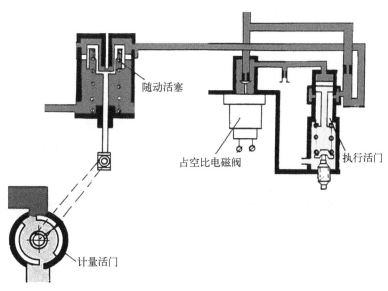

图 3.9 占空比电磁阀燃油流量计量执行机构

$$P_{c1} = \frac{\left(\dfrac{\mu_1 A_1}{\mu_2 A_2}\right)^2 P_1 + P_0}{\left(\dfrac{\mu_1 A_1}{\mu_2 A_2}\right)^2 + 1} = f(A_1) \tag{3.32}$$

其中,P_1、P_0、P_{c1} 分别为进口油压、出口油压、控制腔油压;A_1、A_2 分别为进口节流孔面积、出口节流孔面积;μ_1、μ_2 分别为进口节流孔流量系数、出口节流孔流量系数。

设占空比电磁阀节流孔为圆形,主燃油伺服系统的定压油压力为 $P_1 = 2.1\,\mathrm{MPa}$、回油压力为 $P_0 = 0.2\,\mathrm{MPa}$,则液压放大器控制腔压力与节流孔直径 d_1 的特性关系如图 3.10 所

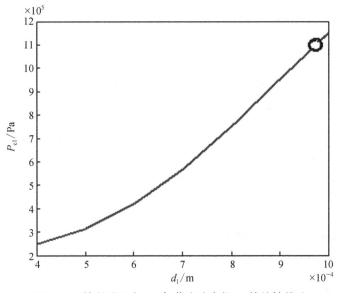

图 3.10 控制腔压力 P_{c1} 与节流孔直径 d_1 的特性关系

示。同时,占空比电磁阀工作全"开"时控制腔压力工作在 P_{c1} = 1. 1 MPa,则通过占空比电磁阀节流孔的压差为 ΔP = 1. 0 MPa,其对应的节流孔直径 d_1 = 0. 975 mm。

节流孔流量为

$$Q_1 = \mu\left(\frac{\pi}{4}d_1^2\right)\sqrt{\frac{2}{\rho}\Delta P} \tag{3.33}$$

当节流孔的压差为 ΔP = 1. 0 MPa 的情况下,节流孔流量 Q_1 与节流孔直径 d_1 的特性关系如图 3. 11 所示。

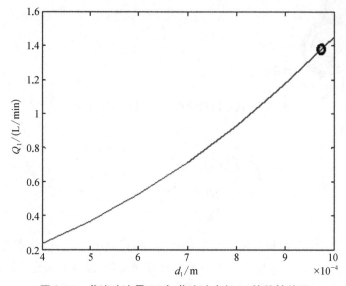

图 3.11   节流孔流量 Q_1 与节流孔直径 d_1 的特性关系

从而可知当节流孔直径取 d_1 = 0. 975 mm, Q_1 = 1. 38 L/min,因此,占空比电磁阀的额定工作点设计参数为

$$\Delta P_d = 1. 0 \text{ MPa}, \quad Q_{1d} = 1. 38 \text{ L/min}, \quad f_d = 40 \text{ Hz}$$

占空比电磁活门工作一个周期,液压放大器控制腔的平均压力为

$$P_{c1m} = \frac{P_{c1}T_1 + P_0(T - T_1)}{T} = (P_{c1} - P_0)s_1 + P_0 = f(s_1) \tag{3.34}$$

可知,当 s_1 = 50% 时, P_{c1m} = 0. 65 MPa,控制腔的平均压力与占空比的特性关系如图 3. 12 所示。

3.2.2   随动活塞下腔弹簧刚度设计方法

燃油流量计量活门按等压差方法设计,设压差的设计值为 ΔP = 1. 1 MPa,随动活塞位移 y 与燃油流量 m_f 要求具有图 3. 13 的特性关系。

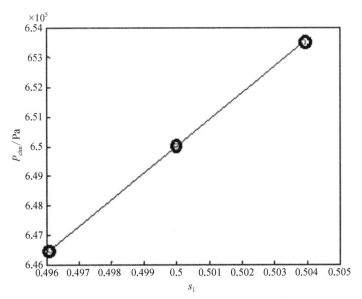

图 3.12　控制腔平均压力 P_{c1m} 与占空比 s_1 的特性关系

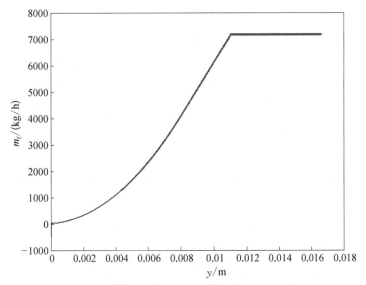

图 3.13　随动活塞位移 y 与燃油流量 m_f 的特性关系

随动活塞作为占空比电磁阀的二级放大器,随动活塞上腔可设计为进口节流面积一定而出口节流面积可变的液压放大器,其控制腔压力为

$$P_{c2} = \frac{\left(\dfrac{\mu_3 A_3}{\mu_x A_x}\right)^2 P_1 + P_0}{\left(\dfrac{\mu_3 A_3}{\mu_x A_x}\right)^2 + 1} = f(A_x) \qquad (3.35)$$

其中, P_1、P_0 分别为随动活塞上腔进口油压、出口油压; P_{c2} 为控制腔油压; A_3、A_x 分别为

进口节流孔面积、出口节流孔面积；μ_3、μ_x 分别为进口节流孔流量系数、出口节流孔流量系数；随动活塞下腔作用着半定压油 $P_{d2} = 1.05$ MPa，并作用着刚度为 K_{s2} 的弹簧，要求弹簧具有的预紧力 $F_{s20} = 40$ N。

设液压放大器出口节流孔为随执行活门位移 x 变化、半径为 r 的弓形孔，则弓形孔面积 A_x 计算如下：

$$\text{if } x \leqslant 0$$
$$A_x = 0$$
$$\text{else if } 0 < x \leqslant r$$
$$\theta = 4\arcsin\left(\sqrt{\frac{x}{2r}}\right)$$
$$A_x = \frac{1}{2}\theta r^2 - r(r-x)\sin\left(\frac{\theta}{2}\right)$$
$$\text{else if } (r < x \text{ and } x \leqslant 2r)$$
$$y = 2r - x$$
$$\theta = 4\arcsin\left(\sqrt{\frac{y}{2r}}\right)$$
$$A_x = \pi r^2 - \left[\frac{1}{2}\theta r^2 - r(r-x)\sin\left(\frac{\theta}{2}\right)\right]$$
$$\text{else}$$
$$A_x = \pi r^2$$
$$\text{end}$$

半径为 $r = 0.75$ mm 时，执行活门位移 x 与弓形孔面积 A_x 具有近似的线性特性关系，如图 3.14 所示。

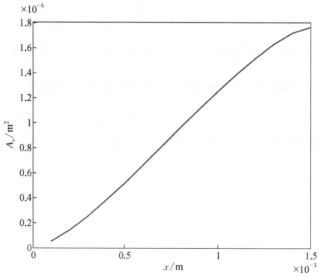

图 3.14 执行活门位移 x 与弓形孔面积 A_x 近似的线性关系

控制腔压力 P_{c2} 与执行活门位移 x 的特性关系如图 3.15 所示。

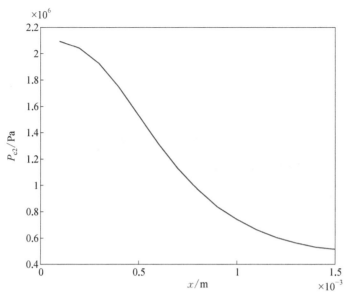

图 3.15　控制腔压力 P_{c2} 与位移 x 的特性关系

控制腔压力梯度 $\dfrac{\mathrm{d}P_{c2}}{\mathrm{d}x}$ 与执行活门位移 x 的特性关系如图 3.16 所示。

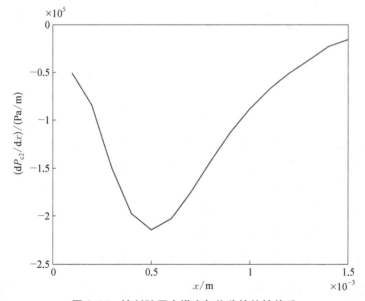

图 3.16　控制腔压力梯度与位移的特性关系

如果将控制腔压力梯度绝对值为最大的工作点取为设计点,则控制腔压力灵敏度最大,控制的压力范围也最大,是设计时考虑的一个主要因素。

设随动活塞运动的工作长度为 $L = 11$ mm,以随动活塞运动长度的中点为设计点,随

动活塞直径 $D = 40$ mm，活塞杆直径 $d = 7$ mm，当在设计点稳定时，作用在随动活塞上的力平衡方程为

$$P_{c2} \frac{\pi}{4} D^2 = P_{d2} \frac{\pi}{4} (D^2 - d^2) + F_{s20} + K_{s2} \frac{L}{2} \tag{3.36}$$

则可求出 P_{c2} 和 K_{s2} 的关系如下：

$$P_{c2} = P_{d2} \left(1 - \frac{d^2}{D^2} \right) + \frac{(4F_{s20} + 2K_{s2}L)}{\pi D^2} \tag{3.37}$$

控制腔压力 P_{c2} 与弹簧刚度 K_{s2} 的特性关系如图 3.17 所示。

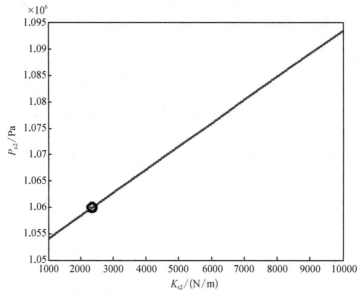

图 3.17　控制腔压力 P_{c2} 与弹簧刚度 K_{s2} 的特性关系

取 $P_{c2} = 1.06$ MPa，则弹簧刚度的设计值为 $K_{s2} = 2.35$ N/mm。

同理，由随动活塞在上止点 $y_1 = 0.06$ mm 和下止点 $y_2 = 11$ mm 达到稳态时，对应燃油流量为 0 和最大的设计要求，可得 $P_{c21} = 1.05$ MPa，$P_{c22} = 1.07$ MPa，从而可确定随动活塞在其工作范围内，控制腔压力 P_{c2} 与随动活塞位移 y 的特性关系如图 3.18 所示。

控制腔压力与执行活门位移特性关系如图 3.19 所示。

3.3.3　高速占空比伺服执行活门下腔弹簧刚度的设计方法

设执行活门的直径为 $D = 8$ mm，A_4 为面积，下端的弹簧在活门未打开的 0 位时，弹簧预紧力为 $F_{s10} = 2$ N，当 $s_1 = 50\%$ 时，$P_{c1m} = 0.65$ MPa，此时要求将随动活塞控制到运动行程的中点，控制腔压力为 $P_{c2} = 1.06$ MPa，根据 P_{c2} 与执行活门位移的关系式（3.35），可得 $x = 0.739$ mm，执行活门力平衡方程为

$$P_{c1m} A_4 = P_0 A_4 + F_{s10} + K_{s1} x \tag{3.38}$$

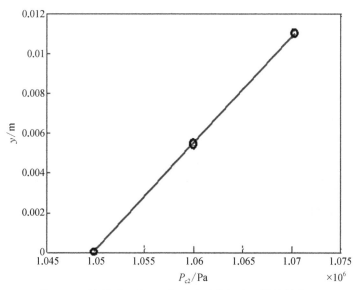

图 3.18　控制腔压力 P_{c2} 与随动活塞位移 y 的特性关系

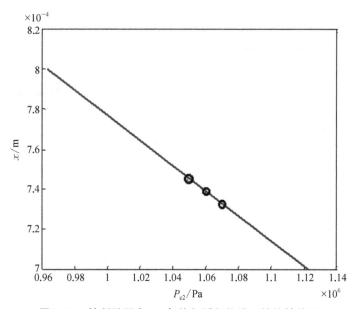

图 3.19　控制腔压力 P_{c2} 与执行活门位移 x 的特性关系

　　执行活门下腔弹簧刚度的设计值由式(3.38)求得为 K_s = 27.895 N/mm。执行活门控制腔压力 P_{c1m} 与执行活门位移 x 的变化特性如图 3.20 所示。

　　占空比 s_1 与执行活门位移 x 的变化特性如图 3.21 所示。

3.3.4　高速占空比伺服主燃油流量计量执行机构非线性模型

　　基于上述设计参数,建立的 AMESim 高速占空比伺服主燃油流量计量执行机构非线性模型如图 3.22 所示。

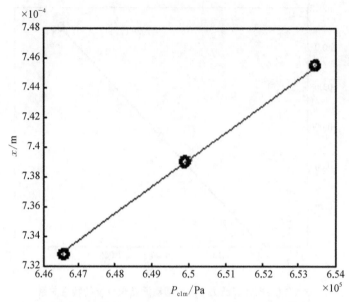

图 3.20   控制腔压力 P_{clm} 与执行活门位移 x 的特性关系

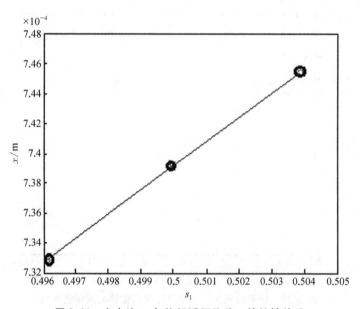

图 3.21   占空比 s_1 与执行活门位移 x 的特性关系

对高速占空比伺服主燃油流量计量执行机构非线性模型加入占空比输入测试信号如图 3.23 所示。

随动活塞位移响应输出曲线如图 3.24 所示。

3.3.5   最小二乘法主燃油执行机构系统辨识模型

主燃油执行机构的线性模型采用系统辨识的方法可以获得。进行系统辨识时，首先

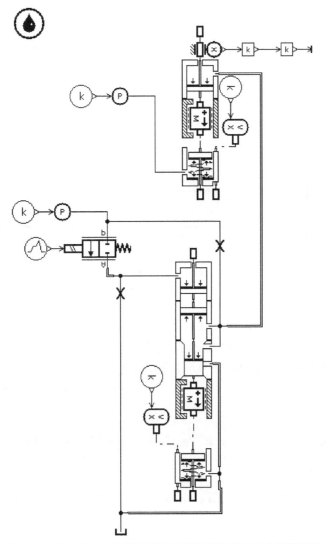

图 3.22　高速占空比伺服主燃油流量计量执行机构非线性模型

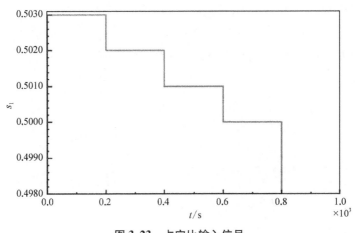

图 3.23　占空比输入信号

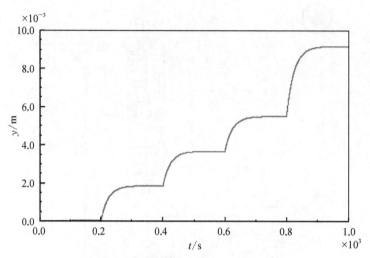

图 3.24　随动活塞位移响应输出曲线

要对时间连续系统的输入输出信号通过采样获得离散的输入输出数字信号,其次通过某种辨识算法建立离散数学模型,再通过数学模型之间的等价变换获得连续系统的微分方程,最后经过拉普拉斯变换获得系统的传递函数模型。

设 T_s 为采样周期,对连续时间系统的输入、输出在信号采样时刻取值,分别记为 $u(kT_s)$ 和 $y(kT_s)$,并简记为 $u(k)$ 和 $y(k)$。设单输入单输出线性系统的差分方程为

$$y(k) = -a_1 y(k-1) - \cdots - a_{n_a} y(k-n_a) + b_1 u(k-1) - \cdots - b_{n_b} u(k-n_b) + v(k) \tag{3.39}$$

对于 k 的一系列取值,设 L 为数据长度,可得一个线性方程组,改写为矩阵方程:

$$\begin{bmatrix} y(1) \\ y(2) \\ \vdots \\ y(L) \end{bmatrix} = \begin{bmatrix} -y(0) & \cdots & -y(1-n_a) & u(0) & \cdots & u(1-n_b) \\ -y(1) & \cdots & -y(2-n_a) & u(1) & \cdots & u(2-n_b) \\ \vdots & \ddots & \vdots & \vdots & \ddots & \vdots \\ -y(L-1) & \cdots & -y(L-n_a) & u(L-1) & \cdots & u(L-n_b) \end{bmatrix} \begin{bmatrix} a_1 \\ \vdots \\ a_{n_a} \\ b_1 \\ \vdots \\ b_{n_b} \end{bmatrix} + \begin{bmatrix} v(1) \\ v(2) \\ \vdots \\ v(L) \end{bmatrix} \tag{3.40}$$

令

$$y_L = \begin{bmatrix} y(1) & y(2) & \cdots & y(L) \end{bmatrix}^T \tag{3.41}$$

$$\theta = \begin{bmatrix} a_1 & \cdots & a_{n_a} & b_1 & \cdots & b_{n_b} \end{bmatrix}^T \tag{3.42}$$

$$v_L = \begin{bmatrix} v(1) & v(2) & \cdots & v(L) \end{bmatrix}^T \tag{3.43}$$

$$H_L = \begin{bmatrix} h^{\mathrm{T}}(1) \\ h^{\mathrm{T}}(2) \\ \vdots \\ h^{\mathrm{T}}(L) \end{bmatrix} = \begin{bmatrix} -y(0) & \cdots & -y(1-n_a) & u(0) & \cdots & u(1-n_b) \\ -y(1) & \cdots & -y(2-n_a) & u(1) & \cdots & u(2-n_b) \\ \vdots & \ddots & \vdots & \vdots & \ddots & \vdots \\ -y(L-1) & \cdots & -y(L-n_a) & u(L-1) & \cdots & u(L-n_b) \end{bmatrix}$$

$$(3.44)$$

则

$$y_L = H_L \theta + v_L \tag{3.45}$$

定义最小误差准则函数：

$$J(\theta) = (y_L - H_L\theta)^{\mathrm{T}}(y_L - H_L\theta) \tag{3.46}$$

则极小化误差准则函数对 θ 的一阶偏导数在参数估计 $\hat{\theta}$ 上存在以下关系：

$$\frac{\partial J(\theta)}{\partial \theta} = -2(y_L - H_L\hat{\theta})^{\mathrm{T}} H_L = 0 \tag{3.47}$$

即

$$\hat{\theta} = (H_L^{\mathrm{T}} H_L)^{-1} H_L^{\mathrm{T}} y_L \tag{3.48}$$

同时由于误差准则函数的二阶偏导数在参数估计 $\hat{\theta}$ 上满足：

$$\left. \frac{\partial^2 J(\theta)}{\partial \theta^2} \right|_{\theta = \hat{\theta}} = 2H_L^{\mathrm{T}} H_L > 0 \tag{3.49}$$

可见参数估计 $\hat{\theta}$ 必使准则函数达到最小,因此 $\hat{\theta}$ 为最小二乘估计值。

对于输入输出采样数据 $\{u(k)\}$、$\{y(k)\}$ 和模型：

$$y(k) = G(z^{-1})u(k) + N(z^{-1})v(k) \tag{3.50}$$

假设采用最小二乘法已获得了参数估计量 $\hat{G}(z^{-1})$ 和 $\hat{N}(z^{-1})$,则模型的输出残差为

$$\varepsilon(k) = \hat{N}^{-1}(z^{-1})[y(k) - \hat{G}(z^{-1})u(k)] \tag{3.51}$$

如果输出残差序列 $\{\varepsilon(k)\}$ 近似是零均值的白噪声序列,则认为所获得的辨识模型是有效的。

采用系统辨识最小二乘法可以建立燃油执行机构的线性模型,并可获得系统高斯白噪声下的参数无偏、一致估计量。基于 AMESim 液压机械主燃油执行机构非线性模型,对模型进行带噪声的阶跃响应试验,设在 $0 \sim 200 \mathrm{~s}$ 内,对占空比高速电磁阀加入 0.5 的带噪声占空比输入信号,在第 200 s 时刻,加入幅值为 0.001 的带噪声占空比阶跃激励信号,如图 3.25 所示。

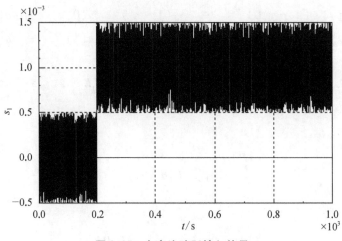

图 3.25　占空比阶跃输入信号

随动活塞位移阶跃响应输出曲线如图 3.26 所示。

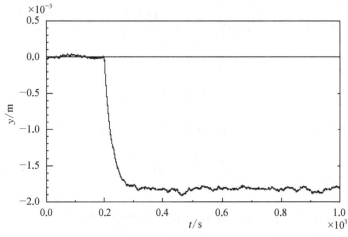

图 3.26　随动活塞位移阶跃响应输出曲线

采样周期 $T_s = 0.1\,\mathrm{s}$，对采样的离散输入输出数字信号进行最小二乘法模型辨识，对离散传递函数模型采用双线性变换公式进行变换，即

$$\begin{cases} G_a(s) = G_{ad}(z) \\ z = \dfrac{1 + \dfrac{sT_s}{2}}{1 - \dfrac{sT_s}{2}} \end{cases} \qquad (3.52)$$

可得燃油执行机构传递函数模型为

$$G_a(s) = \frac{-1.496}{s^2 + 19.86s + 0.818\,7}$$

其极点：

$$pole\_G_a = \begin{bmatrix} -19.821\,5 & -0.041\,3 \end{bmatrix}$$

模型的拟合度为 97.06%，辨识模型和采样数据基本吻合，模型较为合适。

3.4　高速占空比伺服加力燃油流量计量

加力燃油流量计量主要为涡扇发动机在加力状态时，根据飞行条件、压气机后压力和油门杆指令为加力燃烧室提供加力状态所需的加力燃油流量。加力燃油流量计量系统分为燃油供给部件如加力 I 区燃油流量计量、加力内涵燃油流量计量和加力外涵燃油流量计量，还包括其他功能性部件，如定压活门、断油活门、加力锁定活门与加力锁定电磁阀、指令油活门、应急切断活门等。

本节研究涡扇发动机加力燃油流量计量执行机构的动态特性。

3.4.1　加力 I 区燃油流量计量执行机构动态非线性模型

加力 I 区燃油流量计量执行机构采用等压差变截面积计量结构，如图 3.27 所示，主要由计量活门、等压差控制器、高速电磁阀和位移传感器组成，其中等压差控制器主要由压差活门、弹簧和节流嘴组成。

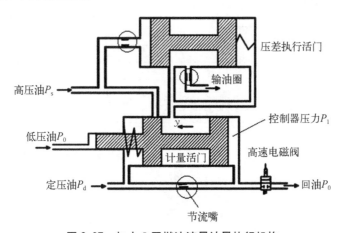

图 3.27　加力 I 区燃油流量计量执行机构

加力 I 区燃油流量计量工作原理：I 区燃油计量系统的计量方式是典型的等压差变面积计量方式，当计量前后压力差保持不变时，通过控制计量面积 A 进行燃油体积流量的计量：

$$Q = C_q A \sqrt{\frac{2}{\rho}\Delta P} \tag{3.53}$$

其中，C_q 为燃油流量系数；A 为计量面积；ΔP 为燃油流量计量前后压力差；ρ 为燃油密度。

压差活门阀芯左端作用着计量前的油源压力,阀芯右端作用着弹簧力和经过计量活门后进入压差活门右腔的控制腔油压,因此,压差活门感受到计量活门前和计量活门后的压力,所构成的压力差与设定的右腔弹簧力始终保持平衡,当计量活门前后压力差与设定的右腔弹簧力不平衡时,就会使压差活门运动,从而使计量活门前后压差始终和弹簧力保持平衡。如当计量前燃油压力增大时,压差活门右移,计量活门后压力增大,使压差活门向左移动形成负反馈,对计量活门前后压力差进行调节,使计量活门前后压力差保持不变。

同时,Ⅰ区计量活门阀芯左端作用着回油压力、定压油压力和弹簧力,右端作用着高速电磁阀控制的无杆腔油压,其中定压油通过节流嘴进入右端无杆腔,经高速电磁阀流往低压腔,组成变出口节流面积的液压放大器,通过调节高速电磁阀的占空比可以改变无杆腔压力,从而控制计量活门阀芯的位置。

等压差变节流面积的Ⅰ区燃油流量计量执行机构 AMESim 模型如图 3.28 所示。

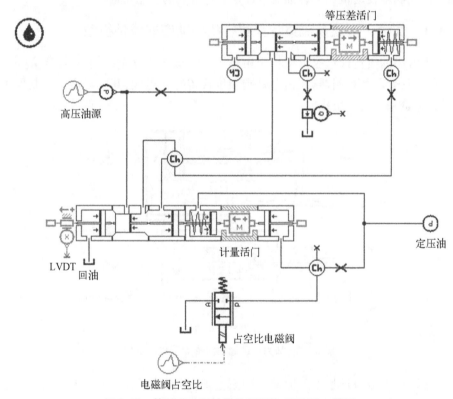

图 3.28　等压差Ⅰ区计量执行机构 AMESim 模型

机构通过调整压差活门弹簧的预压缩量,改变计量活门前后压差,使计量前后压差满足设计要求,同时在稳定状态时通过调整定压油进口节流嘴的直径以满足高速电磁阀占空比的设计要求。

3.4.2　加力Ⅰ区燃油流量计量执行机构线性模型

加力Ⅰ区燃油流量计量执行机构线性模型为从高速电磁阀输入占空比 *PWM* 至计量

活门阀芯位移输出 y 的传递函数,可将其分为两个串联环节,其一为从高速电磁阀输入占空比 PWM 信号至高速电磁阀等效流通面积 A_f 的传递函数,其二为从高速电磁阀等效流通面积 A_f 至计量活门阀芯位移 y 的传递函数。

从高速电磁阀输入占空比 PWM 信号至高速电磁阀等效流通面积 A_f 的传递函数可等效为通用二阶传递函数模型:

$$G_1(s) = \frac{A_f(s)}{PWM(s)} = \frac{K_1 \omega_n^2}{s^2 + 2\zeta \omega_n s + \omega_n^2} \tag{3.54}$$

其中,K_1 为稳态增益;ω_n 为自然频率;ζ 为阀门阻尼比。

从高速电磁阀等效流通面积 A_f 至计量活门阀芯位移 y 的传递函数推导如下。

设伺服油压力为 P_d 和回油压力为 P_0,计量活门控制腔压力为 P_1,计量活门阀芯运动 y 的方向如图中箭头方向为正。

1. 节流嘴和高速电磁阀流量-压力特性

从定压油流进计量活门控制腔的流量为

$$Q_1 = C_{q1} A_J \sqrt{\frac{2}{\rho}(P_d - P_1)} \tag{3.55}$$

其中,C_{q1} 为节流嘴流量系数;A_J 为定压油流进计量活门控制腔时通过的固定节流嘴流通面积。对其进行线性化,并经拉普拉斯变换得

$$Q_1(s) = -K_{c1} P_1(s) \tag{3.56}$$

从计量活门控制腔经过高速电磁阀流出的流量为

$$Q_2 = C_{q2} A_f \sqrt{\frac{2}{\rho}(P_1 - P_0)} \tag{3.57}$$

对其进行线性化,并经拉普拉斯变换得

$$Q_2(s) = K_{q2} A_f(s) - K_{c2} P_1(s) \tag{3.58}$$

其中,C_{q2} 为高速电磁阀流量系数;A_f 为高速电磁阀等效流通面积。

$$K_{q1} = \frac{\partial Q_1}{\partial A_J} = \left[C_{q1} \sqrt{\frac{2}{\rho}(P_d - P_1)} \right]_0 \tag{3.59}$$

$$K_{c1} = -\frac{\partial Q_1}{\partial P_1} = \left[C_{q1} A_J \sqrt{\frac{1}{2\rho(P_d - P_1)}} \right]_0 \tag{3.60}$$

$$K_{q2} = \frac{\partial Q_2}{\partial A_f} = \left[C_{q2} \sqrt{\frac{2}{\rho}(P_1 - P_0)} \right]_0 \tag{3.61}$$

$$K_{c2} = -\frac{\partial Q_2}{\partial P_1} = \left[-C_{q2} A_f \sqrt{\frac{1}{2\rho(P_1 - P_0)}} \right]_0 < 0 \tag{3.62}$$

2. 计量活门控制腔流量连续性方程

$$\sum Q = Q_1 - Q_2 - A_1 \frac{\mathrm{d}y}{\mathrm{d}t} = \frac{V_{01}}{\beta_e} \frac{\mathrm{d}P_1}{\mathrm{d}t} \tag{3.63}$$

其中，V_{01} 为控制腔体积；β_e 为燃油弹性模量；P_1 为控制腔压力；A_1 为计量活门面积。式(3.63)线性化,经拉普拉斯变换,并将式(3.56)、式(3.58)代入得

$$K_q A_f(s) - K_c P_1(s) = A_1 s y(s) + \frac{V_{01}}{\beta_e} s P_1(s) \tag{3.64}$$

其中,

$$K_q = -K_{q2}, \quad K_c = K_{c1} - K_{c2} \tag{3.65}$$

3. 计量活门阀芯力平衡方程

Ⅰ区计量活门阀芯主要受到回油压力、定压油压力、弹簧力、控制腔的压力和摩擦力的综合作用,计量活门力平衡非线性微分方程为

$$m\ddot{y} = A_1 P_1 - A_2 P_d - K_f \dot{y} - K(y_0 + y) - P_0 A_0 \tag{3.66}$$

其中,m 为计量活门阀芯质量；K_f 为阀芯黏性阻尼系数；K 为弹簧刚度系数；A_2 为定压油作用面积；A_0 为回油压力作用面积；y_0 为稳态点弹簧压缩量。

对式(3.66)进行线性化,经过拉普拉斯变换后,得

$$(ms^2 + K_f s + K)y(s) = A_1 P_1(s) \tag{3.67}$$

联立式(3.64)、式(3.67),得

$$G_2(s) = \frac{y(s)}{A_f(s)} = \frac{\dfrac{K_q}{A_1}}{\dfrac{mV_{01}}{\beta_e A_1^2}s^3 + \left(\dfrac{mK_c}{A_1^2} + \dfrac{K_f V_{01}}{\beta_e A_1^2}\right)s^2 + \left(\dfrac{KV_{01}}{\beta_e A_1^2} + \dfrac{K_f K_c}{A_1^2} + 1\right)s + \dfrac{KK_c}{A_1^2}} \tag{3.68}$$

则,加力Ⅰ区燃油流量计量执行机构线性模型：

$$G(s) = G_2(s)G_1(s) = \frac{y(s)}{A_f(s)} \frac{A_f(s)}{PWM(s)} = \frac{y(s)}{PWM(s)}$$

$$= \frac{K_l \omega_n^2 \dfrac{K_q}{A_1}}{(s^2 + 2\zeta\omega_n s + \omega_n^2)\left[\dfrac{mV_{01}}{\beta_e A_1^2}s^3 + \left(\dfrac{mK_c}{A_1^2} + \dfrac{K_f V_{01}}{\beta_e A_1^2}\right)s^2 + \left(\dfrac{KV_{01}}{\beta_e A_1^2} + \dfrac{K_f K_c}{A_1^2} + 1\right)s + \dfrac{KK_c}{A_1^2}\right]} \tag{3.69}$$

则

$$G(s) = \frac{-2.592 \times 10^6}{1.63 \times 10^{-9}s^5 + 0.000\,120\,6s^4 + 11.05s^3 + 3\,886s^2 + 6.969 \times 10^5 s + 2.549 \times 10^5}$$

对加力 I 区计量活门在 $0.1 \sim 500 \, \text{ras/s}$ 频率段内进行非线性模型和线性模型的频谱特性对比仿真试验,如图 3.29 所示。

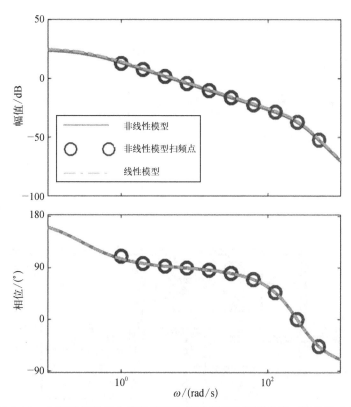

图 3.29 I 区计量活门非线性模型和线性模型的频谱特性对比仿真曲线

加力 I 区电磁阀占空比输入信号如图 3.30 所示, I 区计量活门非线性模型和线性模型计量活门位移时域对比曲线如图 3.31 所示。

3.4.3 内、外涵燃油流量计量执行机构动态非线性模型

加力内、外涵燃油流量计量执行机构的结构相同,二者仅在计量活门型面的设计上有所区别,因此本小节主要研究加力内涵燃油流量计量执行机构的动态模型。

加力内涵燃油流量计量执行机构如图 3.32 所示,主要由燃油计量部件和等压差控制器组成,燃油计量部件由计量活门、高速电磁阀和节流嘴组成,加力内涵等压差控制器由压差活门、执行活门和节流嘴等组成。

加力内涵燃油流量计量执行机构工作原理:加力内涵燃油流量计量采用等压差变截面积计量结构,但由于计量燃油流量大,因此等压差调节机构采用了压差活门和执行活门协同调节的结构。

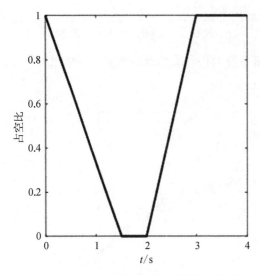

图 3.30 加力 I 区电磁阀占空比输入信号

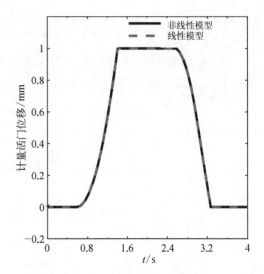

图 3.31 加力 I 区计量活门非线性模型和线性模型时域位移仿真对比曲线

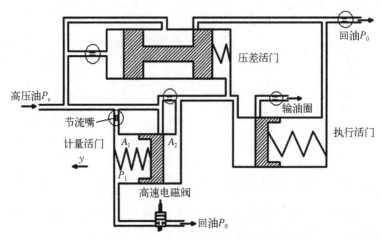

图 3.32 加力内涵燃油流量计量执行机构

压差活门阀芯左端作用着计量活门前的油源压力,阀芯右端作用着弹簧力和经过计量活门后进入压差活门右腔的控制腔油压,因此,压差活门感受到计量活门前和计量活门后的压力,所构成的压力差与设定的右腔弹簧力始终保持平衡,当计量活门前后压力差与设定的右腔弹簧力不平衡时,使压差活门运动,同时改变了执行活门右腔的压力,控制了执行活门的位置,从而控制了计量活门出口流向燃油分配器节流面积,使计量后的控制腔压力发生变化,导致压差活门移动形成负反馈,对计量活门前后压力差进行调节,使计量活门前后压差始终和弹簧力保持平衡。如当燃油计量前油压增大时,压差活门阀芯右移,开大计量前经压差活门通往执行活门右腔的节流孔面积,导致执行活门阀芯左移,进而关小从计量活门后通往燃油分配器节流孔面积,使得计量活门后的油压升高,压差活门阀芯向左移动,并使计量活门前后燃油压差减小,这种调节过程不断进行,直至使计量活门前后压力差与设定的右腔弹簧力达到平衡。加力内涵燃油流量计量执行机构增加了一级放大机构,计量燃油流量工作范围增大,但等压差调节机构稳定性变差,超调量增大,设计的难度也会增大。

加力内涵计量活门阀芯右端作用着计量出口燃油压力,左端作用着控制腔燃油压力和弹簧力,高压油经节流嘴流入计量活门左端弹簧控制腔,经高速电磁阀流出,形成变出口节流面积的液压放大器,通过控制高速电磁阀的占空比,使左端弹簧控制腔压力变化,从而控制计量活门阀芯的位置。

等压差变节流面积的加力内涵燃油流量计量执行机构 AMESim 模型如图 3.33 所示。

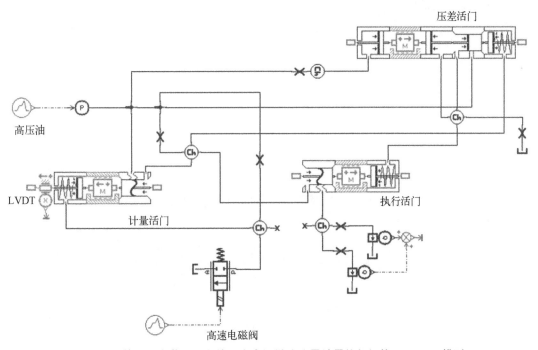

图 3.33　等压差变节流面积的加力内涵燃油流量计量执行机构 AMESim 模型

3.4.4　内、外涵燃油流量计量执行机构线性模型

加力内、外涵燃油流量计量执行机构线性模型为从高速电磁阀输入占空比 PWM 至计量活门阀芯位移输出 y 的传递函数,可将其分为两个串联环节,其一为从高速电磁阀输入占空比 PWM 信号至高速电磁阀等效流通面积 A_f 的传递函数 $G_1(s)$,其二为从高速电磁阀等效流通面积 A_f 至计量活门阀芯位移 y 的传递函数 $G_2(s)$。

从高速电磁阀输入占空比 PWM 信号至高速电磁阀等效流通面积 A_f 的传递函数可等效为通用二阶传递函数模型:

$$G_1(s) = \frac{A_f(s)}{PWM(s)} = \frac{K_1 \omega_n^2}{s^2 + 2\zeta \omega_n s + \omega_n^2} \tag{3.70}$$

其中,K_1 为稳态增益,ω_n 为自然频率,ζ 为阀门阻尼比。

从高速电磁阀等效流通面积 A_f 至计量活门阀芯位移 y 的传递函数推导如下。

设泵后压力为 P_s 和回油压力为 P_0，计量活门控制腔压力为 P_1，计量活门阀芯运动 y 的方向如图中箭头方向为正。

1. 节流嘴和高速电磁阀流量-压力特性

从定压油流进计量活门控制腔的流量为

$$Q_1 = C_{q1}A_J\sqrt{\frac{2}{\rho}(P_s - P_1)} \tag{3.71}$$

对其进行线性化，得

$$Q_1(s) = -K_{c1}P_1(s) \tag{3.72}$$

从计量活门控制腔经过高速电磁阀流出的流量为

$$Q_2 = C_{q2}A_f\sqrt{\frac{2}{\rho}(P_1 - P_0)} \tag{3.73}$$

对其进行线性化，得

$$Q_2(s) = K_{q2}A_f(s) - K_{c2}P_1(s) \tag{3.74}$$

其中，C_{q1} 为节流嘴流量系数；A_J 为固定节流嘴面积；C_{q2} 为高速电磁阀流量系数；A_f 为高速电磁阀等效流通面积。

$$K_{q1} = \frac{\partial Q_1}{\partial A_J} = \left[C_{q1}\sqrt{\frac{2}{\rho}(P_s - P_1)}\right]_0 \tag{3.75}$$

$$K_{c1} = -\frac{\partial Q_1}{\partial P_1} = \left[C_{q1}A_J\sqrt{\frac{1}{2\rho(P_s - P_1)}}\right]_0 \tag{3.76}$$

$$K_{q2} = \frac{\partial Q_2}{\partial A_f} = \left[C_{q2}\sqrt{\frac{2}{\rho}(P_1 - P_0)}\right]_0 \tag{3.77}$$

$$K_{c2} = -\frac{\partial Q_2}{\partial P_1} = \left[-C_{q2}A_f\sqrt{\frac{1}{2\rho(P_1 - P_0)}}\right]_0 < 0 \tag{3.78}$$

2. 计量活门控制腔流量连续性方程

$$\sum Q = Q_1 - Q_2 + A_1\frac{dy}{dt} = \frac{V_{01}}{\beta_e}\frac{dP_1}{dt} \tag{3.79}$$

其中，V_{01} 为控制腔体积；β_e 为燃油弹性模量；P_1 为控制腔压力；A_1 为计量活门面积。式 (3.79) 线性化，经拉普拉斯变换，并将式 (3.72)、式 (3.74) 代入得

$$K_qA_f(s) - K_cP_1(s) = -A_1sy(s) + \frac{V_{01}}{\beta_e}sP_1(s) \tag{3.80}$$

其中,

$$K_q = -K_{q2}, K_c = K_{c1} - K_{c2} \tag{3.81}$$

3. 计量活门阀芯力平衡方程

内涵计量活门阀芯主要受到左端控制腔的压力、右端计量后燃油压力、弹簧力和摩擦力的综合作用,计量活门力平衡非线性微分方程为

$$m\ddot{y} = -A_1 P_1 + A_2 P_2 - K_f \dot{y} - K(y + y_0) \tag{3.82}$$

其中,m 为计量活门阀芯质量;K_f 为阀芯黏性阻尼系数;K 为弹簧刚度系数;A_2 为右端计量后燃油压力作用面积;P_2 为计量后燃油压力;y_0 为稳态点弹簧压缩量。

对式(3.82)进行线性化,经过拉普拉斯变换后,得

$$(ms^2 + K_f s + K)y(s) = -A_1 P_1(s) \tag{3.83}$$

联立式(3.80)、式(3.83),得

$$G_2(s) = \frac{y(s)}{A_f(s)} = \cfrac{-\dfrac{K_q}{A_1}}{\dfrac{mV_{01}}{\beta_e A_1^2}s^3 + \left(\dfrac{mK_c}{A_1^2} + \dfrac{K_f V_{01}}{\beta_e A_1^2}\right)s^2 + \left(\dfrac{KV_{01}}{\beta_e A_1^2} + \dfrac{K_f K_c}{A_1^2} + 1\right)s + \dfrac{KK_c}{A_1^2}} \tag{3.84}$$

则,加力内涵燃油流量计量执行机构线性模型为

$$
\begin{aligned}
G(s) &= G_2(s)G_1(s) = \frac{y(s)}{A_f(s)}\frac{A_f(s)}{PWM} = \frac{y(s)}{PWM(s)} \\[2mm]
&= \cfrac{-K_1\omega_n^2\dfrac{K_q}{A_1}}{(s^2 + 2\zeta\omega_n s + \omega_n^2)\left[\dfrac{mV_{01}}{\beta_e A_1^2}s^3 + \left(\dfrac{mK_c}{A_1^2} + \dfrac{K_f V_{01}}{\beta_e A_1^2}\right)s^2 + \left(\dfrac{KV_{01}}{\beta_e A_1^2} + \dfrac{K_f K_c}{A_1^2} + 1\right)s + \dfrac{KK_c}{A_1^2}\right]}
\end{aligned}
\tag{3.85}
$$

则

$$G(s) = \frac{2.184 \times 10^6}{1.086 \times 10^{-8}s^5 + 6.057 \times 10^{-5}s^4 + 13.04s^3 + 4588s^2 + 8.231 \times 10^5 s + 7.378 \times 10^4}$$

加力外涵燃油流量计量执行机构线性模型与加力内涵类似,此处不再赘述。

加力内涵计量活门在 0.1~500 rad/s 频率段内非线性模型和线性模型的频谱特性对比仿真曲线如图 3.34 所示。

加力内涵高速电磁阀阶跃输入曲线如图 3.35 所示,加力内涵计量活门非线性模型和线性模型时域位移响应对比曲线如图 3.36 所示。

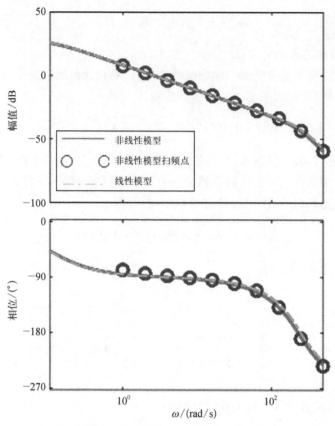

图 3.34 加力内涵计量活门非线性模型和线性模型的频谱特性对比仿真曲线

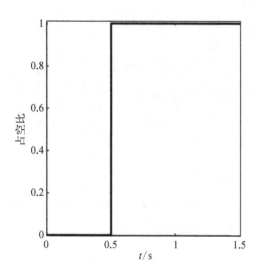

图 3.35 加力内涵电磁阀阶跃输入曲线

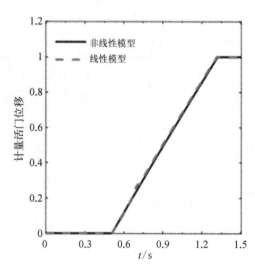

图 3.36 加力内涵计量活门非线性模型和线性模型时域位移响应对比曲线

3.5　喷口喉道面积调节

3.5.1　喷口喉道面积调节执行机构动态非线性模型

涡扇发动机在加力状态时,为了保证发动机正常工作,需要对喷口喉道面积进行调节。喷口喉道面积调节执行机构主要由高速电磁阀、分油活门、节流嘴、作动筒和位移传感器等组成,其结构如图 3.37 所示。

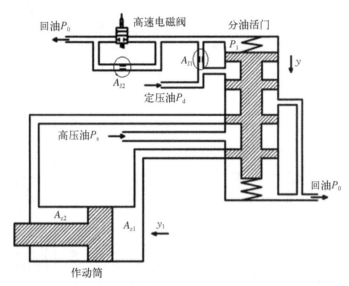

图 3.37　喷口喉道面积调节执行机构结构

喷口喉道面积调节执行机构工作原理:喷口喉道面积调节执行机构通过二级液压放大作用,使作动筒能克服发动机加力状态尾喷口产生的巨大气动载荷,其中一级液压放大器由节流嘴、高速电磁阀、分油活门组成,定压油通过节流嘴流入分油活门控制腔,并经高速电磁阀等效面积流出至低压回油腔,改变电磁阀占空比可改变高速电磁阀等效面积,以对控制腔压力进行调节,实现对分油活门的位移控制,其中占空比信号在 50% 时喷口喉道面积调节执行机构处于平衡状态;二级液压放大器由分油活门、弹簧和作动筒组成,分油活门阀芯位移控制泵后高压油流向作动筒的流量,同时控制从作动筒液压腔流向回油腔的流量,从而控制作动筒位移。分油活门阀芯主要受到分油活门阀芯上端控制腔压力、定压油压力、下腔回油压力和弹簧力作用。如当高速电磁阀占空比减小,使得分油活门阀芯上端控制腔压力增大,分油活门下移,泵后高压油流向作动筒无杆腔,有杆腔燃油流回低压回油腔,使得作动筒左移,对喷口喉道面积调节进行调节。

喷口喉道面积调节执行机构 AMESim 非线性模型如图 3.38 所示。

3.5.2　喷口喉道面积调节执行机构线性模型

喷口执行机构主要由高速电磁阀、节流嘴、分油活门和作动筒所组成,其线性模型由

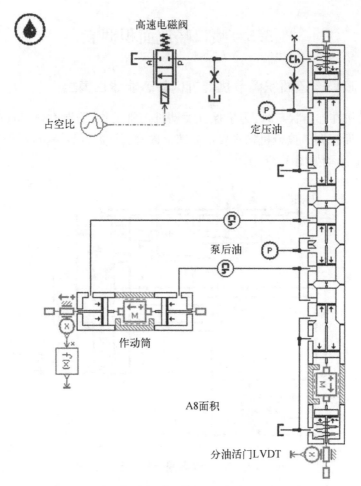

图 3.38　喷口喉道面积调节执行机构 AMESim 模型

高速电磁阀动态模型、分油活门动态模型和作动筒动态模型串联而成。

1. 高速电磁阀模型

高速电磁阀通用二阶等效模型如下：

$$G_1(s) = \frac{A_f(s)}{PWM(s)} = \frac{K_1 \omega_n^2}{s^2 + 2\zeta\omega_n s + \omega_n^2}$$

其中，ω_n 为高速电磁阀固有频率；ζ 为阻尼比；K_1 为稳态增益。

2. 分油活门模型

分油活门结构如图 3.39 所示，伺服油压力 P_d、回油压力 P_0、泵后油压力 P_s、分油活门阀芯位移方向 y 以图中箭头方向为正。

分油活门节流嘴特性和高速电磁阀特性推导如下。

定压油经节流嘴面积 A_{J1} 流进分油活门控制腔的流量为

$$Q_1 = C_{q1}A_{J1}\sqrt{\frac{2}{\rho}(P_d - P_1)} \tag{3.86}$$

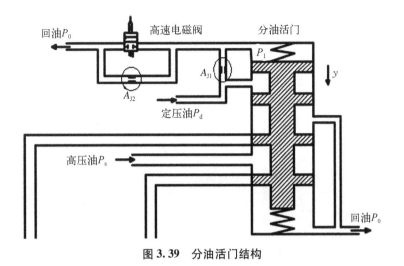

图 3.39 分油活门结构

对其进行线性化和拉普拉斯变换,得

$$Q_1(s) = -K_{c1}P_1(s) \tag{3.87}$$

通过高速电磁阀从分油活门控制腔流出的流量为

$$Q_2 = C_{q2}A_f\sqrt{\frac{2}{\rho}(P_1 - P_0)} \tag{3.88}$$

对其进行线性化和拉普拉斯变换,得

$$Q_2(s) = K_{q2}A_f(s) - K_{c2}P_1(s) \tag{3.89}$$

由分油活门控制腔经节流嘴面积 A_{J2} 流出的流量为

$$Q_3 = C_{q3}A_{J2}\sqrt{\frac{2}{\rho}(P_1 - P_0)} \tag{3.90}$$

对其进行线性化和拉普拉斯变换,得

$$Q_3(s) = -K_{c3}P_1(s) \tag{3.91}$$

其中, A_{J1} 为定压油流入控制腔的固定节流嘴面积; A_f 为高速电磁阀等效开口面积; A_{J2} 为从分油活门控制腔流出的固定节流嘴面积。

$$K_{q1} = \frac{\partial Q_1}{\partial A_{J1}} = \left[C_{q1}\sqrt{\frac{2}{\rho}(P_d - P_1)}\right]_0 \tag{3.92}$$

$$K_{c1} = -\frac{\partial Q_1}{\partial P_1} = \left[C_{q1}A_{J1}\sqrt{\frac{1}{2\rho(P_d - P_1)}}\right]_0 \tag{3.93}$$

$$K_{q2} = \frac{\partial Q_2}{\partial A_f} = \left[C_{q2}\sqrt{\frac{2}{\rho}(P_1 - P_0)}\right]_0 \tag{3.94}$$

$$K_{c2} = -\frac{\partial Q_2}{\partial P_1} = \left(-C_{q2}A_f \sqrt{\frac{1}{2\rho(P_1 - P_0)}} \right)_0 < 0 \tag{3.95}$$

$$K_{q3} = \frac{\partial Q_3}{\partial A_{J2}} = \left(C_{q3}\sqrt{\frac{2}{\rho}(P_1 - P_0)} \right)_0 \tag{3.96}$$

$$K_{c3} = -\frac{\partial Q_3}{\partial P_1} = \left(-C_{q3}A_{J2} \sqrt{\frac{1}{2\rho(P_1 - P_0)}} \right)_0 < 0 \tag{3.97}$$

分油活门控制腔流量连续性方程推导如下:

$$\sum Q = Q_1 - Q_2 - Q_3 - A_1\frac{dy}{dt} = \frac{V_{01}}{\beta_e}\frac{dP_1}{dt} \tag{3.98}$$

其中, V_{01} 为控制腔体积; β_e 为燃油弹性模量; P_1 为控制腔压力。对其进行线性化和拉普拉斯变换,联立式(3.87)、式(3.89)、式(3.91)得

$$K_qA_f(s) - K_cP_1(s) = A_1sy(s) + \frac{V_{01}}{\beta_e}sP_1(s) \tag{3.99}$$

其中, A_1 为计量活门控制腔压力作用在计量活门上端的面积。

$$K_q = -K_{q2}; \quad K_c = K_{c1} - K_{c2} - K_{c3} \tag{3.100}$$

分油活门阀芯动力学方程为

$$m_1\ddot{y} = A_1P_1 - A_2P_d - A_3P_0 - K_f\dot{y} + K_1(y_0 - y) - K_2(y_0 + y) \tag{3.101}$$

式(3.101)在稳态点线性化和拉普拉斯变换,得

$$(m_1s^2 + K_fs + K)y(s) = A_1P_1(s) \tag{3.102}$$

$$K = K_1 + K_2 \tag{3.103}$$

其中, m_1 为分油活门阀芯质量; K_f 为分油活门阀芯黏性阻尼系数; K_1 为分油活门上腔弹簧刚度系数; K_2 为分油活门下腔弹簧刚度系数; A_1 为分油活门控制腔压力作用面积; A_2 为定压油作用面积; A_3 为回油压力作用面积。

联立式(3.99)、式(3.102),得分油活门位移对高速电磁阀等效流通面积的传递函数:

$$G_2(s) = \frac{y(s)}{A_f(s)} = \frac{\dfrac{K_q}{A_1}}{\dfrac{m_1V_{01}}{\beta_e A_1^2}s^3 + \left(\dfrac{m_1K_c}{A_1^2} + \dfrac{K_fV_{01}}{\beta_e A_1^2}\right)s^2 + \left(\dfrac{KV_{01}}{\beta_e A_1^2} + \dfrac{K_fK_c}{A_1^2} + 1\right)s + \dfrac{KK_c}{A_1^2}}$$

$$\tag{3.104}$$

3. 作动筒模型

设喷口作动筒左右两腔压力分别为 P_{z2}、P_{z1},面积分别为 A_{z2}、A_{z1},体积分别为 V_{z02}、

V_{z01}，分油活门节流孔的流量系数都为 C_{qz}，分油活门向下运动 y 时，高压油 P_s 经过分油活门流进作动筒右腔的流量为 Q_{z1}，从作动筒左腔经过分油活门流出的流量为 Q_{z2}，作动筒运动方向 y_1 如图所示方向为正，作动筒右腔体积为 V_{z01}，则

$$Q_{z1} = C_q wy \sqrt{\frac{2}{\rho}(P_s - P_{z1})} \tag{3.105}$$

对其进行线性化，得

$$Q_{z1}(s) = K_{qz1} y(s) - K_{cz1} P_{z1}(s) \tag{3.106}$$

其中，

$$K_{qz1} = \frac{\partial Q_{z1}}{\partial y} = \left[C_q w \sqrt{\frac{2}{\rho}(P_s - P_{z1})} \right]_0 \tag{3.107}$$

$$K_{cz1} = -\frac{\partial Q_{z1}}{\partial P_{z1}} = \left[C_q wy \sqrt{\frac{1}{2\rho(P_s - P_{z1})}} \right]_0 \tag{3.108}$$

同理：

$$Q_{z2} = C_q wy \sqrt{\frac{2}{\rho}(P_{z2} - P_0)} \tag{3.109}$$

对其进行线性化，得

$$Q_{z2}(s) = K_{qz2} y(s) - K_{cz2} P_{z2}(s) \tag{3.110}$$

其中，

$$K_{qz2} = \frac{\partial Q_{z2}}{\partial y} = C_q w \sqrt{\frac{2}{\rho}(P_{z2} - P_0)} \tag{3.111}$$

$$K_{cz2} = -\frac{\partial Q_{z2}}{\partial P_{z2}} = \left[-C_q wy \sqrt{\frac{1}{2\rho(P_{z2} - P_0)}} \right]_0 < 0 \tag{3.112}$$

作动筒右腔流量连续性方程为

$$\sum Q = Q_{z1} - A_{z1} \frac{dy_1}{dt} = \frac{V_{z01}}{\beta_e} \frac{dP_{z1}}{dt} \tag{3.113}$$

对式(3.113)线性化，经拉普拉斯变换，并将式(3.106)代入得

$$K_{qz1} y(s) - K_{cz1} P_{z1}(s) - A_{z1} s y_1(s) = \frac{V_{z01}}{\beta_e} s P_{z1}(s) \tag{3.114}$$

$$P_{z1}(s) = \frac{K_{qz1} y(s) - A_{z1} s y_1(s)}{\dfrac{V_{z01}}{\beta_e} s + K_{cz1}} \tag{3.115}$$

同理,作动筒左腔流量连续性方程为

$$\sum Q = A_{z2}\frac{\mathrm{d}y_1}{\mathrm{d}t} - Q_{z2} = \frac{V_{z02}}{\beta_e}\frac{\mathrm{d}P_{z2}}{\mathrm{d}t} \tag{3.116}$$

对式(3.116)线性化,经拉普拉斯变换,并将式(3.110)代入得

$$A_{z2}sy_1(s) - K_{qz2}y(s) + K_{cz2}P_{z2}(s) = \frac{V_{z02}}{\beta_e}sP_{z2}(s) \tag{3.117}$$

$$P_{z2}(s) = \frac{A_{z2}sy_1(s) - K_{qz2}y(s)}{\dfrac{V_{z02}}{\beta_e}s - K_{cz2}} \tag{3.118}$$

作动筒动力学方程为

$$m_2\ddot{y}_1 = A_{z1}P_{z1} - A_{z2}P_{z2} - K_{fz}\dot{y}_1 \tag{3.119}$$

式(3.119)线性化,经拉普拉斯变换,得

$$(m_2s^2 + K_{fz}s)y_1(s) = A_{z1}P_{z1}(s) - A_{z2}P_{z2}(s) \tag{3.120}$$

并将式(3.115)、式(3.118)代入:

$$(m_2s^2 + K_{fz}s)y_1(s) = A_{z1}\frac{K_{qz1}y(s) - A_{z1}sy_1(s)}{\dfrac{V_{z01}}{\beta_e}s + K_{cz1}} - A_{z2}\frac{A_{z2}sy_1(s) - K_{qz2}y(s)}{\dfrac{V_{z02}}{\beta_e}s - K_{cz2}} \tag{3.121}$$

即

$$G_3(s) = \frac{y_1(s)}{y(s)} = \frac{num_1 \cdot s + num_0}{den_4 \cdot s^4 + den_3 \cdot s^3 + den_2 \cdot s^2 + den_1 \cdot s} \tag{3.122}$$

其中,

$$\begin{cases} num_1 = A_{z1}K_{qz1}b + A_{z2}K_{qz2}a \\ num_0 = -A_{z1}K_{qz1}K_{cz2} + A_{z2}K_{qz2}K_{cz1} \\ den_4 = m_2ab \\ den_3 = m_2(K_{cz1}b - K_{cz2}a) + K_{fz}ab \\ den_2 = K_{fz}(K_{cz1}b - K_{cz2}a) - m_2K_{cz1}K_{cz2} + A_{z1}^2b + A_{z2}^2a \\ den_1 = -K_{fz}K_{cz1}K_{cz2} - A_{z1}^2K_{cz2} + A_{z2}^2K_{cz1} \\ a = \dfrac{V_{z01}}{\beta_e} \\ b = \dfrac{V_{z02}}{\beta_e} \end{cases} \tag{3.123}$$

$$G(s) = \frac{y_1(s)}{PWM(s)} = \frac{y_1(s)}{y(s)} \frac{y(s)}{A_f(s)} \frac{A_f(s)}{PWM(s)} = G_3(s) G_2(s) G_1(s) \qquad (3.124)$$

3.6　燃油计量型孔几何设计

计量活门是航空发动机燃油流量计量执行机构中的重要元件,由计量活门和衬套组成,与等压差装置一起构成燃油流量计量机构,等压差装置保持了计量活门前后油压差的恒定,计量活门型孔的燃油体积流量为

$$W_f = \mu A \sqrt{\frac{2}{\rho} \Delta P} \qquad (3.125)$$

其中, A 为计量活门型孔的开度面积; W_f 为燃油体积流量; μ 为流量系数; ρ 为燃油密度; ΔP 为计量活门前后燃油压差。

给定由发动机主燃油、加力燃油控制计划确定的燃油体积流量随计量活门位移的变化函数曲线:

$$W_f = f(x) \qquad (3.126)$$

设计计量活门型孔的几何形状,这是反设计问题。通常,燃油体积流量随计量活门位移变化的关系为特殊的指数关系,为了降低加工工艺的难度,都采用按简单的几何组合方法进行设计。

燃油体积流量随计量活门位移的变化函数曲线 $W_f = f(x)$,在等压差的条件下换算为计量活门型孔面积与计量活门位移的变化函数曲线,换算关系为

$$A(x) = \frac{W_f}{\mu \sqrt{\frac{2}{\rho} \Delta P}} = \frac{f(x)}{\mu \sqrt{\frac{2}{\rho} \Delta P}} \qquad (3.127)$$

或

$$S(x) = \frac{A(x)}{2n} = \frac{W_f}{2n\mu \sqrt{\frac{2}{\rho} \Delta P}} = \frac{f(x)}{2n\mu \sqrt{\frac{2}{\rho} \Delta P}} \qquad (3.128)$$

$$S(x) = \frac{A(x)}{2n} \qquad (3.129)$$

其中, n 为对称型孔个数; $A(x)$ 为 n 个对称型孔总面积; $S(x)$ 为以 x 轴对称的单个型孔的上半部分面积。

简单几何元素主要有三角形、矩形、梯形,而梯形又可以分为三角形和矩形的组合,所以基本几何元素是三角形、矩形,计量型孔几何就是三角形和矩形两种基本几何元素的组

合。如果能够找到从计量型孔几何面积 $S(x)$ 或 $A(x)$ 与活门位移 x 的函数关系来确定计量型孔几何 y 与 x 的函数关系 $y = h(x)$，则任何复杂计量型孔几何都可以用这种组合的方法设计出来，因此，这种组合方法是一种通用的设计方法。以下从已知给定条件 $S(x)$ 或 $A(x)$，研究计量型孔几何 $y = h(x)$ 的计算方法，以此作为计量型孔几何设计的依据。

1. 三角形几何

根据图 3.40 所示的三角形几何面积 S 和位移 x 的关系，可得

$$y = kx = x\tan\alpha \tag{3.130}$$

$$S(x) = \frac{1}{2}xy = \frac{\tan\alpha}{2}x^2 \tag{3.131}$$

可见，三角形面积几何与 x 是抛物线关系，如图 3.41 所示，用抛物线标准公式表示为

$$S = \frac{1}{2p}x^2, \quad 焦点\left(0, \frac{p}{2}\right), \ p = \frac{1}{\tan\alpha} \tag{3.132}$$

则

$$y = h(x) = \frac{2S(x)}{x} \tag{3.133}$$

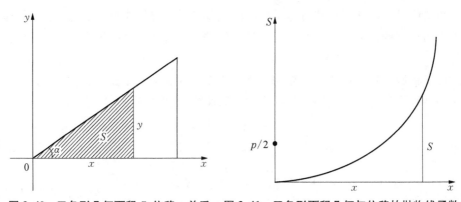

图 3.40　三角形几何面积 S、位移 x 关系　图 3.41　三角形面积几何与位移的抛物线函数关系

上述分析可知，如果型孔面积 $S(x)$ 或 $A(x)$ 和计量活门位移 x 是抛物线形状关系，则设计的计量型孔几何是三角形。

2. 矩形几何

根据图 3.42 所示的矩形几何面积 S 与位移 x 的关系，可得

$$y = B \tag{3.134}$$

$$S(x) = Bx = x\tan\beta \tag{3.135}$$

可见，矩形面积 S 与位移 x 是线性斜直线关系，如图 3.43 所示，则

$$y = f(x) = B = \tan\beta = \frac{S(x)}{x} \tag{3.136}$$

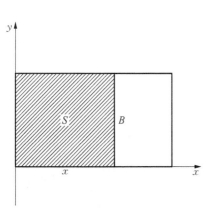 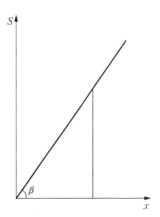

图 3.42　矩形几何面积 S、位移 x 关系　　**图 3.43　矩形面积几何与位移的斜直线关系**

上述分析可知,如果型孔面积 $S(x)$ 或 $A(x)$ 和计量活门位移 x 是斜直线形状,则设计的计量型孔几何是矩形。

3. 设计算例

已知燃油体积流量与计量活门位移的函数关系为 $W_f = f(x)$,对称型孔个数 $n = 1$,在等压差的条件下换算为计量活门型孔面积与计量活门位移的变化函数曲线 $A(x)$,如图 3.44 所示,计量型孔几何设计如下。

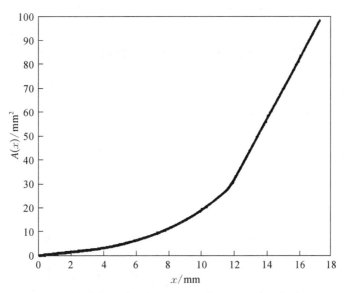

图 3.44　某计量活门开度面积 $A(x)$ 与位移 x 的函数关系图

首先采用观测法,根据已知的 $A(x)$ 函数关系画出面积曲线,把整个面积曲线分为几段,用分段的斜直线和抛物线近似代替原曲线,分段个数越多,逼近精度越好。从图 3.44 可知,将曲线大致分为 6 段较为合理,第 1 段和第 6 段的面积曲线形状是斜直线,按照上述原理设计的型孔几何应是矩形;中间 4 段的面积曲线形状是抛物线,设计的计量型孔几何应是三角形。因此,划分后的 6 段面积曲线如图 3.45 所示,由此确定每一段的端

点坐标为

$$G_{A1}(x_1, A_1) = G_{A1}(0, 0), \ G_{A2}(x_2, A_2) = G_{A2}(2.925, 2.2)$$

$$G_{A3}(x_3, A_3) = G_{A3}(6.8, 8.1), \ G_{A4}(x_4, A_4) = G_{A4}(8.8, 14)$$

$$G_{A5}(x_5, A_5) = G_{A5}(11.45, 26.7), G_{A6}(x_6, A_6) = G_{A6}(12, 31.9)$$

$$G_{A7}(x_7, A_7) = G_{A7}(17, 98)$$

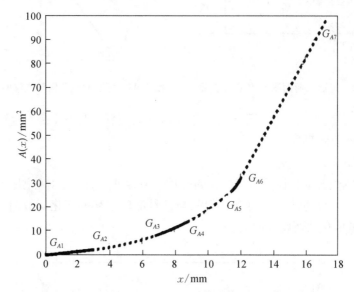

图 3.45　开度面积 $A(x)$ 与位移 x 的函数分段表示图

期望设计的计量型孔几何如图 3.46 所示,其中图 3.45 顶点坐标与图 3.46 顶点坐标的横坐标相同,待求的未知量为 B_1、α_2、α_3、α_4、α_5、B_6,即需求图 3.46 上计量型孔几何的 7 个顶点坐标:$G_{y1}(x_1, y_1)$、$G_{y2}(x_2, y_2)$、$G_{y3}(x_3, y_3)$、$G_{y4}(x_4, y_4)$、$G_{y5}(x_5, y_5)$、$G_{y6}(x_6, y_6)$、$G_{y7}(x_7, y_7)$。

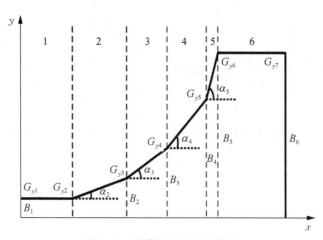

图 3.46　计量活门型面设计图

1）第 1 段计量型孔几何分析

图 3.45 第 1 段型孔面积 $A(x)$ 和计量活门位移 x 是斜直线形状，反求的型孔几何是矩形，如图 3.46 的第 1 段，由式（3.136）得矩形宽度：

$$y_2 = B_1 = \frac{A(x)}{2nx} = \frac{A_2}{2x_2} = \frac{2.2}{2 \times 2.925} = 0.376\ 1$$

2）中间 4 段计量型孔几何分析

中间的 4 段的面积几何均为曲边梯形，可分解为曲边三角形和矩形这两个基本元素。图 3.45 第 2 段与图 3.46 存在以下关系：

$$\frac{A_2}{2} + y_2(x_3 - x_2) + \frac{(x_3 - x_2)^2}{2}\tan(\alpha_2) = \frac{A_3}{2}$$

即

$$\tan(\alpha_2) = \frac{2\left\{\dfrac{A_3}{2} - \left[\dfrac{A_2}{2} + y_2(x_3 - x_2)\right]\right\}}{(x_3 - x_2)^2}$$

得

$$\alpha_2 = 11.245\ 1°$$

且

$$y_3 = y_2 + (x_3 - x_2)\tan(\alpha_2) = 1.146\ 5$$

同理，可得

$$\alpha_3 = 18.184\ 7°,\ \alpha_4 = 24.1°,\ \alpha_5 = 81.01°,\ B_6 = y_6 = 6.465\ 6$$

在图 3.46 上计量型孔几何的 7 个坐标顶点分别为

$$G_{y1}(x_1,\ y_1) = G_{y1}(0,\ 0.376\ 1),\ G_{y2}(x_2,\ y_2) = G_{y2}(2.925,\ 0.376\ 1)$$

$$G_{y3}(x_3,\ y_3) = G_{y3}(6.8,\ 1.146\ 5),\ G_{y4}(x_4,\ y_4) = G_{y4}(8.8,\ 1.803\ 5)$$

$$G_{y5}(x_5,\ y_5) = G_{y5}(11.45,\ 2.989),\ G_{y6}(x_6,\ y_6) = G_{y6}(12,\ 6.465\ 6)$$

$$G_{y7}(x_7,\ y_7) = G_{y7}(17,\ 6.465\ 6)$$

根据上述设计的计量型孔几何求出计量活门位移对应的面积，最大相对误差小于 0.5%。设计的燃油流量计量型孔几何如图 3.47 所示。

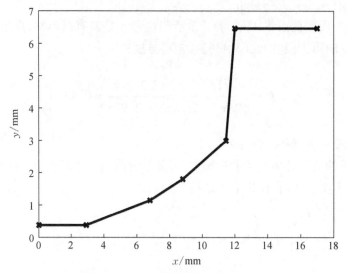

图 3.47　设计的燃油流量计量型孔几何

3.7　传感器动态特性补偿算法

3.7.1　一阶惯性环节传感器模型

对于动态特性为一阶惯性环节的传感器,当惯性环节时间常数较大时,传感器测量值在物理量真实值快速变化的情况下不能反映真实的动态变化特性,对控制系统的性能带来很大影响,甚至导致控制系统、监视诊断系统失效,对此类传感器的动态特性应进行补偿,使传感器测量系统能够快速、准确地反映真实物理量的动态变化情况,提高控制系统、监视诊断系统的有效性。本节将给出一种大时间常数的一阶惯性环节动态补偿算法。

以热电偶温度传感器为例,设热电偶传感器在 t 时刻测试气流的真实温度为 $T_{zs}(t)$,传感器采集到的温度为 $T_{cj}(t)$,由于热电偶的热传导惯性,$T_{cj}(t)$ 要落后 $T_{zs}(t)$ 一段时间,其物理过程描述为

$$mc\frac{\mathrm{d}T_{cj}(t)}{\mathrm{d}t} = q(t) \tag{3.137}$$

$$q(t) = \frac{T_{zs}(t) - T_{cj}(t)}{R} \tag{3.138}$$

其中, m 为热电偶线束质量; c 为热电偶线束比热; R 为热电偶线束与被测气流介质之间的热阻; $q(t)$ 为被测气流介质传给热电偶线束的热量。令 $\tau = mcR$, 则

$$\tau\frac{\mathrm{d}T_{cj}(t)}{\mathrm{d}t} + T_{cj}(t) = T_{zs}(t) \tag{3.139}$$

其拉普拉斯变换为

$$\frac{T_{cj}(s)}{T_{zs}(s)} = \frac{1}{\tau s + 1} \tag{3.140}$$

3.7.2　传感器动态补偿算法

给 $T_{zs}(t)$ 加入阶跃参考输入信号,设初值在 $t=0$ 时刻为稳态,热电偶的真实温度为 $T_{zs}(0)$,且阶跃输入的幅值为 ΔT_{zs},则

$$\Delta T_{zs}(t) = \begin{cases} 0 & t \leqslant 0 \\ \Delta T_{zs} & t > 0 \end{cases} \tag{3.141}$$

$$T_{zs}(s) = \frac{\Delta T_{zs}}{s} \tag{3.142}$$

$$T_{cj}(s) = \frac{1}{\tau s + 1}\frac{\Delta T_{zs}}{s} = \Delta T_{zs}\left(\frac{1}{s} - \frac{\tau}{\tau s + 1}\right) \tag{3.143}$$

其中,$T_{zs}(s) = L(\Delta T_{zs}(t))$;$T_{cj}(s) = L(\Delta T_{cj}(t))$。对上式进行拉普拉斯反变换,得

$$\Delta T_{cj}(t) = \Delta T_{zs}(1 - e^{-\frac{1}{\tau}t}) \tag{3.144}$$

由此,可根据 $T_{zs}(0)$ 和 $T_{cj}(0)$,求出 $T_{zs}(t)$,即

$$T_{zs}(t) = T_{zs}(0) + \frac{T_{cj}(t) - T_{cj}(0)}{(1 - e^{-\frac{1}{\tau}t})} \tag{3.145}$$

如镍铬-镍硅热电偶,$\tau = 0.4$,测量时刻 $\Delta t = 0.025$ s,$T_{cj}(0) = T_{zs}(0) = 800℃$,$T_{cj}(\Delta t) = 801℃$,则

$$T_{zs}(\Delta t) = 800 + \frac{801 - 800}{(1 - e^{-\frac{1}{0.4}0.025})} = 816.5℃$$

在一个采样周期内 $t_s = \Delta t$,采集温度与真实温度相差 $15.5℃$。

当 $\frac{1}{\tau}t \ll 1$ 时,式(3.145)中的指数函数可用其幂级数的展开:

$$e^{-\frac{1}{\tau}t} \approx 1 - \frac{1}{\tau}t + \frac{1}{2!}\left(\frac{1}{\tau}t\right)^2 - \frac{1}{3!}\left(\frac{1}{\tau}t\right)^3 \tag{3.146}$$

$$1 - e^{-\frac{1}{\tau}t} \approx \frac{1}{\tau}t - \frac{1}{2!}\left(\frac{1}{\tau}t\right)^2 + \frac{1}{3!}\left(\frac{1}{\tau}t\right)^3 \tag{3.147}$$

$$T_{zs}(t_s) = T_{zs}(0) + \frac{T_{cj}(t_s) - T_{cj}(0)}{\dfrac{t_s}{\tau} - \dfrac{1}{2}\left(\dfrac{t_s}{\tau}\right)^2 + \dfrac{1}{6}\left(\dfrac{t_s}{\tau}\right)^3} \tag{3.148}$$

对于热电偶温度传感器,测试点的气流温度越高、气流速度越大,惯性时间常数就越小,惯性时间常数 τ 是测试点换算流量和温度的二维函数关系,可通过二维插值实时求出。

设热电偶温度传感器时间常数 $\tau = 2.58$ s, 气体流量为 10 kg/s,气体总压为 1 000 kPa。气流真实温度与采用上述补偿算法后得到的温度曲线对比如图 3.48 所示,采用补偿算法得到的温度与真实温度几乎重合,而未补偿的测试温度与真实温度误差很大。

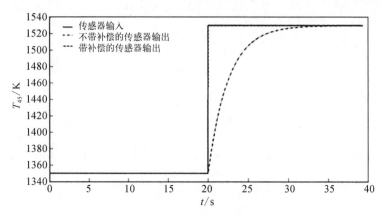

图 3.48　气流真实温度与采用上述补偿算法后得到的温度曲线对比

考虑发动机实际工作过程中温度变化趋势不一定是阶跃变化,上述温度补偿算法由于在推导中用到了阶跃输入的拉普拉斯变换特性,故不能完全应用于实际中。若在上述基础上将时间离散化,在每个仿真步长或采样时间 Δt 内,将温度的任意变化近似为阶跃变化,使得传感器测量值能够跟随待测值任意规律的动态变化,可得改进后的补偿算法为

$$T_{zs}(t + \Delta t) = T_{cj}(t) + \frac{T_{cj}(t + \Delta t) - T_{cj}(t)}{(1 - e^{-\frac{1}{\tau}\Delta t})} \tag{3.149}$$

或

$$T_{zs}(t + \Delta t) = T_{cj}(t) + \frac{T_{cj}(t + \Delta t) - T_{cj}(t)}{\dfrac{\Delta t}{\tau} - \dfrac{1}{2}\left(\dfrac{\Delta t}{\tau}\right)^2 + \dfrac{1}{6}\left(\dfrac{\Delta t}{\tau}\right)^3} \tag{3.150}$$

其中, Δt 代表小的时间范围(即仿真步长或者采样时间),在对当前时刻的测量值进行补偿时,认为前一时刻的测量值与真实值相等,即

$$T_{zs}(t) = T_{cj}(t) \tag{3.151}$$

并考虑温度从稳态开始测量,在初始时刻,传感器测量值与真实值相等,即

$$T_{zs}(0) = T_{cj}(0) \tag{3.152}$$

被测温度斜坡变化下,温度传感器补偿与未补偿对比曲线如图 3.49 所示,采用改进补偿算法得到的温度与真实温度几乎重合,而未补偿的测试温度与真实温度误差很大。

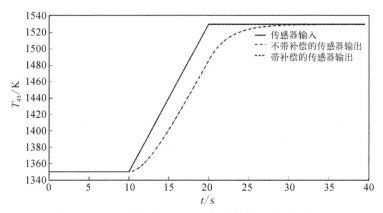

图 3.49　斜坡变化下温度传感器补偿对比曲线

被测温度 2 Hz 正弦变化下,温度传感器补偿与未补偿对比曲线如图 3.50 所示,采用改进补偿算法得到的温度与真实温度几乎重合,而未补偿的测试温度与真实温度误差很大。

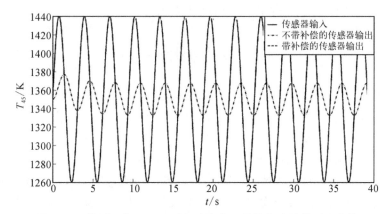

图 3.50　被测温度 2 Hz 正弦温度变化下补偿与未补偿对比曲线

第4章
控制计划

　　航空发动机控制计划是基于发动机工作特性和安全边界特性制定的、在全飞行包线内保证发动机安全运行、能够发挥发动机最佳性能的智能管理决策中心,是发动机控制系统的大脑,它能根据不同的飞行条件和发动机特性制定最佳合理的控制指令,控制系统根据这一指令对发动机实施控制,使发动机产生期望的推力,而不会造成发动机超转、超温、超压、喘振、熄火。为完成这一目标,需要设计完整合理的控制计划,包括稳态控制计划、过渡态控制计划、限制保护计划。

　　发动机类型不同,控制计划也因之而异,控制计划设计的合理性直接影响发动机的安全和性能发挥。本章以分开排气式大涵道比涡扇发动机为对象,讲授稳态控制计划、过渡态控制计划的分析和设计方法,稳态控制计划包括起飞推力计划、慢车推力计划、部分推力计划及推力计划设计方案和验证等内容,过渡态控制计划包括开环油气比计划和闭环 $Ndot$ 计划。

4.1　稳态控制计划

　　涡扇发动机控制系统设计要保证飞行员能够不受限制地在整个发动机工作包线范围内移动油门杆,而不会造成发动机喘振、超温、超转或任何其他超出工作极限的现象,为完成这一目标,应能够计算每一个油门杆位置所对应的参考指令值。

　　飞行员推力需求是主控回路的参考指令,参考指令可根据飞行员设置的油门杆位置通过计算获得,给定油门杆位置的主控回路设定点参考值对发动机进口条件的变化十分敏感,必须建立参考值与外界压力、外界温度和飞行马赫数的函数关系,称之为推力设定计划。推力设定计划主要包括三个部分: 起飞推力设定、慢车推力设定和部分推力设定。

　　分开排气式大涵道比涡扇发动机推力设定计划对飞行安全性的影响主要体现在飞机复飞时,发动机从低功率状态加速到起飞功率时所需时间的多少;而推力设定计划对发动机工作性能的影响主要体现在飞行员能否在飞机起飞和降落时快速精确地进行推力调节。

　　分开排气式大涵道比涡扇发动机喷口面积不可调,主回路中可供选择的被控参数一般有三个,即低压转子换算转速 N_{1cor}、发动机压比 EPR 和风扇外涵压比 FPR,控制输入为燃烧室燃油流量。选择哪个控制参数合适,是由发动机工作的性能要求决定的。GE 公司采用 N_{1cor} 作为稳态主控制参数,如 CFM56 系列发动机、GE90 等发动机;PW 公司采用 EPR 作为稳态主控制参数,如 JT9D – 7R4E、PW4000、V2500 等发动机;R. R 公司的三转子大涵道比发动机 RB211 – 524H 也采用 EPR 作为稳态主控制参数,RB211 – 535E4 采用

FPR 作稳态主控制参数。通过控制 N_{1cor}、EPR 和 FPR 以实现对推力的间接控制,相应的控制计划称之为推力计划或功率管理。

　　油门杆的主要功能是能够让飞行员可以感知到自身对推力控制的敏感度,以避免出现"推空"现象。EPR 控制相对于低压转子换算转速 N_{1cor} 控制,与发动机推力有更好的线性对应关系,如图 4.1 所示,选择 EPR 作为被控参数能够精确控制推力,但是需要主回路的控制器有很好的高频降噪能力,而从燃油流量到 EPR 的传递函数不具有低通滤波特点,对控制系统噪声抑制设计的要求很高,同时进口总压传感器安装在发动机进气锥上,易被外物损伤,从噪声抑制和安全性考虑欠佳。

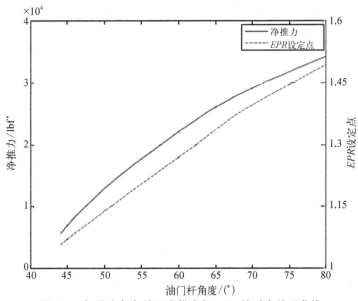

图 4.1　标准大气条件下净推力与 EPR 的对应关系曲线

　　采用 N_{1cor} 作主控回路的被控参数,从燃油流量到 N_{1cor} 的传递函数具有低通滤波特点,且易于测量,安全性高,从噪声抑制和安全性考虑方案较佳,但推力与 N_{1cor} 是非线性对应关系,为保证推力需求与油门杆的线性对应关系,需要设计 N_{1cor} 参考指令与油门杆的非线性对应关系,同时应考虑 N_{1cor} 参考指令与飞行条件(外界温度、压力、飞行高度和飞行马赫数)的相关性,需要对 N_{1cor} 参考指令进行修正。

4.1.1　推力影响因素分析

1. 环境温度的影响

　　环境温度 OAT 在温度拐点 CP 之前变化,按等推力进行设计;当环境温度超过温度拐点 CP 时,为保证高压涡轮部件的热强度,按等排气温度设计。其中温度拐点定义为推力设定计划切换的环境温度。

---

　　* 1 lbf = 4. 448 22 N。

推力设定计划随环境温度变化的规律如图 4.2 所示。推力设定计划按这种控制计划设计,其结果为: 在温度拐点 CP 之前,随环境温度增加,发动机推力保持不变,低压转子转速增加,发动机排气温度增加;在温度拐点 CP 之后,随环境温度增加,发动机排气温度保持不变,发动机推力下降,低压转子转速下降。

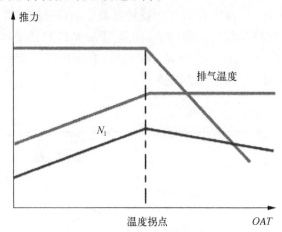

图 4.2   推力设定计划随环境温度变化的规律

2. 飞行高度影响

推力设定计划随飞行高度变化和环境温度变化的规律如图 4.3 所示。随飞行高度降低,在整个环境温度范围内,推力随环境温度变化曲线向上平移。

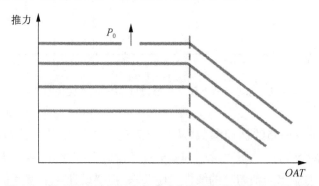

图 4.3   推力设定计划随飞行高度变化和环境温度变化的规律

3. 引气影响

推力设定计划随引气开或关变化的规律如图 4.4 所示。引气活门打开,在整个环境温度范围内,推力随环境温度变化曲线向下平移。

4. 飞行马赫数影响

推力设定计划随马赫数变化的规律如图 4.5 所示。随飞行马赫数增加,推力降低。

4.1.2   起飞推力计划

考虑上述因素对推力设定计划的影响,将起飞推力计划设计为环境温度的函数关系,如图 4.6 所示,包括两个独立的计划: 等推力计划(flat-rate schedule)和等排气温度计划。

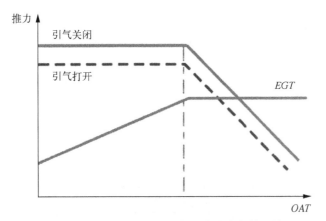

图 4.4 推力设定计划随引气开或关变化的规律

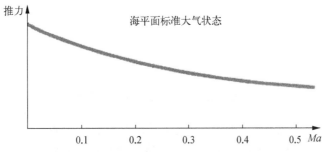

图 4.5 推力设定计划随马赫数变化的规律

等推力计划无论外界条件如何变化,发动机都能保持不变的推力;等排气温度计划无论外界条件如何变化,发动机都能保持不变的排气温度,以保证高压涡轮的温度限制条件。

起飞推力计划设计方案:

$$\begin{cases} N_{1TO} = f(T_H, P_H, Ma) \\ \text{或} \quad N_{1cor, TO} = C + \Delta N_{1cor, TO}(P_H, Ma) \end{cases} \quad T_H < CP \tag{4.1}$$

$$\begin{cases} N_{1TO} = f(T_H, Ma) \\ \text{或} \quad EGT = C + \Delta EGT(Ma) \end{cases} \quad T_H > CP \tag{4.2}$$

其中,下标 TO 表示起飞状态;C 表示常数。

在温度拐点 CP 之前,随环境温度 OAT 增加,发动机推力 F 保持不变,低压转子换算转速 N_{1cor} 不变,低压转子转速 N_1 增加,发动机排气温度增加;在温度拐点 CP 之后,随环境温度 OAT 增加,发动机排气温度 EGT 保持不变,发动机推力 F 下降,低压转子转速 N_1 下降。

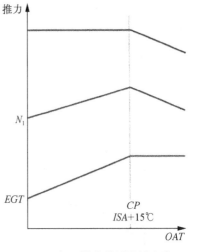

图 4.6 起飞推力计划设计方案

在制定起飞推力计划的设计方案时,还应考虑发动机性能退化对发动机排气温度 EGT 安全裕度影响的问题,以某发动机为例说明如下。

发动机性能退化下,排气度温 EGT 随环境温度的变化曲线如图4.7所示。定义 $OATL$ 为最大允许环境温度,在这一温度下排气温度将达到极限能力。当发动机性能退化时,EGT 线将整体向上平移,接近 EGT 限制值,导致发动机排气温度裕度 $EGTM$ 降低,从而导致 $OATL$ 的降低。随着 $OATL$ 值的减小,排气温度裕度 $EGTM$ 将减少,$OATL$ 每降低1℃,$EGTM$ 将减小约 3.2℃,一旦 $OATL < CP$ 且 $OAT \geqslant OATL$,则发动机排气温度裕度 $EGTM$ 为负值,将引发发动机排气温度超温,这种情况在起飞状态可能发生,如图4.7所示。

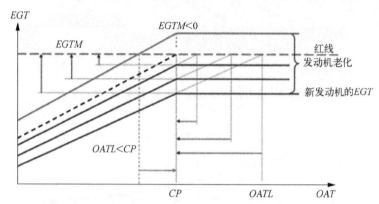

图 4.7　发动机性能退化下对发动机排气温度 EGT 的影响

因此,在设计起飞推力计划时,考虑到发动机服役后性能的退化,为保证发动机排气温度不会超温,要求 $OATL > CP$,最大允许环境温度 $OATL$ 可按设计给定的排气温度裕度 $EGTM$ 计算如下:

$$OATL = CP + EGTM/3.2 \qquad (4.3)$$

如在海平面国际标准大气条件下:

$$CP = ISA + 15 \qquad (4.4)$$

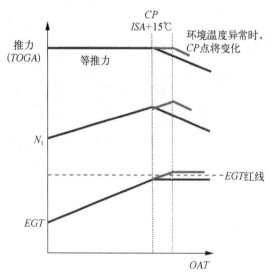

图 4.8　环境温度异常的情况下,有可能引发超温

则

$$OATL = 30 + EGTM/3.2 \quad (4.5)$$

起飞过程中,若环境温度异常,为保持低压转子换算转速不变,低压转子转速将增加,这使得排气温度也增加,在相同的环境温度 OAT 下,低压转子转速 N_1 每增加1%,发动机排气度温 EGT 将增加10%左右,这可能引发超温、超转,如图4.8所示。

同时,随着 $EGTM$ 的降低,燃烧室燃油耗油增多,EGT 每增加1%,燃油耗油率将增加 0.07% 左右,这一问题在设定控制计划时一定要考虑。

根据上述分析可知,等推力计划即无

论外界条件如何变化,通过改变主控回路的参考指令以保持恒定不变的起飞推力,当发动机进口总温不变时发动机低压转子转速随着高度的增加而增加;当高度不变时发动机低压转子转速随着发动机进口总温的增加而增加,发动机低压转子转速是高度和发动机进口总温的二维函数关系,由此,可以获得低压转子换算转速随飞行高度的变化关系曲线,如图4.9所示。

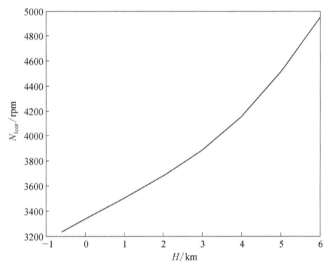

图4.9 起飞推力计划的等推力计划

等排气温度计划是无论外界条件如何变化,通过改变主控回路的参考指令以保持不变的排气温度,要求当发动机环境温度不变时发动机低压转子转速随着高度的增加而减少,当高度不变时发动机低压转子转速随着发动机环境温度的增加而减少,发动机低压转子转速是高度和环境温度的二维函数,关系如图4.10所示。

起飞推力计划是对等推力计划和等排气温度计划进行低选实现的,如图4.11所示。

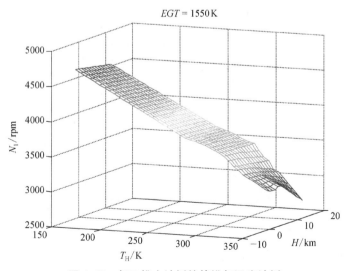

图4.10 起飞推力计划的等排气温度计划

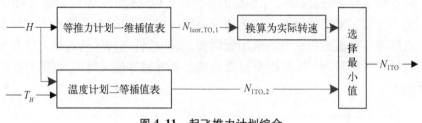

图 4.11　起飞推力计划综合

4.1.3　慢车推力计划

慢车推力计划包括地面慢车推力计划和空中慢车推力计划。

1. 地面慢车推力计划

地面慢车推力计划要求在所有的不同地面高度条件下都能提供不变的推力,同时实现以下三个目标:

（1）从慢车状态快速加速到起飞推力状态所需的加速时间最少;

（2）飞机降落后在地面滑行时,轮胎受磨损程度最小;

（3）在保证正常的飞机引气功率、附件传动功率的条件下,能够保证发动机稳定的工作裕度。

地面慢车推力计划为发动机低压转子转速随环境压力的一维函数关系,如图 4.12 所示。

$$N_{1cor, idle, ground} = f_{idle, ground}(P_{amb}) \qquad (4.6)$$

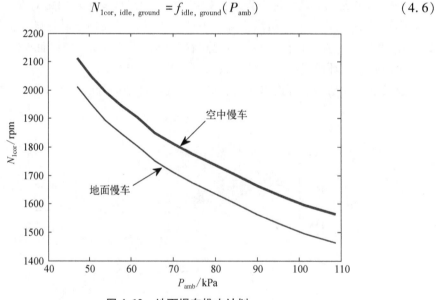

图 4.12　地面慢车推力计划

2. 空中慢车推力计划

空中慢车推力计划要求在所有的飞行高度条件下都能提供不变的推力,同时实现以下三个目标:

（1）从空中慢车状态快速加速到起飞推力状态所需的加速时间最少；

（2）飞机降落和着陆进场过程中的发动机推力尽量减小；

（3）在保证能够维持最低的飞机引气、附件传动功率的条件下，能够保证发动机稳定的工作裕度。

空中慢车推力计划为发动机低压转子转速随环境压力的一维函数关系，如图 4.12 所示，可表示为

$$N_{1\text{cor, idle, sky}} = f_{\text{idle, sky}}(P_{\text{amb}}) \tag{4.7}$$

3. 切换逻辑

空中慢车与地面慢车推力计划通过飞机着陆时的轮载信号进行切换，如图 4.13 所示。

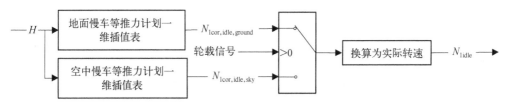

图 4.13 空中慢车与地面慢车推力计划切换逻辑

4.1.4 部分推力计划

部分推力计划就是在定马赫数下，油门杆角度与推力成单值对应关系，不随高度和环境温度的变化而变化。设计方案有以下两种。

方案 1：按油门杆位置与转速的对应关系线性插值。

油门杆位置用功率杆角度（PLA）表示，设油门杆在慢车时为 PLA_{idle}，在起飞时为 PLA_{TO}，部分推力参考指令通过插值方法计算得

$$N_{1\text{ref}} = f(PLA) = N_{1\text{idle}} + \frac{N_{1\text{TO}} - N_{1\text{idle}}}{PLA_{\text{TO}} - PLA_{\text{idle}}}(PLA - PLA_{\text{idle}}) \tag{4.8}$$

方案 2：按油门杆位置与推力的对应关系线性插值，其中低压转子转速和部分推力参考指令存在确定的函数关系，这是对方案 1 的改进方法。

方案 2 的部分推力计划的推导过程如下。

设期望的发动机推力和油门杆位置的线性比例关系为

$$F_{\text{ref}} = F_{\text{idle}} + \frac{F_{\text{TO}} - F_{\text{idle}}}{PLA_{\text{TO}} - PLA_{\text{idle}}}(PLA - PLA_{\text{idle}}) \tag{4.9}$$

考虑到民用发动机特点，并不是按式（4.9）设计推力和油门杆的确定关系，而是采用分段线性关系进行描述的。设期望的推力与油门杆的函数关系如图 4.14 所示，将油门杆的变化范围分为三段，第一段小油门杆慢车附近和第三段大油门杆爬升以及巡航阶段时，为减弱推力对油门杆变化的敏感度，斜率较小，而在第二段的中间范围推力对油门杆变化

比较敏感,斜率较大。

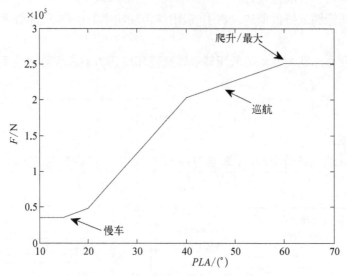

图 4.14　发动机推力与油门杆的函数关系

根据发动机工作特性可知,低压转子转速和部分推力存在如下的非线性关系:

$$F_{ref} = g(N_{1ref}) \qquad (4.10)$$

由式(4.9)、式(4.10)可得部分推力计划为

$$N_{1cor,\,ref} = f(PLA) = g^{-1}(F_{idle}) + \frac{g^{-1}(F_{TO}) - g^{-1}(F_{idle})}{PLA_{TO} - PLA_{idle}}(PLA - PLA_{idle}) \qquad (4.11)$$

在所有推力下求出不同高度下的低压转子换算转速,如图 4.15、图 4.16 所示。

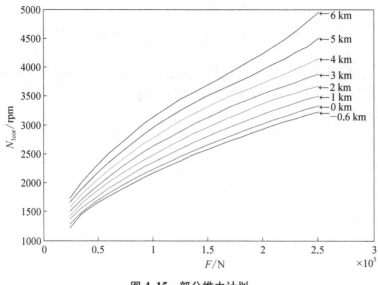

图 4.15　部分推力计划

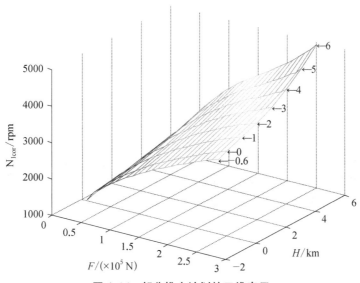

图 4.16　部分推力计划的三维表示

部分推力计划计算逻辑如图 4.17 所示,图中的分段线性一维插值表用于起飞推力和慢车推力的修正,采用动态插值表实现(Simulink 中的 Lookup Table Dynamic 模块)。

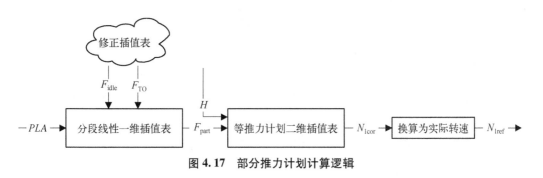

图 4.17　部分推力计划计算逻辑

4.1.5　推力计划设计方案

综合上述起飞推力计划、慢车推力计划、部分推力计划的要求,在全飞行包线范围内推力计划的设计方案如图 4.18 所示。

4.1.6　推力计划验证

以大涵道比涡扇发动机为对象,按上述推力计划算法进行设计计算,并进行慢车推力计划、起飞推力计划、部分推力计划的验证,验证过程如下。

1. 慢车推力计划验证

保持油门杆在慢车状态不变,高度从 0 增加到 4.5 km,推力的变化如图 4.19 所示,最大相对误差小于 1%。

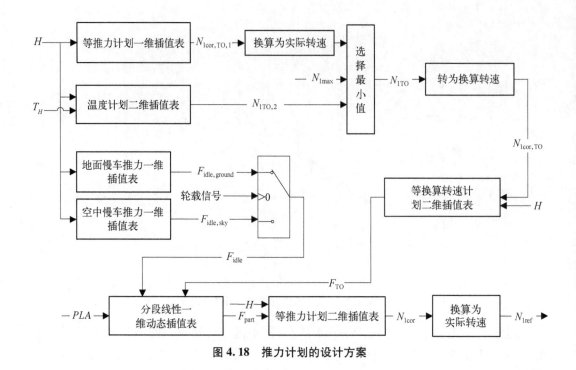

图 4.18 推力计划的设计方案

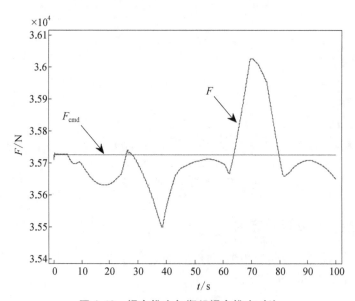

图 4.19 慢车推力与期望慢车推力对比

2. 起飞推力计划验证

保持油门杆在起飞推力状态不变,推力随环境温度、高度变化的关系如图 4.20 所示。

低压转子换算转速随环境温度和高度变化的关系如图 4.21 所示。

低压转子转速随环境温度和高度变化的关系如图 4.22 所示。

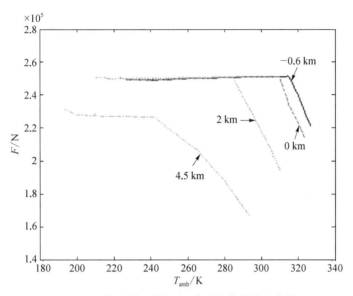

图 4.20　推力随环境温度、高度变化的关系曲线

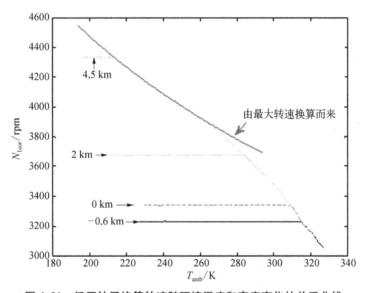

图 4.21　低压转子换算转速随环境温度和高度变化的关系曲线

　　上述仿真表明,在发动机不超转、不超温的前提下按低压转子换算转速控制计划能够保持起飞推力恒定;当高度不变时按低压转子换算转速控制计划,随着环境温度的增加会导致超温,超温条件下控制计划必须切换到按排气温度计划控制,这种情况下低压转子换算转速下降,导致推力降低;当高度增加时,为了保持推力恒定,需要增加低压转子换算转速,当高度增加到一定值后,低压转子转速会达到最大而被限制,以保证发动机不会超转。

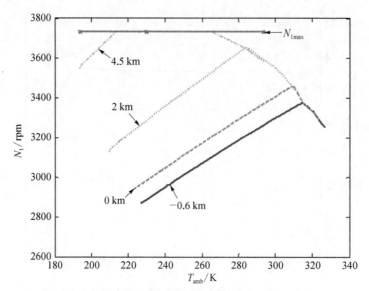

图 4.22　低压转子转速随环境温度和高度变化的关系曲线

3. 部分推力计划验证

　　在海平面标准大气条件下,部分推力计划的第 2 方案设计,将油门杆由慢车匀速推到最大,转速变化曲线如图 4.23 所示。

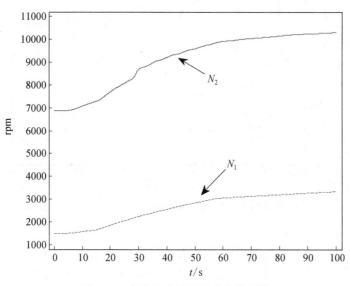

图 4.23　部分推力计划转速变化曲线

　　部分推力计划推力变化曲线如图 4.24 所示,实现了推力按分段函数关系的变化规律。

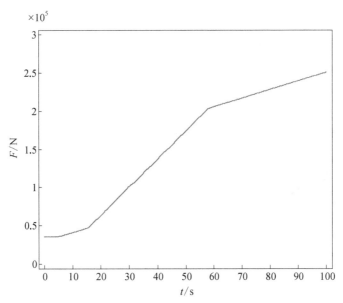

图 4.24 部分推力计划推力变化曲线

4.2 过渡态控制计划

过渡态控制计划的设计要求为飞行员快推或快拉油门杆,使发动机从某一状态迅速过渡到另一状态,并在过渡过程中发动机不会出现超温、超压、超转、喘振、失速、熄火。

过渡态控制计划的设计是依据发动机特性和部件安全工作边界条件制定的,如图4.25 所示,如在快推油门杆时,过渡态控制规律受高、低压气机喘振线、涡轮前温度超温线的限制,在快拉油门杆时,过渡态控制规律受燃烧室熄火、低压压气机喘振的限制。

过渡态控制计划有开环油气比计划和闭环 Ndot 计划。

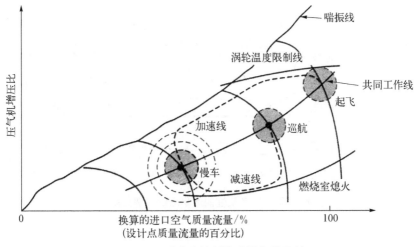

图 4.25 过渡态控制的边界条件限制

4.2.1 开环油气比计划

开环油气比计划即燃油流量与压气机出口静压之比与高压转子换算转速的函数关系,压气机喘振边界线、涡轮前温度超温边界线、超转边界线、超压边界线、熄火边界线与开环油气比计划的关系如图 4.26 所示,根据发动机工作限制边界可设计出一条加速或减速时间最短的过渡态油气比计划,显著优点是当出现失速、喘振现象时,燃油流量有随压气机出口静压降低而自动减小的保护功能,且易于测量。

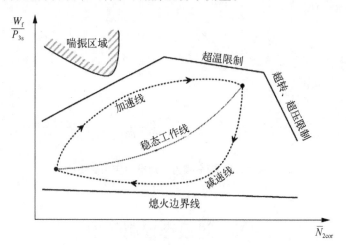

图 4.26　开环油气比计划与安全工作边界线的关系

在设计加速控制计划时要考虑由于发动机性能退化而导致的加速裕度减小的问题,如图 4.27 所示,由于发动机性能退化,稳态共同工作线将会上移,使加速裕度减小,将影响发动机过渡态加减速性能。

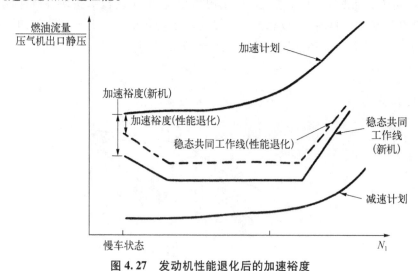

图 4.27　发动机性能退化后的加速裕度

1. 稳态点外推法原理

首先定义喘振、超温、熄火安全裕度边界线,在慢车转速至最大转速之间选取若干条等换算转速线,以稳态工作线为基线,在某一条等换算转速线上逐渐增加或减少供油量,工作点也会沿换算转速线向上或向下移动,直到到达安全裕度边界线,记录该点性能参数,再换下一条等换算转速线重复这一过程,将每条等换算转速线上计算的终点连接即为过渡态最优油气比加减速线,如图 4.28 所示。

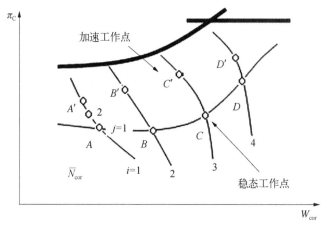

图 4.28　稳态点外推法原理图

2. 机理分析

对于控制规律,选取 $N_{2\text{cor}} = \text{const}$ 进行分析,在发动机稳态工作点,核心机共同工作满足高压涡轮和高压压气机质量流量和功率平衡方程,其结果为

$$\pi_{\text{C}} = \text{const} \cdot \sqrt{T_4/T_{25}}\, W_{\text{HPC, cor}} \tag{4.12}$$

若令 $T_4/T_{25} = \text{const}$,则上式在高压压气机的特性图上呈一束直线,在 $N_{2\text{cor}} = \text{const}$ 线上, $T_4/T_{25} = \text{const}$ 的值越大,越靠近喘振边界和涡轮限制温度线。当主燃油流量增加时,涡轮前温度 T_4 会增大,导致高压涡轮功率增加,即

$$P_{\text{HPT}} = W_{\text{HPT}} C_{P_{\text{g}}} T_4 \left(1 - \frac{1}{\pi_{\text{T}}^{\frac{k_{\text{g}}-1}{k_{\text{g}}}}} \right) \eta_{\text{T}} \tag{4.13}$$

则,涡轮功率和压气机功率趋向不平衡。根据转子动力学方程:

$$\left(\frac{\pi}{30} \right)^2 J_H N_2 \frac{\text{d}N_2}{\text{d}t} = P_{\text{HPT}} - P_{\text{HPC}} \tag{4.14}$$

可知, N_2 有增大趋势,然而,由于要保证 $N_{2\text{cor}} = \text{const}$,高压压气机功率必须增高,压气机特性中的工作点就会沿着等换算转速线移动,当 T_4/T_{25} 升高时,工作点沿着等换算转速线上移,当达到新的平衡后,就可以计算出发动机平衡工作点性能参数,因此,只要在发动机慢车转速至最大转速之间选取若干高压转子转速,在满足高压压气机喘振裕度限制、涡轮前温度限制的条件下,尽可能增加主燃油供油量,就可以接近最优加速控制规律。

减速控制规律的设计原理与加速类似,仅在于边界线的限制参数不同,边界线是燃烧室贫油熄火限制线。

根据上述分析,可得稳态点外推算法如下。

3. 稳态点外推算法

(1) 在稳态共同工作线上选择稳态工作点 A、B、C、D,性能参数为 $W_{f,i}$、$P_{3s,i}$、$N_{2cor,i}(i = 1, 2, 3\cdots)$,建立 $(N_{2cor}, W_f/P_{3s})_i$ 的坐标点曲线,其函数关系为 $(W_f/P_{3s})_{cor} = fs(N_{2cor})$;

(2) 令第 i 条换算转速线的外推加速油量为

$$(W_{facc}/P_{3s})_{cor,i} = K_{acc,i} \cdot fs(N_{2cor})_i \tag{4.15}$$

其中,$K_{acc,i}$ 为增量系数,$K_{acc,i} = 1 + j \times \Delta K_{acc}$,$(j = 1, 2, \cdots)$。保持 $N_{2cor,i} = \text{const}$ 不变,求得

$$W_{facc,cor,i} = P_{3s,cor,i} \cdot K_{acc,i} \cdot fs(N_{2cor})_i \tag{4.16}$$

(3) 若同时满足条件:

$$SM_i > SM_{MB}(N_{2cor,i}) \tag{4.17}$$

$$T_{4i} < T_{4MB}(N_{2cor,i}) \tag{4.18}$$

则,$j = j + 1$,重复步骤(2);否则,进入(4)。式中,SM_i、T_{4i} 分别当前喘振裕度和 T_4 的计算值,$SM_{MB}(N_{2cor,i})$ 表示喘振安全裕度边界线,$T_{4MB}(N_{2cor,i})$ 表示超温安全裕度边界线;

(4) 该换算转速条件下的加速燃油流量为

$$W_{facc,i} = W_{facc,cor,i} \cdot \frac{P_2\sqrt{T_2}}{101\,325\sqrt{288}} \tag{4.19}$$

(5) 令 $i = i + 1$,计算下一条等换算转速线上的加速燃油流量,重复(2)直至 $i = i_{max}$ 结束;

(6) 拟合各条等换算转速线上的裕度边界点,即为加速油气比计划:

$$\left(\frac{W_{facc}}{P_{3s}}\right)_{cor} = f(N_{2cor}) \tag{4.20}$$

$$\left(\frac{W_{facc}}{P_{3s}}\right) = \sqrt{\frac{T_2}{288.15}} f(N_{2cor}) \tag{4.21}$$

减速油气比计划的稳态点外推算法与之类似,只是在步骤(3)中将喘振、超温裕度边界点改为熄火裕度边界点,并且增量系数改为 $K_{dec,i}$,由 1 按增量 ΔK_{dec} 逐渐减小。

4. 油气比计划设计验证

以某涡扇发动机为对象,稳态共同工作线为

$$(W_f/P_3)_{cor} = -0.76 \times N_{2,cor}^2 + 2.28 \times N_{2,cor} - 0.69$$

按上述算法计算的加速油气比计划为

$$(W_f/P_3)_{cor} = -5.04 \times N_{2,cor}^2 + 8.35 \times N_{2,cor} - 2.45$$

按上述算法计算的减速油气比计划为

$$(W_f/P_3)_{cor} = -0.75 \times N_{2,cor}^2 + 1.36 \times N_{2,cor} - 0.29$$

设计的加减速油气比计划如图 4.29 所示,在发动机非线性模型上进行加减速性能验证,仿真中未加入抗饱和补偿器。油门杆信号于 40 s 时刻由 15°阶跃至 35°,然后持续至 70 s,阶跃回到 15°,如图 4.30 所示。

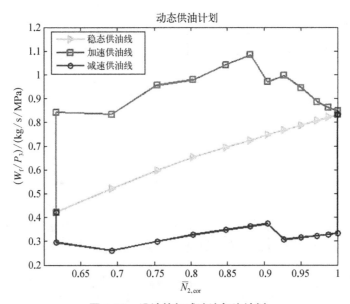

图 4.29 设计的加减速油气比计划

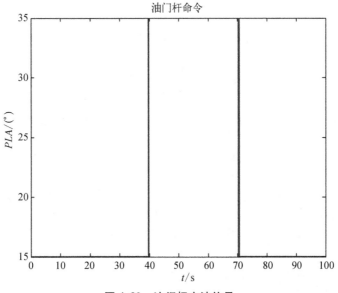

图 4.30 油门杆方波信号

高压转子转速对油门杆信号的响应曲线如图 4.31 所示。

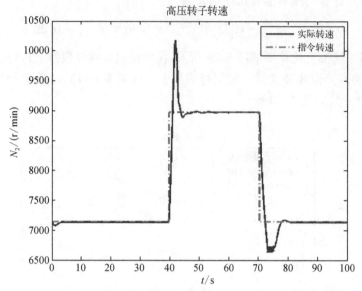

图 4.31 高压转子转速对油门杆信号的响应曲线

主燃油流量曲线如图 4.32 所示,图中出现的尖峰超调是由于在加减速中未加入抗饱和补偿器而导致的,关于抗饱和补偿器的设计将在后面的章节中讨论。

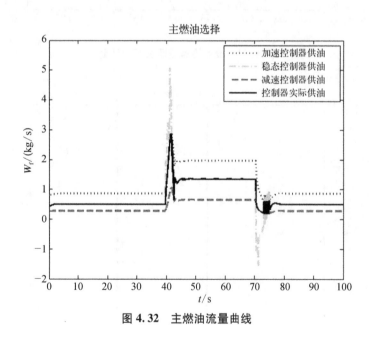

图 4.32 主燃油流量曲线

加减速仿真轨迹线如图 4.33 所示,低压涡轮后总温响应曲线如图 4.34 所示。
仿真结果表明,加减速过程未出现喘振、超温、熄火,加减速时间均为 3 s 左右。

第 4 章 控 制 计 划

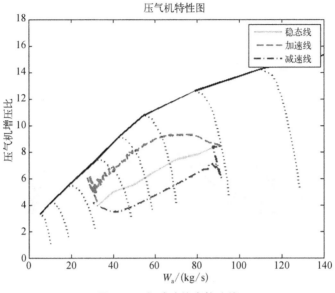

图 4.33　加减速仿真轨迹线

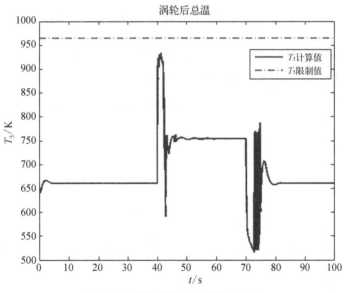

图 4.34　低压涡轮后总温响应曲线

4.2.2　闭环 *Ndot* 计划

由于发动机存在材料性能差异、加工制造工艺误差、性能退化等原因,如果采用开环油气比计划会出现加减速性能不一致问题。转子加速度 *Ndot* 过渡态控制的结构为闭环控制,其显著特点是当发动机性能退化后,采用闭环转子 *Ndot* 计划可以保证发动机加减速性能不会退化,即加减速性能的一致性好。然而,闭环 *Ndot* 过渡态控制很容易驱使发动机进入喘振、超温、熄火等状态,因此,*Ndot* 控制不能单独使用,必须辅助配合限制保护

125

控制,以避免发动机出现超转、超温、喘振、熄火等问题,各种参数限制安全边界如图 4.35 所示。

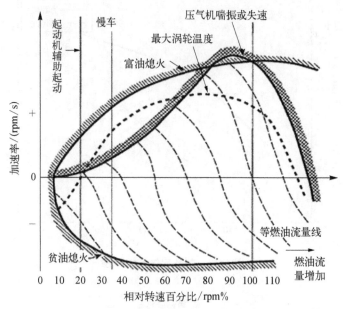

图 4.35   *N*dot 计划的安全边界限制

闭环 *N*dot 计划是以各个限制参数的边界曲线为基础,给定安全裕度,其等距裕度边界曲线即为 *N*dot 计划,某涡扇发动机的加速 *N*dot 计划如图 4.36 所示。

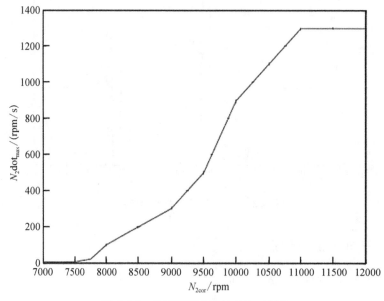

图 4.36   某涡扇发动机的 *N*dot 计划

某大涵道比涡扇发动机采用如下 N_2dot 计划,加速 N_2dot 计划如图 4.37 所示,减速 N_2dot 计划如图 4.38 所示。

$$N_2\mathrm{dot}_{\mathrm{cor}} = f(N_{2\mathrm{cor}}) \tag{4.22}$$

$$N_2\mathrm{dot} = \frac{P_2}{101\ 325}f(N_{2\mathrm{cor}}) \tag{4.23}$$

加速N_2dot计划

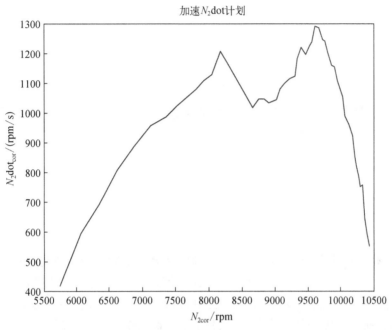

图 4.37　加速 N_2dot 计划

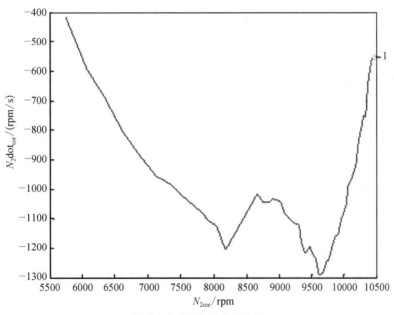

图 4.38　减速 N_2dot 计划

第5章
稳态控制规律设计

　　稳态控制是航空发动机控制中的基础组成部分,其功能是保证发动机在稳定工作状态、飞行条件等外部干扰作用下,通过稳态控制器调节主控回路的偏差,使主控回路的被控参数能够无静差伺服跟踪控制计划的参考指令。稳态控制的设计方法有时域法、频域法和混合法,时域法是通过状态反馈、输出反馈、极点配置、最小奇异值等方法将超调量、调节时间等期望的时域指标设计到满足性能要求为止;频域法是利用根轨迹、奈奎斯特、伯德图等频率域成型的方法,将系统的开环传递函数设计到满足频域性能指标为止;混合法是将时域法和频域法的特点相结合的设计方法。

　　本章以闭环控制系统的渐进稳定、伺服跟踪和扰动抑制理论为基础,讲授稳态控制的时域设计方法和频域设计方法,包括频域回路成型设计、差分进化 PI 控制设计、状态反馈极点配置伺服控制设计、多变量 PI/LMI 控制设计、内模参数化控制器设计、混合灵敏度 H_∞ 控制设计、抗饱和限制补偿器设计、控制系统不确定性描述与系统鲁棒性问题、不确定性系统自适应控制及 μ 分析和 μ 综合控制器设计等内容。

5.1　渐　进　稳　定

5.1.1　渐进稳定性

　　连续时间线性时变系统 $\sum(A(t))$,其在零输入、任意非零初始状态下的状态方程即自治状态方程:

$$\dot{x} = A(t)x, \quad x(t_0) = x_0, \quad t \in [t_0, \infty) \tag{5.1}$$

其中,$A(t) \in R^{n \times n}$ 为时变系统矩阵,如果满足

$$\lim_{t \to \infty} x(t) = 0 \tag{5.2}$$

则称系统 $\sum(A(t))$ 在 t_0 时刻是内部稳定即渐进稳定的,其充分必要条件为状态转移矩阵 $\Phi(t, t_0)$ 在所有的时间 $t \in [t_0, \infty)$ 内有界,且满足

$$\lim_{t \to \infty} \Phi(t, t_0) = 0 \tag{5.3}$$

　　考虑连续时间线性时不变系统 $\sum(A)$,其在零输入、任意非零初始状态下的自治状

态方程:

$$\dot{x} = Ax, \quad x(t_0) = x_0, \quad t \in [t_0, \infty) \tag{5.4}$$

其中, $A \in \mathrm{R}^{n \times n}$ 为时不变系统矩阵,如果满足

$$\lim_{t \to \infty} e^{At} = 0 \tag{5.5}$$

则称系统 $\sum (A)$ 在 t_0 时刻是内部稳定即渐进稳定的,其充分必要条件为系统矩阵的所有特征值的实部均为负数,即

$$\mathrm{Re}\{\lambda_i(A)\} < 0, \quad i = 1, 2, \cdots, n \tag{5.6}$$

劳斯-霍尔维茨判据:由系统矩阵特征多项式

$$\det(sI - A) = s^n + a_{n-1}s^{n-1} + \cdots + a_1 s + a_0 \tag{5.7}$$

的系数构成劳斯矩阵表,若表中第一列的 $(n + 1)$ 个元素均为正,系统渐进稳定。

系统渐进稳定性可用李雅普诺夫第一方法判定,即系统运动的微分方程微偏线性化后的系统特征多项式的全部零点(即传递函数的全部极点)都位于复平面的左半平面,则系统是渐进稳定的,且线性化过程中被略去的高次项不影响系统的稳定性。

因此,李雅普诺夫意义下的渐进稳定性和内部稳定性是等价的。

5.1.2 李雅普诺夫第二方法

连续时间非线性时不变系统,自治状态方程:

$$\dot{x} = f(x), \quad t \geqslant 0 \tag{5.8}$$

其中, $x \in \mathrm{R}^n$ 为 n 维状态,对所有 $t \in [t_0, \infty)$ 有 $f(0) = 0$,即状态空间原点 $x = 0$ 为系统的孤立平衡状态。若可以构造对 x 具有一阶偏导数的一个标量函数 $V(x)$, $V(0) = 0$,且对状态空间 R^n 中的所有非零状态点 x 满足以下条件:

(1) $V(x)$ 为正定;

(2) $\dot{V}(x) \triangleq \dfrac{\mathrm{d}V(x)}{\mathrm{d}t}$ 为负定;

(3) 当 $\| x \| \to \infty$,有 $V(x) \to \infty$

则系统的原点平衡状态 $x = 0$ 为大范围渐进稳定。

连续时间非线性时不变系统,自治状态方程:

$$\dot{x} = f(x), \quad t \geqslant 0 \tag{5.9}$$

其中, $x \in \mathrm{R}^n$ 为 n 维状态,对所有 $t \in [t_0, \infty)$ 有 $f(0) = 0$,即状态空间原点 $x = 0$ 为系统的孤立平衡状态。若可以构造对 x 具有一阶偏导数的一个标量函数 $V(x)$, $V(0) = 0$,在状态空间原点的一个吸引区 Ω 域内所有非零状态点 $x \in \Omega$,满足以下条件:

(1) $V(x)$ 为正定;

(2) $\dot{V}(x) \triangleq \dfrac{\mathrm{d}V(x)}{\mathrm{d}t}$ 为负定

则系统的原点平衡状态 $x = 0$ 为 Ω 域内小范围渐进稳定。

上述称为大范围、小范围渐进稳定的李雅普诺夫第二方法，其来源是基于系统运动中能量的变化描述的，即如果系统运动中能量变化的速率保持为负，则系统运动的能量在变化中是单调衰减的，那么系统的受扰运动最终会回到平衡状态。

考虑连续时间线性时不变系统 $\sum(A)$，自治状态方程：

$$\dot{x} = Ax, \quad x(t_0) = x_0, \quad t \in [t_0, \infty) \tag{5.10}$$

其中，$x \in \mathrm{R}^n$ 为 n 维状态，$A \in \mathrm{R}^{n \times n}$ 为时不变系统矩阵，设其平衡状态 $x_e = 0$。

选取一个二次函数：

$$V(x) = x^{\mathrm{T}} P x \tag{5.11}$$

其中，$P \in \mathrm{R}^{n \times n}$ 为对称加权正定矩阵，$P > 0$，对于任给一个对称加权正定矩阵 $Q \in \mathrm{R}^{n \times n}$，满足

$$\dot{V}(x) = \dot{x}^{\mathrm{T}} P x + x^{\mathrm{T}} P \dot{x} = x^{\mathrm{T}}(A^{\mathrm{T}} P + PA)x = - x^{\mathrm{T}} Q x \tag{5.12}$$

即满足连续系统的李雅普诺夫方程：

$$A^{\mathrm{T}} P + PA = - Q \tag{5.13}$$

则，系统 $\sum(A)$ 的平衡状态 x_e 是渐进稳定的，李雅普诺夫方程(5.13)为渐进稳定的充分必要条件。

5.2 伺服跟踪和扰动抑制

5.2.1 无静差跟踪

考虑同时存在控制输入和扰动输入的线性时不变系统 $\sum(A, B, C, D, F, H)$ 的状态空间描述：

$$\dot{x} = Ax + Bu + Fw \tag{5.14}$$

$$y = Cx + Du + Hw \tag{5.15}$$

其中，$x \in \mathrm{R}^n$ 为状态向量；$u \in \mathrm{R}^p$ 为输入向量；$w \in \mathrm{R}^q$ 为确定性扰动输入向量；$y \in \mathrm{R}^q$ 为输出向量；$\{A, B\}$ 完全能控；$\{A, C\}$ 完全能观。

对于系统的跟踪问题，有四种情况：

（1）渐进跟踪。若对于任意非零参考输入 $r(t) \neq 0$ 和零扰动输入 $w(t) = 0$，存在控制输入 u，满足

$$\lim_{t \to \infty} e(t) = \lim_{t \to \infty}[r(t) - y(t)] = 0 \tag{5.16}$$

（2）扰动抑制。若对于任意非零扰动输入 $w(t) \neq 0$ 和零参考输入 $r(t) = 0$，存在控

制输入 u, 满足

$$\lim_{t \to \infty} y(t) = 0 \tag{5.17}$$

（3）无静差跟踪。若对于任意非零参考输入 $r(t) \neq 0$ 和任意非零扰动输入 $w(t) \neq 0$, 存在控制输入 u, 满足

$$\lim_{t \to \infty} e(t) = \lim_{t \to \infty}[r(t) - y(t)] = 0 \tag{5.18}$$

（4）无静差鲁棒跟踪。若对于任意非零参考输入 $r(t) \neq 0$ 和任意非零扰动输入 $w(t) \neq 0$, 当被控系统和补偿器的参数摄动 Δ 变化较大时,存在控制输入 u, 满足

$$\lim_{\substack{t \to \infty \\ \Delta \neq 0}} e(t) = \lim_{\substack{t \to \infty \\ \Delta \neq 0}}[r(t) - y(t)] = 0 \tag{5.19}$$

工程上,航空发动机控制系统在稳态时都要求具备无静差鲁棒跟踪的能力,满足

$$\lim_{\substack{t \to \infty \\ \Delta \neq 0}} \bar{e}(t) = \lim_{\substack{t \to \infty \\ \Delta \neq 0}}\left[\frac{r(t) - y(t)}{r(t)}\right] < \varepsilon \tag{5.20}$$

其中, $\bar{e}(t) = \dfrac{r(t) - y(t)}{r(t)}$ 表示不同被控物理参数相对误差; ε 为相对误差指标,如 $\varepsilon = 0.2\%$。

对于系统的镇定问题,描述如下:

被控系统通过状态反馈或输出反馈使闭环系统在李雅普诺夫意义下能够渐进稳定,称之为镇定控制。

根据上述伺服和镇定工作原理,构造无静差跟踪控制系统如图 5.1 所示。

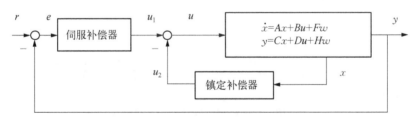

图 5.1　无静差跟踪控制系统

控制器由镇定控制器和伺服控制器两部分组成,镇定控制器对状态进行反馈调节,其功能是保证系统渐进稳定,伺服控制器对偏差进行调节,其功能是保证渐进跟踪和扰动抑制性能。

设伺服控制器的状态空间描述为

$$\dot{\zeta} = A_s \zeta + B_s e \tag{5.21}$$

$$u_1 = K_s \zeta \tag{5.22}$$

设镇定控制器为

$$u_2 = Kx \qquad (5.23)$$

则,系统的状态空间描述为

$$\begin{bmatrix} \dot{x} \\ \dot{\zeta} \end{bmatrix} = \begin{bmatrix} A & 0 \\ -B_s C & A_s \end{bmatrix} \begin{bmatrix} x \\ \zeta \end{bmatrix} + \begin{bmatrix} B \\ -B_s D \end{bmatrix} u + \begin{bmatrix} F \\ -B_s H \end{bmatrix} w + \begin{bmatrix} 0 \\ B_s \end{bmatrix} r \qquad (5.24)$$

系统完全能控和在控制律 $u = \begin{bmatrix} -K & K_s \end{bmatrix} \begin{bmatrix} x \\ \zeta \end{bmatrix}$ 作用下的无静差跟踪的充分条件为

（1）被控系统的输入维数大于等于输出维数,即

$$\dim(u) \geqslant \dim(y) \qquad (5.25)$$

（2）对参考输入和扰动输入的共同不稳定代数方程 $\Phi(s) = 0$ 的每个根 λ_i,满足以下条件：

$$\text{rank} \begin{bmatrix} \lambda_i I - A & B \\ -C & D \end{bmatrix} = n + q, \quad i = 1, 2, \cdots, l \qquad (5.26)$$

其中,$\Phi(s)$ 为参考输入和扰动输入的共同不稳定信号的拉普拉斯变换函数的分母多项式。

对于上述条件（2）,参考输入 r 和扰动输入 w 的不稳定部分为 $t \to \infty$ 时 r 和 w 中的不趋于零的部分 $r_{us}(t)$ 和 $w_{us}(t)$,其频率域的结构特征 $\Phi_{rus}(s)$ 和 $\Phi_{\omega us}(s)$,计算 $\Phi(s) = \Phi_{rus}(s)$ 和 $\Phi_{\omega us}(s)$ 的最小公倍式 $= s^m + b_{m-1} s^{m-1} + \cdots + b_1 s + b_0$。如参考输入 $r(t)$ 和扰动输入 $w(t)$ 信号中含有阶跃信号,$t \to \infty$ 时 $r(t)$ 和 $w(t)$ 中的阶跃信号 $1(t)$ 不趋于零,且

$$L(1(t)) = \lim_{\substack{\varepsilon \to 0 \\ (\varepsilon < 0)}} \int_\varepsilon^\infty 1(t) e^{-st} dt = \int_0^\infty e^{-st} dt = \frac{e^{-st}}{-s} \Big|_{t=0}^{t=\infty} = 0 - \left(\frac{1}{-s} \right) = \frac{1}{s}$$

故,$\Phi_{rus}(s) = s$、$\Phi_{\omega us}(s) = s$,则 $\Phi(s) = s$,$\Phi(s) = s = 0$ 的根为 $\lambda = 0$。

5.2.2 内模原理

系统的外部信号有参考输入和扰动信号,工程上控制系统都有伺服跟踪参考输入和抑制扰动信号的性能要求,根据上述无静差跟踪充分条件,将外部参考输入和扰动信号的共有不稳定模型称为内模,并将其嵌入到如图 5.1 所示的闭环系统的伺服补偿器中,在闭环系统渐进稳定的前提下,能够实现无静差跟踪,当被控系统和补偿器的参数摄动变化较大时,内模控制都具有很强的无静差跟踪鲁棒性能。如参考输入为阶跃信号和斜坡信号时,其不稳定模型为一阶和二阶积分环节,如果要实现无静差跟踪,则伺服补偿器中要包含一阶和二阶积分环节。

5.3　频域回路成型设计

5.3.1　频域回路成型

闭环控制系统如图 5.2 所示。其中，G 为被控对象传递函数；G_d 为外界干扰对系统输出的传递函数；K 为控制器；r 为参考指令输入信号；d 为外部干扰信号；n 为传感器噪声信号；e 为偏差信号；u 为控制器输出信号；y 为被控对象输出信号。定义系统回路的开环传递函数为

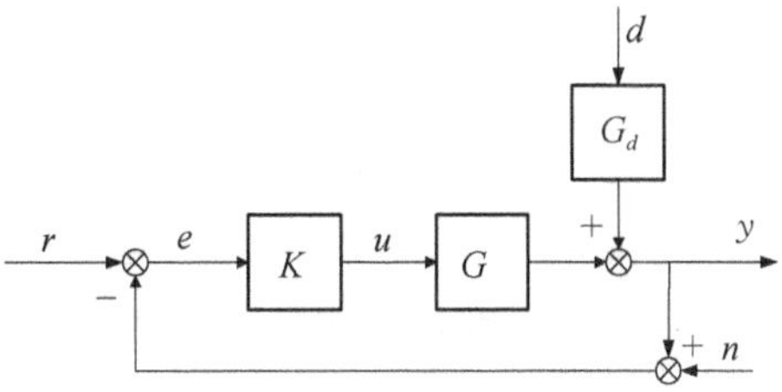

$$L = GK \qquad (5.27)$$

图 5.2　闭环系统结构图

则闭环系统的输出响应为

$$y = \underbrace{(I + GK)^{-1}GK}_{T}r + \underbrace{(I + GK)^{-1}}_{S}G_d d - \underbrace{(I + GK)^{-1}GK}_{T}n = Tr + SG_d d - Tn \qquad (5.28)$$

控制误差为

$$e = r - n - y = \underbrace{(I + GK)^{-1}}_{S}r - \underbrace{(I + GK)^{-1}}_{S}G_d d - \underbrace{(I + GK)^{-1}}_{S}n = Sr - SG_d d - Sn$$

$$(5.29)$$

控制器输出为

$$u = Ke = K\underbrace{(I + GK)^{-1}}_{S}r - K\underbrace{(I + GK)^{-1}}_{S}G_d d - K\underbrace{(I + GK)^{-1}}_{S}n = KSr - KSG_d d - KSn$$

$$(5.30)$$

其中，灵敏度函数为

$$S = (I + GK)^{-1} = (I + L)^{-1} = I - T \qquad (5.31)$$

补灵敏度函数为

$$T = (I + GK)^{-1}GK = (I + L)^{-1}L = I - S \qquad (5.32)$$

从上式可知，系统若要具有低频伺服跟踪性能，T 在低频范围内应为单位矩阵，S 应在低频率范围内足够小；若要具有高频噪声抑制性能，T 应在高频率范围内足够小；若要具有低频抗干扰性能，S 应在低频率范围内足够小。从灵敏度函数和补灵敏度函数定义可知，通过在系统工作的频域范围内设计合理的灵敏度函数和补灵敏度函数，可满足伺服跟踪性能、抗干扰性能和噪声抑制性能。由此对频域性能要求归纳如下：

- 为保证低频伺服跟踪性能，在低频范围内 T 应为单位矩阵，S 应足够小；
- 为保证低频抗干扰性能，在低频范围内 S 应足够小；
- 为保证高频噪声抑制性能，在高频率范围内 T 应足够小。

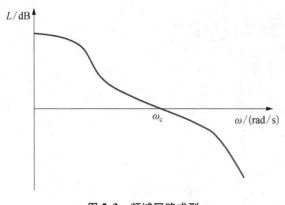

图 5.3　频域回路成型

基于上述原理,回路成型如图 5.3 所示。

频域回路成型是通过期望的开环传递函数,设计回路补偿器,以期满足频域性能要求。对于频域回路成型问题,考虑到如下的特性关系。

由于矩阵的最大奇异值和最小奇异值存在以下关系:

$$\bar{\sigma}(A^{-1}) = \frac{1}{\underline{\sigma}(A)}$$

$$\underline{\sigma}(A) - 1 \leqslant \underline{\sigma}(I + A) \leqslant \underline{\sigma}(A) + 1$$

故有

$$\underline{\sigma}(A) - 1 \leqslant \frac{1}{\bar{\sigma}((I + A)^{-1})} \leqslant \underline{\sigma}(A) + 1$$

令 $A = L$, 则 S 与 L 存在以下关系:

$$\underline{\sigma}(L) - 1 \leqslant \frac{1}{\bar{\sigma}(S)} \leqslant \underline{\sigma}(L) + 1$$

要保证在低频范围内 S 足够小,则

$$\frac{1}{\bar{\sigma}(S(j\omega))} \gg 1 \Rightarrow \underline{\sigma}(L(j\omega)) \gg 1, \text{且}\ \underline{\sigma}(L(j\omega)) \approx \frac{1}{\bar{\sigma}(S(j\omega))}, \quad \omega < \omega_c \quad (5.33)$$

要保证在高频率范围内 T 足够小:

$$\bar{\sigma}(T(j\omega)) \ll 1 \Rightarrow \bar{\sigma}(L(j\omega)) \ll 1, \text{且}\ \bar{\sigma}(L(j\omega)) \approx \bar{\sigma}(T(j\omega)), \quad \omega > \omega_c \quad (5.34)$$

其中, ω_c 为开环截止频率; $\bar{\sigma}$ 为最大奇异值; $\underline{\sigma}$ 为最小奇异值。

1. 低频段幅频特性成型

通过上述分析,频域回路成型即是对开环传递函数的幅频特性成型,从式(5.33)可知,为保证低频伺服跟踪性能和抗干扰性能,在低频段要采用高的开环增益,设期望的开环传递函数为

$$L_{\text{expect}}(s) = \frac{K\prod_{r=1}^{m}(b_r s + 1)}{s^v \prod_{i=1}^{n}(a_i s + 1)} = \frac{K(b_1 s + 1)\cdots(b_m s + 1)}{s^v(a_1 s + 1)\cdots(a_n s + 1)} \quad (5.35)$$

其频率特性函数为

$$L_{\text{expect}}(j\omega) = \frac{K\prod_{r=1}^{m}(b_r\omega j + 1)}{s^v\prod_{i=1}^{n}(a_i\omega j + 1)} = \frac{K(b_1\omega j + 1)\cdots(b_m\omega j + 1)}{(\omega j)^v(a_1\omega j + 1)\cdots(a_n\omega j + 1)} \quad (5.36)$$

频率特性函数的模为

$$|L_{\text{expect}}(j\omega)| = \frac{|K|\prod_{r=1}^{m}|b_r\omega j + 1|}{|j\omega|^v\prod_{i=1}^{n}|a_i\omega j + 1|} = \frac{|K|\sqrt{(b_1\omega)^2 + 1}\sqrt{(b_2\omega)^2 + 1}\cdots\sqrt{(b_m\omega)^2 + 1}}{|\omega|^v\sqrt{(a_1\omega)^2 + 1}\sqrt{(a_2\omega)^2 + 1}\cdots\sqrt{(a_n\omega)^2 + 1}}$$

$$(5.37)$$

其对数幅频特性为

$$20\lg|L_{\text{expect}}(j\omega)| = 20\lg|K| + \sum_{r=1}^{m}20\lg|b_r\omega j + 1| - 20v\lg|\omega| - \sum_{i=1}^{n}20\lg|a_i\omega j + 1|$$

$$= 20\lg|K| + 20\lg\sqrt{(b_1\omega)^2 + 1} + \cdots + 20\lg\sqrt{(b_m\omega)^2 + 1}$$

$$- 20v\lg|\omega| - 20\lg\sqrt{(a_1\omega)^2 + 1} - \cdots - 20\lg\sqrt{(a_n\omega)^2 + 1}\,(\text{dB})$$

$$(5.38)$$

频率特性函数的角为

$$\arg L_{\text{expect}}(j\omega) = \sum_{r=1}^{m}\arctan(b_r\omega) - 90°v - \sum_{i=1}^{n}\arctan(a_i\omega) \quad (5.39)$$

当 $s \to 0$ 时：

$$L_{\text{expect}}(s) \approx \frac{K}{s^v} \quad (5.40)$$

如果开环传递函数中含有积分元件（$v > 0$），当 $\omega \to 0$ 时,总能够使 $|L_{\text{expect}}(j\omega)|$ 很大;如果开环传递函数中没有积分元件（$v = 0$）,当 $\omega \to 0$ 时,$|L_{\text{expect}}(j\omega)| = K$,只要采用高的开环增益,也可以保证 $|L_{\text{expect}}(j\omega)|$ 很大。但是,当频率逐渐增大时,开环频率特性函数的模和角都会随 ω 变化,由于 $m < (n + v)$,开环频率特性函数的角总是负值,当频率到达中频段的 $\arg L_{\text{expect}}(j\omega) \approx -180°$ 附近时,如果开环频率特性函数的模还大于1,奈奎斯特曲线就会包围 $-1+j0$ 点,使系统失去稳定性,因此,高的开环增益仅适用于低频段。

低频段期望开环频率特性的设计要求是伺服跟踪参考指令,实现无静差目标,同时抗低频干扰,另外还要求满足单位斜坡函数输入的静态误差。

设开环传递函数中含有积分元件,以实现伺服跟踪参考指令,对于单位斜坡函数:

$$R(s) = \frac{1}{s^2}$$

根据拉普拉斯变换终值定理,即

$$e_{ss} = \lim_{t \to \infty} e(t) = \lim_{s \to 0} sE(s) = \lim_{s \to 0} s\frac{1}{1 + L_{open}(s)}R(s) = \lim_{s \to 0}\frac{1}{s + sL_{open}(s)} = \lim_{s \to 0}\frac{1}{sL_{open}(s)}$$

$$(5.41)$$

定义速度误差系数：

$$K_v = \lim_{s \to 0} sL_{open}(s) \qquad (5.42)$$

则单位斜坡函数输入的静态误差为

$$e_{ss} = \frac{1}{K_v} \qquad (5.43)$$

设期望开环传递函数为

$$L_{open}(s) = \frac{K\prod_{r=1}^{m}(b_r s + 1)}{s^v \prod_{i=1}^{n}(a_i s + 1)} = \frac{K(b_1 s + 1)\cdots(b_m s + 1)}{s^v(a_1 s + 1)\cdots(a_n s + 1)} \qquad (5.44)$$

则

$$K_v = \lim_{s \to 0} sL_{open}(s) = \frac{K}{s^{v-1}} \qquad (5.45)$$

当 $v = 1$ 时：

$$K_v = K \qquad (5.46)$$

$$e_{ss} = \frac{1}{K_v} = \frac{1}{K} \qquad (5.47)$$

因此，如果给定了单位斜坡函数输入的静态误差要求 e_{ss}，则期望的开环增益为

$$K = \frac{1}{e_{ss}} \qquad (5.48)$$

上述与开环增益成反比的静态误差仅仅是系统实际静态误差的一部分，这部分为原理性误差，实际静态误差还包含元部件的加工制造、磨损缺陷带来的误差，这部分误差为系统的工艺误差或固有误差，无法通过提高开环增益减小，如测量误差会全部在输出量中出现，执行机构的死区，传动齿轮的间隙等，设计控制系统时应在总静态误差（为原理性误差与工艺误差之和）中扣除这一部分工艺误差。

2. 中频段幅频特性成型

在中频段 ω_c 附近，为保证闭环系统稳定以及满足期望的动态品质，考虑到最小相位系统的相频特性在某一斜率点的数值正比于对数幅频特性斜率在该频率点附近区间内的加权平均值这一特点，同时，奈奎斯特曲线不能包围 $-1+j0$ 点，其模由大于 1 到小于 1 的过渡应在复平面内的第三或第四象限内完成，在 ω_c 点的相频特性数值应在 0° 到 -180° 之

间,在 ω_c 点附近的一段频率区间对数幅频特性斜率的加权平均值应在 0 到 -2 之间,因而,在 ω_c 点的对数幅频特性斜率只能是 -1,在远离 ω_c 点两侧的频率区间才允许变为 -2 或 -3。中频段的截止频率反比于阶跃响应时间,经验上存在 $t_s\omega_c = 3 \sim 7$ 的关系,为了加快系统的响应速度,ω_c 应该增大,但是,系统阶跃响应时间受执行机构加速度的限制,而加速度与阶跃响应时间的平方成反比,即加速度与截止频率的平方成正比,因此,截止频率不能太大。

3. 高频段幅频特性成型

在高频段系统工作时,由于回路中含有放大器,将会受到外部噪声的干扰,噪声的频段一般高于控制信号的频段,但噪声经过高增益放大器后,可能使放大器处于饱和状态无法正常工作,如果放大的噪声传到了输出端,输出信号就产生随机误差,无法满足控制系统的要求。如果噪声信号与控制信号的频率特性范围是分开的,则可以设计低通滤波器消除噪声,但实际中噪声信号与控制信号的频率特性范围是交叉的,要把噪声全部滤掉,低通滤波器的带宽只能设计得很低,控制信号就无法全部复现,因此,采用折中方法在低频到中频范围尽可能复现控制信号,而在高频段使开环幅频曲线快速衰减,将大部分噪声滤除。

根据上述频域回路成型要求,四阶期望开环传递函数可设计为

$$G_{\text{des}}(s) = \frac{\beta\left(\dfrac{s}{\omega_c/\alpha} + 1\right)}{\left(\dfrac{s}{\omega_c}\right)\left(\dfrac{s}{\omega_c/(\alpha\beta)} + 1\right)\left(\dfrac{s}{\gamma\omega_c} + 1\right)\left(\dfrac{s}{\gamma\delta\omega_c} + 1\right)} \tag{5.49}$$

其中,$\alpha \geqslant 2$;$\beta \geqslant 2$;$\gamma \geqslant 2$;$\delta \geqslant 1$;$\dfrac{\omega_c}{\alpha\beta} < \dfrac{\omega_c}{\alpha} < \omega_c < \gamma\omega_c < \gamma\delta\omega_c$;其开环增益 $K = \beta\omega_c$。

MATLAB 软件中的 loopsyn 函数是一种 H_∞ 最优环路成形控制综合方法,设计一个使被控对象 G 稳定的 H_∞ 控制器 K,使回路传递函数 GK 的奇异值图成形为期望的回路形状 G_{des},成型精度为 γ,即

$$\sigma(G(\mathrm{j}\omega)K(\mathrm{j}\omega)) \approx \sigma(G_{\text{des}}(\mathrm{j}\omega)) \tag{5.50}$$

$$\bar{\sigma}(G(\mathrm{j}\omega)K(\mathrm{j}\omega)) < \gamma\bar{\sigma}(G_{\text{des}}(\mathrm{j}\omega)) \tag{5.51}$$

$$\underline{\sigma}(G(\mathrm{j}\omega)K(\mathrm{j}\omega)) > \frac{1}{\gamma}\underline{\sigma}(G_{\text{des}}(\mathrm{j}\omega)) \tag{5.52}$$

5.3.2　模型降阶

高阶模型其动态是由主导极点支配的,保留主导极点的对应模态,去掉非主导极点所对应的模态,是降阶的基本思想。

对于高阶模型:

$$G(s) = \frac{B(s)}{A(s)} = \frac{num}{den} = \frac{b(1)s^n + \cdots + b(n)}{a(1)s^n + \cdots + a(n)} = k(s) + \frac{r(1)}{s - p(1)} + \cdots + \frac{r(n)}{s - p(n)}$$

$$(5.53)$$

将其进行部分分式展开:

$$[r, p, k] = residue(num, den) \tag{5.54}$$

模型降阶方法为先去掉离虚轴最远的非主导极点对应的子模态,对未去掉的部分通过伯德图与原高级模型进行对比,如果在 $0 \sim 100 \ \text{rad/s}$ 频域范围内,降阶前后的频域特性曲线一致,则继续下一次降阶,否则,表明无法再进一步降阶,将剩下的子模态合并:

$$[num, den] = residue(r, p, k) \tag{5.55}$$

$$G_{\text{reduced}}(s) = tf(num, den) \tag{5.56}$$

即为降阶的模型。

5.3.3 设计算例

双转子涡扇发动机主燃油流量回路和尾喷口喉道面积回路执行机构传递函数的时间常数均为 0.1 s 的一阶惯性环节,将其与发动机归一化线性模型增广,增广被控对象状态空间模型为

$$\dot{x} = Ax + Bu$$

$$y = Cx$$

其中,

$$x = \begin{bmatrix} N_1 \\ N_2 \\ W_f \\ A_8 \end{bmatrix}, \quad u = \begin{bmatrix} W_{\text{fcmd}} \\ A_{8\text{cmd}} \end{bmatrix}, \quad y = \begin{bmatrix} N_2 \\ \pi_T \end{bmatrix}$$

设主燃油控制回路的稳态调节计划为

$$W_f \rightarrow N_2 = \text{const}$$

其传递函数为

$$G_{N_2 W_{\text{fcmd}}}(s) = \frac{6.643s + 44.14}{s^3 + 20.27s^2 + 126.3s + 236.4}$$

设喷口控制回路的稳态调节计划为

$$A_8 \rightarrow \pi_T = \text{const}$$

其传递函数为

$$G_{\pi_T A_{8\text{cmd}}}(s) = \frac{7.363s^2 + 57.95s + 111.6}{s^3 + 20.27s^2 + 126.3s + 236.5}$$

设期望开环系统含有 1 个积分环节,期望开环频率特性函数设计如图 5.4 所示。

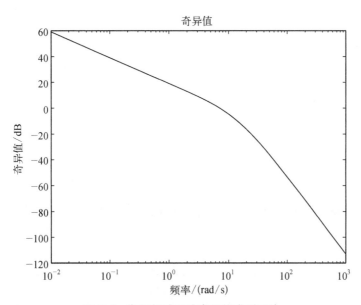

图 5.4　期望频域回路奇异值成型设计

期望开环传递函数为

$$L_{\text{expect}}(s) = \frac{20\,000s + 180\,000}{9s^4 + 400s^3 + 5\,000s^2 + 20\,000s}$$

对主燃油控制回路和喷口控制回路分别采用上述频域回路成型方法设计,H_∞ 最优的 $\gamma = 1.926\,3$,主燃油控制回路控制器的计算结果为

$$K_{N_2 W_{\text{fcmd}}}(s) = \frac{\begin{array}{l} -2.775\,6 \times 10^{-17}(s - 4.8 \times 10^{11})(s + 26.75)(s + 10)(s + 9)(s + 6.786) \\ (s + 3.484)(s^2 + 18.67s + 91.28)(s^2 + 1718s + 6.926 \times 10^{14}) \end{array}}{\begin{array}{l} s(s + 26.82)(s + 9.074)(s + 6.644)(s^2 + 8\,192s + 1.678 \times 10^7) \\ (s^2 + 17.63s + 82.86)(s^2 + 47.45s + 728.5) \end{array}}$$

主燃油控制频域回路奇异值成型优化结果如图 5.5 所示。

上述主燃油控制回路传递函数为十阶,经过降阶处理的八阶真传递函数为

$$K_{N_2 W_{\text{fcmd}}}(s) = \frac{\begin{array}{l} -2.775\,6 \times 10^{-17}(s + 26.75)(s + 10.37)(s + 9.023)(s + 6.769) \\ (s + 3.36)(s - 2.014 \times 10^{19})(s + 9.26 - 2.021i)(s + 9.26 + 2.021i) \end{array}}{\begin{array}{l} s(s + 26.82)(s + 9.074)(s + 6.644)(s^2 + 17.63s + 82.86) \\ (s^2 + 47.45s + 728.5) \end{array}}$$

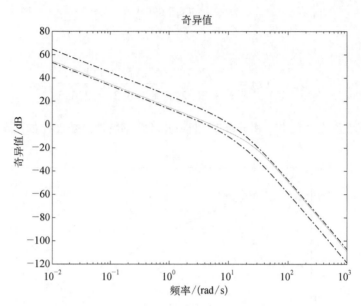

图 5.5 主燃油控制频域回路奇异值成型优化结果

主燃油控制器降阶前后的频域特性对比结果如图 5.6 所示,频率在小于 100 rad/s 的范围幅频曲线和相频曲线几乎重合。

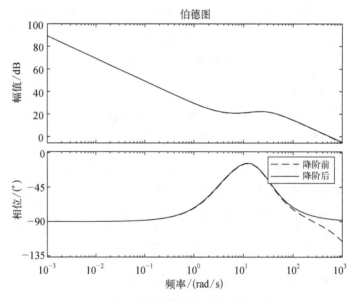

图 5.6 主燃油控制器降阶前后的频域特性对比

主燃油控制回路的开环伯德图如图 5.7 所示,主燃油控制回路的奈奎斯特图如图 5.8 所示。

主燃油控制回路闭环伯德图如图 5.9 所示,主燃油控制回路的 N_2 单位阶跃响应如图 5.10 所示,主燃油控制回路 N_2 单位斜坡响应如图 5.11 所示。

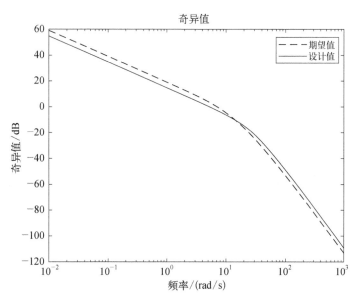

图 5.7 主燃油控制回路开环奇异值成型对比图

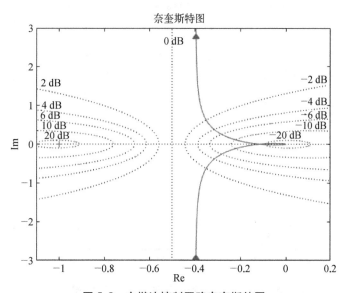

图 5.8 主燃油控制回路奈奎斯特图

喷口控制回路 H_∞ 最优的 $\gamma = 1.925$，计算的喷口控制回路控制器传递函数为

$$K_{\pi_{\mathrm{T}}A_{8\mathrm{cmd}}}(s) = \frac{\begin{array}{c}1.549\,1 \times 10^{-7}(s + 26.75)(s + 10)(s + 9)(s + 6.786)(s + 3.484) \\ (s^2 + 18.67s + 91.28)(s^2 + 259.6s + 1.311 \times 10^{13})\end{array}}{\begin{array}{c}s(s + 4\,096)(s + 26.82)(s + 9.074)(s + 4.515)(s + 3.355) \\ (s^2 + 17.63s + 82.86)(s^2 + 47.45s + 727.2)\end{array}}$$

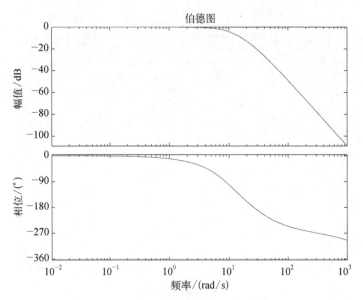

图 5.9 主燃油控制回路闭环伯德图

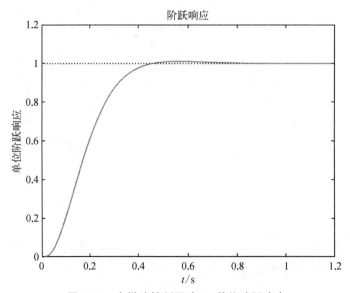

图 5.10 主燃油控制回路 N_2 单位阶跃响应

喷口控制频域回路奇异值成型优化结果如图 5.12 所示。

上述喷口控制器传递函数为十阶,经过降阶处理的九阶严格真传递函数为

$$K_{\pi_{\mathrm{T}}4_{8\mathrm{cmd}}}(s) = \frac{-0.12205(s + 26.75)(s + 10)(s + 9)(s + 6.786)(s + 3.484)}{(s - 4062)(s + 9.333 + 2.044i)(s + 9.333 - 2.044i)}{s(s + 26.82)(s + 9.074)(s + 4.515)(s + 3.355)(s^2 + 17.63s + 82.86)(s^2 + 47.45s + 727.2)}$$

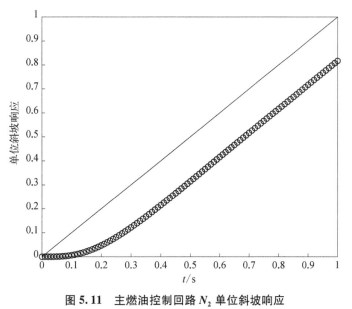

图 5.11　主燃油控制回路 N_2 单位斜坡响应

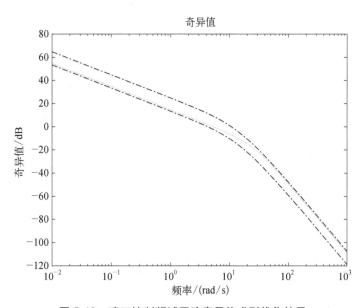

图 5.12　喷口控制频域回路奇异值成型优化结果

　　喷口控制器降阶前后的频域特性对比结果如图 5.13 所示,频率在小于 1 000 rad/s 的范围幅频曲线和相频曲线几乎重合。

　　喷口控制回路的开环伯德图如图 5.14 所示,喷口控制回路的奈奎斯特图如图 5.15 所示。

　　喷口控制回路闭环伯德图如图 5.16 所示,喷口控制回路的 π_{T} 单位阶跃响应如图 5.17 所示。

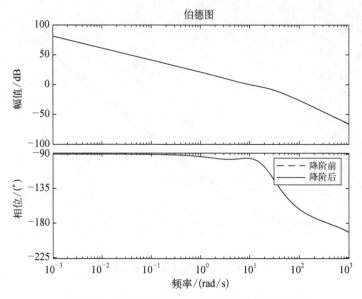

图 5.13　喷口控制器降价前后的频域特性对比

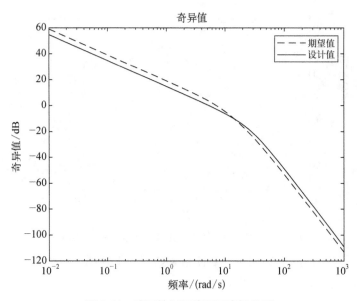

图 5.14　喷口控制回路开环奇异值图

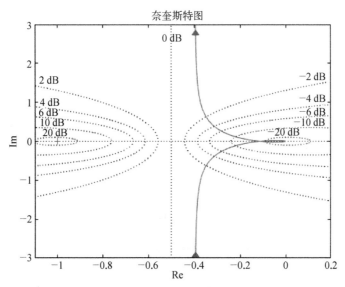

图 5.15　喷口控制回路奈奎斯特图

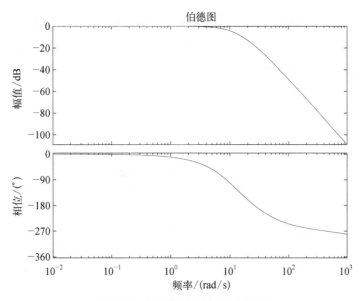

图 5.16　喷口控制回路闭环伯德图

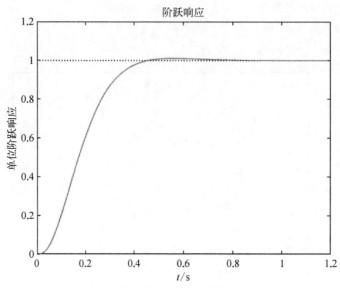

图 5.17　喷口控制回路 π_{T} 单位阶跃响应

5.4　差分进化 PI 控制设计

5.4.1　设计方法

差分进化算法收敛速度快,具有全局收敛性和鲁棒性,可用于 PID 控制器参数的优化设计。优化类算法先要确定性能指标目标函数,再以能改变目标函数值的变量作为被优化参数进行优化,ISE、ISTE、IST^{2}E、IAE、ITAE 等优化目标可表示为

$$J = \int_0^\infty t^{2i} \mid e(t) \mid^j \mathrm{d}t \tag{5.57}$$

其中,i 和 j 取不同值,对应不同方法,如表 5.1 所示。

表 5.1　优化方法的种类

$i = 0, j = 1$	IAE
$i = 0, j = 2$	ISE
$i = 1/2, j = 1$	ITAE
$i = 1, j = 2$	ISTE
$i = 2, j = 2$	IST^{2}E
……	……

以 ITAE 准则优化目标为例,并考虑对闭环系统超调量进行限制,综合优化目标为

$$\min_{K_{\mathrm{p}}, K_{\mathrm{i}}} J = w_1 \cdot \int_0^\infty t \mid e(t) \mid \mathrm{d}t + w_2 \cdot \max(y(t)) \tag{5.58}$$

其中，w_1、w_2 为加权值，分别取 $w_1 = 1$，$w_2 = 5$。

设 PI 控制器为

$$K(s) = K_p + K_i \frac{1}{s} = K_p \left(1 + \frac{K_i}{K_p} \frac{1}{s} \right) \tag{5.59}$$

PI 控制器参数可根据不同优化目标的经验公式进行优化，被优化的两个参数为 K_p 和 K_i。大涵道比涡扇发动机在海平面标准大气条件下，从慢车到最大状态分别取五个稳态工作点进行小偏差线性化，从燃油流量指令 W_f 到低压转子转速 N_1 的传递函数分别为

Point 1：$W_f = 0.2912 \text{ kg/s}$，$N_1 = 0.10211 \times 3390 \text{ rpm}$

$$G_1(s) = \frac{N_1(s)}{W_f(s)} = \frac{1.427 \times 10^5 s^3 + 1.818 \times 10^6 s^2 + 6.654 \times 10^6 s + 2.705 \times 10^6}{s^4 + 30.27 s^3 + 231.9 s^2 + 533.7 s + 209.1}$$

Point 2：$W_f = 0.4912 \text{ kg/s}$，$N_1 = 0.44107 \times 3390 \text{ rpm}$

$$G_2(s) = \frac{N_1(s)}{W_f(s)} = \frac{836.2 s^3 + 1.045 \times 10^5 s^2 + 1.254 \times 10^6 s + 1.49 \times 10^6}{s^4 + 37.8 s^3 + 436.7 s^2 + 1660 s + 797.4}$$

Point 3：$W_f = 0.8912 \text{ kg/s}$，$N_1 = 0.63731 \times 3390 \text{ rpm}$

$$G_3(s) = \frac{N_1(s)}{W_f(s)} = \frac{4135 s^3 + 1.56 \times 10^5 s^2 + 1.232 \times 10^6 s + 1.316 \times 10^6}{s^4 + 37.05 s^3 + 422.7 s^2 + 1662 s + 1082}$$

Point 4：$W_f = 1.4912 \text{ kg/s}$，$N_1 = 0.80279 \times 3390 \text{ rpm}$

$$G_4(s) = \frac{N_1(s)}{W_f(s)} = \frac{4686 s^3 + 1.559 \times 10^5 s^2 + 1.12 \times 10^6 s + 1.257 \times 10^6}{s^4 + 36.13 s^3 + 406.2 s^2 + 1668 s + 1418}$$

Point 5：$W_f = 2.4912 \text{ kg/s}$，$N_1 = 1 \times 3390 \text{ rpm}$

$$G_5(s) = \frac{N_1(s)}{W_f(s)} = \frac{4288 s^3 + 1.39 \times 10^5 s^2 + 1.058 \times 10^6 s + 1.867 \times 10^6}{s^4 + 40.53 s^3 + 540.4 s^2 + 2689 s + 3644}$$

考虑执行机构动态为惯性环节：

$$G(s)_{actuator} = \frac{W_f(s)}{W_{f, cmd}(s)} = \frac{1}{0.04s + 1}$$

建立小偏差线性系统的 Simulink 模型，如图 5.18 所示，用于优化 N_1 转速回路中 PI 控制器的 Simulink 模型设置仿真时间为 4 s，求解器选择变步长 ode45 算法，控制燃油流量指令幅值限制为 [0, 2.4912 kg/s]，优化参数 K_p 限制范围为 0.00009 ~ 0.009、

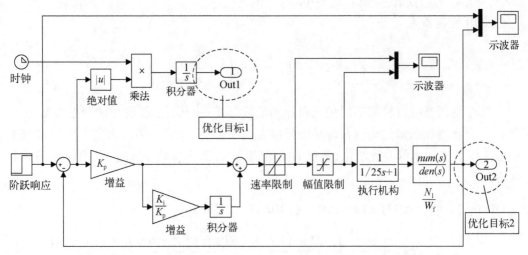

图 5.18 用于优化 N_1 转速回路中的 PI 控制器 Simulink 图

K_i/K_p 限制范围为 $0.081 \sim 8$。以最大状态 Point 5 为设计点进行优化,结果如表 5.2 所示。

表 5.2 最大状态优化参数

K_p	K_i/K_p	J	相位裕度(P_m)	截止频率(W_c)	幅值裕度(G_m)
0.006 6	3.788 8	150.511 3	63.6	20.8 rad/s	Inf

优化进程仿真曲线如图 5.19 所示,N_1 转速阶跃响应如图 5.20 所示,燃油流量指令输入曲线如图 5.21 所示,优化后的传递函数伯德图如图 5.22 所示。

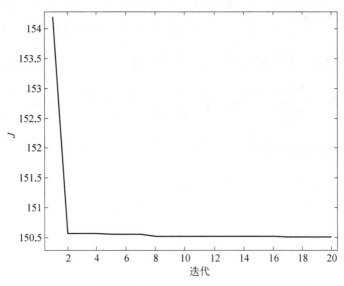

图 5.19 优化目标 J 进化过程

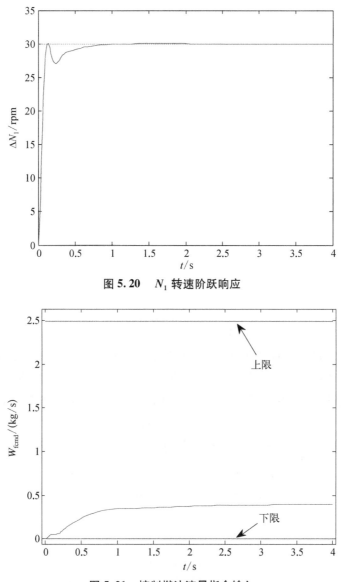

图 5.20 N_1 转速阶跃响应

图 5.21   控制燃油流量指令输入

其他工作点的优化设计结果如表 5.3 所示。

表 5.3   海平面标准大气条件下，慢车到最大状态的 PI 控制器设计结果

	Point 1	Point 2	Point 3	Point 4	Point 5
K_p	0.000 369 79	0.003 388	0.004 656 95	0.003 946 14	0.006 6
K_i/K_p	3.558 1	0.764 9	1.494 020 55	3.133 956 90	3.788 8
$P_m/(°)$	63.7	60	61.5	64.2	63.6
$W_c/(rad/s)$	28.9	11.6	17.9	16.4	20.8
G_m/dB	Inf	16.8	Inf	Inf	Inf
$W_g/(rad/s)$	Inf	34.1	Inf	Inf	Inf

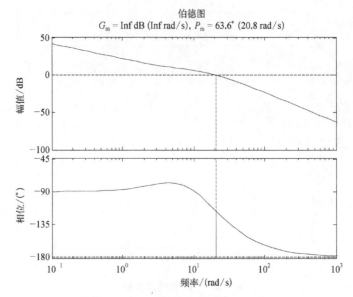

图 5.22　优化后的开环传递函数伯德图

如果按上述方法在高空飞行条件下优化 PI 控制器参数,可以求得不同高度、不同马赫数和不同转速下的三维插值表,但计算过程烦琐。采用相似原理,将高空状态不同物理转速换算到地面海平面标准大气状态,根据换算转速插值 PI 控制器的换算参数,再将其还原为高空状态下的 PI 参数,对发动机进行调节。PI 控制参数的换算关系为

$$N_{1cor} = N_1 \sqrt{\frac{288.15}{T_2}} \tag{5.60}$$

$$K_p = \frac{K_{pcor}}{\sqrt{\dfrac{288.15}{T_2}}}, \quad Ki = \frac{K_{icor}}{\dfrac{101.325}{P_2}} \tag{5.61}$$

转速回路 PI 参数高空换算关系如图 5.23 所示。

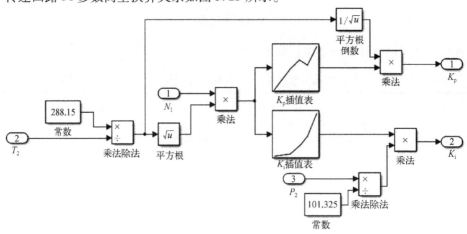

图 5.23　转速回路 PI 参数高空换算 Simulink 框图

5.4.2 仿真验证

在海平面标准大气静止条件下,将油门杆从慢车按小台阶推到最大再按小台阶拉回到慢车,油门杆输入指令如图 5.24 所示,过渡态和稳态控制输出的燃油流量指令曲线如图 5.25 所示,高、低压转子转速响应曲线如图 5.26 所示。

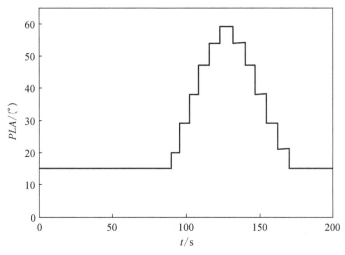

图 5.24 海平面条件下油门杆输入指令

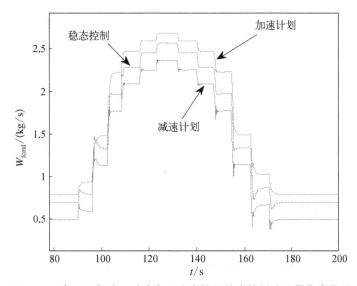

图 5.25 海平面条件下过渡态和稳态控制输出的燃油流量指令曲线

在高空 7 km、$Ma=0.6$ 下,将油门杆从慢车按小台阶推到最大再按小台阶拉回到慢车,油门杆输入指令如图 5.24 所示,过渡态和稳态控制输出的燃油流量指令曲线如图 5.27 所示,高、低压转子转速响应曲线如图 5.28 所示。

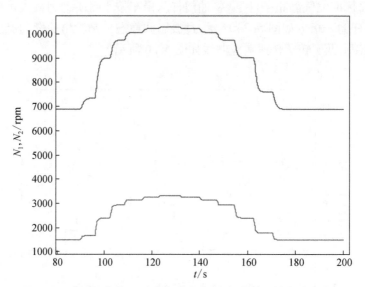

图 5.26　海平面条件下过渡态和稳态高、低压转子转速响应曲线

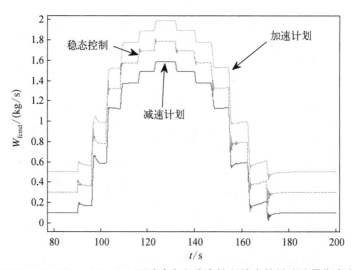

图 5.27　$H=7$ km，$Ma=0.6$ 下过渡态和稳态控制输出的燃油流量指令曲线

　　采用差分进化算法设计的稳态 PI 控制器以增益调度的方式，通过相似原理换算关系可以获得地面、高空的 PI 控制参数，发动机非线性模型闭环系统仿真验证了动态和稳态性能。

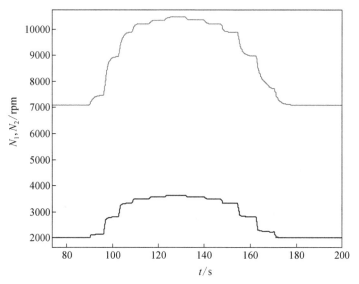

图 5.28　$H = 7\ \text{km}$，$Ma = 0.6$ 下高、低压转子转速响应曲线

5.5　状态反馈极点配置伺服控制设计

控制系统的特性在很大程度上由闭环系统的零点和极点位置决定，系统的响应是模态 $e^{\lambda t}$ 函数的组合，极点 λ 决定了响应的各种模态，零点和极点在复平面上的分布情况决定了响应表达式中该函数前的系数大小，一组零极点的分布对应了一个系统的响应。极点配置问题就是通过对状态反馈矩阵的选择，使闭环极点配置到期望的位置上，以满足期望的性能指标要求。

在状态空间进行控制系统的设计中，若被控系统的所有状态变量全部可测且可控，则可通过适当的状态反馈增益将闭环极点配置到任意期望的位置，期望的闭环极点可根据频率响应和时域瞬态响应的要求设计，如响应速度、阻尼比、带宽等要求，其次按极点配置的方法计算反馈增益阵。

5.5.1　基本原理

对于闭环负反馈系统，控制信号不仅依赖参考输入，与系统的状态信号、输出信号直接相关，对于状态空间系统，系统的全部动态信息含在系统的状态中，反馈控制信号 $u(t)$ 是参考输入信号 $v(t)$ 及状态信号 $x(t)$ 的函数：

$$u(t) = f(v(t), x(t), t) \tag{5.62}$$

设连续时间线性时不变被控系统的状态空间描述为

$$\dot{x} = Ax + Bu, \quad x(0) = x_0, \quad t \geqslant 0 \tag{5.63}$$

$$y = Cx + Du \tag{5.64}$$

其中，$x \in \mathrm{R}^n$ 为状态向量；$u \in \mathrm{R}^p$ 为输入向量；$y \in \mathrm{R}^q$ 为输出向量。

采用状态负反馈：

$$u = v - Kx \tag{5.65}$$

其中，$v \in \mathrm{R}^p$ 为参考输入信号，闭合系统的状态方程和输出方程分别为

$$\dot{x} = (A - BK)x + Bv, \quad x(0) = x_0, \quad t \geqslant 0 \tag{5.66}$$

$$y = (C - DK)x + Dv \tag{5.67}$$

状态反馈结构如图 5.29 所示。

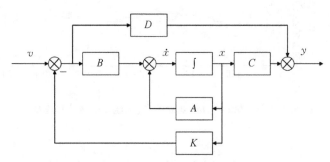

图 5.29　状态反馈闭环系统

由状态空间控制理论可知，若原系统的状态完全可控，则存在状态反馈增益矩阵 K，使得状态反馈闭环系统完全可控，并且，状态反馈增益矩阵 K 可以配置到任意期望的极点位置上。其中，原系统完全可控条件为

$$\mathrm{rank}\, Q_c = \mathrm{rank}\begin{bmatrix} B & AB & \cdots & A^{n-1}B \end{bmatrix} = n \tag{5.68}$$

由此可见，闭环系统稳态响应及动态响应特性完全由矩阵 $A - BK$ 特征值所唯一确定。若 K 合适，使得 $A - BK$ 是一个渐进稳定阵，且对所有的 $x(0) \neq 0$，当 $t \to \infty$ 时，$x(t) \to 0$，称 $A - BK$ 的特征值为调节器极点。如果调节器极点均位于 s 左半平面，则闭环系统是渐进稳定的，当 $t \to \infty$ 时，$x(t) \to 0$。

如果以一组期望闭环极点为性能指标，对控制系统进行设计，使调节器极点配置到期望的位置，称为极点配置问题。

5.5.2　期望闭环极点

控制系统的闭环性能指标有时域性能指标和频率域性能指标。时域性能指标由系统的单位阶跃响应所定义，主要有超调量、调节时间、上升时间、峰值时间等。频率域性能指标主要有谐振峰值、谐振角频率、带宽、幅值裕度、相位裕度等。

由经典控制理论可知，高阶系统的特性可由闭环主导极点组成的低阶系统的特性近似。对于标准二阶系统，其性能指标与自然角频率和阻尼系数具有确定的显式对应关系。

标准二阶系统微分方程为

$$T^2 \frac{\mathrm{d}^2 y}{\mathrm{d}t^2} + 2\zeta T \frac{\mathrm{d}y}{\mathrm{d}t} + y = u \tag{5.69}$$

或

$$\frac{\mathrm{d}^2 y}{\mathrm{d}t^2} + 2\zeta\omega_n \frac{\mathrm{d}y}{\mathrm{d}t} + \omega_n^2 y = \omega_n^2 u \tag{5.70}$$

其中，$y(t)$ 为系统输出；$u(t)$ 为系统输入；T 为时间常数；ζ 为阻尼系数；$\omega_n = 1/T$ 为自然角频率。

标准二阶系统传递函数为

$$G(s) = \frac{1}{T^2 s^2 + 2\zeta T s + 1} = \frac{\omega_n^2}{s^2 + 2\zeta\omega_n s + \omega_n^2} \tag{5.71}$$

在欠阻尼 $0 < \zeta < 1$ 情况下，标准二阶系统微分方程的特征多项式的零点为一共轭复数：

$$s_1, s_2 = -\frac{\zeta}{T} \pm \mathrm{j}\frac{\sqrt{1 - \zeta^2}}{T} = -\zeta\omega_n \pm \mathrm{j}\omega_d \tag{5.72}$$

$$G(s) = \frac{\omega_n^2}{(s + \zeta\omega_n + \mathrm{j}\omega_d)(s + \zeta\omega_n - \mathrm{j}\omega_d)} \tag{5.73}$$

其中，

$$\omega_d = \omega_n \sqrt{1 - \zeta^2} \tag{5.74}$$

为系统的阻尼自然角频率。

标准二阶系统的欠阻尼阶跃响应为

$$y_{\mathrm{step}}(t) = 1 - \frac{1}{\sqrt{1 - \zeta^2}} \mathrm{e}^{-\zeta\omega_n t} \sin(\omega_d t + \theta) \tag{5.75}$$

其中，

$$\theta = \arctan \frac{\sqrt{1 - \zeta^2}}{\zeta} = \arccos \zeta \tag{5.76}$$

时域性能指标与性能参数 ζ、ω_n、T 的关系如下：

超调量：

$$\sigma = \mathrm{e}^{-\frac{\zeta}{\sqrt{1 - \zeta^2}}\pi} \tag{5.77}$$

调节时间：

$$t_s = \frac{4}{\zeta \omega_n}, (2\% \text{ 误差标准})\tag{5.78}$$

上升时间：

$$t_r = \frac{1}{\omega_n \sqrt{1 - \zeta^2}} \arctan\left(\frac{\sqrt{1 - \zeta^2}}{-\zeta}\right)\tag{5.79}$$

峰值时间：

$$t_p = \frac{\pi}{\omega_n \sqrt{1 - \zeta^2}} = \frac{\pi}{\omega_d}\tag{5.80}$$

频率域性能指标与性能参数 ζ、ω_n、T 的关系如下：
谐振峰值：

$$M_r = \frac{1}{2\zeta \sqrt{1 - \zeta^2}}, \quad 0 \leqslant \zeta \leqslant 0.707\tag{5.81}$$

$$M_r = 1, \quad \zeta > 0.707\tag{5.82}$$

谐振角频率：

$$\omega_r = \omega_n \sqrt{1 - 2\zeta^2}, \quad 0 \leqslant \zeta \leqslant 0.707\tag{5.83}$$

带宽：

$$\omega_B = \omega_n \sqrt{1 - 2\zeta^2 + \sqrt{4\zeta^4 - 4\zeta^2 + 2}}\tag{5.84}$$

$$\omega_B = (1.1 \sim 2)\omega_c\tag{5.85}$$

系统的阶跃响应超调量 $\sigma\%$ 和相位裕度 PM 与谐振峰值 M_r 的关系具有以下经验公式：

$$\sigma\% = \begin{cases} 100(M_r - 1), & M_r \leqslant 1.25 \\ 50\sqrt{M_r - 1}, & M_r > 1.25 \end{cases}\tag{5.86}$$

$$\sigma\% = \frac{2\,000}{PM} - 20\tag{5.87}$$

$$PM = \frac{2\,000}{\sigma\% + 20}\tag{5.88}$$

对 n 阶系统的期望闭环极点，可以根据上述性能指标对性能参数的关系确定 ζ、ω_n、T，以此计算主导极点的一对共轭复数根作为 2 个期望闭环极点，其余 $(n - 2)$ 个期望闭环极点可在 s 左半平面的远离主导极点的区域选取，其位置至少在主导极点对虚轴距离的 5~10 倍以上。

5.5.3　极点配置算法

对于系统：

$$\dot{x} = Ax + Bu \tag{5.89}$$

$$y = Cx \tag{5.90}$$

采用状态反馈控制律 $u = -Kx$，状态反馈闭环系统 $\sum_K(A - BK, B, C)$ 可以任意配置极点，即

$$\det(sI - A + BK) = \prod_{i=1}^{n}(s - \delta_i) \tag{5.91}$$

成立的充分必要条件为开环系统 $\sum(A, B, C)$ 状态完全可控，其中，$\delta_i(i = 1, 2, \cdots, n)$ 为任意一组期望闭环极点。由此，可得以下极点配置算法。

极点配置算法：

（1）对于系统 $\sum(A, B, C)$，给定期望闭环系统特征值 $\delta_i(i = 1, 2, \cdots, n)$；

（2）检测状态完全可控条件，如果可控阵：

$$Q_c \triangleq \begin{bmatrix} B & AB & \cdots & A^{n-1}B \end{bmatrix} \tag{5.92}$$

的秩为 n，继续下一步，否则系统不可进行极点配置；

（3）求系统阵 A 的特征多项式：

$$\det(sI - A) = s^n + a_1 s^{n-1} + \cdots + a_n \tag{5.93}$$

（4）求变换阵：

$$T = Q_c W \tag{5.94}$$

其中，

$$W = \begin{bmatrix} a_{n-1} & a_{n-2} & \cdots & a_1 & 1 \\ a_{n-2} & \iddots & \iddots & 1 & 0 \\ \vdots & \iddots & \iddots & \iddots & 0 \\ a_1 & 1 & \iddots & \iddots & \vdots \\ 1 & 0 & 0 & \cdots & 0 \end{bmatrix} \tag{5.95}$$

（5）构造期望闭环系统特征多项式：

$$\prod_{i=1}^{n}(s - \delta_i) = (s - \delta_1)(s - \delta_2)\cdots(s - \delta_n) = s^n + \beta_1 s^{n-1} + \cdots + \beta_n \tag{5.96}$$

（6）计算反馈状态矩阵：

$$K = \begin{bmatrix} \beta_n - a_n & \beta_{n-1} - a_{n-1} & \cdots & \beta_1 - a_1 \end{bmatrix} T^{-1} \tag{5.97}$$

上述算法可用 MATLAB 软件中的函数 place(A, B, P) 求解,即

$$K = \text{place}(A, B, P) \tag{5.98}$$

其中,$P = [\delta_1, \cdots, \delta_n]$。

5.5.4 状态反馈极点配置伺服控制

设被控系统的状态方程为

$$\dot{x} = Ax + Bu, \quad x(0) = x_0, \quad t \geqslant 0 \tag{5.99}$$

其中,$x \in \mathrm{R}^n$ 为状态向量;$u \in \mathrm{R}^p$ 为输入向量。

采用状态反馈控制规律:

$$u = -Kx \tag{5.100}$$

则闭环系统为

$$\dot{x} = Ax + B(-Kx) = (A - BK)x \tag{5.101}$$

求解反馈增益矩阵 K 的问题定义为状态调节器设计问题,其解为

$$x(t) = e^{(A-BK)t}x(0) \tag{5.102}$$

其中,$x(0)$ 是外部干扰引起的初始状态。

由内模原理可知,若被控对象中不含积分器,为了伺服跟踪阶跃参考指令,在闭环反馈回路的前向通道中应包含参考指令不稳定模型,并将一阶积分环节内模嵌入到闭环系统的伺服补偿器中,在闭环系统渐进稳定的前提下,能够实现无静差跟踪。

针对以下单输入单输出(SISO)被控对象构建如图所示的伺服闭环反馈系统:

$$\dot{x} = Ax + Bu \tag{5.103}$$

$$y = Cx \tag{5.104}$$

其中,$x \in \mathrm{R}^n$ 为状态向量;$u \in \mathrm{R}^1$ 为输入向量;$y \in \mathrm{R}^1$ 为输出向量。

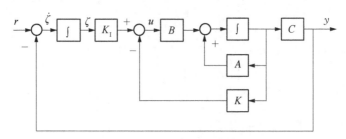

图 5.30　伺服状态反馈闭环系统

伺服状态反馈闭环系统控制律为

$$u = -Kx + K_1\zeta \tag{5.105}$$

由图可知:

$$\dot{\zeta} = r - y = r - Cx \tag{5.106}$$

设在 $t = 0$ 时加入参考阶跃输入,则对 $t > 0$ 后的系统,系统的动态特性描述为

$$\begin{bmatrix} \dot{x}(t) \\ \dot{\zeta}(t) \end{bmatrix} = \begin{bmatrix} A & 0 \\ -C & 0 \end{bmatrix} \begin{bmatrix} x \\ \zeta \end{bmatrix} + \begin{bmatrix} B \\ 0 \end{bmatrix} u(t) + \begin{bmatrix} 0 \\ 1 \end{bmatrix} r(t) \tag{5.107}$$

设计一个渐进稳定系统,使得 $x(\infty)$、$\zeta(\infty)$ 和 $u(\infty)$ 分别等于常值,故此在稳态时 $\dot{\zeta}(t) = 0$ 且 $y(\infty) = r$, $r(\infty) = r(t) = r$。当到达稳态后:

$$\begin{bmatrix} \dot{x}(\infty) \\ \dot{\zeta}(\infty) \end{bmatrix} = \begin{bmatrix} A & 0 \\ -C & 0 \end{bmatrix} \begin{bmatrix} x(\infty) \\ \zeta(\infty) \end{bmatrix} + \begin{bmatrix} B \\ 0 \end{bmatrix} u(\infty) + \begin{bmatrix} 0 \\ 1 \end{bmatrix} r(\infty) \tag{5.108}$$

可得

$$\begin{bmatrix} \dot{x}(t) - \dot{x}(\infty) \\ \dot{\zeta}(t) - \dot{\zeta}(\infty) \end{bmatrix} = \begin{bmatrix} A & 0 \\ -C & 0 \end{bmatrix} \begin{bmatrix} x(t) - x(\infty) \\ \zeta(t) - \zeta(\infty) \end{bmatrix} + \begin{bmatrix} B \\ 0 \end{bmatrix} [u(t) - u(\infty)] \tag{5.109}$$

定义

$$x_e(t) = x(t) - x(\infty) \tag{5.110}$$

$$\zeta_e(t) = \zeta(t) - \zeta(\infty) \tag{5.111}$$

$$u_e(t) = u(t) - u(\infty) \tag{5.112}$$

则

$$\begin{bmatrix} \dot{x}_e(t) \\ \dot{\zeta}_e(t) \end{bmatrix} = \begin{bmatrix} A & 0 \\ -C & 0 \end{bmatrix} \begin{bmatrix} x_e(t) \\ \zeta_e(t) \end{bmatrix} + \begin{bmatrix} B \\ 0 \end{bmatrix} u_e(t) \tag{5.113}$$

$$\begin{aligned} u_e(t) = u(t) - u(\infty) &= -Kx(t) + K_1\zeta(t) + Kx(\infty) - K_1\zeta(\infty) \\ &= -K[x(t) - x(\infty)] + K_1[\zeta(t) - \zeta(\infty)] \\ &= -Kx_e + K_1\zeta_e \end{aligned} \tag{5.114}$$

即

$$u_e(t) = -\begin{bmatrix} K & -K_1 \end{bmatrix} \begin{bmatrix} x_e \\ \zeta_e \end{bmatrix} \tag{5.115}$$

定义闭环系统的 $(n+1)$ 维状态向量为

$$z_e(t) = \begin{bmatrix} x_e(t) \\ \zeta_e(t) \end{bmatrix} \tag{5.116}$$

则,闭环系统状态误差的状态方程为

$$\dot{z}_e = \hat{A}z_e + \hat{B}u_e \tag{5.117}$$

状态反馈控制律为

$$u_e = -\hat{K} z_e \tag{5.118}$$

其中，

$$\hat{A} = \begin{bmatrix} A & 0 \\ -C & 0 \end{bmatrix}, \hat{B} = \begin{bmatrix} B \\ 0 \end{bmatrix} \tag{5.119}$$

$$\hat{K} = \begin{bmatrix} K & -K_I \end{bmatrix} \tag{5.120}$$

则

$$\dot{z}_e = (\hat{A} - \hat{B}\hat{K}) z_e = \left\{ \begin{bmatrix} A & 0 \\ -C & 0 \end{bmatrix} - \begin{bmatrix} B \\ 0 \end{bmatrix} \begin{bmatrix} K & -K_I \end{bmatrix} \right\} z_e = \begin{bmatrix} A - BK & BK_I \\ -C & 0 \end{bmatrix} z_e \tag{5.121}$$

由此可见，被控对象中不含积分器的伺服控制问题转化为闭环系统状态误差的调节器设计问题，如果满足状态完全可控条件，则采用前述极点配置算法可获得状态反馈极点配置伺服控制器的设计解。

因此，控制系统在阶跃参考指令下，控制律采用 $u = -Kx + K_I \zeta$ 构成的闭环系统动态方程为

$$\begin{bmatrix} \dot{x}(t) \\ \dot{\zeta}(t) \end{bmatrix} = \begin{bmatrix} A - BK & BK_I \\ -C & 0 \end{bmatrix} \begin{bmatrix} x \\ \zeta \end{bmatrix} + \begin{bmatrix} 0 \\ 1 \end{bmatrix} r(t) \tag{5.122}$$

输出方程为

$$y = \begin{bmatrix} C & 0 \end{bmatrix} \begin{bmatrix} x \\ \zeta \end{bmatrix} \tag{5.123}$$

同时：

$$\dot{x}(t) = (A - BK) x + BK_I \zeta \tag{5.124}$$

$$y = Cx \tag{5.125}$$

则，开环传递函数为

$$G_{op} = \frac{1}{s} C [sI - (A - BK)]^{-1} BK_I \tag{5.126}$$

计算 $x(t)$、$\zeta(t)$、$u(t)$ 的稳态值如下：

$$\begin{aligned} \dot{x}(\infty) &= 0 = Ax(\infty) + Bu(\infty) \\ \dot{\zeta}(\infty) &= 0 = r - Cx(\infty) \end{aligned} \tag{5.127}$$

即

$$\begin{bmatrix} 0 \\ 0 \end{bmatrix} = \begin{bmatrix} A & B \\ -C & 0 \end{bmatrix} \begin{bmatrix} x(\infty) \\ u(\infty) \end{bmatrix} + \begin{bmatrix} 0 \\ r \end{bmatrix} \tag{5.128}$$

得

$$\begin{bmatrix} x(\infty) \\ u(\infty) \end{bmatrix} = \begin{bmatrix} A & B \\ -C & 0 \end{bmatrix}^{-1} \begin{bmatrix} 0 \\ -r \end{bmatrix} \tag{5.129}$$

又因为:

$$u(\infty) = -Kx(\infty) + K_1\zeta(\infty) \tag{5.130}$$

得

$$\zeta(\infty) = \frac{1}{K_1}[u(\infty) + Kx(\infty)] \tag{5.131}$$

5.5.5　设计算例

对于双转子涡扇发动机,设主燃油流量回路和尾喷口喉道面积回路的执行机构传递函数为时间常数均为 0.1 秒的一阶惯性环节,归一化增广被控对象状态空间模型为

$$\dot{x} = Ax + Bu$$

$$y = Cx$$

其中,

$$x = \begin{bmatrix} N_1 \\ N_2 \\ A_8 \\ W_f \end{bmatrix}, \quad u = \begin{bmatrix} A_{8\text{cmd}} \\ W_{\text{fcmd}} \end{bmatrix}, \quad y = \begin{bmatrix} \pi_{\text{T}} \\ N_2 \end{bmatrix}$$

$$A = \begin{bmatrix} -6.55 & 5.5686 & 1.9816 & 0.4829 \\ 0.1298 & -3.7204 & -0.0143 & 0.6643 \\ 0 & 0 & -10 & 0 \\ 0 & 0 & 0 & -10 \end{bmatrix}, \quad B = \begin{bmatrix} 0 & 0 \\ 0 & 0 \\ 10 & 0 \\ 0 & 10 \end{bmatrix}$$

$$C = \begin{bmatrix} -0.8832 & 1.1424 & 0.7363 & 0.0002 \\ 0 & 1 & 0 & 0 \end{bmatrix}$$

其中,喷口控制回路的被控对象传递函数为

$$G_{A_8}(s) = \frac{7.363s^2 + 57.95s + 111.6}{s^3 + 20.27s^2 + 126.3s + 236.5}$$

设喷口控制回路的稳态调节计划为

$$A_8 \rightarrow \pi_{\text{T}} = \text{const}$$

期望闭环极点设置为

$$P = \begin{bmatrix} -2 + 1.186\mathrm{i} & -2 - 1.186\mathrm{i} & -18 & -19 \end{bmatrix}$$

按照上述极点配置算法求解,得

$$K = \begin{bmatrix} 0.906 & -113.163 & 2.073 \end{bmatrix}, \quad K_I = 16.574$$

喷口调节回路设计点奈奎斯特曲线如图 5.31 所示,开环伯德图如图 5.32 所示,由图可知,喷口调节回路开环截止频率为 2.67 rad/s,幅值裕度 $G_m =$ Inf,相位裕度 $P_m = 87°$。

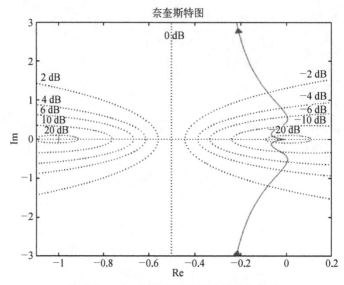

图 5.31 喷口调节回路设计点奈奎斯特图

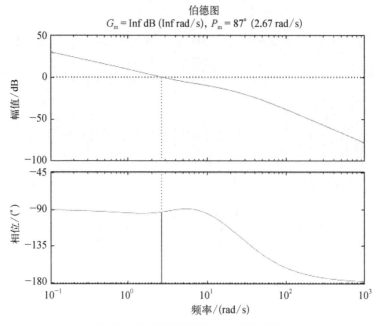

图 5.32 喷口调节回路设计点开环伯德图

喷口调节回路设计点根轨迹曲线如图 5.33 所示,闭环伯德图如图 5.34 所示,由图可知,喷口调节回路闭环带宽为 3 rad/s,无谐振峰值。

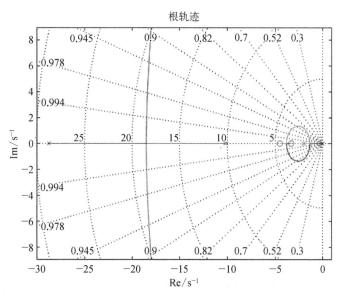

图 5.33　喷口调节回路设计点根轨迹图

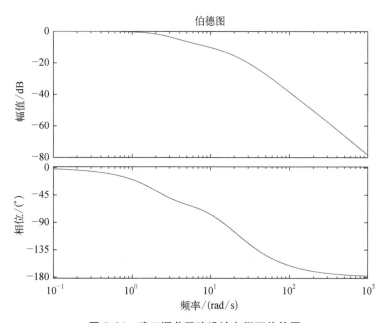

图 5.34　喷口调节回路设计点闭环伯德图

喷口调节回路设计点 π_T 单位阶跃响应如图 5.35 所示, π_T 伺服调节时间为 1.2 s 左右, 基本无超调, 控制器输出指令 $A_{8\mathrm{cmd}}$ 如图 5.36 所示, 没有出现振荡、饱和现象。

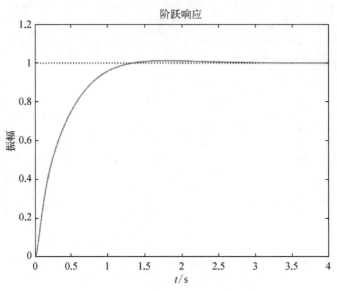

图 5.35 喷口调节回路设计点 π_T 阶跃响应曲线

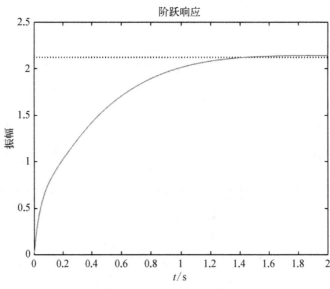

图 5.36 喷口调节回路设计点 A_8 阶跃响应曲线

为了考察喷口调节回路控制系统的鲁棒性能, 在设计点邻域 3% 范围的 4 个工作点上进行仿真, 喷口调节回路奈奎斯特曲线如图 5.37 所示, 开环伯德图如图 5.38 所示, 由图可知, 在设计点转速的邻域 3% 范围, 开环截止频率由 2.67 rad/s 降到 2.18 rad/s, 幅值裕

度 $G_m = \text{Inf}$，相位裕度由 $P_m = 87°$ 增大到 $99.9°$。

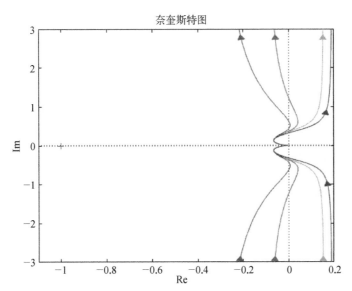

图 5.37　喷口调节回路设计点邻域 3%范围奈奎斯特图

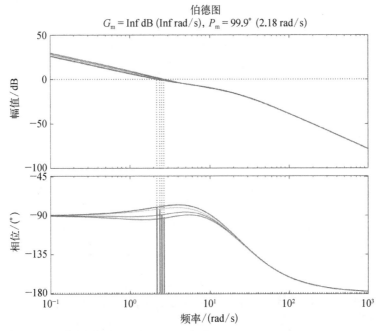

图 5.38　喷口调节回路设计点邻域 3%范围伯德图

　　喷口调节回路根轨迹曲线如图 5.39 所示,闭环伯德图如图 5.40 所示,由图可知,在设计点转速的邻域 3%范围,闭环带宽降低,没有出现谐振峰值,闭环频域特性曲线比较集中。

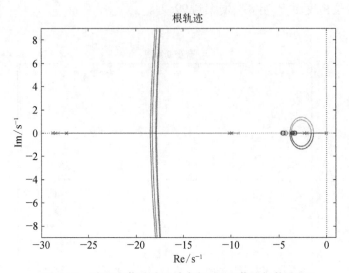

图 5.39　喷口调节回路设计点邻域 3% 范围根轨迹图

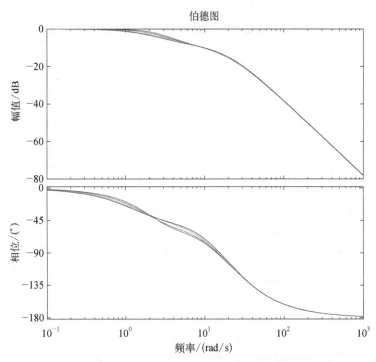

图 5.40　喷口调节回路设计点邻域 3% 范围闭环伯德图

　　喷口调节回路 π_{T} 单位阶跃响应如图 5.41 所示，π_{T} 伺服调节时间由 1.2 s 增加到 2 s，基本无超调，控制器输出指令 $A_{8\mathrm{cmd}}$ 如图 5.42 所示，没有出现振荡、饱和现象。

　　以下分析主燃油流量回路的控制性能，设主燃油流量回路的稳态调节计划为

$$W_{\mathrm{f}} \rightarrow N_2 = \mathrm{const}$$

其归一化传递函数为

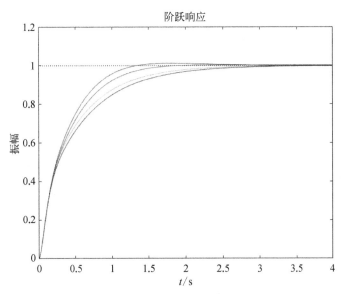

图 5.41　喷口调节回路设计点邻域 3%范围 π_T 阶跃响应曲线

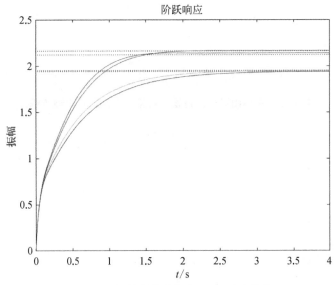

图 5.42　控制器输出指令 A_{8cmd} 响应曲线

$$G_{W_f}(s) = \frac{6.643s + 44.14}{s^3 + 20.27s^2 + 126.3s + 236.5}$$

设期望极点为

$$P = \begin{bmatrix} -2 + 1.186\mathrm{i} & -2 - 1.186\mathrm{i} & -18 & -19 \end{bmatrix}$$

根据极点配置算法,得

$$K = \begin{bmatrix} 0.906 & -113.163 & 2.073 \end{bmatrix}, \quad K_\mathrm{I} = 16.574$$

为了考察主燃油流量调节回路控制系统的鲁棒性能,在设计点邻域 3% 范围的 4 个工作点上进行仿真,调节回路奈奎斯特曲线如图 5.43 所示,开环伯德图如图 5.44 所示,由图可知,在设计点转速的邻域 3% 范围,开环截止频率集中在 1.36 rad/s 附近,相位裕度约 $P_\mathrm{m} = 72.8°$,幅值裕度 $G_\mathrm{m} = 30.6$ dB。

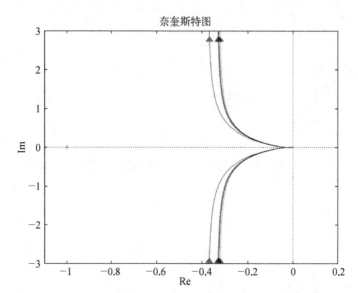

图 5.43 主燃油调节回路设计点邻域 3% 范围奈奎斯特图

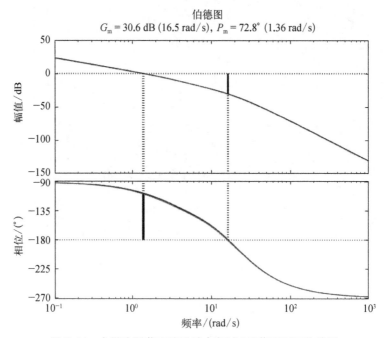

图 5.44 主燃油调节回路设计点邻域 3% 范围开环伯德图

主燃油流量调节回路根轨迹曲线如图 5.45 所示,闭环伯德图如图 5.46 所示,由图可知,在设计点转速的邻域 3% 范围,闭环带宽基本不变约为 2.5 rad/s,没有出现谐振峰值,闭环频域特性曲线比较集中。

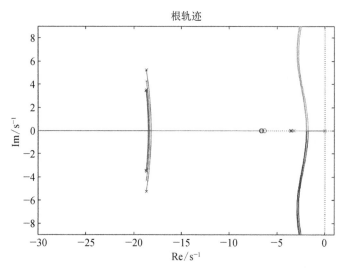

图 5.45 主燃油调节回路设计点邻域 3% 范围根轨迹图

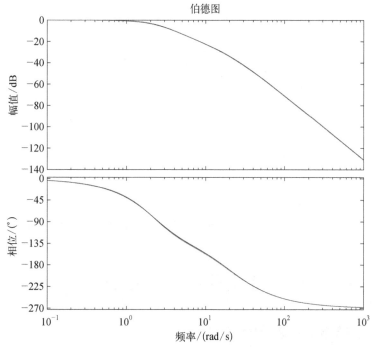

图 5.46 主燃油调节回路设计点邻域 3% 范围闭环伯德图

主燃油流量调节回路单位阶跃响应如图 5.47 所示,伺服调节时间集中在 1.8 s 附近,基本无超调,控制器输出指令 W_f 如图 5.48 所示,没有出现振荡、饱和现象。

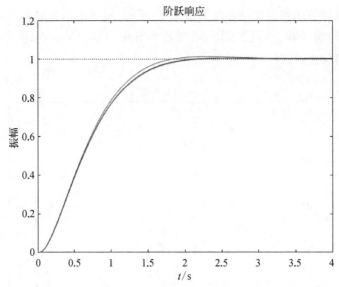

图 5.47　主燃油调节回路设计点邻域 3% 范围 N_2 阶跃响应曲线

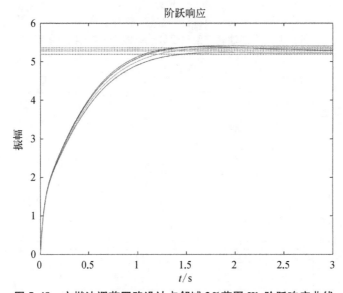

图 5.48　主燃油调节回路设计点邻域 3% 范围 W_f 阶跃响应曲线

5.6　多变量 PI/LMI 控制设计

5.6.1　静态输出反馈 PID 控制

设被控对象 $\sum_1$ 为

$$\sum\nolimits_1: \begin{cases} \dot{x}(t) = A_{\mathrm{M}}x(t) + B_{\mathrm{M}}u(t) \\ y(t) = C_{\mathrm{M}}x(t) \end{cases} \tag{5.132}$$

其中，$x \in \mathrm{R}^n$ 为状态向量；$u \in \mathrm{R}^p$ 为控制向量，$y \in \mathrm{R}^q$ 为输出向量。

考虑 $\sum_1$ 的闭环负反馈 PID 控制律：

$$u(t) = K_{\mathrm{p}} y(t) + K_{\mathrm{i}} \int_0^t y(\tau) \mathrm{d}\tau + K_{\mathrm{d}} \frac{\mathrm{d}y(t)}{\mathrm{d}t} \tag{5.133}$$

使得闭环系统内稳定问题。

定义闭环系统的状态向量为

$$z = \begin{bmatrix} z_1 & z_2 \end{bmatrix}^{\mathrm{T}}, \ z_1 = x, \ z_2 = \int_0^t y(\tau) \mathrm{d}\tau \tag{5.134}$$

则

$$y = \begin{bmatrix} C_{\mathrm{M}} & 0 \end{bmatrix} z \tag{5.135}$$

$$\int_0^t y(\tau) \mathrm{d}\tau = \begin{bmatrix} 0 & I \end{bmatrix} z \tag{5.136}$$

$$\frac{\mathrm{d}y}{\mathrm{d}t} = C_{\mathrm{M}} \dot{x} = C_{\mathrm{M}} A_{\mathrm{M}} x + C_{\mathrm{M}} B_{\mathrm{M}} u = \begin{bmatrix} C_{\mathrm{M}} A_{\mathrm{M}} & 0 \end{bmatrix} z + C_{\mathrm{M}} B_{\mathrm{M}} u \tag{5.137}$$

$$
\begin{aligned}
u(t) &= K_{\mathrm{p}} \begin{bmatrix} C_{\mathrm{M}} & 0 \end{bmatrix} z + K_{\mathrm{i}} \begin{bmatrix} 0 & I \end{bmatrix} z + K_{\mathrm{d}} \left\{ \begin{bmatrix} C_{\mathrm{M}} A_{\mathrm{M}} & 0 \end{bmatrix} z + C_{\mathrm{M}} B_{\mathrm{M}} u \right\} \\
&= \begin{bmatrix} K_{\mathrm{p}} & K_{\mathrm{i}} & K_{\mathrm{d}} \end{bmatrix} \begin{bmatrix} C_{\mathrm{M}} & 0 \\ 0 & I \\ C_{\mathrm{M}} A_{\mathrm{M}} & 0 \end{bmatrix} z + K_{\mathrm{d}} C_{\mathrm{M}} B_{\mathrm{M}} u
\end{aligned} \tag{5.138}
$$

得

$$u(t) = \begin{bmatrix} I - K_{\mathrm{d}} C_{\mathrm{M}} B_{\mathrm{M}} \end{bmatrix}^{-1} \begin{bmatrix} K_{\mathrm{p}} & K_{\mathrm{i}} & K_{\mathrm{d}} \end{bmatrix} \begin{bmatrix} C_{\mathrm{M}} & 0 \\ 0 & I \\ C_{\mathrm{M}} A_{\mathrm{M}} & 0 \end{bmatrix} z \tag{5.139}$$

考虑下述系统 $\sum_2$ 的闭环负反馈静态输出控制律设计问题：

$$\sum\nolimits_2 : \begin{cases} \dot{z}(t) = A_{\mathrm{g}} z(t) + B_{\mathrm{g}} u(t) \\ q(t) = C_{\mathrm{g}} z(t) \end{cases} \tag{5.140}$$

其中，

$$A_{\mathrm{g}} = \begin{bmatrix} A_{\mathrm{M}} & 0 \\ C_{\mathrm{M}} & 0 \end{bmatrix}, \ B_{\mathrm{g}} = \begin{bmatrix} B_{\mathrm{M}} \\ 0 \end{bmatrix}, \ C_{\mathrm{g}} = \begin{bmatrix} C_{\mathrm{M}} & 0 \\ 0 & I \\ C_{\mathrm{M}} A_{\mathrm{M}} & 0 \end{bmatrix} \tag{5.141}$$

设静态输出反馈控制律为

$$u(t) = K_{\mathrm{g}} q(t) \tag{5.142}$$

若被控系统 $\sum_2$ 在静态输出反馈控制律下组成的闭环系统存在静态输出反馈阵 K_g，则

$$u(t) = K_g C_g z(t) \tag{5.143}$$

$$
\begin{aligned}
K_g &= \begin{bmatrix} K_1 & K_2 & K_3 \end{bmatrix} \\
&= \begin{bmatrix} (I - K_d C_M B_M)^{-1} K_p & (I - K_d C_M B_M)^{-1} K_i & (I - K_d C_M B_M)^{-1} K_d \end{bmatrix}
\end{aligned} \tag{5.144}
$$

由此得

$$K_d = K_3 (I + C_M B_M K_3)^{-1} \tag{5.145}$$

$$K_p = (I - K_d C_M B_M) K_1 \tag{5.146}$$

$$K_i = (I - K_d C_M B_M) K_2 \tag{5.147}$$

5.6.2　静态输出反馈 PI 控制

考虑 $\sum_1$ 的闭环输出反馈 PI 控制律设计问题：

$$u(t) = K_p y(t) + K_i \int_0^t y(\tau) \mathrm{d}\tau \tag{5.148}$$

设闭环系统状态向量为

$$z = \begin{bmatrix} z_1 & z_2 \end{bmatrix}^{\mathrm{T}} \tag{5.149}$$

其中，

$$z_1 = x, \ z_2 = \int_0^t y(\tau) \mathrm{d}\tau \tag{5.150}$$

则

$$y = \begin{bmatrix} C_M & 0 \end{bmatrix} z \tag{5.151}$$

$$\int_0^t y(\tau) \mathrm{d}\tau = \begin{bmatrix} 0 & I \end{bmatrix} z \tag{5.152}$$

$$u(t) = K_p \begin{bmatrix} C_M & 0 \end{bmatrix} z + K_i \begin{bmatrix} 0 & I \end{bmatrix} z = \begin{bmatrix} K_p & K_i \end{bmatrix} \begin{bmatrix} C_M & 0 \\ 0 & I \end{bmatrix} z \tag{5.153}$$

考虑 $\sum_3$ 的闭环反馈输出控制律：

$$\sum\nolimits_3: \begin{cases} \dot{z}(t) = A_g z(t) + B_g u(t) \\ q(t) = C_g z(t) \end{cases} \tag{5.154}$$

其中，

$$A_g = \begin{bmatrix} A_M & 0 \\ C_M & 0 \end{bmatrix}, \ B_g = \begin{bmatrix} B_M \\ 0 \end{bmatrix}, \ C_g = \begin{bmatrix} C_M & 0 \\ 0 & I \end{bmatrix} \tag{5.155}$$

$$u(t) = K_{\mathrm{g}} q(t) \tag{5.156}$$

则

$$K_{\mathrm{g}} = \begin{bmatrix} K_1 & K_2 \end{bmatrix} = \begin{bmatrix} K_{\mathrm{p}} & K_{\mathrm{i}} \end{bmatrix} \tag{5.157}$$

5.6.3　极点配置算法

$\sum_2$、$\sum_3$ 输出反馈构成的闭环系统可等价于如下自治系统:

$$\dot{z} = (A_{\mathrm{g}} + B_{\mathrm{g}} K_{\mathrm{g}} C_{\mathrm{g}}) z \tag{5.158}$$

选李雅普诺夫二次函数:

$$V(z) = z^{\mathrm{T}} Q z > 0 \tag{5.159}$$

则

$$
\begin{aligned}
\dot{V}(z) &= \dot{z}^{\mathrm{T}} Q z + z^{\mathrm{T}} Q \dot{z} = z^{\mathrm{T}} (A_{\mathrm{g}} + B_{\mathrm{g}} K_{\mathrm{g}} C_{\mathrm{g}})^{\mathrm{T}} Q z + z^{\mathrm{T}} Q (A_{\mathrm{g}} + B_{\mathrm{g}} K_{\mathrm{g}} C_{\mathrm{g}}) z \\
&= z^{\mathrm{T}} [(A_{\mathrm{g}} + B_{\mathrm{g}} K_{\mathrm{g}} C_{\mathrm{g}})^{\mathrm{T}} Q + Q (A_{\mathrm{g}} + B_{\mathrm{g}} K_{\mathrm{g}} C_{\mathrm{g}})] z
\end{aligned} \tag{5.160}
$$

为使 $\dot{V}(z)$ 负定,令 $Q^{-1} = P$,则

$$P (A_{\mathrm{g}} + B_{\mathrm{g}} K_{\mathrm{g}} C_{\mathrm{g}})^{\mathrm{T}} + (A_{\mathrm{g}} + B_{\mathrm{g}} K_{\mathrm{g}} C_{\mathrm{g}}) P < 0 \tag{5.161}$$

在上述渐近稳定条件的基础上,考虑控制系统的稳定裕度和鲁棒稳定性能,设存在一个正定矩阵 $P > 0$ 和特征因子 $\alpha > 0, \beta > 0$,构造如下矩阵不等式:

$$\beta (A_{\mathrm{g}} + B_{\mathrm{g}} K_{\mathrm{g}} C_{\mathrm{g}}) P (A_{\mathrm{g}} + B_{\mathrm{g}} K_{\mathrm{g}} C_{\mathrm{g}})^{\mathrm{T}} + P (A_{\mathrm{g}} + B_{\mathrm{g}} K_{\mathrm{g}} C_{\mathrm{g}} + \alpha I)^{\mathrm{T}} + (A_{\mathrm{g}} + B_{\mathrm{g}} K_{\mathrm{g}} C_{\mathrm{g}} + \alpha I) P < 0 \tag{5.162}$$

设 ξ 为 $(A_{\mathrm{g}} + B_{\mathrm{g}} K_{\mathrm{g}} C_{\mathrm{g}})^{\mathrm{T}}$ 的特征值 λ 的特征向量,对上式左乘 ξ^* 右乘 ξ,得

$$(\beta \lambda^* \lambda + \lambda + \lambda^* + 2\alpha) \xi^* P \xi < 0 \tag{5.163}$$

即

$$(\mathrm{Re}[\lambda] + c)^2 + \mathrm{Im}^2[\lambda] < r^2 \tag{5.164}$$

其中,

$$c = \frac{1}{\beta}, \quad r = \sqrt{\frac{1}{\beta^2} - \frac{2\alpha}{\beta}}, \quad \beta < \frac{1}{2\alpha} \tag{5.165}$$

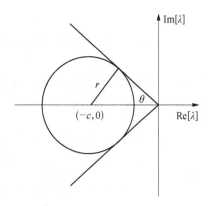

上式表示闭环系统的极点矩阵 $(A_{\mathrm{g}} + B_{\mathrm{g}} K_{\mathrm{g}} C_{\mathrm{g}})^{\mathrm{T}}$ 的特征值 λ 均落在如图 5.49 所示的以 $(-c, 0)$ 为圆心,r 为半径的圆域内 $0 < r < c$。

对上述矩阵不等式进行变换,得

图 5.49　闭环极点圆分布区域

$$- (A_g + B_g K_g C_g) P (\beta^{-1} P)^{-1} P (A_g + B_g K_g C_g)^{\mathrm{T}} - P (A_g + B_g K_g C_g + \alpha I)^{\mathrm{T}} -$$
$$(A_g + B_g K_g C_g + \alpha I) P > 0$$

$$(5.166)$$

由舒尔补引理,得线性矩阵不等式:

$$\begin{bmatrix} - (A_g + B_g K_g C_g + \alpha I) P - P (A_g + B_g K_g C_g + \alpha I)^{\mathrm{T}} & (A_g + B_g K_g C_g) P \\ P (A_g + B_g K_g C_g)^{\mathrm{T}} & \beta^{-1} P \end{bmatrix} > 0$$

$$(5.167)$$

设

$$Y = K_g C_g P \tag{5.168}$$

则

$$\begin{bmatrix} - (A_g P + P A_g^{\mathrm{T}} + 2\alpha P) - B_g Y - Y^{\mathrm{T}} B_g^{\mathrm{T}} & A_g P + B_g Y \\ P A_g^{\mathrm{T}} + Y^{\mathrm{T}} B_g^{\mathrm{T}} & \beta^{-1} P \end{bmatrix} > 0 \tag{5.169}$$

求解上式 LMI,其解 P 若为正定阵,可构造如下矩阵:

$$M = C_g P \tag{5.170}$$

$$Y = K_g M \tag{5.171}$$

当 M 非奇异时有唯一解:

$$K_g = Y M^{-1} \tag{5.172}$$

当 M 奇异时,存在广义逆的逼近解:

$$K_g = Y M^+ \tag{5.173}$$

其中,

$$\beta = \frac{1}{c} > 0, \quad \alpha = \frac{1}{2}\left(\frac{1}{\beta} - \beta r^2\right) > 0 \tag{5.174}$$

多变量控制系统的极点配置算法:

(1)对稳态设计点获得的涡扇发动机状态空间模型进行归一化处理,获得涡扇发动机状态空间归一化线性模型,将执行机构动态模型增广到归一化线性模型中,构建涡扇发动机增广状态空间模型 $\sum_1$;

(2)将被控对象 $\sum_1$ 转化为 $\sum_3$,进行 PI 控制律设计(或将被控对象 $\sum_1$ 转化为 $\sum_2$,进行 PID 控制律设计);

(3)给定极点配置圆的几何参数 c、r,由式(5.174)计算稳定裕度和鲁棒稳定性能特征因子 α、β;

（4）用 LMI 工具箱求解式（5.169），求得 P、Y；

（5）由式（5.170）构造 M 矩阵，由 M 的奇异性，通过式（5.172）或式（5.173）求得 K_g；

（6）由式（5.157）可得 K_p、K_i［或由式（5.144）、（5.145）、（5.146）、（5.147）可得 K_p、K_i、K_d］。

为了验证上述方法的伺服跟踪性能和抗干扰性能，以下分双轴涡扇发动机的多变量控制和单变量控制进行仿真分析。

5.6.4 多变量控制设计算例

双轴涡扇发动机状态空间模型：

$$\dot{x} = Ax + Bu$$

$$y = Cx + Du$$

其中，状态向量为 $x = \begin{bmatrix} N_L \\ N_H \end{bmatrix}$；输入向量为 $u = \begin{bmatrix} W_f \\ A_8 \end{bmatrix}$；输出向量为 $y = \begin{bmatrix} N_H \\ \pi_T \end{bmatrix}$；在某稳态工作点；主燃油流量 $W_f = 1.14$ kg/s；尾喷口喉道面积 $A_8 = 0.3$ m²；低压转子转速 $N_L = 10\,065$ rpm；高压转子转速 $N_H = 12\,832$ rpm；涡轮落压比 $\pi_T = 8.6$。

$$A = \begin{bmatrix} -6.55 & 4.37 \\ 0.16 & -3.72 \end{bmatrix}, \quad B = \begin{bmatrix} 4\,249 & 66\,916 \\ 7\,452 & -615 \end{bmatrix}$$

$$C = \begin{bmatrix} 0 & 1 \\ -0.000\,75 & 0.000\,76 \end{bmatrix}, \quad D = \begin{bmatrix} 0 & 0 \\ 0.001\,9 & 21.205 \end{bmatrix}$$

归一化线性模型：

$$\dot{x}_n = A_n x_n + B_n u_n$$

$$y_n = C_n x_n + D_n u_n$$

其中，

$$A_n = \begin{bmatrix} -6.55 & 5.56 \\ 0.13 & -3.72 \end{bmatrix}, \quad B_n = \begin{bmatrix} 0.483 & 1.982 \\ 0.664 & -0.014 \end{bmatrix}$$

$$C_n = \begin{bmatrix} 0 & 1 \\ -0.88 & 1.14 \end{bmatrix}, \quad D_n = \begin{bmatrix} 0 & 0 \\ 0.000\,3 & 0.736 \end{bmatrix}$$

采用双回路控制系统结构，控制目标：

$$W_f \rightarrow N_H = \text{const}$$

$$A_8 \rightarrow \pi_T = \text{const}$$

设调节主燃油流量回路和尾喷口喉道面积回路的执行机构传递函数为时间常数均为 0.1 秒的一阶惯性环节。

增广被控对象状态空间模型的系数矩阵为

$$A_g = \begin{bmatrix} -6.55 & 5.56 & 0.483 & 1.982 \\ 0.13 & -3.72 & 0.664 & -0.014 \\ 0 & 0 & -10 & 0 \\ 0 & 0 & 0 & -10 \end{bmatrix}, \quad B_g = \begin{bmatrix} 0 & 0 \\ 0 & 0 \\ 10 & 0 \\ 0 & 10 \end{bmatrix}$$

$$C_g = \begin{bmatrix} 0 & 1 & 0 & 0 \\ -0.88 & 1.14 & 0.0003 & 0.736 \end{bmatrix}, \quad D_g = \begin{bmatrix} 0 & 0 \\ 0 & 0 \end{bmatrix}$$

考虑到闭环极点圆的圆心位置在复平面上若靠近虚轴,系统的动态响应会变慢;若离虚轴太远,系统的动态响应太快,则会与较慢的执行机构动态产生不匹配的问题,折中考虑后圆心选为$(-5, 0)$;同时,考虑到极点不能落到复平面的右半平面内,以及极点位置不能太靠近虚轴,通过半径对极点配置圆进行约束,半径选为$r = 4$,可得$\alpha = 0.9$,$\beta = 0.2$,按本文所述方法求解 LMI,计算归一化增广对象 PI 控制器为

$$K_{np} = \begin{bmatrix} 2.46 & -0.167 \\ -0.097 & 0.873 \end{bmatrix}, \quad K_{ni} = \begin{bmatrix} 8.26 & -0.586 \\ 0.351 & 5.597 \end{bmatrix}$$

将上述 PI 控制器进行反变换,得

$$K_p = \begin{bmatrix} 0.0002 & -0.0223 \\ -0.000 & 0.0303 \end{bmatrix}, \quad K_i = \begin{bmatrix} 0.0007 & -0.0781 \\ 0.000 & 0.1943 \end{bmatrix}$$

对上述控制系统进行阶跃响应和斜坡响应的双回路闭环仿真验证。仿真时间从第 5 秒开始到第 45 秒结束,从第 5 秒开始到第 30 秒考察阶跃跟踪响应情况,从第 30 秒开始到第 45 秒考察斜坡跟踪响应情况,高压转子转速参考指令如图 5.50 中的实线所示,涡轮落压比参考指令如图 5.51 中的实线所示。

图 5.50 中高压转子转速参考指令从第 5 秒开始到第 10 秒保持 $N_H = 10\,000$ rpm 不变,在第 10 秒加入 $\Delta N_H = 2\,800$ rpm 的阶跃信号,从第 10 秒开始到第 20 秒保持 $N_H = 12\,800$ rpm 不变,在第 20 秒加入 $\Delta N_H = -2\,800$ rpm 的阶跃信号,从第 20 秒开始到第 30 秒保持 $N_H = 10\,000$ rpm 不变,从第 30 秒开始到第 40 秒加入斜坡指令信号,斜率为 280 rpm/s,从第 40 秒开始到第 45 秒保持 $N_H = 12\,800$ rpm 不变。

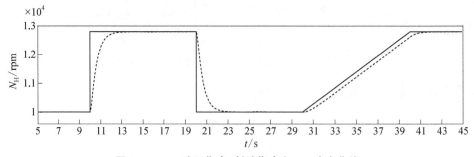

图 5.50 N_H 阶跃指令、斜坡指令和 N_H 响应曲线

图 5.51 中涡轮落压比参考指令从第 5 秒开始到第 15 秒保持 $\pi_T = 8$ 不变,在第 15 秒加入 $\Delta\pi_T = 0.5$ 的阶跃信号,从第 15 秒开始到第 25 秒保持 $\pi_T = 8.5$ 不变,在第 25 秒加入

$\Delta\pi_T = -0.5$ 的阶跃信号,从第 25 秒开始到第 35 秒保持 $\pi_T = 8$ 不变,从第 35 秒开始到第 40 秒加入斜坡指令信号,斜率为 $0.1/s$,从第 40 秒开始到第 45 秒保持 $\pi_T = 9$ 不变。

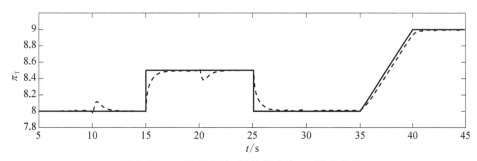

图 5.51　π_T 阶跃指令、斜坡指令和 π_T 响应曲线

图 5.50 虚线为高压转子转速 N_H 的伺服跟踪响应曲线,图 5.51 虚线为涡轮落压比 π_T 的伺服跟踪响应曲线,从第 5 秒开始到第 30 秒的仿真过程可以看到,在双回路控制中,两个回路在各自不同的阶跃输入指令下,N_H 和 π_T 动态调节过程中存在相互耦合干扰。

当加入 N_H 阶跃指令信号时,N_H 响应能够伺服跟踪第 10 秒和第 20 秒的阶跃指令,对第 15 秒和第 25 秒由另一回路 π_T 阶跃响应耦合的干扰具有抑制效果,且进入稳态后,能够无静差伺服跟踪参考指令。

当加入 π_T 阶跃指令信号时,π_T 响应能够伺服跟踪在第 15 秒和第 25 秒的阶跃指令,但在第 10 秒和第 20 秒由于另一回路 N_H 阶跃响应耦合的干扰,会由于高压转子转速 N_H 的突变对涡轮落压比 π_T 参数带来超调量约 1.3% 的干扰,这种影响的动态调节时间不大于 2 秒,随后进入稳态后,能够无静差伺服跟踪参考指令。

对于第 30 秒到第 40 秒的 N_H 斜坡指令和对于第 35 秒到第 40 秒的 π_T 斜坡指令,两个回路之间的干扰作用很小,N_H 斜坡跟踪指令误差不大于 1.5%,π_T 斜坡跟踪指令误差不大于 0.4%。

上述仿真结果表明,双转子涡扇发动机双回路控制系统对于高压转子转速回路和涡轮落压比回路具有伺服跟踪性能和抗回路耦合干扰性能;高压转子转速 N_H 的阶跃突变对涡轮落压比 π_T 超调量约 1.3% 的干扰,动态调节时间不大于 2 秒,进入稳态后,能够无静差伺服跟踪参考指令。

5.6.5　单变量控制设计算例

固定喷口面积的双轴涡扇发动机归一化状态空间模型为

$$\dot{x}_n = A_n x_n + B_n u_n$$
$$y_n = C_n x_n + D_n u_n$$

$$A_n = \begin{bmatrix} -3.2 & 0.05 \\ 1 & -1.3 \end{bmatrix}, \quad B_n = \begin{bmatrix} 0.65 \\ 0.7 \end{bmatrix}, \quad C_n = \begin{bmatrix} 1 & 0 \end{bmatrix}, \quad D_n = 0$$

其中,状态向量为 $x = \begin{bmatrix} N_L \\ N_H \end{bmatrix}$;输入向量为 $u = W_f$;输出向量为 $y = N_L$。

控制计划为

$$W_f \rightarrow N_L = \text{const}$$

执行机构为时间常数为 0.2 s 的一阶惯性环节。为了考察执行机构动态对控制系统的影响,以下分两种情况进行对比分析。

情况 1　不考虑执行机构动态的设计

极点圆配置设计在以(−5, 0)为圆心,$r = 4$ 为半径的圆内,按上述方法对归一化固定喷口面积的双轴涡扇发动机求解控制器得

$$K_{np} = 4.834\,9, \quad K_{ni} = 17.143\,8$$

其闭环系统的极点、零点图如图 5.52 所示。

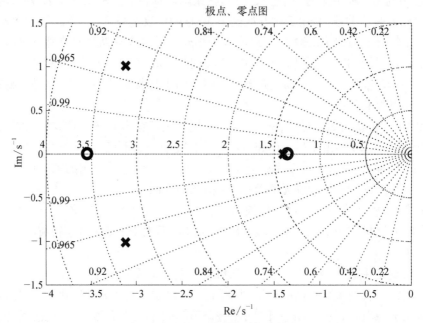

图 5.52　闭环系统的极点、零点图

由图 5.52 可知,这 3 个闭环极点其中一个极点为−1.4,和一个闭环零点距离很近,动态性能主要由一对共轭主导极点−3.2±1.1i 决定,其阻尼比约 0.95。其奈奎斯特曲线如图 5.53 所示,其伯德图曲线如图 5.54 所示,系统有无穷大的幅值裕度和 86° 的相位裕度。

首先进行不带执行机构模型的闭环阶跃响应仿真,参考指令如图 5.55 中的实线所示,在稳态点分别在第 2 秒、第 6 秒、第 10 秒、第 14 秒加入 4 个小阶跃和在第 18 秒加入一个大阶跃参考指令信号,获得如下的低压转子转速响应如图 5.55 中的虚线所示,无动态超调,调节时间约 1 s 左右,稳态误差为零。其次,将执行机构模型嵌入闭环中进行仿真,在不同阶跃幅值下的低压转子转速响应的动态性能变差,在第 18 秒加入的较大的阶跃指令幅值下的响应超调量约 11%,如图 5.56 所示。

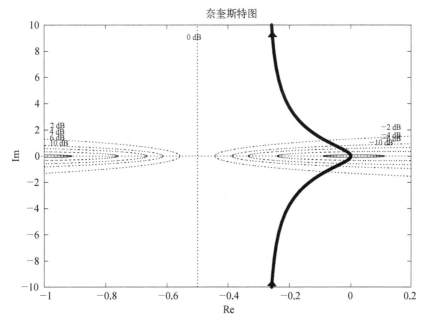

图 5.53　奈奎斯特曲线

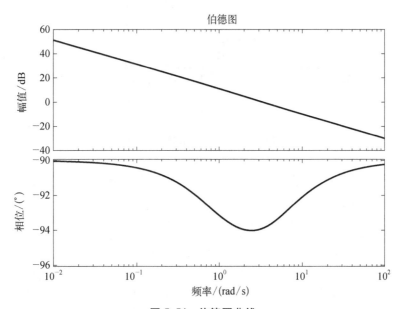

图 5.54　伯德图曲线

为了分析动态性能变差的原因,将执行机构模型增广得到的开环传递函数为

$$G_{\text{open}}(s) = \frac{15.71s^2 + 76.99s + 75.43}{s^4 + 9.5s^3 + 26.61s^2 + 20.55s}$$

其闭环极点、零点分布如图 5.57 所示。

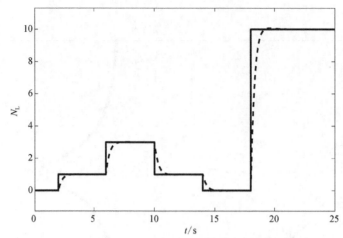

图 5.55　情况 1 下不带执行机构模型的闭环阶跃响应

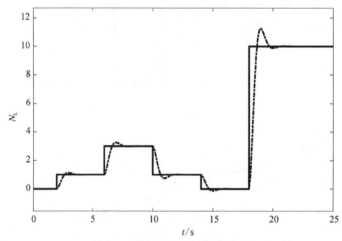

图 5.56　情况 1 下带执行机构模型的闭环阶跃响应

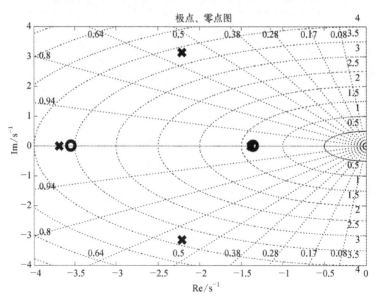

图 5.57　增广执行机构后的闭环系统极点、零点图

　　这 4 个闭环极点的其中一个和一个闭环零点距离很近,动态性能主要由一对共轭主导极点-2.3±3.2i 决定,其阻尼比约 0.55。

　　其奈奎斯特曲线如图 5.58 所示,奈奎斯特频谱左向弯曲靠近(-1, 0i)点,其伯德曲线如图 5.59 所示,虽然具有无穷大的幅值裕度,但是相位裕度只剩下 55°。

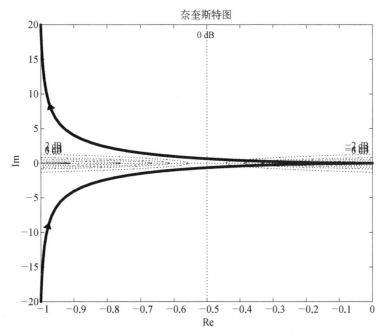

图 5.58　增广执行机构模型后的奈奎斯特曲线

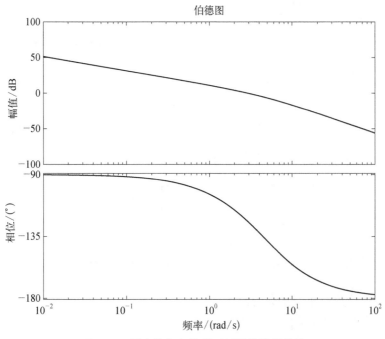

图 5.59　增广执行机构模型后的伯德图曲线

可见,在不考虑执行机构动态时,闭环系统的阻尼比将减小 0.4,相位裕度减少了 30°左右,这是导致系统动态性能变差的主要原因。

如果进一步考察传感器噪声对控制系统性能的影响,加入频率为 10 Hz、幅值为 ±0.5 的均值为 0 的高斯白噪声测量信号,图 5.60 为带噪声的转速测量信号。

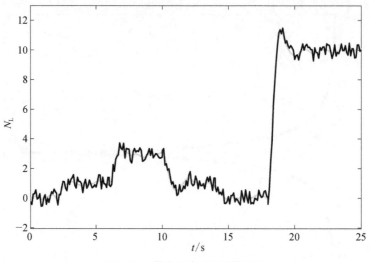

图 5.60 带有噪声 N_L 测量信号

仿真结果如图 5.61 所示,在不同阶跃幅值下的阶跃响应动态性能进一步变差,不仅超调增大,还出现不同程度的转速摆动现象。

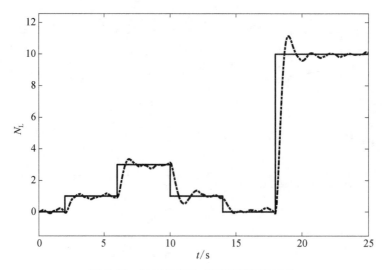

图 5.61 加入噪声后,出现转速摆动现象

情况 2 考虑执行机构动态的设计

作为对比设计,将发动机归一化线性模型与执行机构模型进行增广,增广状态空间模型矩阵为

$$A_{\mathrm{g}} = \begin{bmatrix} -3.2 & 0.05 & 0.65 \\ 1 & -1.3 & 0.7 \\ 0 & 0 & -5 \end{bmatrix}, \quad B_{\mathrm{g}} = \begin{bmatrix} 0 \\ 0 \\ 5 \end{bmatrix}, \quad C_{\mathrm{g}} = \begin{bmatrix} 1 & 0 & 0 \end{bmatrix}, \quad D_{\mathrm{g}} = 0$$

极点圆配置方法同上,解得

$$K_{\mathrm{np}} = 2.2048, \quad K_{\mathrm{ni}} = 7.0648$$

其闭环极点、零点分布如图 5.62 所示,其奈奎斯特曲线如图 5.63 所示。

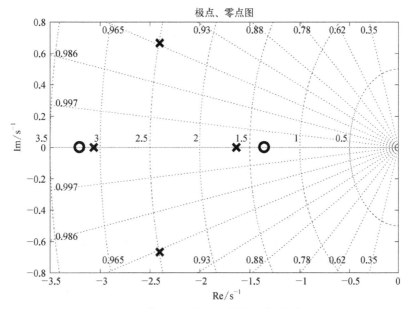

图 5.62 情况 2 下闭环系统的极点、零点图

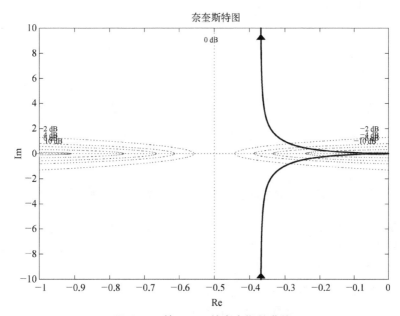

图 5.63 情况 2 下的奈奎斯特曲线

其伯德图曲线如图 5.64 所示,系统具有无穷大的幅值裕度和近 78°的相位裕度。

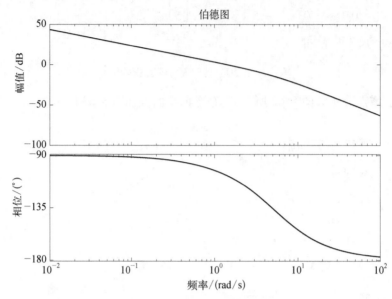

图 5.64　情况 2 下的伯德图

首先,在仿真中未加入传感器测量噪声,在不同阶跃幅值下的低压转子转速响应曲线如图 5.65 所示,N_L 转速无超调,调节时间 1.5 s。

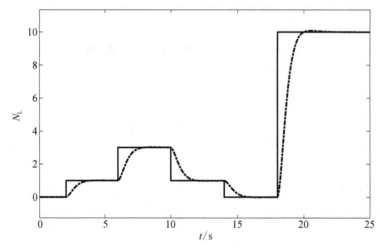

图 5.65　传感器不带噪声情况下转速阶跃响应曲线

其次,在仿真中加入频率为 10 Hz、幅值为 ±0.5 的均值为 0 的高斯白噪声测量信号,转速传感器信号如图 5.66 所示。带传感器噪声的不同转速阶跃幅值下的响应曲线如图 5.67 所示,N_L 转速无超调,调节时间 1.5 s。

进一步考虑执行机构建模的不确定性,设执行机构的实际时间常数 $T_a = 0.35$ s,加入的传感器噪声信号同前,N_L 测量信号如图 5.68 所示。

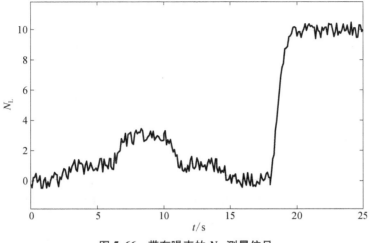

图 5.66　带有噪声的 N_L 测量信号

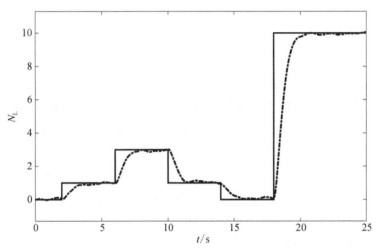

图 5.67　传感器带噪声情况下转速阶跃响应曲线

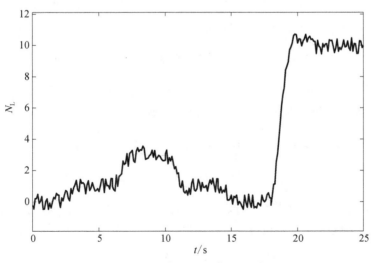

图 5.68　含噪声的反馈 N_1 信号

仿真结果如图 5.69 所示,即使在执行机构时间常数未建模动态存在 0.15 s 的情况下,控制系统的动态性能未出现明显的变差现象,具有鲁棒性能,小阶跃超调量在 0.5% 之内,调节时间小于 2 s,大阶跃超调量在 3% 之内,调节时间小于 3.5 s。

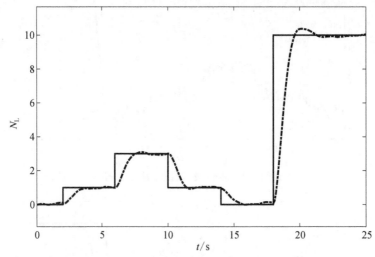

图 5.69　执行机构 $T_a = 0.35$ s 情况下 N_1 阶跃响应曲线

通过对双转子涡扇发动机单变量控制的仿真表明,不考虑执行机构动态直接进行控制器设计,其相位裕度将减少 20°~ 30°左右,这将导致系统的动态性能和稳定性变差。

5.7　内模参数化控制器设计

5.7.1　内模参数化控制原理

设 ψ 表示一簇稳定的、正则的、实有理函数的集合,被控对象 G 稳定。设 $G \in \psi$,使反馈系统内稳定的所有控制器 $G_c(s)$ 的集合为

$$G_c(s) \in \{(I - QG)^{-1}Q = Q(I - GQ)^{-1}: Q \in \psi\} \tag{5.175}$$

上述控制器中由于内含了被控对象模型 G 和正则稳定的参数 Q,称之为内模参数化控制器。设灵敏度函数为 S,补灵敏度函数为 T,则

$$S = (I + GG_c)^{-1} = [I + GQ(I - GQ)^{-1}]^{-1} = I - GQ \tag{5.175}$$

$$T = GQ \tag{5.176}$$

为了获得跟踪目标参考指令的伺服性能,且具有抗干扰和高频噪声抑制性能,对灵敏度函数 S、补灵敏度函数 T 的频谱进行整形设计,设 F_Q 为期望的整形滤波器,则

$$Q = G^{-1}F_Q \tag{5.177}$$

可知

$$F_Q = T \tag{5.178}$$

对于非最小相位系统，由于 G 含有右半平面的零点，它不能包含在 G^{-1} 中，应设

$$Q = G^i F_Q \tag{5.179}$$

要求 G^i 能稳定且逼近 G^{-1}。

5.7.2　内模参数化不完全微分 PID 控制器设计

二阶深度严格真模型定义为分子多项式次数为零的二阶有理传递函数，二阶严格真模型定义为分子多项式次数为 1 的二阶有理传递函数。

对于二阶深度严格真被控对象：

$$G = \frac{K_2}{s^2 + c_1 s + c_0} \tag{5.180}$$

其中，$G \in \psi$，设期望的整形滤波器为

$$F_Q = \frac{1}{\alpha_2 s^2 + \alpha_1 s + 1} \tag{5.181}$$

设二阶期望闭环阻尼比为 ξ 及自然频率为 ω_n，选择参数：

$$\alpha_1 = \frac{2\xi}{\omega_n}, \quad \alpha_2 = \frac{1}{\omega_n^2} \tag{5.182}$$

则

$$Q = G^{-1} F_Q = \frac{s^2 + c_1 s + c_0}{(\alpha_2 s^2 + \alpha_1 s + 1) K_2} \tag{5.183}$$

满足 $Q \in \psi$，则

$$G_c(s) = \frac{Q}{1 - GQ} = \frac{s^2 + c_1 s + c_0}{(\alpha_2 s^2 + \alpha_1 s) K_2} \tag{5.184}$$

设不完全微分 PID 控制器为

$$G_c = K_p + K_i \frac{1}{s} + \frac{K_d s}{\tau_d s + 1} = \frac{(\tau_d K_p + K_d) s^2 + (\tau_d K_i + K_p) s + K_i}{(\tau_d s + 1) s} \tag{5.185}$$

由参数匹配关系，可导出不完全微分 PID 控制器参数为

$$\begin{cases} \tau_d = \dfrac{1}{2\xi\omega_n} \\[2mm] K_p = \dfrac{\alpha_1 c_1 - \alpha_2 c_0}{\alpha_1^2 K_2} = \dfrac{2\xi\omega_n c_1 - c_0}{4K_2\xi^2} \\[2mm] K_i = \dfrac{c_0}{\alpha_1 K_2} = \dfrac{c_0\omega_n}{2K_2\xi} \\[2mm] K_d = \dfrac{\alpha_1^2 - \alpha_1\alpha_2 c_1 + \alpha_2^2 c_0}{\alpha_1^3 K_2} = \dfrac{4\xi^2\omega_n^2 - 2\xi\omega_n c_1 + c_0}{8K_2\xi^3\omega_n} \end{cases} \tag{5.186}$$

5.7.3 二阶严格真含执行机构模型的内模参数化控制器设计

设被控对象为含左半平面零点的二阶传递函数模型:

$$G = \frac{K_2(b_1 s + 1)}{s^2 + c_1 s + c_0}, \quad b_1 > 0 \tag{5.187}$$

设执行机构模型为

$$G_a = \frac{K_a}{\beta_2 s^2 + \beta_1 s + 1} \tag{5.188}$$

则增广后的对象模型为

$$\bar{G} = G \cdot G_a = \frac{K_2 K_a(b_1 s + 1)}{(s^2 + c_1 s + c_0)(\beta_2 s^2 + \beta_1 s + 1)} \tag{5.189}$$

其中,$\bar{G} \in \psi$,设

$$F_Q = \frac{1}{\alpha_2 s^2 + \alpha_1 s + 1} \tag{5.190}$$

二阶期望闭环阻尼比为 ξ 及自然频率为 ω_n,选择参数:

$$\alpha_1 = \frac{2\xi}{\omega_n}, \quad \alpha_2 = \frac{1}{\omega_n^2} \tag{5.191}$$

则

$$Q = \bar{G}^{-1} F_Q = \frac{(s^2 + c_1 s + c_0)(\beta_2 s^2 + \beta_1 s + 1)}{K_2 K_a(b_1 s + 1)(\alpha_2 s^2 + \alpha_1 s + 1)} \tag{5.192}$$

为满足 $Q \in \psi$ 的要求,对上式加入一时间常数为 λ 的惯性环节,即

$$\bar{Q} = Q \frac{1}{\lambda s + 1} = \frac{(s^2 + c_1 s + c_0)(\beta_2 s^2 + \beta_1 s + 1)}{K_2 K_a (b_1 s + 1)(\lambda s + 1)(\alpha_2 s^2 + \alpha_1 s + 1)} \tag{5.193}$$

则

$$G_c(s) = \frac{\bar{Q}}{1 - \bar{G}\bar{Q}} = \frac{(s^2 + c_1 s + c_0)(\beta_2 s^2 + \beta_1 s + 1)}{K_2 K_a (b_1 s + 1)(\lambda s + 1)(\alpha_2 s^2 + \alpha_1 s)} \tag{5.194}$$

5.7.4 设计算例

涡扇发动机在巡航稳态工作时,主燃油流量对于高压转子转速输出的传递函数为

$$G = \frac{33.97s + 167.2}{s^2 + 87.11s + 195.3}$$

其主燃油执行机构模型为

$$G_a = \frac{-1.496}{s^2 + 19.86s + 0.818\,7}$$

涡扇发动机主燃油控制系统结构如图 5.70 所示,内回路为不完全微分 PID 控制器,外回路为内模参数化控制器,外环控制器根据内模参数化控制算法对转速偏差信号进行校正计算后产生执行机构的位置给定信号,该信号与执行机构的位置反馈信号进行比较,内环控制器根据不完全微分控制算法进行校正计算,控制执行机构的位置输出,保证计量活门计量后的燃油流量与发动机所需的燃油流量一致。

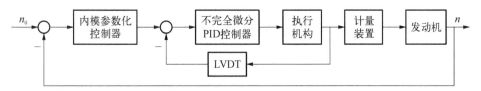

图 5.70 主燃油控制系统结构图

选设计参数 $\xi = 0.7$,$\omega_n = 10$,设计内环不完全微分 PID 控制器参数为

$$\tau_d = 0.071\,4,\quad K_p = -94.545\,1,\quad K_i = -3.909,\quad K_d = 1.978\,6$$

选设计参数 $\lambda = 0.01$,设计外环含积分环节的内模参数化控制器为

$$G_c(s) = \frac{0.01s^4 + 1.011s^3 + 15.15s^2 + 114.5s + 195.3}{0.003\,397s^4 + 0.404s^3 + 6.662s^2 + 23.41s}$$

对内环性能进行仿真,内环开环伯德图如图 5.71 所示。

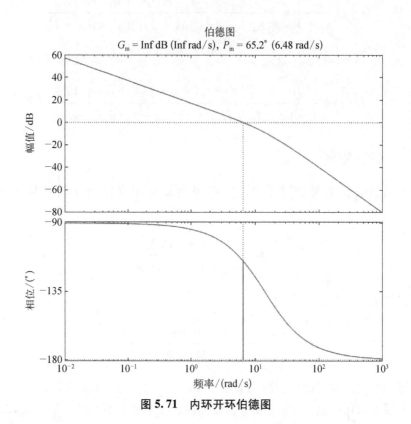

图 5.71　内环开环伯德图

内环开环奈奎斯特图如图 5.72 所示,内环闭环伯德图如图 5.73 所示,内环阶跃响应曲线如图 5.74 所示。

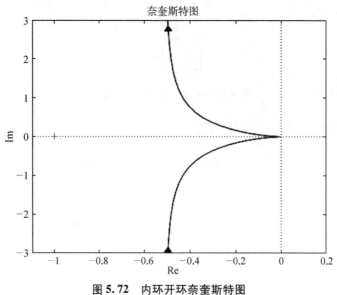

图 5.72　内环开环奈奎斯特图

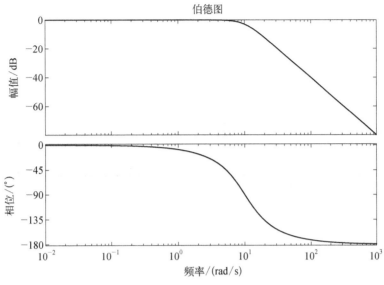

图 5.73 内环闭环伯德图

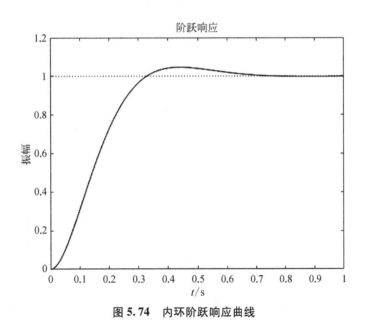

图 5.74 内环阶跃响应曲线

对外环性能进行仿真, 外环开环伯德图如图 5.75 所示, 外环开环奈奎斯特图如图 5.76 所示, 外环闭环伯德图如图 5.77 所示, 外环阶跃响应曲线如图 5.78 所示。

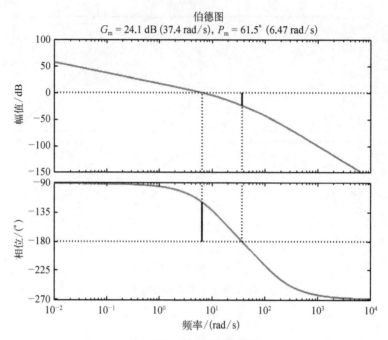

图 5.75 外环开环伯德图

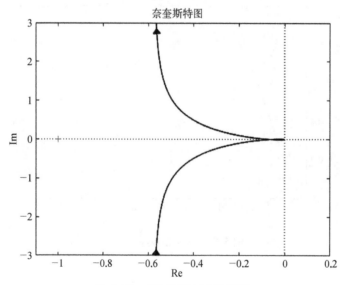

图 5.76 外环开环奈奎斯特图

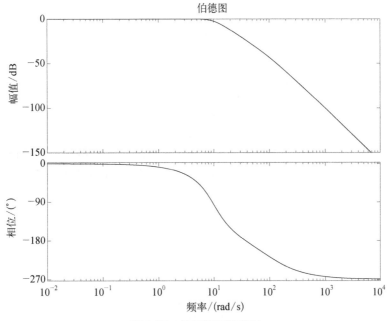

图 5.77　外环闭环伯德图

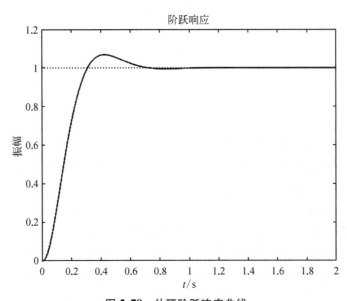

图 5.78　外环阶跃响应曲线

5.8 混合灵敏度 H_∞ 控制设计

5.8.1 混合灵敏度函数频域整形

设闭环系统结构如图 5.79 所示。

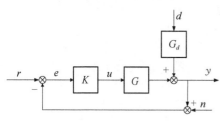

图 5.79 闭环系统结构图

其中，G 为被控对象传递函数；G_d 为外界干扰对系统输出的传递函数；K 为控制器；r 为参考指令输入信号；d 为外部干扰信号；n 为传感器噪声信号；e 为偏差信号；u 为控制器输出信号；y 为被控对象输出信号；定义系统回路的开环传递函数为

$$L = GK \tag{5.195}$$

则闭环系统的输出响应为

$$y = Tr + SG_d d - Tn \tag{5.196}$$

控制误差为

$$e = Sr - SG_d d - Sn \tag{5.197}$$

控制器输出为

$$u = KSr - KSG_d d - KSn \tag{5.198}$$

其中，灵敏度函数为

$$S = (I + L)^{-1} = I - T \tag{5.199}$$

补灵敏度函数为

$$T = (I + L)^{-1} L = I - S \tag{5.200}$$

上式表明，灵敏度函数和补灵敏度函数直接对闭环系统的输出、控制偏差、控制输入造成影响，通过对灵敏度函数和补灵敏度函数的约束设计，使控制系统达到伺服跟踪性能、抗干扰性能和噪声抑制等性能，由此对频域性能要求归纳如下：

- 在低频范围内，S 应足够小，以保证低频伺服跟踪性能和抗干扰性能；
- 在高频范围内，T 应足够小，以保证高频噪声抑制性能。

考虑到扰动 d 属于低频信号，如果使 S 的最大奇异值在相同的低频范围内限制在一个很小的值内，则可以阻止扰动对系统产生的控制误差，同理，为了抑制高频噪声 n 对系统输出的影响，采用使 T 的最大奇异值在相同的高频范围内限制在一个很小的值内的方法实现。因此，为了同时实现这一目标，首先选择一个与 d 具有相同带宽的低通滤波器 $W_1(s)$ 和一个与 n 具有相同带宽的高通滤波器 $W_3(s)$，其次设计一个镇定控制器 K，实现以下目标：

$$\min_K \parallel T_{zw} \parallel_\infty \ = \min_K \left\| \begin{matrix} W_1 S \\ W_3 T \end{matrix} \right\|_\infty \tag{5.201}$$

其中，$\parallel T_{zw} \parallel_\infty$ 为混合灵敏度目标代价函数，要求低通滤波器 $W_1(s)$ 的穿越频率低于高通滤波器 $W_3(s)$ 的穿越频率，且这两个穿越频率近似等于期望的带宽频率。上述求解镇定控制器 K 的问题称之为混合灵敏度设计问题。

混合灵敏度设计问题结构上可描述为标准 H_∞ 方块图，如图 5.80 所示。其中，P 为广义被控对象；K 为控制器；$w = \begin{bmatrix} r \\ d \end{bmatrix}$ 为外部对 P 的干扰信号；u 为控制器对 P 的调节信号；$z = \begin{bmatrix} z_1 \\ z_2 \end{bmatrix}$ 为系统的性能评估信号；e 为闭环系统反馈信号对参考指令信号的偏差信号，且满足

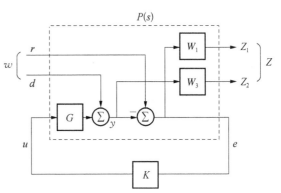

图 5.80　标准 H_∞ 方块图

$$\begin{bmatrix} z \\ e \end{bmatrix} = P \begin{bmatrix} w \\ u \end{bmatrix} = \begin{bmatrix} P_{11} & P_{12} \\ P_{21} & P_{22} \end{bmatrix} \begin{bmatrix} w \\ u \end{bmatrix} \tag{5.202}$$

$$P_{11} = \begin{bmatrix} W_1 & -W_1 \\ 0 & W_3 \end{bmatrix}, \quad P_{12} = \begin{bmatrix} -W_1 G \\ W_3 G \end{bmatrix}, \quad P_{21} = \begin{bmatrix} I & -I \end{bmatrix}, \quad P_{22} = -G \tag{5.203}$$

且 P 关于 K 的下线性分式变换为

$$F_1(P, K) = P_{11} + P_{12} K (I - P_{22} K) P_{21} = \begin{bmatrix} W_1 S \\ W_3 T \end{bmatrix} \tag{5.204}$$

$$z = F_1(P, K) w \tag{5.205}$$

$$u = K e \tag{5.206}$$

对于标准 H_∞ 问题，可采用 hinfsyn 和 mixsyn 两个 MATLAB 函数求解 K，满足下述不等式：

$$\parallel T_{zw} \parallel_\infty \ < \gamma \tag{5.207}$$

给定单位阶跃响应的上升时间 t_r 及对应的期望输出响应到达终值 1 的 $m\%$，闭环系统带宽 ω_B 可设为

$$\omega_B = -\frac{\ln(1 - m\%)}{t_r} \tag{5.208}$$

构造灵敏度加权函数、补灵敏度加权函数分别为

$$W_1(s) = \alpha \frac{s + \omega_B}{s + \omega_B \varepsilon_S} = \frac{\alpha}{\varepsilon_S} \frac{\dfrac{s}{\omega_B} + 1}{\dfrac{s}{\omega_B \varepsilon_S} + 1} \quad (0.1 < \alpha \leqslant 1, 0 < \varepsilon_S \ll 1) \quad (5.209)$$

$$W_3(s) = \beta \frac{s + \omega_B}{\varepsilon_T \omega_B s + \omega_B} = \beta \frac{\dfrac{s}{\omega_B} + 1}{\dfrac{s}{(1/\varepsilon_T)} + 1} \quad (0.1 < \beta \leqslant 1, 0 < \varepsilon_T \ll 1) \quad (5.210)$$

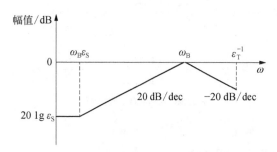

图 5.81　逆灵敏度加权函数 $W_1^{-1}(s)$ 和逆补灵敏度加权函数 $W_3^{-1}(s)$ 频域整形

其中, α、β 分别为加权灵敏度函数矩阵、加权补灵敏度函数矩阵的调节因子。则逆灵敏度加权函数 $W_1^{-1}(s)$ 和逆补灵敏度加权函数 $W_3^{-1}(s)$ 频域整形如图 5.81 所示(图中 $\alpha = \beta = 1$)。

广义被控对象按式(5.202)构造,则可以基于标准 H_∞ 控制算法求解 $\| T_{zw} \|_\infty < \gamma$ 的优化问题,即镇定控制器 K 满足

$$\bar{\sigma}(S(j\omega)) \leqslant \gamma \underline{\sigma}(W_1^{-1}(j\omega)) \quad (5.211)$$

$$\bar{\sigma}(T(j\omega)) \leqslant \gamma \underline{\sigma}(W_3^{-1}(j\omega)) \quad (5.212)$$

5.8.2　多变量设计算例

带执行机构的双转子涡扇发动机状态空间模型为

$$\dot{x}_p = A_p x_p + B_p u_p$$
$$y_p = C_p x_p$$

其中,

$$x_p = \begin{bmatrix} N_2 \\ N_1 \\ W_f \\ A_8 \end{bmatrix}, \quad u_p = \begin{bmatrix} W_{fcmd} \\ A_{8cmd} \end{bmatrix}, \quad y_p = \begin{bmatrix} N_2 \\ T_6 \end{bmatrix}$$

4 个稳态工作点的奇异值特性如图 5.82~图 5.85 所示,图 5.82 为 $W_{fcmd} \to N_2$ 主通道奇异值特性图,图 5.83 为 $A_8 \to T_6$ 主通道奇异值特性图。

图 5.84 为 $W_{fcmd} \to T_6$ 扰动通道奇异值特性图,由图可知, W_{fcmd} 对 T_6 的扰动很大,图

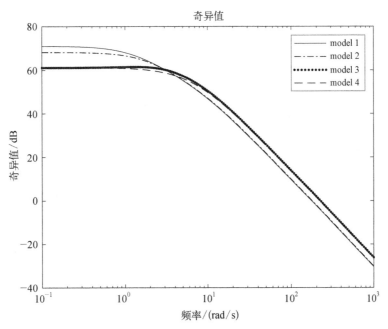

图 5.82　$W_{\mathrm{fcmd}} \rightarrow N_2$ 通道奇异值特性图

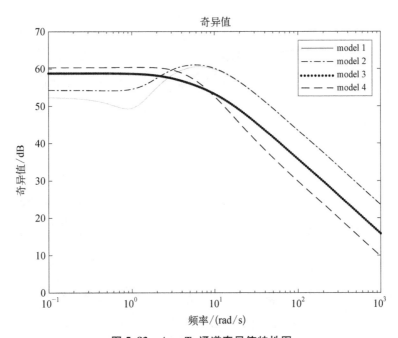

图 5.83　$A_8 \rightarrow T_6$ 通道奇异值特性图

5.85 为 $A_8 \rightarrow N_2$ 扰动通道奇异值特性图,由图可知, A_8 对 N_2 的扰动很大。

设多变量控制计划为

$$W_{\mathrm{f}} \rightarrow N_2 = \mathrm{const}$$

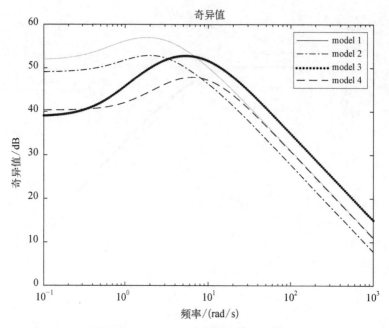

图 5.84 $W_{fcmd} \to T_6$ 通道奇异值特性图

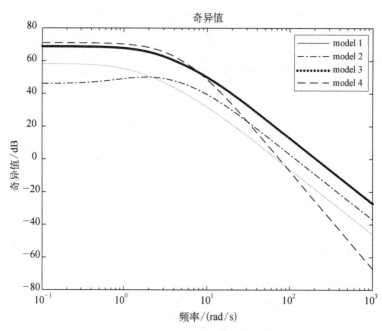

图 5.85 $A_8 \to N_2$ 通道奇异值特性图

$$A_8 \to T_6 = \text{const}$$

为了伺服跟踪参考指令,在回路中加入积分环节,以第 2 个稳态工作点为设计点进行多变量混合灵敏度 H_∞ 控制器设计,对其归一化后与执行机构和积分环节增广的传递函数矩阵为

$$G_{\text{aug}}(s) = \begin{bmatrix} \dfrac{0.575\,2s + 2.303\,8}{\begin{array}{c} 0.1s^4 + 1.459\,3s^3 + 5.080\,8s^2 + 4.878s \\ - 0.510\,8s^2 - 3.548\,4s + 2.887\,9 \end{array}} & \dfrac{0.059\,7s - 0.041\,4}{\begin{array}{c} 0.1s^4 + 1.459\,3s^3 + 5.080\,8s^2 + 4.878s \\ - 0.719\,8s^2 - 1.460\,3s - 1.207\,8 \end{array}} \\ \dfrac{}{0.1s^4 + 1.459\,3s^3 + 5.080\,8s^2 + 4.878s} & \dfrac{}{0.1s^4 + 1.459\,3s^3 + 5.080\,8s^2 + 4.878s} \end{bmatrix}$$

构造加权灵敏度函数矩阵：

$$W_1(s) = \alpha\, \frac{s + \omega_B}{s + \omega_B \varepsilon_S} \begin{bmatrix} 1 & 0 \\ 0 & 1 \end{bmatrix}$$

构造加权补灵敏度函数矩阵：

$$W_3(s) = \beta\, \frac{s + \omega_B}{\varepsilon_T \omega_B s + \omega_B} \begin{bmatrix} 1 & 0 \\ 0 & 1 \end{bmatrix}$$

其中，$\alpha = 0.1$；$\beta = 0.1$；$\omega_B = 6$；$\varepsilon_S = 0.000\,016$；$\varepsilon_T = 0.000\,016$。

通过多变量混合灵敏度 H_∞ 设计，设计的归一化增广对象的 H_∞ 控制器为

$$K = \begin{bmatrix} K_{11} & K_{12} \\ K_{21} & K_{22} \end{bmatrix}$$

$$K_{11}(s) = \frac{\begin{array}{c} 2.9 \times 10^8 s^{11} + 5.2 \times 10^{14} s^{10} + 4.6 \times 10^{20} s^9 + 2.6 \times 10^{25} s^8 + \\ 1.4 \times 10^{27} s^7 + 1.8 \times 10^{28} s^6 + 8.6 \times 10^{28} s^5 + 1.8 \times 10^{29} s^4 + \\ 1.8 \times 10^{29} s^3 + 8.2 \times 10^{28} s^2 + 4.9 \times 10^{25} s + 2.1 \times 10^{20} \end{array}}{\begin{array}{c} s^{12} + 1.7 \times 10^6 s^{11} + 1.5 \times 10^{12} s^{10} + 9.3 \times 10^{21} s^9 + 3.6 \times 10^{20} s^8 + \\ 7.2 \times 10^{23} s^7 + 5.9 \times 10^{25} s^6 + 1.4 \times 10^{27} s^5 + 6.9 \times 10^{27} s^4 + \\ 1.2 \times 10^{28} s^3 + 7.3 \times 10^{27} s^2 + 8.8 \times 10^{24} s + 2.63 \times 10^{21} \end{array}}$$

$$K_{12}(s) = \frac{\begin{array}{c} -1 \times 10^8 s^{11} - 1.2 \times 10^{13} s^{10} - 3.7 \times 10^{17} s^9 + 1.2 \times 10^{21} s^8 + \\ 2.1 \times 10^{24} s^7 + 1.1 \times 10^{26} s^6 + 1.2 \times 10^{27} s^5 + 3.4 \times 10^{27} s^4 + \\ 1 \times 10^{27} s^3 - 2.8 \times 10^{27} s^2 - 1 \times 10^{24} s + 3.8 \times 10^{20} \end{array}}{\begin{array}{c} s^{12} + 1.7 \times 10^6 s^{11} + 1.5 \times 10^{12} s^{10} + 9.3 \times 10^{21} s^9 + 3.6 \times 10^{20} s^8 + \\ 7.2 \times 10^{23} s^7 + 5.9 \times 10^{25} s^6 + 1.4 \times 10^{27} s^5 + 6.9 \times 10^{27} s^4 + \\ 1.2 \times 10^{28} s^3 + 7.3 \times 10^{27} s^2 + 8.8 \times 10^{24} s + 2.63 \times 10^{21} \end{array}}$$

$$K_{21}(s) = \frac{\begin{array}{c} -2.1 \times 10^8 s^{11} - 3.7 \times 10^{14} s^{10} - 3.2 \times 10^{20} s^9 - 1.8 \times 10^{25} s^8 - \\ 1.1 \times 10^{27} s^7 - 1.8 \times 10^{28} s^6 - 1.1 \times 10^{29} s^5 - 2.2 \times 10^{29} s^4 - \\ 3.1 \times 10^{28} s^3 + 1.9 \times 10^{29} s^2 + 1.2 \times 10^{26} s + 9.8 \times 10^{19} \end{array}}{\begin{array}{c} s^{12} + 1.7 \times 10^6 s^{11} + 1.5 \times 10^{12} s^{10} + 9.3 \times 10^{21} s^9 + 3.6 \times 10^{20} s^8 + \\ 7.2 \times 10^{23} s^7 + 5.9 \times 10^{25} s^6 + 1.4 \times 10^{27} s^5 + 6.9 \times 10^{27} s^4 + \\ 1.2 \times 10^{28} s^3 + 7.3 \times 10^{27} s^2 + 8.8 \times 10^{24} s + 2.63 \times 10^{21} \end{array}}$$

$$K_{22}(s) = \frac{\begin{array}{c} -5.8 \times 10^8 s^{11} - 7.2 \times 10^{13} s^{10} - 2.4 \times 10^{18} s^9 - 1.1 \times 10^{22} s^8 - \\ 2.1 \times 10^{25} s^7 - 1.2 \times 10^{27} s^6 - 1.7 \times 10^{28} s^5 - 9.2 \times 10^{28} s^4 - \\ 2 \times 10^{29} s^3 - 1.5 \times 10^{29} s^2 - 9.5 \times 10^{25} s - 7.6 \times 10^{20} \end{array}}{\begin{array}{c} s^{12} + 1.7 \times 10^6 s^{11} + 1.5 \times 10^{12} s^{10} + 9.3 \times 10^{21} s^9 + 3.6 \times 10^{20} s^8 + \\ 7.2 \times 10^{23} s^7 + 5.9 \times 10^{25} s^6 + 1.4 \times 10^{27} s^5 + 6.9 \times 10^{27} s^4 + \\ 1.2 \times 10^{28} s^3 + 7.3 \times 10^{27} s^2 + 8.8 \times 10^{24} s + 2.63 \times 10^{21} \end{array}}$$

$$\gamma = 0.155$$

灵敏度函数与加权灵敏度函数、补灵敏度函数与加权补灵敏度函数的频域曲线如图 5.86 所示。

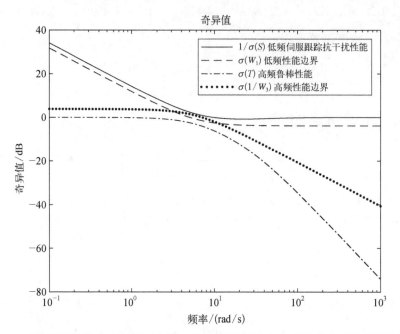

图 5.86　灵敏度函数与加权灵敏度函数、补灵敏度函数与加权补灵敏度函数的频域曲线

开环传递函数与加权灵敏度函数的频域曲线如图 5.87 所示。

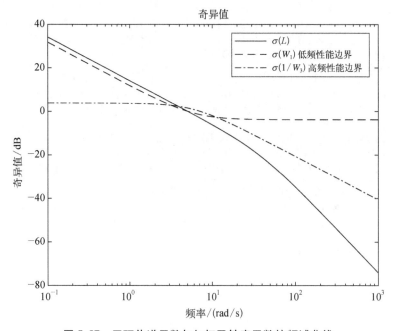

图 5.87　开环传递函数与加权灵敏度函数的频域曲线

在设计点(第 2 点)上时域闭环响应曲线如图 5.88 所示。

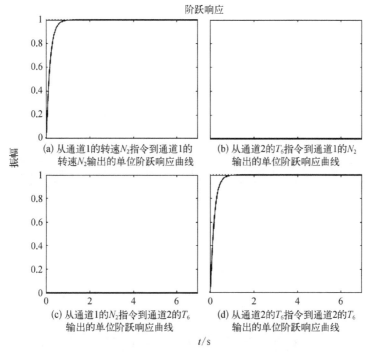

图 5.88　在设计点(第 2 点)上时域闭环响应曲线

在非设计点(第 1 点)上时域闭环响应曲线如图 5.89 所示。

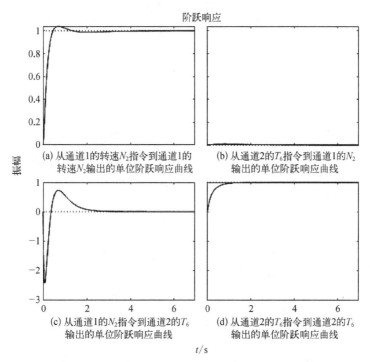

图 5.89　在非设计点(第 1 点)上时域闭环响应曲线

　　在非设计点(第3点)上时域闭环响应曲线如图5.90所示,在非设计点(第4点)上时域闭环响应曲线如图5.91所示。

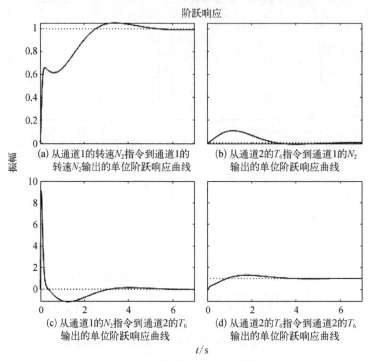

图5.90　在非设计点(第3点)上时域闭环响应曲线

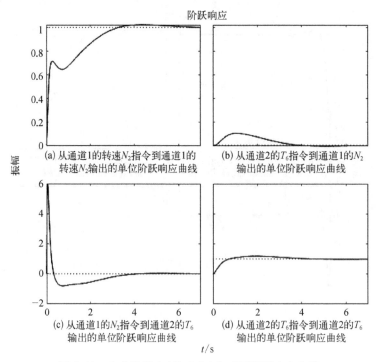

图5.91　在非设计点(第4点)上时域闭环响应曲线

5.8.3 单变量设计算例

设双转子涡扇发动机按单变量回路：

$$W_f \rightarrow N_2 = \text{const}$$

和单变量回路：

$$A_8 \rightarrow T_6 = \text{const}$$

进行分开设计,为了伺服跟踪参考指令,在两个单回路中分别加入积分环节,第 2 个稳态工作点归一化后与执行机构和积分环节增广的主燃油回路模型为

$$G_{\text{aug}, N_2 \dot{W}_{\text{fcmd}}}(s) = \frac{0.575\,2s + 2.303\,8}{0.1s^4 + 1.459\,3s^3 + 5.080\,8s^2 + 4.878s}$$

喷口面积回路模型为

$$G_{\text{aug}, T_6 \dot{A}_{8\text{cmd}}}(s) = \frac{-0.719\,8s^2 - 1.460\,3s - 1.207\,8}{0.1s^4 + 1.459\,3s^3 + 5.080\,8s^2 + 4.878s}$$

在每个回路上构造加权灵敏度函数：

$$W_1(s) = \alpha \frac{s + \omega_B}{s + \omega_B \varepsilon_S}$$

和加权补灵敏度函数：

$$W_3(s) = \beta \frac{s + \omega_B}{\varepsilon_T \omega_B s + \omega_B}$$

其中, $\alpha = 0.1$; $\beta = 0.1$; $\omega_B = 6$; $\varepsilon_S = 0.000\,016$; $\varepsilon_T = 0.000\,016$。

通过单变量混合灵敏度 H_∞ 控制计算,设计的归一化增广对象的主燃油回路 H_∞ 控制器为

$$K_{N_2 \dot{W}_{\text{fcmd}}}(s) = \frac{\begin{matrix} 4.547 \times 10^8 s^5 + 2.728\,8 \times 10^{13} s^4 + 3.981\,5 \times 10^{14} s^3 + \\ 1.386\,2 \times 10^{15} s^2 + 1.33 \times 10^{15} s + 1.12 \times 10^{10} \end{matrix}}{\begin{matrix} s^6 + 6.19 \times 10^4 s^5 + 1.157\,1 \times 10^8 s^4 + 8.34 \times 10^{10} s^3 + \\ 2.7 \times 10^{13} s^2 + 1.067\,5 \times 10^{14} s + 6.4 \times 10^{10} \end{matrix}}$$

$$\gamma = 0.142$$

灵敏度函数与逆加权灵敏度函数、补灵敏度函数与逆加权补灵敏度函数的频域曲线如图 5.92 所示。

开环传递函数与加权灵敏度函数、逆加权补灵敏度函数的频域曲线如图 5.93 所示。

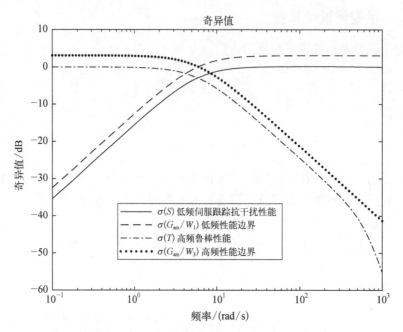

图 5.92 灵敏度函数与逆加权灵敏度函数、补灵敏度函数与逆加权补
灵敏度函数的频域曲线

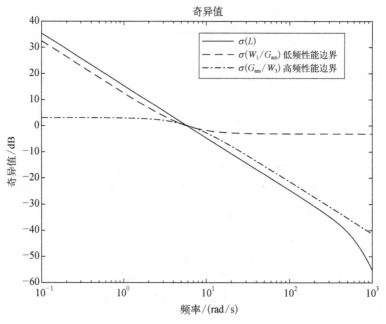

图 5.93 开环传递函数与加权灵敏度函数、逆加权补灵敏度函数的频域曲线

在设计点(第 2 点)上伯德图如图 5.94 所示,在设计点(第 2 点)上奈奎斯特曲线如图 5.95 所示。

在设计点(第 2 点)上通过调节主燃油流量以保持高压转子转速不变,时域闭环响应

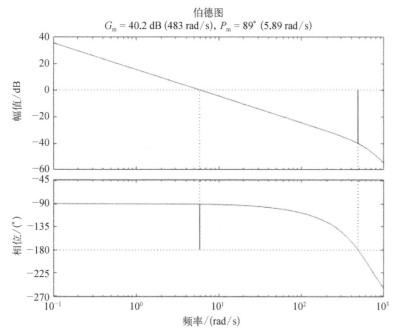

图 5.94　在设计点(第 2 点)上伯德图

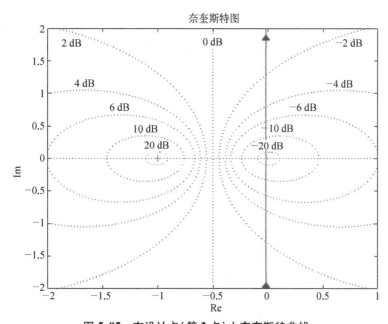

图 5.95　在设计点(第 2 点)上奈奎斯特曲线

曲线如图 5.96 所示,在非设计点(第 1、3、4 点)上时域闭环响应曲线如图 5.97 所示,调节时间由设计点的 0.8 s 增大到非设计点(第 3、4 点)的 3.2 s,且出现较长的爬行现象。这一结果表明,混合灵敏度控制器仅能在设计点的 3%转速范围内具有高压转子转速的鲁棒控制性能,当转速在大范围内变化时应该采用增益调度的方法以保证转速在大范围变化内的高压转子转速的鲁棒控制性能。

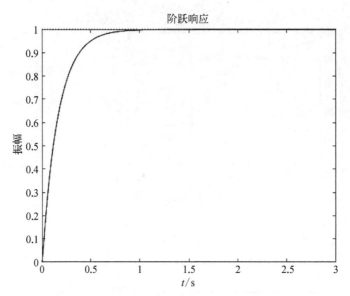

图 5.96　在设计点(第 2 点)上时域闭环响应曲线

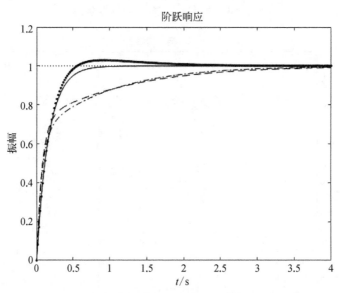

图 5.97　在非设计点(第 1、3、4 点)上时域闭环响应曲线

通过单变量混合灵敏度 H_∞ 控制计算,设计的归一化增广对象的喷口面积回路 H_∞ 控制器为

$$K_{T_6\dot{A}_{8\text{cmd}}}(s) = \frac{\begin{aligned}&-5.117\times10^5 s^5 - 3.071\times10^{10}s^4 - 4.48\times10^{11}s^3 -\\&1.56\times10^{12}s^2 - 1.5\times10^{11}s - 1.3227\times10^7\end{aligned}}{\begin{aligned}&s^6 + 6.18\times10^4 s^5 + 1.1294\times10^8 s^4 + 3.7738\times10^{10}s^3 +\\&7.63\times10^{10}s^2 + 6.298\times10^{10}s + 3.7761\times10^7\end{aligned}}$$

$$\gamma = 0.1427$$

灵敏度函数与逆加权灵敏度函数、补灵敏度函数与逆加权补灵敏度函数的频域曲线如图 5.98 所示。

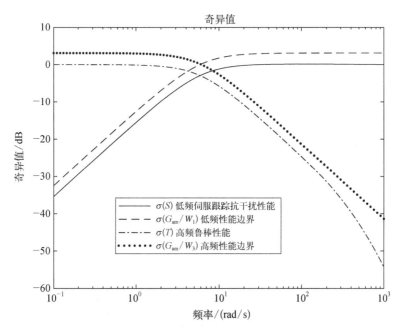

图 5.98　灵敏度函数与逆加权灵敏度函数、补灵敏度函数与逆加权
补灵敏度函数的频域曲线

开环传递函数与加权灵敏度函数、逆加权补灵敏度函数的频域曲线如图 5.99 所示。

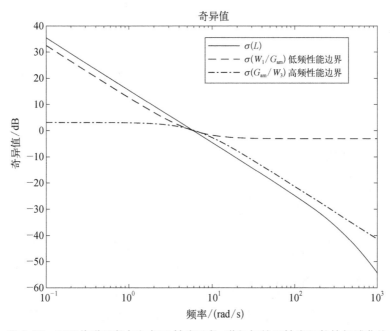

图 5.99　开环传递函数与加权灵敏度函数、逆加权补灵敏度函数的频域曲线

在设计点(第 2 点)上伯德图如图 5.100 所示,在设计点(第 2 点)上奈奎斯特曲线如图 5.101 所示。

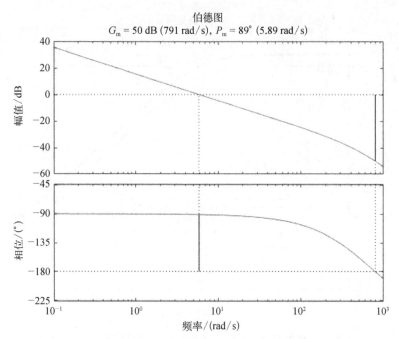

图 5.100　在设计点(第 2 点)上伯德图

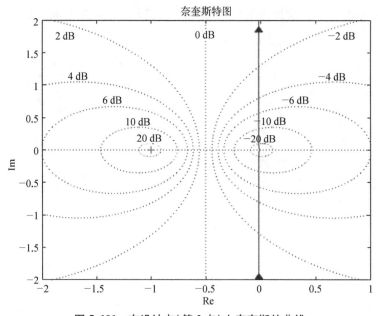

图 5.101　在设计点(第 2 点)上奈奎斯特曲线

在设计点(第 2 点)上通过调节喷口面积以保持低压涡轮后总温不变,时域闭环响应曲线如图 5.102 所示,在非设计点(第 1、3、4 点)上时域闭环响应曲线如图 5.103 所示,调节时间由设计点的 0.8 s 增大到非设计点(第 3、4 点)的 2.5 s,且出现较大的 38% 超调量。这一结果表明,混合灵敏度控制器仅能在设计点的 3% 转速范围内具有低压涡轮后总温的鲁棒控制性能,当低压涡轮总温在大范围内变化时应该采用增益调度的方法以保证低压涡轮总温在大范围变化内的低压涡轮后总温的鲁棒控制性能。

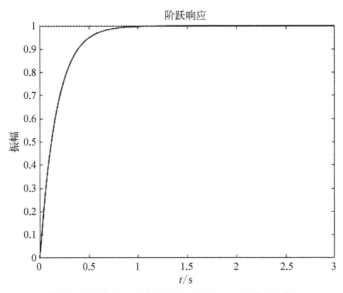

图 5.102　在设计点(第 2 点)上时域闭环响应曲线

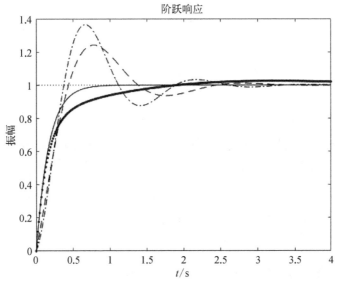

图 5.103　在非设计点(第 1、3、4 点)上时域闭环响应曲线

5.9 抗饱和限制补偿器设计

5.9.1 抗执行机构饱和问题

实际的发动机控制系统,由于控制回路中的元件存在限制饱和输出问题,如安全物理参数极限限制问题、执行机构位置和变化速率限制问题、过渡态加减速限制等非线性饱和限制问题,如果忽略这些问题,当执行机构的输入超过这些限制值时,将会导致控制系统的稳定性和动态性能衰减,甚至可能出现严重的控制失效后果。对于抗执行机构非线性饱和的问题,人们常常以降低控制性能的要求来换取避免执行机构进入非线性饱和工作状态,如加速过程中常采用减少燃油流量的方式避免燃油计量装置进入燃油流量速率饱和、位置饱和的工作状态,但因此付出的代价是延长了加速时间。如果在实际中不允许降低控制性能的设计要求,即不允许采用这种处理方法,这时必须采用改变控制器的结构方式,并针对执行机构的非线性饱和问题展开设计,这是本小节研究的主题。

设带限制饱和非线性特性的发动机控制系统结构如图 5.104 所示,图中被控对象 $P(s)$ 和控制器 $K(s)$ 已知,$Lim(s)$ 为执行机构的非线性饱和特性。

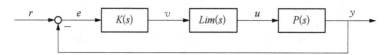

图 5.104 带限制饱和的发动机控制系统结构图

被控对象的状态空间描述为

$$\begin{aligned} \dot{x}_p &= A_p x_p + B_p u \\ y &= C_p x_p \end{aligned} \quad (5.213)$$

其中,状态向量 $x_p \in \mathbf{R}^n$;输入向量 $u \in \mathbf{R}^p$;输出向量 $y \in \mathbf{R}^q$。

控制器的状态空间描述为

$$\begin{aligned} \dot{x}_k &= A_k x_k + B_k e \\ v &= C_k x_k + D_k e \end{aligned} \quad (5.214)$$

其中,状态向量 $x_k \in \mathbf{R}^k$;输入向量 $e = (r - y) \in \mathbf{R}^q$;输出向量 $v \in \mathbf{R}^p$。

执行机构非线性饱和特性为

$$u = \begin{cases} v_{max}, & v > u_{max} \\ v, & u_{min} < v < u_{max} \\ v_{min}, & v < u_{min} \end{cases} \quad (5.215)$$

其中,u_{max} 和 u_{min} 分别为执行机构的最大、最小限制。

抗执行机构饱和问题:对于图 5.104 所示的带限制饱和非线性特性的发动机控制系统结构,当控制器的输出超出执行机构的最大、最小限制量的范围时,通过对原控制器的动态特性进行增广,设计增广的抗执行机构饱和控制器或通过改变原控制器的结构的方式,使执行机构不进入非线性饱和状态,称之为抗执行机构饱和问题,其中,设计增广的抗执行机构饱和控制器称之为第一种抗执行机构饱和控制器设计问题,通过改变原控制器的结构方式称之为第二种抗执行机构饱和控制器设计问题。

为获得抗饱和性能,设计抗饱和调节补偿器的增益 H 应具备以下两个条件:

(1)抗饱和调节补偿器能够感受执行机构的饱和信息,抗饱和调节补偿器与被控对象构成的闭环系统是鲁棒稳定的;

(2)抑制执行机构饱和的动态调节能力。

5.9.2　第一种抗执行机构饱和设计

考虑执行机构进入饱和状态时输出信号与输入信号存在偏差,根据负反馈消除偏差补偿原理,可将这一偏差信号通过对原控制器增广,使增广的控制器动态能够对执行机构的输入输出偏差进行补偿调节,因此,设计抗饱和补偿增益 H,构成局部闭环负反馈,使增广控制器在原控制器设计能力的基础上同时具有抗执行机构饱和的功能,如图 5.105 所示。

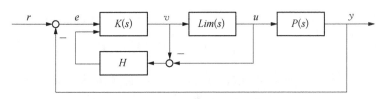

图 5.105　第一种抗饱和闭环控制系统结构

对图 5.105 所示的闭环系统,将 H 增广到原控制器 $K(s)$ 中,则抗饱和控制器为

$$
\begin{aligned}
\dot{x}_k &= A_k x_k + B_k e + H(u - v)\\
v &= C_k x_k + D_k e
\end{aligned}
\tag{5.216}
$$

对于输入变量为 $u - v$、输出变量为 v 所构成的系统,定义该系统的状态变量为 $\begin{bmatrix} x_p \\ x_k \end{bmatrix}$,则该系统的状态空间描述为

$$
G(s):
\begin{cases}
\begin{bmatrix} \dot{x}_p \\ \dot{x}_k \end{bmatrix} = A_G \begin{bmatrix} x_p \\ x_k \end{bmatrix} + B_G(u - v)\\[2mm]
v = C_G \begin{bmatrix} x_p \\ x_k \end{bmatrix}
\end{cases}
\tag{5.217}
$$

其中,

$$
A_G = \begin{bmatrix} A_p - B_p D_k C_p & B_p C_k \\ -B_k C_p & A_k \end{bmatrix}, \quad B_G = \begin{bmatrix} B_p \\ H \end{bmatrix} = \bar{B} + \bar{H} = \begin{bmatrix} B_p \\ 0 \end{bmatrix} + \begin{bmatrix} 0 \\ H \end{bmatrix}, \quad C_G = \begin{bmatrix} -D_k C_p & C_k \end{bmatrix}
$$

$$
\tag{5.218}
$$

从输入变量 $u-v$ 到输出变量 v 的传递函数为

$$T_{v,\,u-v}(s) = C_G(sI - A_G)^{-1}B_G \tag{5.219}$$

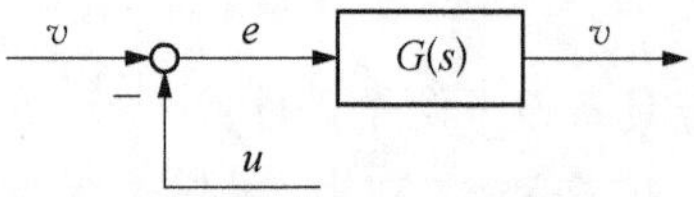

则,抗饱和控制器结构如图 5.106 所示。

设线性系统 $\sum$ 为

图 5.106 抗饱和控制器结构

$$\sum : \begin{cases} \dot{x} = Ax + Bu \\ y = Cx + Du \end{cases} \tag{5.220}$$

其传递函数为

$$T(s) = C(sI - A)^{-1}B + D \tag{5.221}$$

对于系统 $\sum$,如果 $\sum$ 是渐进稳定的,且 $T \in H_\infty$,则对于任何初值条件 $x(0) = x_0$,$u \in L_2$,则 $y \in L_2$,且 T 的 H_∞ 范数定义为

$$\|T\|_\infty = \sup_{\omega \in R}(\sigma_{\max}(T(j\omega))) = \sup_{u \in L_2}\frac{\|y(t)\|_2}{\|u(t)\|_2} \tag{5.222}$$

其中,$L_2(-\infty,\infty)$ 表示所有平方可积函数 $x(t): R \to C^n$ 所构成的时域函数空间,即对于 $x(t) \in C^n$,有 $\int_{-\infty}^{\infty}\|x(t)\|^2 \mathrm{d}t < \infty$,$\|\cdot\|$ 为欧几里得范数,积分为勒贝格积分。

进一步,如果系统 $\sum$ 是渐进稳定的,且 $D = 0$,且 $T \in H_2$,则对于任何初值条件 $x(0) = x_0$,$u \in L_2$,则 $y \in L_\infty$,且 T 的 H_2 范数定义为

$$\|T\|_2 = \sqrt{\frac{1}{2\pi}\sup_{\sigma>0}\left[\mathrm{tr}\int_{-\infty}^{\infty}T(\sigma+j\omega)(T(\sigma+j\omega))^*\mathrm{d}\omega\right]} = \sup_{u \in L_2}\frac{\|y(t)\|_\infty}{\|u(t)\|_2} \tag{5.223}$$

其中,

$$\|y(t)\|_\infty = \max_{i=1,\cdots,m}(\sup\|y_i(t)\|) \tag{5.224}$$

正实引理:对于系统 $\sum$,若 $\int_0^t y^\mathrm{T}u\mathrm{d}t \geq 0$,$A$ 的所有特征值都有负实部,系统 $\sum$ 可控,$T(s) = C(sI - A)^{-1}B + D$,$D + D^\mathrm{T} > 0$ 下述命题等价。

(1) $\det(j\omega I - A) \neq 0$,$\forall \omega \in R$,且

$$(T(j\omega))^* + T(j\omega) \geq 0 \tag{5.225}$$

(2) 线性矩阵不等式:

$$\begin{bmatrix} A^\mathrm{T}P + PA & PB - C^\mathrm{T} \\ B^\mathrm{T}P - C & -D - D^\mathrm{T} \end{bmatrix} \leq 0 \tag{5.226}$$

存在可行解 $P = P^\mathrm{T} \geq 0$。

有界实引理：对于系统 $\sum$：

$$\begin{cases} \dot{x} = Ax + Bu \\ y = Cx + Du \end{cases} \tag{5.227}$$

若 A 的所有特征值都有负实部，系统 $\sum$ 可控，$T(s) = C(sI - A)^{-1}B + D$，且

$$\sup_{u \in L_2} \frac{\parallel y \parallel_2}{\parallel u \parallel_2} \leqslant \gamma \tag{5.228}$$

则下述命题等价。

(1) $\det(\mathrm{j}\omega I - A) \neq 0$，$\forall \omega \in R$，且

$$(T(\mathrm{j}\omega))^* T(\mathrm{j}\omega) \leqslant \gamma^2 I \tag{5.229}$$

(2) 线性矩阵不等式：

$$\begin{bmatrix} A^{\mathrm{T}}P + PA + C^{\mathrm{T}}C & PB + C^{\mathrm{T}}D \\ B^{\mathrm{T}}P + D^{\mathrm{T}}C & D^{\mathrm{T}}D - \gamma^2 I \end{bmatrix} \leqslant 0 \tag{5.230}$$

存在可行解 $P = P^{\mathrm{T}} \geqslant 0$。

(3) 线性矩阵不等式：

$$\begin{bmatrix} A^{\mathrm{T}}P + PA & PB & C^{\mathrm{T}} \\ B^{\mathrm{T}}P & -\gamma^2 I & D^{\mathrm{T}} \\ C & D & -I \end{bmatrix} \leqslant 0 \tag{5.231}$$

存在可行解 $P = P^{\mathrm{T}} \geqslant 0$。

(4) 传递函数 $T(s)$ 的 H_∞ 范数性能满足

$$\parallel T \parallel_\infty \leqslant \gamma \tag{5.232}$$

根据上述有界实引理，对式(5.217)所描述的状态空间模型引入有界实引理，给定 H_∞ 范数性能要求 $\parallel T_{v,\, u-v}(s) \parallel_\infty < \gamma$，则

$$\begin{bmatrix} A_G^{\mathrm{T}}Q + QA_G & QB_G & C_G^{\mathrm{T}} \\ B_G^{\mathrm{T}}Q & -\gamma^2 I & D_G^{\mathrm{T}} \\ C_G & D_G & -I \end{bmatrix} < 0 \tag{5.233}$$

存在对称正定矩阵 $Q = Q^{\mathrm{T}} > 0$。

同理，对式(5.217)所描述的状态空间模型，给定 H_2 范数性能要求 $\parallel T_{v,\, u-v}(s) \parallel_2 \leqslant \varepsilon$，则

$$\begin{bmatrix} A_G^{\mathrm{T}}L + LA_G & LB_G \\ B_G^{\mathrm{T}}L & -I \end{bmatrix} < 0 \tag{5.234}$$

$$\begin{bmatrix} -L & -C_G^{\mathrm{T}} \\ -C_G & -\varepsilon^2 I \end{bmatrix} < 0 \tag{5.235}$$

存在对称正定矩阵 $L = L^{\mathrm{T}} > 0$。

对于式(5.233),根据舒尔不等式,可分解如下:

$$A_G^{\mathrm{T}}Q + QA_G + C_G^{\mathrm{T}}C_G - (QB_G + C_G^{\mathrm{T}}D_G)(D_G^{\mathrm{T}}D_G - \gamma^2 I)^{-1}(B_G^{\mathrm{T}}Q + D_G^{\mathrm{T}}C_G) < 0 \tag{5.236}$$

设 $Y = Q^{-1} > 0$,则对上式左乘 Y、右乘 Y,得

$$YA_G^{\mathrm{T}} + A_GY + YC_G^{\mathrm{T}}C_GY - (B_G + YC_G^{\mathrm{T}}D_G)(D_G^{\mathrm{T}}D_G - \gamma^2 I)^{-1}(B_G^{\mathrm{T}} + D_G^{\mathrm{T}}C_GY) < 0 \tag{5.237}$$

则

$$\begin{bmatrix} YA_G^{\mathrm{T}} + A_GY & \bar{B} + \bar{H} & YC_G^{\mathrm{T}} \\ \bar{B}^{\mathrm{T}} + \bar{H}^{\mathrm{T}} & -\gamma^2 I & D_G^{\mathrm{T}} \\ C_GY & D_G & -I \end{bmatrix} < 0 \tag{5.238}$$

对于式(5.234),根据舒尔不等式,可分解如下:

$$A_G^{\mathrm{T}}L + LA_G - LB_G(-I)^{-1}B_G^{\mathrm{T}}L < 0 \tag{5.239}$$

设 $R = L^{-1} > 0$,则对上式左乘 R、右乘 R,得

$$RA_G^{\mathrm{T}} + A_GR - B_G(-I)^{-1}B_G^{\mathrm{T}} < 0 \tag{5.240}$$

则

$$\begin{bmatrix} RA_G^{\mathrm{T}} + A_GR & B_G \\ B_G^{\mathrm{T}} & -I \end{bmatrix} < 0 \tag{5.241}$$

同理,对于式(5.235),根据舒尔不等式,可分解如下:

$$-L - (-C_G^{\mathrm{T}})(-\varepsilon^2 I)^{-1}(-C_G) < 0 \tag{5.242}$$

设 $R = L^{-1} > 0$,则对上式左乘 R、右乘 R,得

$$-R - (-RC_G^{\mathrm{T}})(-\varepsilon^2 I)^{-1}(-C_GR) < 0 \tag{5.243}$$

则

$$\begin{bmatrix} -R & -RC_G^{\mathrm{T}} \\ -C_GR & -\varepsilon^2 I \end{bmatrix} < 0 \tag{5.244}$$

综上所述,抗饱和闭环控制系统设计问题为,已知被控对象 $P(s)$、控制器 $K(s)$、执行机构存在非线性饱和,给定合适的抗执行机构非线性饱和的 H_∞ 范数性能指标 γ, $\|T_{v,u-v}(s)\|_\infty < \gamma$, $T_{v,u-v}(s) \in H_\infty$ 及 H_2 范数性能指标 ε, $\|T_{v,u-v}(s)\|_2 \leqslant \varepsilon$,

$T_{v,u-v}(s) \in H_2$，求解 $Y = Y^{\mathrm{T}} > 0$、$R = R^{\mathrm{T}} > 0$ 和 $\bar{H} = \begin{bmatrix} 0 \\ H \end{bmatrix}$，使其满足下述条件：

$$\min_{\varepsilon,\gamma}\{\lambda\varepsilon + (1-\lambda)\gamma\} \tag{5.245}$$

$$\begin{bmatrix} YA_G^{\mathrm{T}} + A_G Y & B_G & YC_G^{\mathrm{T}} \\ B_G^{\mathrm{T}} & -\gamma^2 I & D_G^{\mathrm{T}} \\ C_G Y & D_G & -I \end{bmatrix} < 0 \tag{5.246}$$

$$\begin{bmatrix} RA_G^{\mathrm{T}} + A_G R & B_G \\ B_G^{\mathrm{T}} & -I \end{bmatrix} < 0 \tag{5.247}$$

$$\begin{bmatrix} -R & -RC_G^{\mathrm{T}} \\ -C_G R & -\varepsilon^2 I \end{bmatrix} < 0 \tag{5.248}$$

5.9.3　设计算例

涡扇发动机控制系统如图 5.105 所示，输入为主燃油流量、输出为高压转子转速，在某稳态工作点发动机归一化状态空间模型为

$$\dot{x} = A_{\mathrm{p}}x + B_{\mathrm{p}}u$$

$$y = C_{\mathrm{p}}x + D_{\mathrm{p}}u$$

$$A_{\mathrm{p}} = \begin{bmatrix} -2.6269 & -0.10628 \\ 2.0197 & -4.7268 \end{bmatrix}, \quad B_{\mathrm{p}} = \begin{bmatrix} 0.58143 \\ 0.71846 \end{bmatrix}, \quad C_{\mathrm{p}} = \begin{bmatrix} 1 & 0 \end{bmatrix}, \quad D_{\mathrm{p}} = 0$$

设主燃油回路设计的 PI 控制器为

$$K_{\mathrm{p}} = 6.26, \quad K_{\mathrm{i}} = 17.93$$

其状态空间模型系数为

$$A_{\mathrm{k}} = 0, \quad B_{\mathrm{k}} = 1, \quad C_{\mathrm{k}} = K_{\mathrm{i}}, \quad D_{\mathrm{k}} = K_{\mathrm{p}}$$

求解抗饱和控制器，得

$$\lambda = 0.5, \ \varepsilon = 51.5, \ \gamma = 0.017, \ H = 0.20825$$

对闭环控制系统进行仿真，对高压转子转速的指令给定为阶跃信号，仿真时间 5 s，在执行机构无任何限制的条件下，高压转子转速阶跃指令和输出响应曲线如图 5.107 所示，原控制器的输出和执行机构输出响应曲线如图 5.108 所示。

当执行机构加入速率限制 $Lim\left(\dfrac{\mathrm{d}u}{\mathrm{d}t}\right) = \pm 0.5$ 和位置限制 $Lim(u) = \pm 4.8$ 时，采用原控制器调节的高压转子转速阶跃指令和输出响应曲线如图 5.109 所示，由图可知，执行机构存在速率限制和位置饱和时存在稳态误差，原控制器的输出和执行机构输出响应曲线如图 5.110 所示。

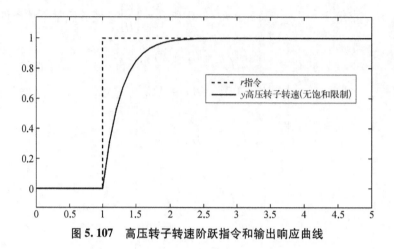

图 5.107　高压转子转速阶跃指令和输出响应曲线

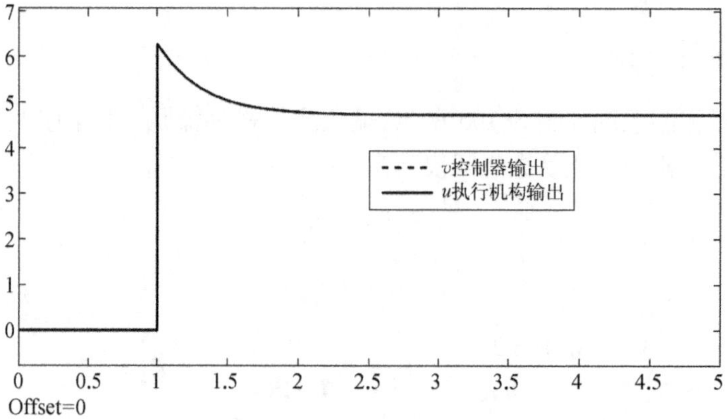

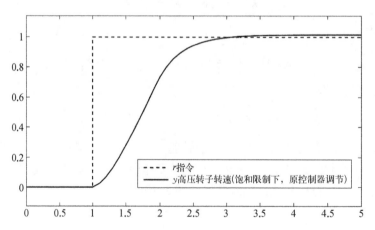

图 5.108　原控制器的输出和执行机构输出响应曲线

图 5.109　高压转子转速阶跃指令和输出曲线（饱和限制条件下，
　　　　　采用原控制器调节）

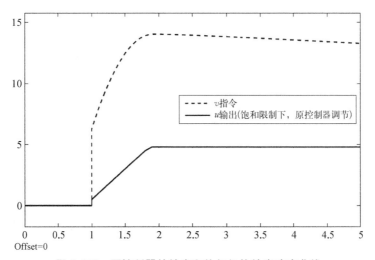

图 5.110　原控制器的输出和执行机构输出响应曲线

当执行机构加入速率限制 $Lim\left(\dfrac{\mathrm{d}u}{\mathrm{d}t}\right) = \pm 0.5$ 和位置限制 $Lim(u) = \pm 4.8$ 时,采用抗饱和控制器调节的高压转子转速阶跃指令和输出响应曲线如图 5.111 所示,由图可知,执行机构存在速率限制和位置饱和时稳态误差为零,原控制器的输出和执行机构输出响应曲线如图 5.112 所示。

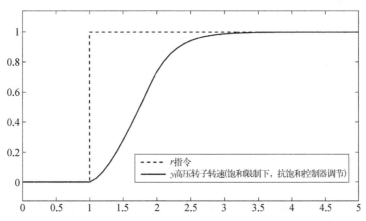

图 5.111　高压转子转速阶跃指令和输出曲线(饱和限制条件下,
抗饱和控制器调节)

5.9.4　第二种抗执行机构饱和设计

设 SISO 控制系统如图 5.113 所示,图中,$P(s)$ 为被控对象,$K(s)$ 为已知的控制器,$Lim(s)$ 表示受执行机构速率饱和与位置饱和限制的模块。

第二种抗执行机构饱和设计的目标是通过感受执行机构输出的饱和信号,将其反馈到控制器中,通过抗饱和控制器的作用使执行机构不会进入饱和状态。

考虑到当 $Lim(s)$ 进入非线性饱和状态时,如果存在积分环节,该积分环节将不断对

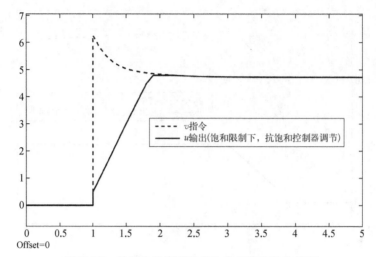

图 5.112　抗饱和控制器输出和执行机构输出曲线

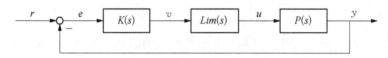

图 5.113　SISO 闭环控制系统

指令信号与被控对象输出信号的偏差进行积分,如果去掉该积分环节,则能够避免上述问题,为此,将 $K(s)$ 分解为

$$K(s) = K_0 + K_T(s) \tag{5.249}$$

其中,K_0 为静态增益,$K_T(s)$ 为严格真传递函数。

设 e_{cr} 为偏差信号 e 刚好到达执行机构饱和状态时的偏差,则 $e_{cr} = e$,$u_{cr} = v_{cr}$。考察在这一时刻的控制器输出,即

$$v_{cr} = K(s)e_{cr} = K_0 e_{cr} + K_T(s)e_{cr} \tag{5.250}$$

同时,执行机构的输出为

$$u_{cr} = Lim(K(s)e_{cr}) = Lim([K_0 + K_T(s)]e_{cr}) = Lim(K_0 e_{cr} + K_T(s)e_{cr}) \tag{5.251}$$

则

$$K_0 e_{cr} + K_T(s)e_{cr} = Lim(K_0 e_{cr} + K_T(s)e_{cr}) \tag{5.252}$$

即

$$e_{cr} = K_0^{-1}[Lim(K_0 e_{cr} + K_T(s)e_{cr}) - K_T(s)e_{cr}] \tag{5.253}$$

考虑到抗饱和控制器是由两部分组成的,其一是能够感受偏差信号 e,并仅通过静态增益进行调节;其二是能够感受在执行机构达到饱和状态时的输出信号 u,在执行机构刚好达到饱和状态的时刻,u_{cr} 通过式(5.251)间接反映了 e_{cr},从而可找到在执行机构达到饱和状态时 e_{cr} 与 e 的关系,即

$$e_{cr} = K_0^{-1} \left[Lim(K_0 e + K_T(s) e_{cr}) - K_T(s) e_{cr} \right] \qquad (5.254)$$

同时,考虑到信号的连续性,可知 e_{cr} 代表了执行机构进入饱和状态时的执行机构输出信号 u。定义

$$a = Lim(K_0 e + K_T(s) e_{cr}) - K_T(s) e_{cr} \qquad (5.255)$$

$$b = K_T(s) e_{cr} \qquad (5.256)$$

$$u = Lim(K_0 e + K_T(s) e_{cr}) \qquad (5.257)$$

$$v = K_0 e + K_T(s) e_{cr} \qquad (5.258)$$

则

$$e_{cr} = K_0^{-1} a = K_0^{-1} (u - K_T(s) e_{cr}) \qquad (5.259)$$

由于回路是 SISO 系统,则

$$e_{cr} = (1 + K_0^{-1} K_T(s))^{-1} K_0^{-1} u \qquad (5.260)$$

从而,可得抗饱和控制器如下:

$$v = K_0 e + (1 - K_0 K^{-1}(s)) u \qquad (5.261)$$

上述结果表明,抗饱和控制器式(5.261)为了保证稳定性,要求原控制器 $K(s)$ 是最小相位的传递函数,且分母、分子多项式的阶次相等,则抗饱和闭环控制系统如图 5.114 所示。

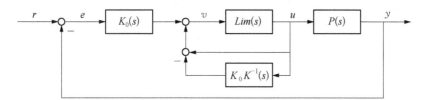

图 5.114 抗饱和闭环控制系统

5.9.5 设计算例

固定喷口面积的双轴涡扇发动机归一化状态空间模型为

$$\dot{x}_n = A_n x_n + B_n u_n$$

$$y_n = C_n x_n + D_n u_u$$

$$A_n = \begin{bmatrix} -3.2 & 0.05 \\ 1 & -1.3 \end{bmatrix}, \quad B_n = \begin{bmatrix} 0.65 \\ 0.7 \end{bmatrix}, \quad C_n = [1 \quad 0], \quad D_n = 0$$

其中,状态向量为 $x = \begin{bmatrix} N_L \\ N_H \end{bmatrix}$;输入向量为 $u = W_f$;输出向量为 $y = N_L$。

控制计划为

$$W_f \rightarrow N_L = \text{const}$$

执行机构为时间常数为 0.1 s 的一阶惯性环节。将发动机归一化线性模型与执行机构模型进行增广,采用极点圆配置方法设计,极点配置在圆心为(-7,0)、半径为 4 的圆内,解得

$$K(s) = 4.07 + 13.45 \frac{1}{s}$$

设计的控制系统幅值裕度为无穷,相位裕度为 75°。

以下均为归一化无量纲模型的仿真情况,当执行机构为时间常数为 0.1 s 的一阶惯性环节、无速率限制的情况下,未采用抗饱和控制的 N_L 指令与 N_L 响应对比曲线如图 5.115 所示,对应的 W_f 指令与 W_f 响应对比曲线如图 5.116 所示。

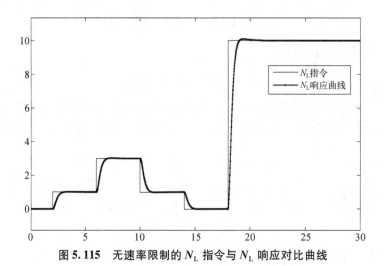

图 5.115 无速率限制的 N_L 指令与 N_L 响应对比曲线

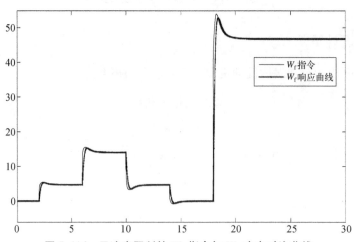

图 5.116 无速率限制的 W_f 指令与 W_f 响应对比曲线

当执行机构仍为时间常数是 0.1 s 的一阶惯性环节,但执行机构的燃油流量速率受到 ±1/s 的限制时,未采用抗饱和控制的 N_{L} 指令与 N_{L} 响应对比曲线如图 5.117 所示,对应的 W_{f} 指令与 W_{f} 响应对比曲线如图 5.118 所示,由图可知,低压转子转速出现了很大的超调。

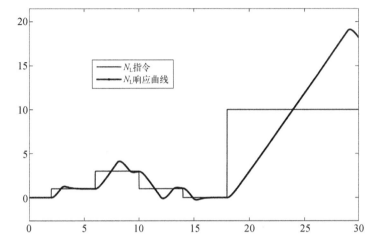

图 5.117　带速率 $1/s$ 限制的 N_{L} 指令与 N_{L} 响应对比曲线(未采用抗饱和控制)

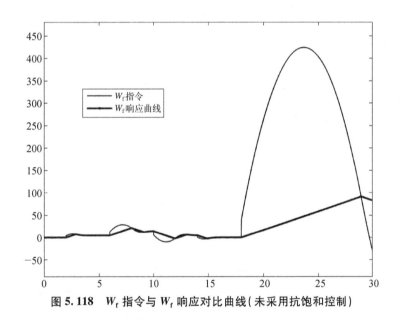

图 5.118　W_{f} 指令与 W_{f} 响应对比曲线(未采用抗饱和控制)

执行机构仍为时间常数是 0.1 s 的一阶惯性环节,燃油流量速率带 ±1/s 的限制时, 采用抗饱和控制的 N_{L} 指令与 N_{L} 响应对比曲线如图 5.119 所示,对应的 W_{f} 指令与 W_{f} 响应对比曲线如图 5.120 所示,由图可知,低压转子转速无超调能够跟踪指令。

当实际的执行机构为 $\dfrac{1}{0.062\,5s^{2} + 2 \times 0.6 \times 0.25s + 1}$ 二阶振荡环节、对执行机构的燃油流量速率不限制、控制器不变的情况下,如果不采用抗饱和控制器,控制系统的动态性能将会大幅下降,通过闭环系统的仿真能够看到失效的控制结果,如图 5.121~图 5.122 所

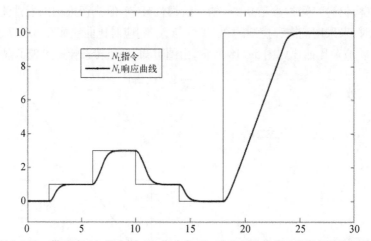

图 5.119　带速率 $1/s$ 限制的 N_L 指令与 N_L 响应对比曲线(采用抗饱和控制)

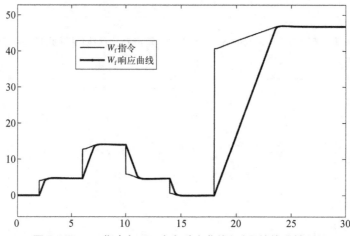

图 5.120　W_f 指令与 W_f 响应对比曲线(采用抗饱和控制)

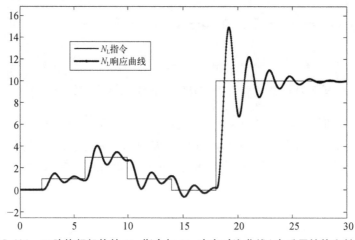

图 5.121　二阶执行机构的 N_L 指令与 N_L 响应对比曲线(未采用抗饱和控制)

示,图 5.121 所示的是未采用抗饱和控制的 N_L 指令与 N_L 响应对比曲线情况,图 5.122 所示的是对应的 W_f 指令与 W_f 响应对比曲线情况,由图可知,低压转子转速出现了摆动。

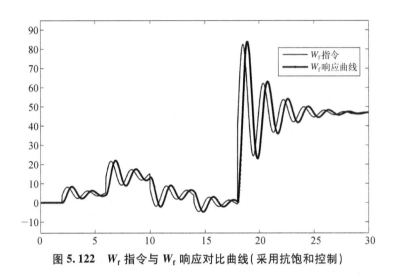

图 5.122　W_f 指令与 W_f 响应对比曲线(采用抗饱和控制)

当执行机构仍为不变的二阶振荡环节,对执行机构的燃油流量速率不限制的情况下,采用抗饱和控制比较圆满地解决了这一问题,如图 5.123~图 5.124 所示,当采用抗饱和控制器时,闭环控制系统的 N_L 指令与 N_L 响应对比曲线如图 5.123 所示,对应的 W_f 指令与 W_f 响应对比曲线如图 5.124 所示,由图可知,低压转子转速未出现超调和摆动。

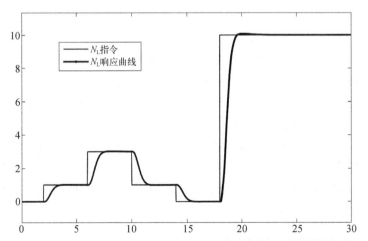

图 5.123　二阶执行机构的 N_L 指令与 N_L 响应对比曲线(采用抗饱和控制)

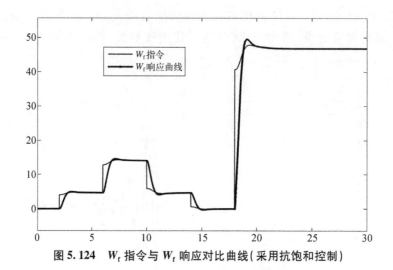

图 5.124 W_f 指令与 W_f 响应对比曲线(采用抗饱和控制)

5.10 不确定性描述与系统鲁棒性

5.10.1 基本概念

模型不确定性:控制系统对实际系统与用于控制器设计的模型之间的差异不敏感,则称该控制系统是鲁棒的,这种实际系统与模型之间差异称为模型不确定性。

主要思想:检验对于最坏情况下的不确定性,控制系统是否依然能够满足设计指标。所用方法如下。

首先确定不确定性集合:找出模型不确定性的数学表达式,要搞清楚研究的对象哪些动态环节没有在数学模型中包含进来。

检验鲁棒稳定性(robust stability, RS):对于不确定性集合中的所有对象,控制系统是否全部保持稳定。

检验鲁棒性能(robust performance, RP):对于不确定性集合中的所有对象,在满足鲁棒稳定性(RS)的基础上,确定是否在能够满足鲁棒性能。

鲁棒性不仅仅与模型不确定性有关,还与传感器、执行机构的故障、物理约束(如位置、速率饱和)、控制目标的改变(多回路的切换)、回路的开闭等因素有关。本节研究的鲁棒性仅仅针对模型不确定性展开。

约定: $G(s) \in \Omega$ 表示不含不确定性的标称对象集合; $G_p(s) \in \Omega_p$ 表示不确定性对象集合;用"范数有界的不确定性描述"方式来表示不确定性,即以 H_∞ 范数有界的稳定摄动作用于标称对象 $G(s)$ 来构成 Ω_p;用 E 表示未经标准化处理的摄动;用 Δ 表示经过标准化处理,且 H_∞ 范数小于 1 的摄动。

5.10.2 对象模型的不确定性

对象模型不确定性来源:

（1）线性模型中的参数只能近似获得，即模型存在误差，如线性化过程中忽略二阶以上动态；

（2）线性模型中的参数会随对象的非线性以及运行的工况点的改变而发生变化，如航空发动机控制器在设定点设计，工作时在非设计点上运行；

（3）测量装置的缺陷或误差、执行机构的分辨率有限导致输入不确定性；

（4）高频情况下系统的结构和模型的阶数都是未知的，不确定性可能会超过100%，如航空发动机建立的非线性模型仅仅考虑了转子的惯性，容腔压力、温度惯性、热端部件与机匣的对流换热惯性都未考虑进去，线性化模型对高频动态是未知的；

（5）控制器降阶导致的与设计控制器的差异。

5.10.3　不确定性类型

（1）实参数不确定性：系统模型结构、阶数已知，但某些参数未知，如阻尼系数；

（2）依赖于频率的动态不确定性：忽略了某些动态特性所造成的模型误差，通常发生在高频段，任何模型中都普遍存在。

5.10.4　实参数不确定性的数学描述

通过假设每个不确定参数都在确定的区间 $[a_{\min}, a_{\max}]$ 内变化，即可以被变化区间的有界值量化，由此可得如下数学表达的参数集合：

$$a_{\mathrm{p}} = \bar{a}(1 + r_a \Delta) \tag{5.262}$$

其中，$\bar{a} = \dfrac{(a_{\min} + a_{\max})}{2}$ 表示参数均值；$r_a = \dfrac{(a_{\max} - a_{\min})}{(a_{\min} + a_{\max})}$ 表示参数的相对不确定性；Δ 是满足 $|\Delta| \leqslant 1$ 的任意实标量。

实参数不确定性的第二种类型是逆输入乘性不确定性：

$$G_{\mathrm{p}}(s) = G(s)(1 + w_{i\mathrm{I}}(s)\Delta_{i\mathrm{I}}(s))^{-1}, \quad \underbrace{|\Delta_{i\mathrm{I}}(\mathrm{j}\omega)| \leqslant 1, \ \forall \omega}_{\|\Delta_{i\mathrm{I}}\|_{\infty} \leqslant 1} \tag{5.263}$$

它主要针对的是极点不确定性。

一阶惯性环节时间常数不确定性属于实参数不确定性，不确定性对象为

$$G_{\mathrm{p}}(s) = \frac{1}{\tau_{\mathrm{p}} s + 1} G_0(s), \quad \tau_{\min} \leqslant \tau_{\mathrm{p}} \leqslant \tau_{\max} \tag{5.264}$$

由于不确定参数 τ_{p} 在确定的区间 $[\tau_{\min}, \tau_{\max}]$ 内变化，可被有界值量化，表示为

$$\tau_{\mathrm{p}} = \bar{\tau}(1 + r_\tau \Delta), \quad |\Delta| \leqslant 1 \tag{5.265}$$

则

$$G_{\mathrm{p}}(s) = \frac{1}{\bar{\tau}(1 + r_\tau \Delta)s + 1} G_0(s) = \frac{1}{\bar{\tau}s + r_\tau \bar{\tau}s\Delta + 1} G_0(s) = \frac{G_0(s)}{\bar{\tau}s + 1} \frac{1}{1 + w_{i\mathrm{I}}(s)\Delta_{i\mathrm{I}}(s)}$$

$$= G(s)\frac{1}{1 + w_{i1}(s)\Delta_{i1}(s)}, \quad w_{i1}(s) = \frac{r_\tau \bar{\tau} s}{\bar{\tau} s + 1} \tag{5.266}$$

可见，一阶惯性环节时间常数不确定性可用逆输入乘性不确定性描述。

考虑状态空间模型 $\dot{y} = ay + bu$ 中参数 a 的不确定性，其传递函数为 $G_p(s) = \dfrac{b}{s - a_p}$，更一般地考虑如下不确定性模型：

$$G_p(s) = \frac{1}{s - a_p}G_0(s), \quad a_{min} \leqslant a_p \leqslant a_{max} \tag{5.267}$$

如果 a_{min} 与 a_{max} 符号不同，则该极点会从稳定的左半平面穿过原点进入不稳定的右半平面，其数学描述为

$$G_p(s) = \frac{1}{s - a_p}G_0(s) = \frac{G_0(s)}{s - \bar{a}(1 + r_a\Delta)} = G(s)\left(1 + w_{i1}(s)\Delta_{i1}(s)\right)^{-1}, \quad \underbrace{|\Delta_{i1}(j\omega)| \leqslant 1, \ \forall \omega}_{\|\Delta_{i1}\|_\infty \leqslant 1} \tag{5.268}$$

其中，$G(s) = \dfrac{G_0(s)}{s - \bar{a}}$；$w_{i1}(s) = -\dfrac{r_a\bar{a}}{s - \bar{a}}$；$r_a = \dfrac{(a_{max} - a_{min})}{(a_{min} + a_{max})}$

考虑状态空间的不确定性模型：

$$\begin{aligned} \dot{x} &= A_p x + B_p u \\ y &= C_p x + D_p u \end{aligned} \tag{5.269}$$

设不确定性源自某些实参数 δ_1、δ_2、$\cdots$、δ_m，如温度、压力、容腔、质量等，系数矩阵与这些实参数存在以下的线性关系：

$$A_p = A + \sum \delta_i A_i, \quad B_p = B + \sum \delta_j B_j, \quad C_p = C + \sum \delta_k C_k, \quad D_p = D + \sum \delta_l D_l \tag{5.270}$$

其中，A、B、C、D 为标称系数矩阵，将影响 A、B、C、D 的摄动分离出来，构建一个对角矩阵：

$$\Delta = \mathrm{diag}(\cdots, \delta_i, \cdots, \delta_j, \cdots, \delta_k, \cdots, \delta_l, \cdots) \tag{5.271}$$

5.10.5 动态不确定性数学描述

对于无法量化的非参数化和非结构化不确定性问题，H_∞ 反馈优化比传统的状态空间和参数化方法具有独特的优势。当多个不确定性参数同时存在时，不确定域是一个圆盘，采用复摄动的方法描述。由于动态不确定性很不精确，无法量化，只能用频率方法描述，是一种经过标准化后满足 $\|\Delta\|_\infty \leqslant 1$ 的复摄动的数学描述，如将各种来源的动态不确定性归结为输入乘性不确定性

$$G_p(s) = G(s)(1 + w_1(s)\Delta_1(s)), \quad \underbrace{|\Delta_1(j\omega)| \leqslant 1, \ \forall \omega}_{\|\Delta_1\|_\infty \leqslant 1} \tag{5.272}$$

其中，$\Delta_1(s)$ 是任意稳定的传递函数，在任何频率处其幅值小于或等于 1，下标 I 表示输入。$\|\Delta_I\|_\infty \leqslant 1$ 的示例如下：

$$\frac{1}{\tau s + 1}, \frac{s - z}{s + z}, \frac{0.1}{s^2 + 0.1s + 1}, \frac{1}{(5s + 1)^3}$$

输入乘性不确定性可用图 5.125 所示的方块图表示。

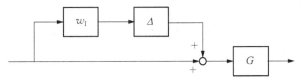

图 5.125   输入乘性不确定性

不确定性系统的奈奎斯特图如图 5.126 所示。

图 5.126 中的圆形区域表示不确定性区域，这些圆形区域由标称对象 G 周围范数有界的加性摄动生成：

$$G_p(s) = G(s) + w_A(s)\Delta_A(s) \tag{5.273}$$

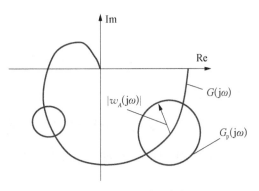

图 5.126   不确定性系统的奈奎斯特图

其中，$\Delta_A(s)$ 表示在每一频率上其幅值不大于 1 的任意稳定传递函数；$w_A(s)$ 是稳定且为最小相位的有理传递函数，可看作权函数，$w_A(s)$ 的引入起到了将摄动标准化的作用，即 $\underbrace{|\Delta_A(j\omega)| \leqslant 1, \ \forall \omega}_{\|\Delta_A\|_\infty \leqslant 1}$。

上述圆形不确定性还可以用乘性不确定性表示如下：

$$G_p(s) = G(s)(1 + w_1(s)\Delta_1(s)) \tag{5.274}$$

其中，权函数为

$$|w_1(j\omega)| = \left|\frac{w_A(j\omega)}{G(j\omega)}\right| \tag{5.275}$$

由于乘性不确定性相对加性不确定性包含了更多的信息，乘性不确定性的适用性较为普遍。当 $|w_1(j\omega)| > 1$ 时，意味着不确定性超过了 100%。

5.10.6   复数不确定性的权函数

复数乘性不确定性的权函数求取方法：对于给定的不确定性对象模型 $G_p(s)$，选择

一个标称对象 $G(s)$；在每一频率上对于标准化摄动的最小半径为

$$l_1(\omega) = \max \left| \frac{G_p(j\omega) - G(j\omega)}{G(j\omega)} \right|, \quad \forall \omega \qquad (5.276)$$

为了获得权函数,应使权函数全部覆盖这一不确定性的集合,即

$$|w_1(j\omega)| \geq l_1(\omega), \quad \forall \omega \qquad (5.277)$$

5.10.7   未建模动态特性的不确定性

未建模动态不仅包括忽略的动态特性,还包括阶数未知或阶数无穷大的动态特性,采用乘性权函数表示:

$$w_1(s) = \frac{\tau s + r_0}{\dfrac{\tau}{r_\infty}s + 1} \qquad (5.278)$$

其中, r_0 是稳态相对不确定性; $\dfrac{1}{\tau}$ 是相对不确定性达到100%时的频率; r_∞ 是权函数在高频时的幅值。

5.10.8   乘性不确定性的鲁棒稳定性 RS

输入乘性不确定性反馈系统如图 5.127 所示。

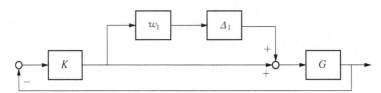

图 5.127   输入乘性不确定性反馈系统

系统存在不确定性时,回路传递函数为

$$L_p = G_p K = GK(1 + w_1\Delta_1) = L + w_1 L\Delta_1, \quad \underbrace{|\Delta_1(j\omega)| \leq 1, \ \forall \omega}_{\|\Delta_1\|_\infty \leq 1} \qquad (5.279)$$

设标称闭环系统稳定,当存在不确定性时 L_p 也稳定,则闭环系统的鲁棒稳定为

$$\text{RS} \Leftrightarrow \text{闭环系统稳定}, \forall L_p \Leftrightarrow L_p \ \text{不包围} -1, \ \forall L_p \qquad (5.280)$$

L_p 的奈奎斯特曲线如图 5.128 所示, $|-1-L| = |1+L|$ 为 -1 到 L_p 圆盘中心的距离, $|w_1 L|$ 是圆盘半径,如果任一个圆盘都不覆盖 -1,则保证了 L_p 不会包围 -1,由此得鲁棒稳定条件:

$$\text{RS} \Leftrightarrow \mid w_1 L \mid < \mid 1 + L \mid, \ \forall \omega \Leftrightarrow \frac{\mid w_1 L \mid}{\mid 1 + L \mid} < 1,$$

$$\forall \omega \Leftrightarrow \mid w_1 T \mid < 1, \ \forall \omega \Leftrightarrow \parallel w_1 T \parallel_{\infty} < 1 \tag{5.281}$$

结论：当存在乘性不确定性时，鲁棒稳定的条件是补灵敏度函数具有一个上界，即

$$\text{RS} \Leftrightarrow \mid T(j\omega) \mid < \frac{1}{\mid w_1(j\omega) \mid}, \ \forall \omega \tag{5.282}$$

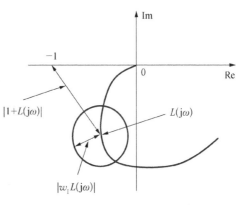

图 5.128　L_p 的奈奎斯特曲线

5.10.9　逆乘性不确定性的鲁棒稳定性 RS

逆输入乘性不确定性反馈系统如图 5.129 所示，不确定性对象模型为

$$G_p(s) = G(s)(1 + w_{iI}(s)\Delta_I(s))^{-1} \tag{5.283}$$

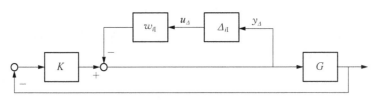

图 5.129　逆输入乘性不确定性反馈系统

设标称闭环系统稳定，当存在不确定性时 L_p 也稳定，则闭环系统的鲁棒稳定为

$$\text{RS} \Leftrightarrow \mid 1 + L_p \mid > 0, \ \forall \omega \Leftrightarrow \mid 1 + L(1 + w_{iI}\Delta_I)^{-1} \mid > 0, \ \forall \omega$$

$$\Leftrightarrow \mid 1 + w_{iI}\Delta_I + L \mid \mid (1 + w_{iI}\Delta_I)^{-1} \mid > 0, \ \forall \omega$$

$$\Leftrightarrow \mid 1 + L + w_{iI}\Delta_I \mid > 0, \ \forall \omega \tag{5.284}$$

在最坏情况下，$1 + L$ 与 $w_{iI}(s)\Delta_I(s)$ 符号相反，有

$$\text{RS} \Leftrightarrow \mid 1 + L \mid - \mid w_{iI} \mid > 0, \ \forall \omega \Leftrightarrow \mid w_{iI}S \mid < 1, \ \forall \omega \tag{5.285}$$

结论：当存在逆乘性不确定性时，鲁棒稳定的条件是灵敏度函数具有一个上界，即

$$\text{RS} \Leftrightarrow \mid S \mid < \frac{1}{w_{iI}}, \ \forall \omega \tag{5.286}$$

5.10.10　标称性能 NP

灵敏度函数 S 是一个闭环性能指标，用 S 作为闭环性能指标，在期望小的 S，只需要考虑其幅值，而不必考虑其相位。S 的指标包括：

（1）最小带宽频率 ω_B；

（2）在选择频率段的最大跟踪误差；

（3）最大稳态误差 A；

（4）在选择频率段的形状；

（5）S 的最大峰值 $\parallel S(j\omega) \parallel_\infty \leqslant M$，以防止噪声在高频段放大。

上述指标可以通过 S 值的上界 $\dfrac{1}{\mid w_P(s) \mid}$ 来限定，$w_P(s)$ 为设计的权函数，其中下标大写 P 表示性能，则标称性能指标为

$$\mathrm{NP} \Leftrightarrow \mid S(j\omega) \mid < \frac{1}{\mid w_P(j\omega) \mid}, \quad \forall \omega \Leftrightarrow \mid w_P S \mid < 1, \quad \forall \omega$$

$$\Leftrightarrow \mid w_P \mid < \mid 1 + L \mid, \quad \forall \omega \Leftrightarrow \parallel w_P S \parallel_\infty < 1 \tag{5.287}$$

权函数的设计：

$$w_P(s) = \frac{s/M + \omega_B}{s + \omega_B A} \tag{5.288}$$

$\dfrac{1}{\mid w_P(j\omega) \mid}$ 的频谱在低频段等于 A，在高频段等于 $M \geqslant 1$，在频率 ω_B 穿越 1。

NP 条件 $\mid w_P \mid < \mid 1 + L \mid$ 的奈奎斯特图如图 5.130 所示，$L(j\omega)$ 必须位于圆心为 -1，半径为 $\mid w_P(j\omega) \mid$ 的圆外。

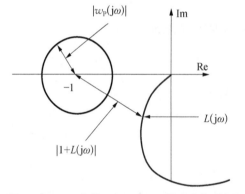
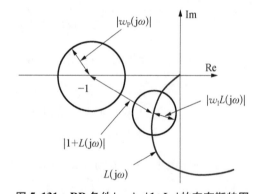

图 5.130　NP 条件 $\mid w_P \mid < \mid 1+L \mid$ 的奈奎斯特图　　　图 5.131　RP 条件 $\mid w_P \mid < \mid 1+L_p \mid$ 的奈奎斯特图

5.10.11　鲁棒性能 RP

RP 条件 $\mid w_P \mid < \mid 1 + L_p \mid$ 的奈奎斯特图如图 5.131 所示，即 $L_p(j\omega)$ 必须位于圆心为 -1，半径为 $\mid w_P(j\omega) \mid$ 的圆外。由于 $L_p(j\omega)$ 在每个频率处都落在圆心为 $L(j\omega)$，半径为 $\mid w_I(j\omega)L(j\omega) \mid$ 的圆内，RP 的条件要求这两个圆的半径 $\mid w_P(j\omega) \mid$ 和 $\mid w_I(j\omega)L(j\omega) \mid$ 不重叠，这两个圆心距离为 $\mid 1 + L(j\omega) \mid$，则

$$\mathrm{RP} \Leftrightarrow \mid w_P \mid + \mid w_I L \mid < \mid 1 + L \mid, \quad \forall \omega \Leftrightarrow \mid w_P (1+L)^{-1} \mid + \mid w_I L (1+L)^{-1} \mid < 1, \quad \forall \omega$$

$$\Leftrightarrow \mid w_P S \mid + \mid w_I T \mid < 1, \quad \forall \omega \Leftrightarrow \max_\omega (\mid w_P S \mid + \mid w_I T \mid) < 1 \tag{5.289}$$

$$\mathrm{RP} \Leftrightarrow \left\| \begin{matrix} w_\mathrm{P} S \\ w_\mathrm{I} T \end{matrix} \right\|_\infty = \max_\omega (\mid w_\mathrm{P} S \mid + \mid w_\mathrm{I} T \mid) \ < \ 1 \tag{5.290}$$

5.11 不确定性自适应控制

5.11.1 MIMO 不确定系统的自适应内模控制问题

设带执行机构的涡扇发动机多输入多输出 MIMO 参数匹配不确定系统 $\sum_1$ 为

$$\dot{x}_\mathrm{p} = A_\mathrm{p} x_\mathrm{p} + B_\mathrm{p} \Lambda (u + f(x_\mathrm{p})) \tag{5.291}$$

$$y_\mathrm{p} = C_\mathrm{p} x_\mathrm{p} \tag{5.292}$$

$$f(x_\mathrm{p}) = \Theta^\mathrm{T} \Phi(x_\mathrm{p}) \ \in \ \mathrm{R}^p \tag{5.293}$$

其中, $A_\mathrm{p} \in \mathrm{R}^{n \times n}$、$B_\mathrm{p} \in \mathrm{R}^{n \times p}$、$C_\mathrm{p} \in \mathrm{R}^{p \times n}$ 为已知的常量矩阵; $\Lambda \in \mathrm{R}^{p \times p}$ 为未知的具有正对角元素的常量对角矩阵,用于描述控制系统回路的潜在缺陷;系统状态向量 $x_\mathrm{p} \in \mathrm{R}^n$ 全部可测,控制输入向量 $u \in \mathrm{R}^p$,被控输出向量 $y \in \mathrm{R}^p$ 全部可测; $f(x_\mathrm{p}) : \mathrm{R}^n \rightarrow \mathrm{R}^p$ 为与状态相关的参数匹配不确定性向量; $\Theta \in \mathrm{R}^{s \times p}$ 为未知的不确定性常量参数矩阵; $\Phi(x_\mathrm{p}) \in \mathrm{R}^s$ 为 s 维已知的局部利普希茨连续的有界回归函数向量;系统不确定性集合为 $\{\Lambda, \Theta\}$; $(A_\mathrm{p}, B_\mathrm{p}\Lambda)$ 可控。由于不确定性 $f(x_\mathrm{p}) = \Theta^\mathrm{T} \Phi(x_\mathrm{p})$ 出现在控制输入矩阵 B 的作用范围内,不确定性 $f(x_\mathrm{p}) = \Theta^\mathrm{T} \Phi(x_\mathrm{p})$ 称为参数匹配不确定性,矩阵 B 的列空间由所有 Bu 的乘积构成,在理想自适应情况下,控制输入 u 能够完全抵消参数匹配不确定性。

令 $y_\mathrm{cmd}(t) \in \mathrm{R}^p$ 为被控输出向量 $y \in \mathrm{R}^p$ 的跟踪有界指令向量,涡扇发动机多输入多输出 MIMO 不确定系统 $\sum_1$ 的自适应控制设计目标可描述为,在系统存在不确定性集合 $\{\Lambda, \Theta\}$ 的条件下采用全状态反馈,使被控输出向量 y 能够伺服跟踪任意有界的时变指令向量 $y_\mathrm{cmd}(t)$。

工程上设计的控制系统都要求对参考输入具有伺服跟踪和对扰动信号具有抑制的能力,采用闭环系统内嵌内模的方法,以实现闭环系统渐进稳定的无静差跟踪,且当被控系统和补偿器的参数摄动变化较大时,实现闭环系统的无静差跟踪鲁棒性能,为此,定义跟踪误差向量为

$$e(t) = y_\mathrm{cmd}(t) - y_\mathrm{p}(t) \tag{5.294}$$

并考虑误差的积分:

$$e_\mathrm{i}(t) = \int_0^t e(\tau) \mathrm{d}\tau \tag{5.295}$$

在积分初值为零的条件下,其拉普拉斯变换为

$$e_\mathrm{i}(s) = \frac{1}{s} e(s) \tag{5.296}$$

$$\dot{e}_i(t) = e(t) = y_{\text{cmd}}(t) - y_p(t) = y_{\text{cmd}}(t) - C_p x_p(t) \tag{5.297}$$

对 MIMO 不确定系统 $\sum_1$ 进行增广，设增广后的 MIMO 不确定系统为 $\sum_2$，则 MIMO 不确定系统 $\sum_2$ 可表示为

$$\begin{bmatrix} \dot{x}_p \\ \dot{e}_i \end{bmatrix} = \begin{bmatrix} A_p & 0_{n \times p} \\ -C_p & 0_{p \times p} \end{bmatrix} \begin{bmatrix} x_p \\ e_i \end{bmatrix} x_p + \begin{bmatrix} B_p \\ 0_{p \times p} \end{bmatrix} \Lambda(u + f(x_p)) + \begin{bmatrix} 0_{n \times p} \\ I_{p \times p} \end{bmatrix} y_{\text{cmd}} \tag{5.298}$$

$$y = y_p = \begin{bmatrix} C_p & 0_{p \times p} \end{bmatrix} \begin{bmatrix} x_p \\ e_i \end{bmatrix} \tag{5.299}$$

即，MIMO 不确定系统 $\sum_2$ 为

$$\dot{x} = Ax + B\Lambda(u + f(x_p)) + B_{\text{ref}} y_{\text{cmd}} \tag{5.300}$$

$$y = Cx \tag{5.301}$$

其中，$x = \begin{bmatrix} x_p \\ e_i \end{bmatrix} \in \mathrm{R}^{n+p}$ 为增广后的 MIMO 不确定系统 $\sum_2$ 的状态向量，系统的系数矩阵分别为

$$A = \begin{bmatrix} A_p & 0_{n \times p} \\ -C_p & 0_{p \times p} \end{bmatrix} \in \mathrm{R}^{(n+p) \times (n+p)} \tag{5.302}$$

$$B = \begin{bmatrix} B_p \\ 0_{p \times p} \end{bmatrix} \in \mathrm{R}^{(n+p) \times p} \tag{5.303}$$

$$B_{\text{ref}} = \begin{bmatrix} 0_{n \times p} \\ I_{p \times p} \end{bmatrix} \in \mathrm{R}^{(n+p) \times p} \tag{5.304}$$

$$C = \begin{bmatrix} C_p & 0_{p \times p} \end{bmatrix} \in \mathrm{R}^{p \times (n+p)} \tag{5.305}$$

为使 $(A, B\Lambda)$ 可控，要求 $(A_p, B_p\Lambda)$ 可控，且 $\det\begin{bmatrix} A_p & B_p\Lambda \\ C_p & 0_{p \times p} \end{bmatrix} \neq 0$。

因此，涡扇发动机多输入多输出 MIMO 不确定系统 $\sum_1$ 的自适应内模控制设计目标为 MIMO 不确定系统 $\sum_2$ 在系统存在不确定性集合 $\{\Lambda, \Theta\}$ 的条件下采用全状态反馈，被控输出向量 y 能够伺服跟踪任意有界的时变指令向量 $y_{\text{cmd}}(t)$。

5.11.2　MIMO 不确定系统基准动态系统 LQR 设计

对于 MIMO 不确定系统 $\sum_2$，令 $\Lambda = I_{p \times p}$，$\Theta = 0_{s \times p}$，可得 $\sum_2$ 的基准动态系统 $\sum_3$ 为

$$\dot{x} = Ax + Bu + B_{\text{ref}} y_{\text{cmd}} \tag{5.306}$$

$$y = Cx \tag{5.307}$$

对于基准动态系统 $\sum_3$ 设计基准全状态反馈控制器:

$$u_{\mathrm{b}} = - K_x x \tag{5.308}$$

采用以下的线性二次调节器 LQR 的方法设计。设 y_{cmd} 为常量指令,考虑系统 $\sum_4$:

$$\dot{z} = Az + Bv \tag{5.309}$$

其中,

$$z = \dot{x} = \begin{bmatrix} \dot{x}_{\mathrm{p}} \\ \dot{e}_{\mathrm{i}} \end{bmatrix} \in \mathrm{R}^{n+p} \tag{5.310}$$

$$v = \dot{u} \in \mathrm{R}^p \tag{5.311}$$

考虑系统 $\sum_4$ 的全状态反馈 $v = - K_z z \in \mathrm{R}^p$, $K_z \in \mathrm{R}^{p \times (n+p)}$ 线性二次型性能指标最小化的调节器设计问题,即

$$\min J(v) = \min \int_0^\infty (z^{\mathrm{T}} Q z + v^{\mathrm{T}} R v) \mathrm{d}t \tag{5.312}$$

其中, $Q = Q^{\mathrm{T}} \geqslant 0$ 为对称半正定加权矩阵, Q 对状态向量 z 进行性能约束, $R = R^{\mathrm{T}} > 0$ 为对称正定加权矩阵, R 对输入向量 v 进行性能约束,则系统 $\sum_4$ 的最优 LQR 解为

$$v = \dot{u} = - R^{-1} B^{\mathrm{T}} P z = - K_z z = - \begin{bmatrix} K_{\mathrm{p}} & K_{\mathrm{i}} \end{bmatrix} \begin{bmatrix} \dot{x}_{\mathrm{p}} \\ \dot{e}_{\mathrm{i}} \end{bmatrix} \in \mathrm{R}^p \tag{5.313}$$

其中, K_z 为系统 $\sum_4$ 的全状态反馈增益矩阵:

$$K_z = \begin{bmatrix} K_{\mathrm{p}} & K_{\mathrm{i}} \end{bmatrix} = R^{-1} B^{\mathrm{T}} P \in \mathrm{R}^{p \times (n+p)} \tag{5.314}$$

P 是下述代数里卡蒂方程的唯一对称正定解,满足

$$A^{\mathrm{T}} P + P A + Q - P B R^{-1} B^{\mathrm{T}} P = 0 \tag{5.315}$$

对式(5.313)积分,得基准动态系统 $\sum_3$ 的线性二次调节器 LQR 的解为

$$\begin{aligned} u_{\mathrm{b}} &= - K_x x = - K_z x = - \begin{bmatrix} K_{\mathrm{p}} & K_{\mathrm{i}} \end{bmatrix} \begin{bmatrix} x_{\mathrm{p}} \\ e_{\mathrm{i}} \end{bmatrix} \\ &= - K_{\mathrm{p}} x_{\mathrm{p}} - K_{\mathrm{i}} e_{\mathrm{i}} = - K_{\mathrm{p}} x_{\mathrm{p}} - K_{\mathrm{i}} \left(\frac{y_{\mathrm{cmd}} - y_{\mathrm{p}}}{s} \right) \in \mathrm{R}^p \end{aligned} \tag{5.316}$$

其中, K_x 为状态向量 x 的反馈增益; K_{p} 为状态向量 x_{p} 的反馈增益; $K_{\mathrm{i}} \in \mathrm{R}^{p \times n}$ 为输出向量误差 $y_{\mathrm{cmd}} - y_{\mathrm{p}}$ 的积分增益。

$$K_x = K_z = \begin{bmatrix} K_{\mathrm{p}} & K_{\mathrm{i}} \end{bmatrix} \in \mathrm{R}^{p \times (p+n)}, \quad K_{\mathrm{p}} \in \mathrm{R}^{p \times n}, \quad K_{\mathrm{i}} \in \mathrm{R}^{p \times p} \tag{5.317}$$

5.11.3 MIMO 不确定系统自适应内模控制设计

定义 1(一致连续性)　对于任意 $\varepsilon > 0$，存在 $\delta(\varepsilon) > 0$，使得

$$| t_2 - t_1 | < \delta(\varepsilon) \Rightarrow | f(t_2) - f(t_1) | < \varepsilon \tag{5.318}$$

成立，则称函数 $f(t): \mathrm{R} \to \mathrm{R}$ 是一致连续的。

定义 2(一致连续性)　设函数 $f(t): \mathrm{R} \to \mathrm{R}$ 可微，存在常数 $M > 0$，使得对于所有的 $t, | \dot{f}(t) | < M$，则称函数 $f(t): \mathrm{R} \to \mathrm{R}$ 是一致连续的。简言之，可微函数 $f(t)$ 的一致连续性要求是 $\dot{f}(t)$ 存在且有界。

定义 3(径向无界)　使得 $\lim\limits_{\| x \to \infty \|} V(x) = \infty$ 成立的李雅普诺夫候选函数 $V(x): \mathrm{R}^n \to \mathrm{R}$ 称为径向无界的。

引理 1(全局一致渐进稳定)　设非自治、非受迫动态系统：

$$\dot{x} = f(t, x) \tag{5.319}$$

向量函数 $f(t, x): t \in [0, \infty)$，$x \in \mathrm{R}^n \to \mathrm{R}^n$ 在 t 上分段连续且满足利普希茨条件，令 $x = 0$ 为 $\dot{x} = f(t, x)$ 的一个平衡点，$V(x): \mathrm{R}^n \to \mathrm{R}$ 为系统的一个径向无界李雅普诺夫函数，则系统在平衡点处是全局一致渐进稳定的。

引理 2(Barbalat 引理 1)　设 $f(t): \mathrm{R} \to \mathrm{R}$ 在 $[0, \infty)$ 上是一致连续函数，如果 $\lim\limits_{t \to \infty} \int_0^t f(\tau) \mathrm{d}\tau$ 存在且有界，则 $\lim\limits_{t \to \infty} f(t) = 0$。

引理 3(Barbalat 引理 2)　设 $f(t): \mathrm{R} \to \mathrm{R}$ 在 $[0, \infty)$ 上连续可微，$\lim\limits_{t \to \infty} f(t)$ 存在且有界，如果 $\dot{f}(t): \mathrm{R} \to \mathrm{R}$ 在 $[0, \infty)$ 上一致连续，则 $\lim\limits_{t \to \infty} \dot{f}(t) = 0$。

考虑 MIMO 不确定系统 $\sum_2$ 在系统存在不确定性集合 $\{\Lambda, \Theta\}$ 的条件下，进行 MIMO 不确定系统自适应内模控制的设计，使被控输出向量 y 能够伺服跟踪任意有界的时变指令向量 $y_{\mathrm{cmd}}(t)$。

首先，MIMO 不确定系统 $\sum_2$ 的基准动态系统 $\sum_3$ 在线性二次调节器 LQR 的作用下，即 $u_{\mathrm{b}} = -K_x x \in \mathrm{R}^p$，其闭环系统的动态作为 MIMO 不确定系统 $\sum_2$ 的参考模型动态，则

$$\dot{x}_{\mathrm{ref}} = A x_{\mathrm{ref}} + B u_{\mathrm{b}} + B_{\mathrm{ref}} y_{\mathrm{cmd}} = (A - BK_x) x_{\mathrm{ref}} + B_{\mathrm{ref}} y_{\mathrm{cmd}} \tag{5.320}$$

$$y_{\mathrm{ref}} = C_{\mathrm{ref}} x_{\mathrm{ref}} \tag{5.321}$$

即

$$\dot{x}_{\mathrm{ref}} = A_{\mathrm{ref}} x_{\mathrm{ref}} + B_{\mathrm{ref}} y_{\mathrm{cmd}}, \quad y_{\mathrm{ref}} = C_{\mathrm{ref}} x_{\mathrm{ref}} \tag{5.322}$$

其中，A_{ref} 为维尔维茨矩阵。

$$A_{\mathrm{ref}} = (A - BK_x) \tag{5.323}$$

$$C_{\mathrm{ref}} = C \tag{5.324}$$

参考模型可以用来确定自适应控制系统对指令输入的预期运行轨迹,是一个用于实现期望指令跟踪的指令成型滤波器,可以和实际系统输出产生的跟踪误差对自适应参数进行调整,为此,参考模型的设计应具备所有的闭环系统的期望稳态、动态性能,时域性能指标的设计参数如调节时间、超调量、稳态误差精度,频域性能指标如谐振峰值、谐振角频率、带宽。

其次,考虑 MIMO 不确定系统 $\sum_2$ 的自适应内模控制设计问题。

设 MIMO 不确定系统 $\sum_2$ 的控制输入由基准 LQR 控制和自适应控制两部分组成,即

$$u = u_b + u_{ad} = -K_x x + u_{ad} \in \mathrm{R}^p \tag{5.325}$$

对于自适应控制部分,通常要基于李雅普诺夫渐进稳定性理论的分析来获得自适应控制律,过程如下。针对 MIMO 不确定系统 $\sum_2$ 在控制律式(5.325)的作用下,得

$$
\begin{aligned}
\dot{x} &= Ax + B\Lambda(u_b + u_{ad} + f(x_p)) + B_{ref}y_{cmd} \\
&= A_{ref}x + B\Lambda(u_{ad} + u_b + \Lambda^{-1}K_x x + f(x_p)) + B_{ref}y_{cmd} \\
&= A_{ref}x + B\Lambda[u_{ad} + (I - \Lambda^{-1})u_b + f(x_p)] + B_{ref}y_{cmd}
\end{aligned} \tag{5.326}
$$

即

$$\dot{x} = A_{ref}x + B\Lambda(u_{ad} + \bar{f}(x_p, u_b)) + B_{ref}y_{cmd} \tag{5.327}$$

其中,

$$
\begin{aligned}
\bar{f}(x_p, u_b) &= (I_{p\times p} - \Lambda^{-1})u_b + f(x_p) = K_u^{\mathrm{T}}u_b + \Theta^{\mathrm{T}}\Phi(x_p) = \begin{bmatrix} K_u^{\mathrm{T}} & \Theta^{\mathrm{T}} \end{bmatrix} \begin{bmatrix} u_b \\ \Phi(x_p) \end{bmatrix} \\
&= \bar{\Theta}^{\mathrm{T}}\bar{\Phi}(x_p, u_b) \in \mathrm{R}^p
\end{aligned} \tag{5.328}
$$

$$K_u^{\mathrm{T}} = (I_{p\times p} - \Lambda^{-1}) \in \mathrm{R}^{p\times p} \tag{5.329}$$

$$\bar{\Theta}^{\mathrm{T}} = \begin{bmatrix} K_u^{\mathrm{T}} & \Theta^{\mathrm{T}} \end{bmatrix} \in \mathrm{R}^{p\times(p+s)} \tag{5.330}$$

$$\bar{\Phi}(x_p, u_b) = \begin{bmatrix} u_b \\ \Phi(x_p) \end{bmatrix} \in \mathrm{R}^{(p+s)} \tag{5.331}$$

即,MIMO 不确定系统 $\sum_2$ 等效于:

$$\dot{x} = A_{ref}x + B\Lambda(u_{ad} + \bar{\Theta}^{\mathrm{T}}\bar{\Phi}(x_p, u_b)) + B_{ref}y_{cmd} \tag{5.332}$$

$$y = C_{ref}x \tag{5.333}$$

为了对 $\sum_2$ 的不确定性产生自适应控制作用,选择自适应控制分量:

$$u_{ad} = -\hat{\bar{\Theta}}^{\mathrm{T}}\bar{\Phi}(x_p, u_b) \in \mathrm{R}^p \tag{5.334}$$

其中, $\hat{\bar{\Theta}} \in \mathrm{R}^{(p+s)\times p}$ 为自适应参数估计矩阵。将式(5.334)代入式(5.332),得

$$\dot{x} = A_{\text{ref}}x - B\Lambda\left[\Delta\bar{\Theta}^{\text{T}}\bar{\Phi}(x_{\text{p}}, u_{\text{b}})\right] + B_{\text{ref}}y_{\text{cmd}}, \quad y = C_{\text{ref}}x \quad (5.335)$$

其中,自适应参数估计误差矩阵为

$$\Delta\bar{\Theta} = \hat{\bar{\Theta}} - \bar{\Theta} \in \mathrm{R}^{(p+s)\times p} \quad (5.336)$$

定义状态跟踪误差向量为

$$e_x = x_{\text{ref}} - x \quad (5.337)$$

式(5.322)与式(5.335)相减,得状态跟踪误差动态方程为

$$\dot{e}_x = A_{\text{ref}}e_x + B\Lambda\Delta\bar{\Theta}^{\text{T}}\bar{\Phi}(x_{\text{p}}, u_{\text{b}}) \quad (5.338)$$

构造李雅普诺夫二次候选函数:

$$V(e_x, \Delta\bar{\Theta}) = e_x^{\text{T}}P_{\text{ref}}e_x + \text{tr}(\Delta\bar{\Theta}^{\text{T}}\Gamma^{-1}\Delta\bar{\Theta}\Lambda) \quad (5.339)$$

其中,自适应参数速率加权矩阵为 $\Gamma = \Gamma^{\text{T}} > 0$, $\Gamma \in \mathrm{R}^{(p+s)\times(p+s)}$, $P_{\text{ref}} = P_{\text{ref}}^{\text{T}} > 0$, $P_{\text{ref}} \in \mathrm{R}^{(n+p)\times(n+p)}$ 为下述代数李雅普诺夫方程的唯一正定对称矩阵解:

$$A_{\text{ref}}^{\text{T}}P_{\text{ref}} + P_{\text{ref}}A_{\text{ref}} = -Q_{\text{ref}} \quad (5.340)$$

其中, $Q_{\text{ref}} = Q_{\text{ref}}^{\text{T}} > 0$ 为设计过程中根据动态性能要求需要选择的正定对称阵。由于 $\Delta\dot{\bar{\Theta}} = \dot{\hat{\bar{\Theta}}} \in \mathrm{R}^{(p+s)\times p}$,则

$$\begin{aligned}
\dot{V}(e_x, \Delta\bar{\Theta}) &= \dot{e}_x^{\text{T}}P_{\text{ref}}e_x + e_x^{\text{T}}P_{\text{ref}}\dot{e}_x + 2\text{tr}(\Delta\bar{\Theta}^{\text{T}}\Gamma^{-1}\dot{\hat{\bar{\Theta}}}\Lambda) \\
&= (A_{\text{ref}}e_x + B\Lambda\Delta\bar{\Theta}^{\text{T}}\bar{\Phi}(x_{\text{p}}, u_{\text{b}}))^{\text{T}}P_{\text{ref}}e_x + e_x^{\text{T}}P_{\text{ref}}(A_{\text{ref}}e_x + \\
&\quad B\Lambda\Delta\bar{\Theta}^{\text{T}}\bar{\Phi}(x_{\text{p}}, u_{\text{b}})) + 2\text{tr}(\Delta\bar{\Theta}^{\text{T}}\Gamma^{-1}\dot{\hat{\bar{\Theta}}}\Lambda) \\
&= e_x^{\text{T}}(A_{\text{ref}}^{\text{T}}P_{\text{ref}} + P_{\text{ref}}A_{\text{ref}})e_x + 2e_x^{\text{T}}P_{\text{ref}}B\Lambda\Delta\bar{\Theta}^{\text{T}}\bar{\Phi}(x_{\text{p}}, u_{\text{b}}) + 2\text{tr}(\Delta\bar{\Theta}^{\text{T}}\Gamma^{-1}\dot{\hat{\bar{\Theta}}}\Lambda) \\
&= -e_x^{\text{T}}Q_{\text{ref}}e_x + 2\text{tr}(\Delta\bar{\Theta}^{\text{T}}\bar{\Phi}(x_{\text{p}}, u_{\text{b}})e_x^{\text{T}}P_{\text{ref}}B\Lambda) + 2\text{tr}(\Delta\bar{\Theta}^{\text{T}}\Gamma^{-1}\dot{\hat{\bar{\Theta}}}\Lambda)
\end{aligned}$$

即

$$\dot{V}(e_x, \Delta\bar{\Theta}) = -e_x^{\text{T}}Q_{\text{ref}}e_x + 2\text{tr}\left[\Delta\bar{\Theta}^{\text{T}}(\bar{\Phi}(x_{\text{p}}, u_{\text{b}})e_x^{\text{T}}P_{\text{ref}}B + \Gamma^{-1}\dot{\hat{\bar{\Theta}}})\Lambda\right] \quad (5.341)$$

设自适应律为

$$\dot{\hat{\bar{\Theta}}} = -\Gamma\bar{\Phi}(x_{\text{p}}, u_{\text{b}})e_x^{\text{T}}P_{\text{ref}}B \quad (5.342)$$

则

$$\dot{V}(e_x, \Delta\bar{\Theta}) = -e_x^{\text{T}}Q_{\text{ref}}e_x \leqslant 0 \quad (5.343)$$

由于李雅普诺夫二次候选函数式(5.339)是一个正定的能量函数,当系统在平衡点稳定时,其能量函数对时间的导数是半负定的,因此式(5.339) $V(e_x, \Delta\bar{\Theta}) = e_x^{\text{T}}P_{\text{ref}}e_x + \text{tr}(\Delta\bar{\Theta}^{\text{T}}\Gamma^{-1}\Delta\bar{\Theta}\Lambda)$ 是一个李雅普诺夫函数,跟踪误差动态闭环系统式(5.338)在自适应律式(5.342)的作用下达到了稳定。

由于闭环系统式(5.338)是稳定的,可见,跟踪误差信号的能量是平方可积的,即 $e \in$

$L_2(R)$，同时，由于系统指令信号有界，即 $y_{cmd} \in L_\infty(R)$，由式（5.322）$\dot{x}_{ref} = A_{ref}x_{ref} + B_{ref}y_{cmd}$ 可知，$x_{ref} \in L_\infty(R)$ 且 $x = x_{ref} - e_x$，则 $x \in L_\infty(R)$。

考虑到 $\bar{\Theta}^T = (K_u^T \quad \Theta^T) \in R^{p \times (p+s)}$ 是一个未知的理想常数矩阵，其矩阵元素均有界，故 $\bar{\Theta}$ 的估计误差 $\Delta\bar{\Theta} = \hat{\bar{\Theta}} - \bar{\Theta} \in R^{(p+s) \times p}$ 矩阵元素均有界，则 $\bar{\Theta}$ 的估计 $\hat{\bar{\Theta}} = \bar{\Theta} + \Delta\bar{\Theta} \in R^{(p+s) \times p}$ 矩阵元素均有界。同时，回归向量 $\bar{\Phi}(x_p, u_b) = \begin{bmatrix} u_b \\ \Phi(x_p) \end{bmatrix} \in R^{(p+s)}$ 的分量满足局部利普希茨连续条件，且 $\bar{\Phi}(x_p, u_b) = \begin{bmatrix} u_b \\ \Phi(x_p) \end{bmatrix} \in L_\infty$，因此，自适应控制分量 $u_{ad} = -\hat{\bar{\Theta}}^T\bar{\Phi}(x_p, u_b) \in R^p$ 有界，且 $u_b \in R^p$ 有界，故 $u = u_b + u_{ad} \in L_\infty$，则，根据式（5.332）$\dot{x} = A_{ref}x + B\Lambda(u_{ad} + \bar{\Theta}^T\bar{\Phi}(x_p, u_b)) + B_{ref}y_{cmd}$，可知 $\dot{x} \in L_\infty$，从而 $\dot{e} \in L_\infty$，$\ddot{V}(e_x, \Delta\bar{\Theta}) = -2e_x^T Q_{ref}\dot{e}_x \in L_\infty$，因此 $\dot{V}(e_x, \Delta\bar{\Theta}) = -e_x^T Q_{ref}e_x \leqslant 0$ 是一致连续函数。同时，由于 $V(e_x, \Delta\bar{\Theta})$ 是一个李雅普诺夫函数，必有下界，则根据 Barbalat 引理，李雅普诺夫函数 $V(e_x, \Delta\bar{\Theta})$ 有下界，$\dot{V}(e_x, \Delta\bar{\Theta}) \leqslant 0$，$\dot{V}(e_x, \Delta\bar{\Theta})$ 在 $[0, \infty)$ 一致连续，则 $\lim_{t \to \infty}\dot{V}(e_x, \Delta\bar{\Theta}) = 0$，从而跟踪误差信号渐进趋于零，即 $\lim_{t \to \infty}e_x = 0$，则

$$\lim_{t \to \infty}y = \lim_{t \to \infty}C_{ref}x = C_{ref}\lim_{t \to \infty}(x_{ref} - e_x) = C_{ref}x_{ref} - \lim_{t \to \infty}(e_x) = C_{ref}x_{ref} = y_{ref} \tag{5.344}$$

同时，李雅普诺夫函数 $V(e, \Delta\bar{\Theta})$ 径向无界，因此，状态跟踪误差动态方程式（5.338）$\dot{e}_x = A_{ref}e_x + B\Lambda\Delta\bar{\Theta}^T\bar{\Phi}(x_p, u_b)$ 为全局渐进稳定。

又由于 $\dot{e}_x = A_{ref}e_x + B\Lambda\Delta\bar{\Theta}^T\bar{\Phi}(x_p, u_b)$，可知 $\ddot{e}_x$ 是 $\dot{e}_x$、$\dot{x}_p$、$\dot{u}_b$ 的线性组合，$\dot{e}_x \in L_\infty$、$\dot{x}_p \in L_\infty$、$\dot{u}_b \in L_\infty$，故 $\ddot{e}_x \in L_\infty$，$\dot{e}_x(t)$ 是一致连续的，根据 Barbalat 引理，$\lim_{t \to \infty}\|\dot{e}_x(t)\| = 0$，因此，存在：

$$\lim_{t \to \infty}\|\Delta\bar{\Theta}^T\bar{\Phi}(x_p, u_b)\| = 0 \tag{5.345}$$

上述推论表明，对于任意的有界指令 $y_{cmd}(t)$，当 $t \to \infty$ 时，式（5.335）表示的闭环系统输出 y 全局渐进跟踪式（5.322）中的参考模型输出 y_{ref}，同时参考模型动态输出 y_{ref} 以有界误差跟踪任意的外部有界指令 $y_{cmd}(t)$，因此，y 也以有界误差跟踪任意的外部有界指令 $y_{cmd}(t)$，实现了 MIMO 任意指令的跟踪。

进一步，对自适应速率权矩阵 Γ 进行分块：

$$\Gamma = \begin{bmatrix} \Gamma_{ku} & 0_{p \times s} \\ 0_{s \times p} & \Gamma_\Theta \end{bmatrix} \in R^{(p+s) \times (p+s)} \tag{5.346}$$

则自适应律式（5.342）的变形：

$$\begin{aligned} \dot{\hat{\bar{\Theta}}} &= -\Gamma\bar{\Phi}(x_p, u_b)e_x^T P_{ref}B = -\begin{bmatrix} \Gamma_{ku} & 0_{p \times s} \\ 0_{s \times p} & \Gamma_\Theta \end{bmatrix}\begin{bmatrix} u_b \\ \Phi(x_p) \end{bmatrix}e_x^T P_{ref}B \\ &= -\begin{bmatrix} \Gamma_{ku}u_b e_x^T P_{ref}B \\ \Gamma_\Theta\Phi(x_p)e_x^T P_{ref}B \end{bmatrix} \end{aligned} \tag{5.347}$$

其中，$\Gamma_{ku} \in R^{p \times p}$；$\Gamma_\Theta \in R^{s \times s}$；$\bar{\Phi}(x_p, u_b) = \begin{bmatrix} u_b \\ \Phi(x_p) \end{bmatrix} \in R^{(p+s)}$。

由式（5.330）$\bar{\Theta}^T = [K_u^T \quad \Theta^T] \in R^{p \times (p+s)}$，$\bar{\Theta}$ 的估计为 $\hat{\bar{\Theta}} = \begin{bmatrix} \hat{K}_u \\ \hat{\Theta} \end{bmatrix} \in R^{(p+s) \times p}$，$\hat{K}_u \in$

$R^{p \times p}$，$\hat{\Theta} \in R^{s \times p}$，可知自适应控制律为

$$\begin{bmatrix} \dot{\hat{K}}_u \\ \dot{\hat{\Theta}} \end{bmatrix} = - \begin{bmatrix} \Gamma_{ku} u_b e_x^T P_{ref} B \\ \Gamma_\Theta \Phi(x_p) e_x^T P_{ref} B \end{bmatrix} \tag{5.348}$$

即

$$\dot{\hat{K}}_u = - \Gamma_{ku} u_b e_x^T P_{ref} B \in R^{p \times p} \tag{5.349}$$

$$\dot{\hat{\Theta}} = - \Gamma_\Theta \Phi(x_p) e_x^T P_{ref} B \in R^{s \times p} \tag{5.350}$$

同时，由 $K_u^T = (I_{p \times p} - \Lambda^{-1}) \in R^{p \times p}$，可得 Λ 的估计为

$$\hat{\Lambda} = (I_{p \times p} - \hat{K}_u^T)^{-1} \in R^{p \times p} \tag{5.351}$$

因此，由式（5.325）、式（5.334），基准控制器和自适应控制器的组合作为控制器的输出，即

$$u = u_b + u_{ad} = - K_x x + u_{ad} = - K_x x - \hat{\bar{\Theta}}^T \bar{\Phi}(x_p, u_b) = - K_x x - [\hat{K}_u^T \quad \hat{\Theta}^T] \begin{bmatrix} u_b \\ \Phi(x_p) \end{bmatrix}$$

$$= - K_x x - \hat{K}_u^T u_b - \hat{\Theta}^T \Phi(x_p) \in R^p \tag{5.352}$$

上式的第二种表达式为

$$u = u_b + u_{ad} = u_b - \hat{K}_u^T u_b - \hat{\Theta}^T \Phi(x_p) = (I - \hat{K}_u^T) u_b - \hat{\Theta}^T \Phi(x_p)$$

$$= (I - \hat{K}_u^T) \left[- K_p x_p - K_i \left(\frac{y_{cmd} - y_p}{s} \right) \right] - \hat{\Theta}^T \Phi(x_p) \in R^p \tag{5.353}$$

从式（5.353）所表示的控制器的结构可知，基准+自适应控制器不含前馈分量，式（5.349）、式（5.350）表示的自适应控制律参数初始值是任意的，可设置为零。

当 MIMO 不确定系统中存在噪声 ξ 时，上述自适应控制系统将会产生参数漂移现象，其被控对象模型可表示为

$$\dot{x} = A_{ref} x + B \Lambda [u_{ad} + \bar{\Theta}^T \bar{\Phi}(x_p, u_b)] + B_{ref} y_{cmd} + \xi \tag{5.354}$$

如果信噪比较小，自适应控制会改变控制策略，企图通过自适应律来减小噪声，而不是继续跟踪误差，导致自适应控制律对外界进入系统的噪声不断进行积分，跟踪误差将会逐渐放大，产生了跟踪参数的漂移。为了避免这一现象的发生，需要对自适应律进行修正，采用变阻尼 $\sigma - e$ 修正的自适应律为

$$\dot{\bar{\Theta}} = - \Gamma \{ \bar{\Phi}(x_p, u_b) e_x^T P_{ref} B + \sigma \| e_x^T P_{ref} B \| \hat{\bar{\Theta}} \} \tag{5.355}$$

在上述自适应律的修正项中引入一个 σ 常数的阻尼,使自适应律能够限制自适应参数不会超出其边界,但 σ 阻尼修正无法实现渐进跟踪特性。为此,引入误差 e 的修正,以跟踪误差范数的速率来减小定常 σ 阻尼的作用,使自适应律的修正能够实现变阻尼的效果,当自适应控制的误差 e 趋于零时,阻尼作用也随之消失,恢复了参考模型自适应控制的理想渐进跟踪特性,可见变阻尼 $\sigma-e$ 修正的自适应律具有一定的鲁棒抗噪声干扰的特性。

5.11.4　设计算例

带执行机构的双转子涡扇发动机归一化状态空间不确定模型为

$$\dot{x}_p = A_p x_p + B_p \Lambda(u + f(x_p))$$

$$y_p = C_p x_p$$

其中,

$$x_p = \begin{bmatrix} N_2 \\ N_1 \\ W_f \end{bmatrix}, \quad u_p = W_{\text{fcmd}}, \quad y_p = N_2$$

$$A_p = \begin{bmatrix} -1 & -0.189\,4 & 0.575\,2 \\ 6.786 & -3.593 & -1.252 \\ 0 & 0 & -10 \end{bmatrix}, B_p = \begin{bmatrix} 0 \\ 0 \\ 10 \end{bmatrix}$$

$$C_p = \begin{bmatrix} 1 & 0 & 0 \end{bmatrix}, \quad D_p = \begin{bmatrix} 0 \end{bmatrix}$$

定义跟踪高压转子转速误差向量为

$$e(t) = y_{\text{cmd}}(t) - y_p(t)$$

$$e_i(s) = \frac{1}{s} e(s)$$

构建内嵌积分环节的增广不确定系统:

$$\dot{x} = Ax + B\Lambda(u + f(x_p)) + B_{\text{ref}} y_{\text{cmd}}$$

$$y = Cx$$

其中, $x = \begin{bmatrix} x_p \\ e_i \end{bmatrix}$ 为增广积分环节后的不确定系统状态向量,系数矩阵分别为

$$A = \begin{bmatrix} -1 & -0.189\,4 & 0.572 & 0 \\ 6.786 & -3.593 & -1.252 & 0 \\ 0 & 0 & -10 & 0 \\ -1 & 0 & 0 & 0 \end{bmatrix}, B = \begin{bmatrix} 0 \\ 0 \\ 10 \\ 0 \end{bmatrix}, B_{\text{ref}} = \begin{bmatrix} 0 \\ 0 \\ 0 \\ 1 \end{bmatrix}$$

$$C = \begin{bmatrix} 1 & 0 & 0 & 0 \end{bmatrix}$$

其基准动态系统为

$$\dot{x} = Ax + Bu + B_{ref}y_{cmd}$$

$$y = Cx$$

采用线性二次调节器 LQR 的解为

$$u_{b} = -K_{x}x = -K_{z}x = -\begin{bmatrix} K_{p} & K_{i} \end{bmatrix} \begin{bmatrix} x_{p} \\ e_{i} \end{bmatrix}$$

其中, K_{x} 为下述基准动态系统的全状态反馈增益矩阵:

$$K_{x} = \begin{pmatrix} K_{p} & K_{i} \end{pmatrix} = R^{-1}B^{T}P \in \mathrm{R}^{p \times (n+p)}$$

其中, P 是下述代数里卡蒂方程的唯一对称正定解, 满足

$$A^{T}P + PA + Q - PBR^{-1}B^{T}P = 0$$

选择:

$$Q = \mathrm{diag}(10^{4}, \ 10^{4}, \ 10^{4}, \ 3 \times 10^{5}), \ R = 0.5$$

得

$$P = \begin{bmatrix} 52\ 504 & 279.85 & 21.086 & -90\ 065 \\ 279.85 & 1\ 344.7 & -1.075\ 2 & 2\ 429.6 \\ 21.086 & -1.075\ 2 & 7.030\ 8 & -38.73 \\ -90\ 065 & 2\ 429.6 & -38.73 & 269\ 880 \end{bmatrix}$$

$$\lambda(P) = \begin{bmatrix} 302\ 360 & 20\ 100 & 1\ 265.8 & 7 \end{bmatrix}$$

$$K_{x} = \begin{bmatrix} 421.71 & -21.505 & 140.62 & -774.6 \end{bmatrix}$$

$$K_{p} = \begin{bmatrix} 421.71 & -21.505 & 140.62 \end{bmatrix}, \ K_{i} = -774.6$$

则, 闭环不确定系统参考模型动态为

$$\dot{x}_{ref} = A_{ref}x_{ref} + B_{ref}y_{cmd}, \quad y_{ref} = C_{ref}x_{ref}$$

$$A_{ref} = \begin{bmatrix} -1 & -0.189\ 4 & -0.575\ 2 & 0 \\ 6.786 & -3.953 & -1.252 & 0 \\ -4\ 217.1 & 215 & -1\ 416.2 & 7\ 746 \\ -1 & 0 & 0 & 0 \end{bmatrix}, \ C_{ref} = C$$

参考模型的阶跃响应如图 5.132 所示, 由图可知, 调节时间约 2.1 s, 无超调, 无静差。参考模型的伯德图如图 5.133 所示, 由图可知, 谐振峰值 $M_{p} = 1$, 带宽 $\omega_{B} = 1.5$ rad/s, 相角穿越 $-90°$ 的角频率为 $\omega_{-90°} = 1.84$ rad/s。

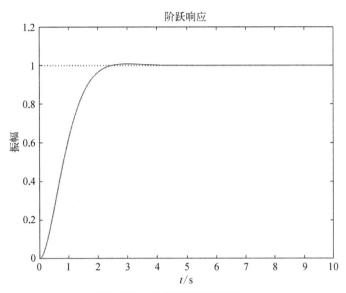

图 5.132　参考模型的阶跃响应

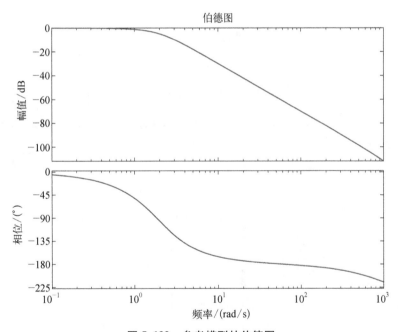

图 5.133　参考模型的伯德图

定义状态跟踪误差向量为

$$e_x = x_{ref} - x$$

设回归向量为

$$\bar{\varPhi}(x_p, u_b) = u_b$$

选择未知不确定性常量参数矩阵为

$$\bar{\Theta}^{\mathrm{T}} = K_u^{\mathrm{T}} = (I_{\mathrm{p}\times\mathrm{p}} - \Lambda^{-1})$$

同时,采用变阻尼 $\sigma - e$ 修正的自适应律:

$$\dot{\hat{\Theta}} = -\Gamma\{\bar{\Phi}(x_{\mathrm{p}}, u_{\mathrm{b}})e_x^{\mathrm{T}}P_{\mathrm{ref}}B + \sigma\|e_x^{\mathrm{T}}P_{\mathrm{ref}}B\|\hat{\Theta}\}$$

其中,自适应速率增益 $\Gamma = 0.0001$,$\sigma = 1000$,P_{ref} 为下述代数李雅普诺夫方程的唯一正定对称矩阵解:

$$A_{\mathrm{ref}}^{\mathrm{T}}P_{\mathrm{ref}} + P_{\mathrm{ref}}A_{\mathrm{ref}} = -Q_{\mathrm{ref}}$$

给定,$Q_{\mathrm{ref}} = \mathrm{diag}(0.1, 0.1, 0.1, 1)$,得

$$P_{\mathrm{ref}} = \begin{bmatrix} -0.581 & 0.466 & 1.077 & 0.5 \\ 0.466 & 1.049 & -0.445 & 0.143 \\ 1.077 & -0.445 & 7.264 & 1.926 \\ 0.5 & 0.143 & 1.926 & 0.62 \end{bmatrix}$$

则,抑制不确定性的自适应控制为

$$u_{\mathrm{ad}} = -\hat{\Theta}^{\mathrm{T}}u_{\mathrm{b}} \in \mathrm{R}^p$$

可得,组合基准控制律和自适应控制律为

$$u = u_{\mathrm{b}} + u_{\mathrm{ad}}$$

构建双转子涡扇发动机内模自适应控制系统如图 5.134 所示。

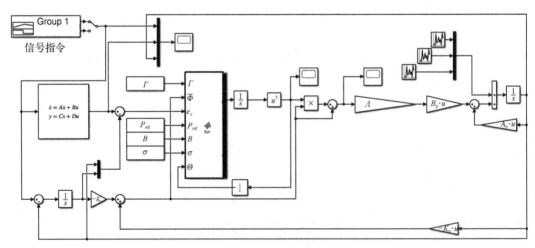

图 5.134 双转子涡扇发动机内模自适应控制系统

设控制系统执行机构性能退化为 40%,$\Lambda = 0.4$,并受到零均值白噪声的干扰,仿真时间为 100 s。高压转子转速阶跃和斜坡指令信号、模型参考指令曲线和被控对象的跟踪响应曲线如图 5.135 所示。图中,高压转子转速跟踪响应曲线非常接近参考指令曲线,两条曲线几乎重合,在 20~30 s 附近局部放大图形曲线如图 5.136 所示。由图可知,高压转子转速跟踪阶跃和斜坡指令信号,能够伺服跟踪动态、稳态参考指令曲线。

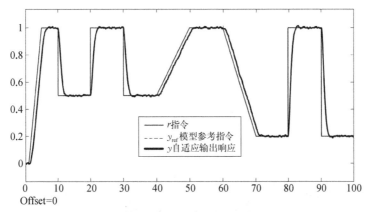

图 5.135　高压转子转速指令信号、模型参考指令曲线和跟踪响应曲线

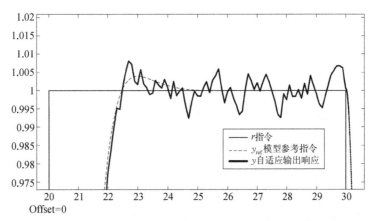

图 5.136　在 20~30 s 附近局部放大高压转子转速指令、模型参考、响应曲线

自适应参数响应曲线如图 5.137 所示。

控制器输出曲线如图 5.138 所示。

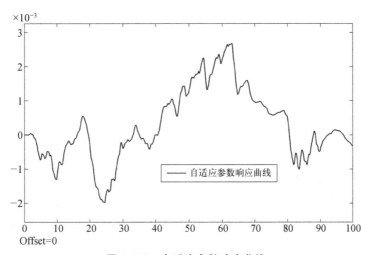

图 5.137　自适应参数响应曲线

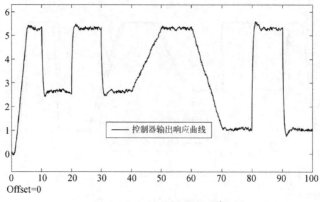

图 5.138　控制器输出曲线

对正弦指令信号 $y_{cmd} = \sin\left(\dfrac{1}{2\pi}t\right) + 1.1$ 进行仿真,正弦指令信号、参考模型输出响应和被控对象输出响应曲线如图 5.139 所示。

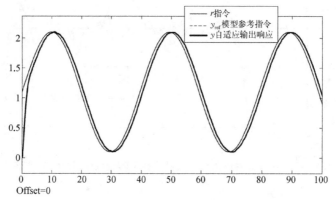

图 5.139　正弦指令信号、参考模型输出和被控对象输出响应对比曲线

高压转子转速响应曲线非常接近参考模型输出曲线,两条曲线几乎重合

自适应参数响应曲线如图 5.140 所示。

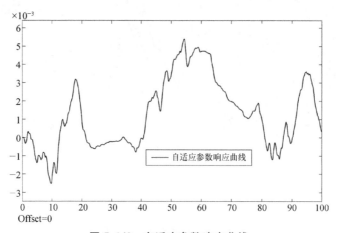

图 5.140　自适应参数响应曲线

对应的控制器输出曲线如图 5.141 所示。

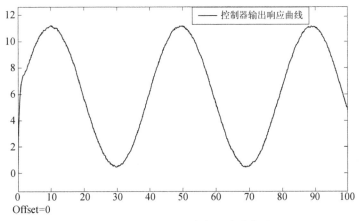

图 5.141　控制器输出曲线响应曲线

上述仿真结果表明,控制系统具有一定的对被控对象不确定性抑制的鲁棒性能。

5.12　不确定性系统 μ 综合控制器设计

如果控制系统对实际系统与设计控制器时所采用的系统模型之间的差别不敏感,该控制系统是鲁棒的,这种差别称为模型-对象的失配,即模型不确定性。对于多重摄动下的 MIMO 系统,分析鲁棒稳定性和鲁棒性能的工具目前采用的主要方法是结构化奇异值 μ,可用 μ 来获得鲁棒稳定和鲁棒性能的充分必要条件,设计最小化结构化奇异值 μ 的最优鲁棒控制器一般采用 DK 迭代算法。

如果一个线性系统在闭右半平面没有极点,则该系统是稳定的。Nyquist 采用频域方法给出了闭环稳定性的条件。

本节讨论的特征值定义为频域复数矩阵 $L(j\omega) = G(j\omega)K(j\omega)$ 的特征值,不适用于状态矩阵 A 的特征值。

5.12.1　闭环极点特征与稳定性

对于闭环结构的负反馈系统,如图 5.142 所示。

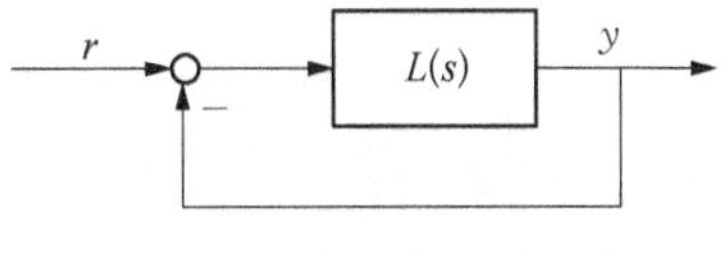

设回路的开环传递函数为

$$L(s) = G(s)K(s) = C_{\text{o}}(sI - A_{\text{o}})^{-1}B_{\text{o}} + D_{\text{o}}$$

$$(5.356)$$

图 5.142　闭环负反馈系统

其中,$G(s)$ 为被控对象;$K(s)$ 为控制器,则 $L(s)$ 的极点为开环特征多项式的根:

$$P_{\text{o}}(s) = \det(sI - A_{\text{o}}) \qquad (5.357)$$

如果 $G(s)$ 与 $K(s)$ 不存在右半平面零极点对消,则闭环系统的内部稳定性等价于灵敏度函数 $S(s) = (I + L(s))^{-1}$ 的稳定性,由图可知,闭环系统的状态空间方程为

$$\dot{x} = A_o x + B_o (r - y) \tag{5.358}$$

$$y = C_o x + D_o (r - y) \tag{5.359}$$

可得

$$\dot{x} = [A_o - B_o (I + D_o)^{-1} C_o] x + B_o (I + D_o)^{-1} r \tag{5.360}$$

则，$S(s)$ 的状态矩阵为

$$A_c = A_o - B_o (I + D_o)^{-1} C_o \tag{5.361}$$

定义闭环特征多项式为

$$P_c(s) = \det(sI - A_c) = \det(sI - A_o + B_o (I + D_o)^{-1} C_o) \tag{5.362}$$

考察构造函数 $I + L(s)$ 的行列式：

$$\det(I + L(s)) = \det(I + D_o + C_o (sI - A_o)^{-1} B_o) \tag{5.363}$$

根据分块矩阵行列式舒尔公式：

$$\det \begin{bmatrix} Q_{11} & Q_{12} \\ Q_{21} & Q_{22} \end{bmatrix} = \det(Q_{11}) \det(Q_{22} - Q_{21} Q_{11}^{-1} Q_{12}) = \det(Q_{22}) \det(Q_{11} - Q_{12} Q_{22}^{-1} Q_{21}) \tag{5.364}$$

则

$$\det(I + D_o) \det(sI - A_o + B_o (I + D_o)^{-1} C_o) = \det(sI - A_o) \det(I + D_o + C_o (sI - A_o)^{-1} B_o) \tag{5.365}$$

即

$$\begin{aligned} \det(I + L(s)) &= \det(I + D_o + C_o (sI - A_o)^{-1} B_o) \\ &= \frac{\det(I + D_o) \det(sI - A_o + B_o (I + D_o)^{-1} C_o)}{\det(sI - A_o)} \end{aligned} \tag{5.366}$$

$$\det(I + L(s)) = \frac{P_c(s)}{P_o(s)} \det(I + D_o) \tag{5.367}$$

显然，当开环特征多项式与闭环特征多项式无对消零点时，闭环极点为构造函数 $I + L(s)$ 行列式方程的根，即

$$\det(I + L(s)) = 0 \tag{5.368}$$

定义 $\det(I + L(s))$ 的奈奎斯特曲线为 s 顺时针绕奈奎斯特 D 围线的轨迹移动时 $\det(I + L(s))$ 的曲线图形，其中奈奎斯特 D 围线包括整个 $j\omega$ 轴和右半平面的无穷大半圆，且避开 $L(s)$ 的虚轴上的极点。

$I + L(s)$ 行列式稳定条件：设 $L(s)$ 不存在不稳定开环极点（不包括 $j\omega$ 轴上的极点），由奈奎斯特稳定性理论可知，当 $\det(I + L(s))$ 的奈奎斯特曲线不包围原点和不穿越原点

时,闭环系统稳定。

5.12.2　小增益稳定定理

定义开环频域函数 $L(\mathrm{j}\omega)$ 的谱半径为所有频率上的 $L(\mathrm{j}\omega)$ 的特征值的最大幅值:

$$\rho(L(\mathrm{j}\omega)) = \max_i |\lambda_i(L(\mathrm{j}\omega))|, \quad \forall \omega \tag{5.369}$$

谱半径稳定条件:对于一个稳定的开环传递函数 $L(s)$,如果谱半径

$$\rho(L(\mathrm{j}\omega)) < 1, \quad \forall \omega \tag{5.370}$$

则闭环系统稳定。

设 $\lambda_i(A)$ 是 A 的特征值, x_i 是特征向量,根据 $Ax_i = \lambda_i x_i$,可得

$$|\lambda_i| \ \|x_i\| = \|\lambda_i x_i\| = \|Ax_i\| \leqslant \|A\| \ \|x_i\| \tag{5.371}$$

则

$$\rho(A) \leqslant \|A\| \tag{5.372}$$

由此和谱半径稳定条件,可得小增益稳定定理如下。

小增益稳定定理:对于稳定的开环传递函数 $L(s)$,闭环系统稳定的条件为

$$\|L(\mathrm{j}\omega)\| < 1, \quad \forall \omega \tag{5.373}$$

5.12.3　带不确定性的控制系统架构

结构化不确定性系统的表示方法是把不确定性摄动从含有不确定性的控制系统中提取分离出来,构成一个对角型分块矩阵:

$$\Delta = \mathrm{diag}\{\Delta_1, \Delta_2, \cdots \Delta_i, \cdots\} \tag{5.374}$$

其中, Δ_i 代表不同来源的不确定性。用标记 $\forall \Delta$ 表示容许摄动集合中的所有的 Δ,用 $\max_\Delta$ 表示针对容许摄动集合中的所有 Δ 的最大值,并定义容许摄动集合为

$$B_\Delta = \{\Delta: \|\Delta\|_\infty < 1\} \tag{5.375}$$

进一步将控制器 $K(s)$ 也提取分离出来,则得到图 5.143 所示的 $\Delta - P - K$ 控制系统描述,用于控制器的综合设计。

$\Delta - P - K$ 控制系统的表达式为

$$\begin{bmatrix} y_\Delta \\ z \\ y_K \end{bmatrix} = P(s) \begin{bmatrix} u_\Delta \\ w \\ u_K \end{bmatrix} = \begin{bmatrix} P_{11}(s) & P_{12}(s) & P_{13}(s) \\ P_{21}(s) & P_{22}(s) & P_{23}(s) \\ P_{31}(s) & P_{32}(s) & P_{33}(s) \end{bmatrix} \begin{bmatrix} u_\Delta \\ w \\ u_K \end{bmatrix} \tag{5.376}$$

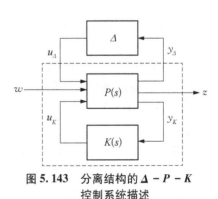

图 5.143　分离结构的 $\Delta - P - K$ 控制系统描述

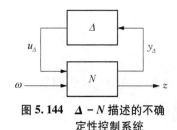

图 5.144　$\Delta - N$ 描述的不确定性控制系统

$$u_{\Delta} = \Delta(s) y_{\Delta} \qquad (5.377)$$

$$u_K = K(s) y_K \qquad (5.378)$$

当控制器设计完成后,采用 $\Delta - N$ 结构的形式分析不确定性系统的特性,如图 5.144 所示。

$\Delta - N$ 控制系统的表达式为

$$N(s) = F_l(P(s), K)$$

$$= \begin{bmatrix} N_{11}(s) & N_{12}(s) \\ N_{21}(s) & N_{22}(s) \end{bmatrix} = \begin{bmatrix} P_{11}(s) & P_{12}(s) \\ P_{21}(s) & P_{22}(s) \end{bmatrix} +$$

$$\begin{bmatrix} P_{13}(s) \\ P_{23}(s) \end{bmatrix} K(s) [I - P_{33}(s) K(s)]^{-1} [P_{31}(s) \quad P_{32}(s)] \qquad (5.379)$$

$$\begin{bmatrix} y_{\Delta} \\ z \end{bmatrix} = \begin{bmatrix} N_{11}(s) & N_{12}(s) \\ N_{21}(s) & N_{22}(s) \end{bmatrix} \begin{bmatrix} u_{\Delta} \\ \omega \end{bmatrix} \qquad (5.380)$$

$$u_{\Delta} = \Delta(s) y_{\Delta} \qquad (5.381)$$

从 ω 到 z 的不确定性闭环传递函数可用线性上分式变换表示为

$$F(s) = F_u(N(s), \Delta(s)) = N_{22}(s) + N_{21}(s) \Delta(s) (I - N_{11}(s) \Delta(s))^{-1} N_{12}(s) \qquad (5.382)$$

$$z = F(s) \omega \qquad (5.383)$$

分析不确定性闭环传递函数 $F(s)$ 的鲁棒稳定性,可用 $\Delta - M$ 结构表示,如图 5.145 所示。

$$M(s) = N_{11}(s) = P_{11}(s) + P_{13}(s) K(s) (I - P_{33}(s) K(s))^{-1} P_{31}(s) \qquad (5.384)$$

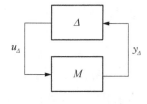

图 5.145　$\Delta - M$ 结构

$$y_{\Delta} = M(s) u_{\Delta} \qquad (5.385)$$

$$u_{\Delta} = \Delta(s) y_{\Delta} \qquad (5.386)$$

5.12.4　鲁棒稳定性和鲁棒性能

1. 鲁棒稳定性和鲁棒性能的分析

$\Delta - N$ 控制系统的鲁棒性分析,就是针对含不确定性的 $\Delta - N$ 控制系统,在给定的控制器条件下对不确定性集合中的所有对象进行分析,包括鲁棒稳定性(RS)分析和鲁棒性能(RP)分析。

RS 分析:在给定的控制器条件下,判断系统对不确定性集合中所有对象是否都能够保持稳定。

RP 分析:在满足 RS 条件下,对不确定性集合中的所有对象,确定从外部输入 ω 到输

出 z 的传递函数有多大。

采用 H_∞ 范数定义系统性能,对系统鲁棒稳定性(RS)和鲁棒性能(RP)的要求如下。

$$NS:\text{标称稳定},N\text{是内部稳定的} \tag{5.387}$$

$$NP:\text{标称性能},\text{满足} NS,\text{且} \parallel N_{22}\parallel_\infty < 1 \tag{5.388}$$

$$RS:\text{鲁棒稳定},\text{满足} NS,\text{且} F = F_u(N,\Delta) \text{是稳定的},\forall\Delta,\parallel\Delta\parallel_\infty < 1 \tag{5.389}$$

$$RP:\text{鲁棒性能},\text{满足} NS,\text{且} \parallel F\parallel_\infty = \parallel F_u(N,\Delta)\parallel_\infty < 1,\forall\Delta,\parallel\Delta\parallel_\infty < 1 \tag{5.390}$$

对于图 5.144 所示的 $\Delta - N$ 不确定性系统,设 Δ 稳定,如果系统在 $\Delta = 0$ 条件下满足标称稳定 NS 条件,即 N 是稳定的,则由 $F(s) = F_u(N,\Delta) = N_{22} + N_{21}\Delta(I - N_{11}\Delta)^{-1}N_{12}$ 可知,不稳定的唯一来源只能是反馈项 $(I - N_{11}\Delta)^{-1}$,则 $\Delta - N$ 不确定性系统的稳定性等价于图 5.145 所示的 $\Delta - M$ 结构的稳定性。

2. $\Delta - M$ 结构的鲁棒稳定性

$\Delta - M$ 结构的鲁棒稳定性可用 $I - \Delta M$ 行列式鲁棒稳定 RS 判别条件检测,根据奈奎斯特稳定性判据,同时,考虑到对所有的容许摄动 $\Delta \in B_\Delta = \{\Delta:\parallel\Delta\parallel_\infty < 1\}$,存在以下 $I - \Delta M$ 行列式鲁棒稳定 RS 判别条件。

$I - \Delta M$ 行列式鲁棒稳定 RS 判别条件:设标称系统 M 和不确定性 Δ 都是稳定的,$\Delta - M$ 系统对所有的容许摄动 $\Delta \in B_\Delta = \{\Delta:\parallel\Delta\parallel_\infty < 1\}$ 都是鲁棒稳定 RS 的,当且仅当以下任何条件之一成立:

$$(1)\ \det(I - \Delta M) \text{的奈奎斯特曲线不包围原点},\forall\Delta \tag{5.391}$$

$$(2)\ \det(I - \Delta M(j\omega)) \neq 0,\quad \forall\Delta,\quad \forall\omega \tag{5.392}$$

$$(3)\ \lambda_i(\Delta M(j\omega)) \neq 1,\quad \forall\Delta,\quad \forall\omega,\quad \forall i \tag{5.393}$$

3. 非结构化不确定性的鲁棒稳定性

非结构化不确定性定义为对于满元素的任意复数不确定性传递函数矩阵 Δ,满足 $\parallel\Delta\parallel_\infty < 1,\forall\Delta$。

$$\max_\Delta \rho(\Delta M) \leqslant \max_\Delta \bar\sigma(\Delta M) \leqslant \max_\Delta(\bar\sigma(\Delta)\bar\sigma(M)) = \bar\sigma(M) \tag{5.394}$$

设标称系统 $M(s)$ 是稳定的,既满足 NS 条件,且 Δ 也是稳定的,则对于图 5.145 所示具有 $\Delta - M$ 结构的系统能够满足 $\parallel\Delta\parallel_\infty < 1$ 的所有非结构化不确定性,当且仅当以下任何条件之一成立:

$$(1)\ \bar\sigma(M(j\omega)) < 1,\quad \forall\omega \tag{5.395}$$

$$(2)\ \parallel M\parallel_\infty < 1 \tag{5.396}$$

4. 不确定性鲁棒稳定性的 μ 分析方法

结构化奇异值 μ 定义为对于不确定性 Δ 的最小结构化,使得矩阵 $I - M\Delta$ 奇异,可用 $\bar{\sigma}(\Delta)$ 来度量,则

$$\mu(M) = \frac{1}{\bar{\sigma}(\Delta)} \qquad (5.397)$$

结构化奇异值 μ 的数学描述为

$$\mu(M) = \frac{1}{\min\limits_{\Delta}\{\bar{\sigma}(\Delta) \mid \det(I - M\Delta) = 0, \text{对于结构化} \Delta\}} \qquad (5.398)$$

较大的 μ 意味着较小的摄动可使 $I - M\Delta$ 奇异,μ 越小,对于较大的摄动也有鲁棒抑制能力。

根据前述 $\Delta - M$ 结构的鲁棒稳定性 $\det(I - \Delta M(j\omega)) \neq 0$, $\forall \Delta$, $\forall \omega$,仅仅是一个判别鲁棒稳定性的条件,为此,采用因子 k_m 对 Δ 作尺度变换,使 Δ 标准化满足 $\bar{\sigma}(\Delta) \leqslant 1$,并求使 $I - k_m M\Delta$ 奇异的最小 k_m,即满足 $\det(I - k_m M\Delta) = 0$,则变成标准化结构化奇异值 μ,其数学描述式为

$$\mu(M) = \begin{cases} \dfrac{1}{\min\limits_{\Delta}\{k_m \mid \det(I - k_m M\Delta) = 0, \text{对于结构化} \Delta \in B_\Delta = \{\Delta: \|\Delta\|_\infty < 1\}\}} \\ 0, \text{若这种结构的} \Delta \text{不存在} \end{cases}$$

$$(5.399)$$

这样,就能够在最坏情况下确定不确定性边界的 k_m 的大小,即 $k_m = \dfrac{1}{\mu(M)}$,对不确定性的鲁棒尺度有定量的分析。

不确定性鲁棒稳定性的定量 μ 分析方法:对于具有分块对角不确定性,其中对角元素为实数或复数的分块矩阵,设标称系统 $M(s)$ 是稳定的,既满足 NS 条件,且 Δ 也是稳定的,则对于 $\Delta - M$ 系统的所有容许不确定性 $\bar{\sigma}(\Delta(j\omega)) < 1$, $\forall \omega$ 都是鲁棒稳定的,当且仅当

$$\mu(M(j\omega)) < 1, \qquad \forall \omega \qquad (5.400)$$

则

$$k_m = \left\{ \frac{1}{\mu(M)} \,\middle|\, \mu(M) = \max_\omega \mu(M(j\omega)) < 1, \qquad \forall \omega \right\} \qquad (5.401)$$

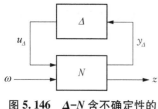

图 5.146 Δ-N 含不确定性的控制系统

上述最坏情况下确定不确定性边界的 k_m 的大小,可用 MATLAB 鲁棒控制工具箱中的函数 $robustperf$ 计算,方法是对如下的图 5.146 所示的含不确定性的 $\Delta - N$ 控制系统,通过下述函数计算。

$$[perfmarg, perfmagunc] = robustperf(\Delta, N)$$

$$(5.402)$$

5. 不确定性系统鲁棒性能的 μ 检测方法

对于不确定性集合中所有可能的对象,均能使控制系统满足既定的性能指标,则这样
的控制系统具有鲁棒性能。为此,在 $\Delta - N$ 含不确定性描述
的控制系统的基础上,嵌入用表示 H_∞ 性能指标的满元素虚
拟不确定性复数矩阵 Δ_p,构造如图所示的 $\hat{\Delta} - N$ 控制系统,
则可对不确定性集合中所有可能的对象进行鲁棒性能检测。

不确定性系统鲁棒性能的 μ 检测方法:对于 $\Delta - N$ 不确
定性系统,构造如图 5. 147 所示的 $\hat{\Delta} - N$ 控制系统,设 N 是标
称内部稳定的,则对于不确定性集合中所有可能的对象都能
使控制系统获得鲁棒性能,即满足 $\| F \|_\infty = \| F_u(N,$
$\Delta) \|_\infty < 1$,$\forall \Delta$,$\| \Delta \|_\infty < 1$,当且仅当下式成立:

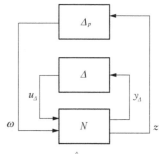

图 5. 147　$\hat{\Delta} - N$ 控制系统

$$\mu_{\hat{\Delta}}(N(\mathrm{j}\omega)) < 1, \ \forall \omega, \hat{\Delta} = \begin{bmatrix} \Delta & 0 \\ 0 & \Delta_p \end{bmatrix} \tag{5.403}$$

其中,Δ_p 的维数与 F^T 的维数相同。

6. 鲁棒稳定性和鲁棒性能的 μ 分析

构造 $\Delta - N$ 不确定性系统,如图 5. 146 所示,分块对角不确定性矩阵 Δ 满足
$\| \Delta \|_\infty < 1$,设

$$F(s) = F_u(N(s), \Delta(s)) = N_{22}(s) + N_{21}(s)\Delta(s)(I - N_{11}(s)\Delta(s))^{-1}N_{12}(s) \tag{5.404}$$

满足

$$\| F \|_\infty = \| F_u(N, \Delta) \|_\infty < 1 \tag{5.405}$$

则系统鲁棒稳定性(RS)和鲁棒性能(RP)的 μ 分析如下。

$$NS: 标称稳定,N 是内部稳定的 \tag{5.406}$$

$$NP: 标称性能,满足 NS,且 \bar{\sigma}(N_{22}) = \mu_{\Delta_p} < 1, \ \forall \omega \tag{5.407}$$

$$RS: 鲁棒稳定,满足 NS,且 \mu_{\Delta}(N_{11}) < 1, \ \forall \omega \tag{5.408}$$

$$RP: 鲁棒性能,满足 NS,且 \mu_{\hat{\Delta}}(N(\mathrm{j}\omega)) < 1, \ \forall \omega, \hat{\Delta} = \begin{bmatrix} \Delta & 0 \\ 0 & \Delta_p \end{bmatrix} \tag{5.409}$$

7. μ 控制器的 DK 迭代法

μ 综合问题:针对 $\Delta - N$ 不确定性系统,求解能够最小化给定 μ 条件的控制器,称为 μ
综合问题。

定义 Ω 是所有与 Δ 可交换的矩阵,满足 $D\Delta = \Delta D$ 的集合,则

$$\mu(N) \leqslant \min_{D \in \Omega} \bar{\sigma}(DND^{-1}) \tag{5.410}$$

DK 迭代法是结合了 H_∞ 分析与 μ 分析的一种迭代方法,其思路是求解一个能够在频

域范围内最小化 $\mu(N)$ 上界峰值的控制器 K，即

$$\min_K\left(\min_{D\in\Omega}\bar\sigma(DN(K)D^{-1})\right) \tag{5.411}$$

为了获得这一控制器 K，采用交替改变 K 或 D，即保持 K、D 中的一个不变，不断迭代最小化 $\|DN(K)D^{-1}\|_\infty$ 的过程，算法如下。

DK 迭代算法

（1）初始化 $D(s)$，选择初始稳定的有理传递函数矩阵 $D(s)$，可取 $D(s)=I$；

（2）求 K，固定 D，综合一个 H_∞ 控制器，即求解 K，满足

$$K=\min_K\|DN(K)D^{-1}\|_\infty \tag{5.412}$$

（3）求 D，固定 K，求解 D，使其在每个频率上满足

$$D=\min_\omega\bar\sigma(D(j\omega)ND^{-1}(j\omega)) \tag{5.413}$$

（4）检测迭代收敛条件，若满足下述条件，则迭代结束，否则，进到（5）。

$$\|DN(K)D^{-1}\|_\infty<1 \tag{5.414}$$

（5）对 $D(j\omega)$ 频域辨识，低阶拟合 $D(j\omega)$ 中每个元素的幅值，使得 $D(s)$ 是一个稳定低阶的最小相位传递函数 $[D(s)$ 阶次低，则 H_∞ 控制器 $K(s)$ 的阶次低$]$，返回（2）。

5.12.5 两自由度 μ 综合控制器设计算例

双轴涡扇发动机状态空间模型 G_e 为

$$\dot x_e=A_ex_e+B_eu$$

$$y_e=C_ex_e+D_eu$$

其中，状态向量为 $x_e=\begin{bmatrix}N_1\\N_2\end{bmatrix}$；输入向量为 $u=\begin{bmatrix}W_f\\A_8\end{bmatrix}$；输出向量为 $y_e=\begin{bmatrix}N_1\\N_2\end{bmatrix}$；在某稳态工作点，主燃油流量 $W_f=1.14\ kg/s$；尾喷口喉道面积 $A_8=0.3\ m^2$；低压转子转速 $N_1=10\ 065\ rpm$；高压转子转速 $N_2=12\ 832\ rpm$；系数矩阵为

$$A_e=\begin{bmatrix}-6.55&4.37\\0.16&-3.72\end{bmatrix}\quad B_e=\begin{bmatrix}4\ 249&66\ 916\\7\ 452&-615\end{bmatrix}\quad C_e=\begin{bmatrix}1&0\\0&1\end{bmatrix}\quad D_e=\begin{bmatrix}0&0\\0&0\end{bmatrix}$$

归一化线性模型 G_n 为

$$\dot x_n=A_nx_n+B_nu_n$$

$$y_n=C_nx_n+D_nu_n$$

其中,

$$A_n = \begin{bmatrix} -6.55 & 5.56 \\ 0.13 & -3.72 \end{bmatrix}, \quad B_n = \begin{bmatrix} 0.483 & 1.982 \\ 0.664 & -0.014 \end{bmatrix}, \quad C_n = \begin{bmatrix} 1 & 0 \\ 0 & 1 \end{bmatrix}, \quad D_n = \begin{bmatrix} 0 & 0 \\ 0 & 0 \end{bmatrix}$$

采用双回路控制系统结构,控制目标:

$$W_f \to N_2 = \mathrm{const}$$

$$A_8 \to N_1 = \mathrm{const}$$

设调节主燃油流量回路和尾喷口喉道面积回路的执行机构传递函数为时间常数标称值均为 0.5 s 的一阶惯性环节,并假设两个执行机构实际时间常数相对于标称值具有 25% 的不确定性。执行机构状态方程为 G_a 为

$$\dot{u}_n = A_a u_n + B_a v$$

增广系统的状态空间模型为

$$\dot{x} = Ax + Bv$$

$$y = Cx + Dv$$

其中,$x = \begin{bmatrix} x_n^T & u_n^T \end{bmatrix}^T$,$y = y_n$;系数矩阵为

$$A = \begin{bmatrix} -6.55 & 5.56 & 0.483 & 1.982 \\ 0.13 & -3.72 & 0.664 & -0.014 \\ 0 & 0 & -2 & 0 \\ 0 & 0 & 0 & -2 \end{bmatrix} \quad B = \begin{bmatrix} 0 & 0 \\ 0 & 0 \\ 2 & 0 \\ 0 & 2 \end{bmatrix} \quad C = \begin{bmatrix} 1 & 0 & 0 & 0 \\ 0 & 1 & 0 & 0 \end{bmatrix} \quad D = \begin{bmatrix} 0 & 0 \\ 0 & 0 \end{bmatrix}$$

控制器采用两自由度的结构设计,设控制器的状态空间模型为

$$\dot{x}_c = A_c x_c + B_c u_c$$

$$v = C_c x_c + D_c u_c$$

其中,x_c 为两自由度控制器的状态;$u_c = \begin{bmatrix} r \\ y \end{bmatrix}$ 为两自由度控制器的输入。

构造两自由度 μ 综合控制系统,如图 5.148 所示。

图中,前馈控制器为 K_r 用于改善伺服跟踪参考指令的性能,反馈控制器 K_y 用于减少外界干扰、模型误差等不确定性对控制系统的影响,增强系统的鲁棒稳定性,同时,引入性能加权函数 W_p 用于保证系统的鲁棒性能,引入控制量输出加权函数 W_v 用于抑制控制能量、防止执行机构的饱和,z_1 为伺服性能跟踪评估输出,z_2 为控制能量评估输出。

采用分频设计原则构造性能加权函数:

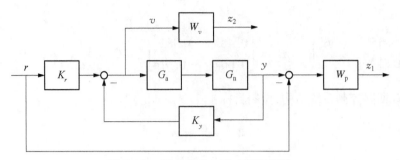

图 5.148 两自由度 μ 综合控制系统

$$W_{\mathrm{p}} = \begin{bmatrix} \dfrac{s + 8.5}{s + 0.000\,85} & 0 \\[4mm] 0 & \dfrac{s + 3.6}{s + 0.000\,36} \end{bmatrix}$$

其幅频响应曲线如图 5.149 所示。

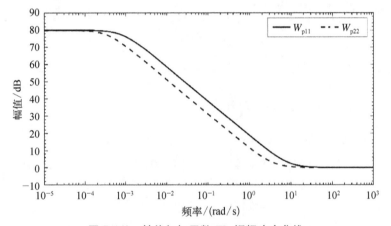

图 5.149 性能加权函数 W_{p} 幅频响应曲线

采用低频放开限制、中频逐步限制、高频最大限制的原则构造控制量输出加权函数：

$$W_{\mathrm{v}} = \begin{bmatrix} 0.5\dfrac{s + 5}{0.025s + 5} & 0 \\[4mm] 0 & \dfrac{0.5(s + 2)}{0.01s + 2} \end{bmatrix} = \begin{bmatrix} \dfrac{0.5\left(\dfrac{s}{5} + 1\right)}{\dfrac{s}{200} + 1} & 0 \\[8mm] 0 & \dfrac{0.5\left(\dfrac{s}{2} + 1\right)}{\dfrac{s}{200} + 1} \end{bmatrix}$$

W_{v} 的幅频响应如图 5.150 所示。

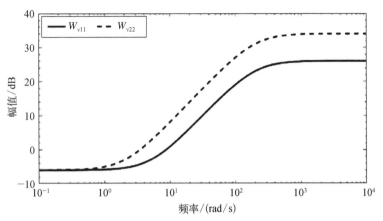

图 5.150 控制量输出加权函数 W_v 幅频响应

通过 DK 迭代算法进行求解,设计的八阶 μ 综合控制器为

$$A_c = \begin{bmatrix} -149.7282 & -0.9277 & 0.4829 & 1.9816 & -7.1433 \times 10^{-8} & -2.5924 \times 10^{-9} & 0 & 0 \\ -6.3664 & -83.9935 & 0.6643 & -0.01428 & -3.0602 \times 10^{-9} & -3.3458 \times 10^{-8} & 0 & 0 \\ -1.1199 \times 10^3 & -5.3067 \times 10^3 & -1.2083 & -0.04320 & 0.08620 & 0.2697 & 3.3020 & -0.01303 \\ -5.3654 \times 10^3 & 1.0987 \times 10^3 & -0.01534 & -1.2196 & 0.1670 & -0.2065 & -0.004026 & 1.6651 \\ -0.002592 & 6.3989 \times 10^{-4} & 1.6375 \times 10^{-11} & -4.8542 \times 10^{-10} & -8.3095 \times 10^{-4} & 3.0737 \times 10^{-12} & 0 & 0 \\ 0.001177 & -0.002495 & -3.9625 \times 10^{-10} & 3.0102 \times 10^{-10} & 4.4826 \times 10^{-12} & -3.5193 \times 10^{-4} & 0 & 0 \\ -3.2266 & -12.4705 & -5.5769 & -2.4865 & 4.9620 & 15.5249 & -9.9327 & -0.7500 \\ -11.6518 & -2.7297 & -1.7656 & -12.4493 & 19.2202 & -23.7735 & -0.4635 & -8.3050 \end{bmatrix}$$

$$B_c = \begin{bmatrix} -1.5034 \times 10^{-6} & -6.4412 \times 10^{-8} & -6.4027 \times 10^3 & -290.5026 \\ -6.4405 \times 10^{-8} & -8.3131 \times 10^{-7} & -290.5026 & -3.5897 \times 10^3 \\ -1.1090 \times 10^{-5} & -5.2789 \times 10^{-5} & -5.0077 \times 10^4 & -2.3730 \times 10^5 \\ -5.3458 \times 10^{-5} & 1.1035 \times 10^{-5} & -2.3993 \times 10^5 & 4.9131 \times 10^4 \\ 178.8747 & 7.6370 \times 10^{-11} & 178.7587 & 0.02861 \\ 9.4341 \times 10^{-11} & 89.4373 & 0.05264 & 89.3258 \\ 0 & 0 & 0 & 0 \\ 0 & 0 & 0 & 0 \end{bmatrix}$$

$$C_c = \begin{bmatrix} -0.001127 & -0.004357 & -0.001948 & -8.6881 \times 10^{-4} & 0.001734 & 0.005425 & 0.06641 & -2.6204 \times 10^{-4} \\ -0.002036 & -4.7688 \times 10^{-4} & -3.0845 \times 10^{-4} & -0.002175 & 0.003358 & -0.004153 & -8.0974 \times 10^{-5} & 0.03349 \end{bmatrix}$$

$$D_c = \begin{bmatrix} 0 & 0 & 0 & 0 \\ 0 & 0 & 0 & 0 \end{bmatrix}$$

构建了涡扇发动机控制系统仿真平台,其中,涡扇发动机非线性模型是一个基于 MATLAB/Simulink 建立的部件级模型,以涡扇发动机最大状态为例设计两自由度 μ 综合控制器,在标准海平面大气条件下,低压转子转速的给定指令如图 5.151 中的实线所示,

高压转子转速的给定指令如图 5.152 中的实线所示,给执行机构时间常数加入 25% 的不确定性进行仿真。

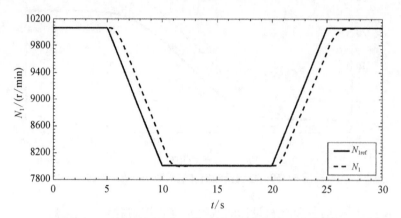

图 5.151 地面情况下低压转子转速给定指令和响应曲线

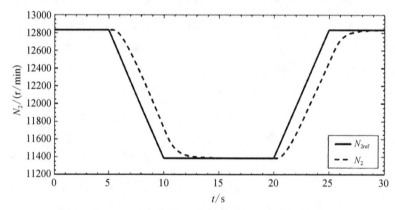

图 5.152 地面情况下高压转子转速给定指令和响应曲线

由图可知,低压转子转速的动态跟踪误差不大于 4%,稳态跟踪误差不大于 0.01%,无超调。高压转子转速的动态跟踪误差不大于 3.5%,稳态跟踪误差不大于 0.01%,无超调。

主燃油流量变化曲线如图 5.153 所示,实线为主燃油流量指令响应曲线,虚线为主燃

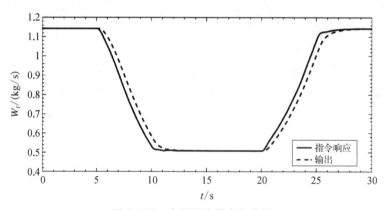

图 5.153 主燃油流量变化曲线

油流量输出。图 5.154 为尾喷口面积变化曲线,实线为尾喷口面积指令响应曲线,虚线为尾喷口面积输出。

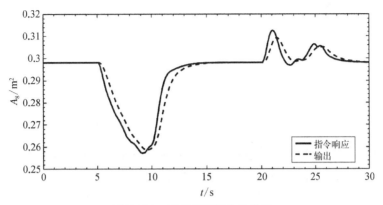

图 5.154　尾喷口面积变化曲线

在飞行高度 $H = 10\ \text{km}$、飞行马赫数 $Ma = 1$ 条件下,用同样输入方式进行仿真,低压转子转速的验证情况如图 5.155 所示,高压转子转速的验证情况如图 5.156 所示。

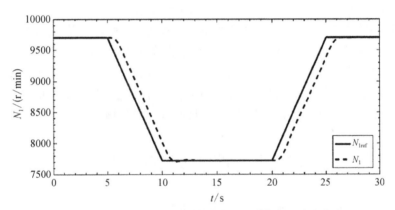

图 5.155　高空情况下低压转子转速给定指令和响应曲线

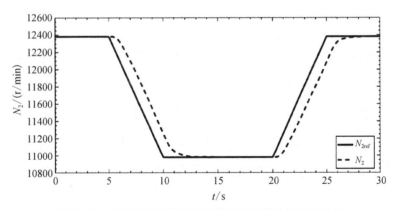

图 5.156　地面情况下高压转子转速给定指令和响应曲线

从地面和高空的仿真可知,高、低压转子转速的动态性能一致性较好。

第6章
过渡态控制规律设计

　　航空发动机为了满足飞机所需的推力,需要在不同的状态工作点稳定工作,从一个工作点快速到达另一个工作点的过程称之为航空发动机过渡态过程,其工作特点是过渡态过程时间要短,不能引起发动机安全性能的超转、超温、超压、喘振、熄火现象的发生,为此,需要对发动机过渡态控制规律进行设计。

　　本章重点讲授发动机过渡态控制规律的设计方法,包括开环式和闭环式两大类型,其中开环式过渡态供油规律主要有含温度参数的油气比加减速供油规律设计和不含温度参数的油气比加减速供油规律设计的两种方法,闭环式过渡态控制规律除直接式 $Ndot$ 过渡态控制规律、间接式 $Ndot$ 过渡态控制规律这两种以外,本章基于现代控制理论的分析方法,还讨论了一种基于发动机增广 LPV 模型的过渡态主控回路闭环控制律的 LMI 优化设计方法,这种设计方法融合了发动机稳态控制律和过渡态控制律,适用于稳态和过渡态两种情况下的控制,由于控制器具有相同的结构,避免了稳态、过渡态之间切换所带来的跳变问题,属于现代控制理论在发动机控制学科的应用发展范畴。

6.1　开环油气比过渡态控制

6.1.1　开环油气比加减速供油规律设计

1. 油气比加速供油规律优化

　　第 4 章中介绍了开环油气比过渡态控制计划的设计方法,基于此,本节设计了 3 条不同的加速控制计划,如图 6.1 所示,分别用二次多项式表示的油气比加速供油规律为

$$加速线 1: (W_f/P_3)_{cor} = -5.04 \times N_{2,cor}^2 + 8.35 \times N_{2,cor} - 2.45$$

$$加速线 2: (W_f/P_3)_{cor} = -3.38 \times N_{2,cor}^2 + 5.77 \times N_{2,cor} - 1.55$$

$$加速线 3: (W_f/P_3)_{cor} = -5.54 \times N_{2,cor}^2 + 9.19 \times N_{2,cor} - 2.75$$

其中,正的一次项系数反映了加速能力大小,该项系数越大,对油气比衰减的能力越大,可作为加速因子主导系数,由此可得出加速能力的顺序关系为

加速线 3>加速线 1>加速线 2

　　将上述 3 种设计方案用于发动机加速仿真,可以根据发动机不同的加速效果对 3 种

加速方案进行优化,评估加速因子主导系数对加速性能的影响规律。仿真过程中加入了抗饱和补偿器,以避免加速过程结束时出现的尖峰超调。仿真时间为 20 s,在第 4 秒将油门杆由慢车状态阶跃至最大状态,观察在不同加速线条件下发动机的动态响应曲线。

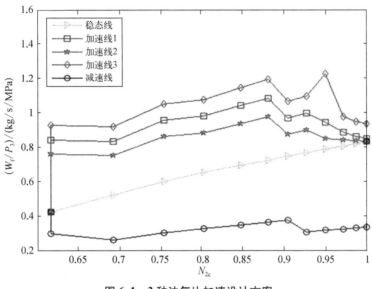

图 6.1　3 种油气比加速设计方案

图 6.2 描述了 3 种不同加速轨迹线的对比情况,加速线 3 相对加速线 1 和加速线 2 要靠近喘振边界。可以看出,加速因子主导系数越大,加速响应越快,加速工作线越靠近喘振边界,反之,越接近稳态工作线。

图 6.3 为 3 种不同加速方案的主燃油流量对比情况,加速线 3 的主燃油流量曲线斜率最大;加速线 2 的主燃油流量曲线斜率最小。

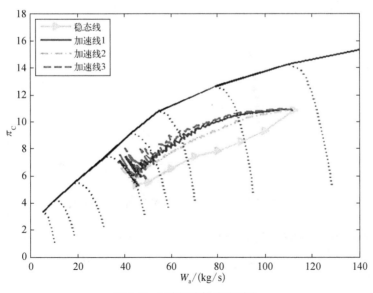

图 6.2　3 种加速轨迹线对比

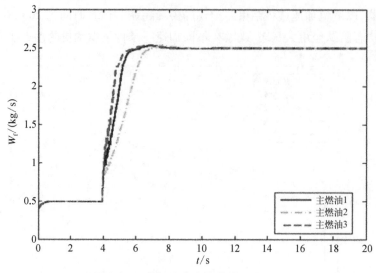

图 6.3　3 种加速方案的供油曲线对比

图 6.4 为 3 种不同加速方案的高压转子转速对比情况,加速线 3 的高压转子转速曲线斜率最大,加速时间最短,大约 4.4 秒,转速无超调;加速线 1 斜率次之,加速时间约 5.3 秒,转速无超调;加速线 2 斜率最小,加速时间约 6 秒,转速无超调。

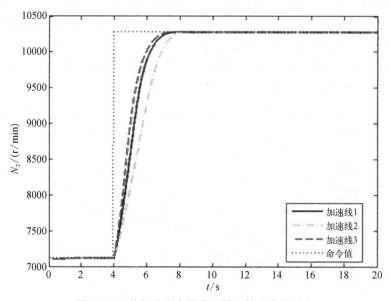

图 6.4　3 种加速方案的高压转子转速曲线对比

图 6.5 为 3 种不同加速方案的涡轮后总温对比情况,加速线 2 的涡轮后总温裕度最大,约 8.7%,加速线 1 的情况次之,裕度 4.1%,而加速线 3 的涡轮后总温裕度为-3.7%,表明已经超温。

3 种加速方案性能分析如表 6.1 所示。

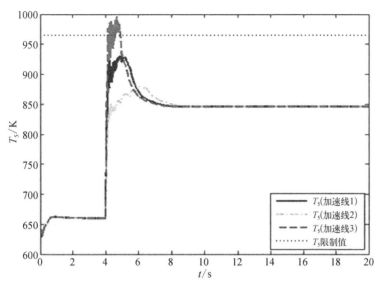

图 6.5　3 种加速方案的涡轮后总温曲线对比

表 6.1　3 种加速方案性能分析

方 案	加速因子主导系数	喘振裕度/%	涡轮后总温裕度/K	加速时间/s
加速线 3	9.19	14.8	−36(−3.7%)	4.4
加速线 1	8.35	20.4	39(4.1%)	5.3
加速线 2	5.77	25	84(8.7%)	6

由上述仿真分析可知,加速方案中的加速因子主导系数决定了加速性能品质,如果加速因子主导系数太大,可能出现超温,如果太小,加速时间太长,设计过程中需要制定几种加速方案进行优化,对加速性能指标折中,以满足加速性能指标要求。

2. 油气比减速供油规律优化

与油气比加速供油规律类似,采取外推法设计 3 条不同的减速方案,如图 6.6 所示,分别为

$$减速线 1: (W_f/P_3)_{cor} = -0.75 \times N_{2,cor}^2 + 1.36 \times N_{2,cor} - 0.29$$

$$减速线 2: (W_f/P_3)_{cor} = -0.60 \times N_{2,cor}^2 + 1.09 \times N_{2,cor} - 0.23$$

$$减速线 3: (W_f/P_3)_{cor} = -0.90 \times N_{2,cor}^2 + 1.63 \times N_{2,cor} - 0.35$$

其中,正的一次项系数反映了减速能力大小,该项系数越小,对油气比衰减的能力越大,可作为减速因子主导系数,由此可得出减速能力的顺序关系为

减速线 2>减速线 1>减速线 3

将上述 3 种设计方案进行减速仿真,可以根据发动机不同的减速效果对 3 种减速方案进行优化,评估减速因子主导系数对减速性能的影响规律。仿真过程中加入了抗饱和补偿器,以避免减速过程结束时出现的尖峰下垂。仿真时间为 20 s,在第 4 秒将油

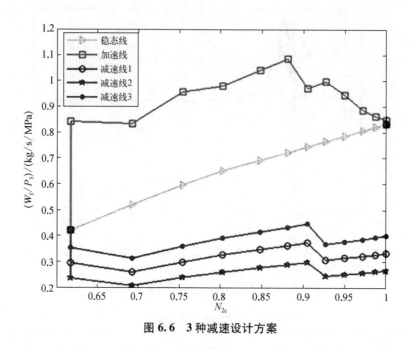

图 6.6 3 种减速设计方案

门杆由节流状态 35°阶跃拉回到慢车状态,观察在不同减速线条件下发动机的动态响应曲线。

图 6.7 描述了 3 种不同减速轨迹线的对比情况,减速线 2 相对减速线 1 和减速线 3 要靠近熄火边界。可以看出,减速因子主导系数小,减速响应越快,减速工作线越靠近熄火边界,反之,越接近稳态工作线。

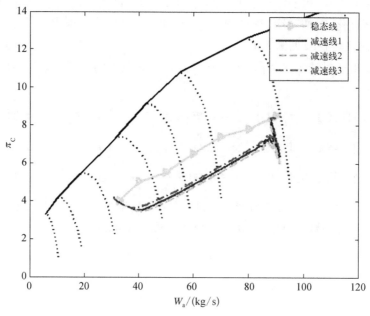

图 6.7 3 种减速轨迹线对比

图 6.8 为 3 种不同减速方案的主燃油流量对比情况,减速线 2 的主燃油流量曲线变化率最大;减速线 3 的主燃油流量曲线变化率最小。

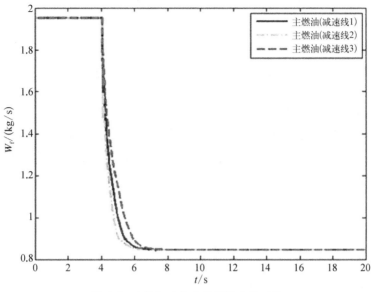

图 6.8　3 种加速方案的供油曲线对比

图 6.9 为 3 种不同减速方案的高压转子转速对比情况,减速线 2 的高压转子转速曲线变化率最大,减速时间最短,大约 2 秒,转速无超调;减速线 1 斜率次之,减速时间约 2.1 秒,转速无超调;减速线 3 变化率最小,减速时间约 2.4 秒,转速无超调。

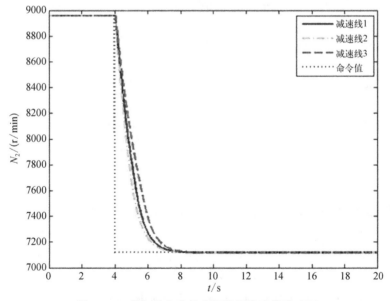

图 6.9　3 种加速方案的高压转子转速曲线对比

由上述仿真分析可知,减速方案中的减速因子主导系数决定了减速性能品质,如果减速因子主导系数太小,可能出现熄火,如果太大,减速时间太长,设计过程中需要制定几种减速方案进行优化,对减速性能指标折中,以满足减速性能指标要求。

6.1.2 不含温度参数的油气比加减速规律设计

1. 基本原理

加速控制规律有两个基本要求,即在尽可能短的加速时间内从一个状态到达另一个状态,同时保证不喘振、不超温。为同时满足这两个互相矛盾的要求,采用与飞行条件无关的参数来限制发动机供油量,这些参数是燃烧室油气比和压气机增压比,为保证发动机在任何飞行条件下都具有良好的加速性,采用如下的相似参数加速供油规律。

根据发动机原理,几何相似的发动机,其工作状态相似的充要条件即相似准则是飞行马赫数和低压转子的换算转速分别保持常数。由相似理论知,只要工作状态相似,相似参数就必然相等,获得加速控制规律的组合相似参数的过程如下。

高压转子转速相似参数为

$$\frac{N_2}{\sqrt{T_{25}}} = \text{const} \tag{6.1}$$

高压压气机出口总压相似参数为

$$\frac{P_3}{P_2} = \text{const} \tag{6.2}$$

发动机主燃烧室的能量平衡方程可表达为

$$W_f H_u \eta_b = W_a \bar{C}_p (T_4 - T_3)$$

其中, H_u 为燃油低热值; η_b 为燃烧效率; $\bar{C}_p$ 为平均定压比热。则

$$W_f = \text{const} \cdot W_a(T_4 - T_3) = \text{const} \cdot \frac{W_a \sqrt{T_2}}{P_2}\left(\frac{T_4}{T_2} - \frac{T_3}{T_2}\right) P_2 \sqrt{T_2}$$

得主燃油流量的相似参数:

$$\frac{W_f}{P_2 \sqrt{T_2}} = \text{const} \tag{6.3}$$

为了获得油气比的相似参数,由式(6.3)与式(6.2)相除得

$$\frac{W_f}{P_3 \sqrt{T_2}} = \text{const} \tag{6.4}$$

由式(6.1)~式(6.4),得到相似参数表示的加速供油规律为

$$\frac{W_f}{P_3 \sqrt{T_2}} = f\left(\frac{N_2}{\sqrt{T_{25}}}\right) \tag{6.5}$$

从式(6.5)可知,这种加速控制规律中含有 T_{25},而 T_{25} 传感器的动态响应滞后大、测量困难,在实际工程中难以保证良好的加速性能。为了避免这一问题,采用以下仅利用压力、转速传感器的加速供油规律。将式(6.5)两端的相似参数相除,得

$$\frac{\dfrac{W_f}{P_3\sqrt{T_2}}}{\dfrac{N_2}{\sqrt{T_{25}}}} = \text{const} = \frac{W_f}{P_{25}N_2}\frac{P_{25}}{P_3}\sqrt{\frac{T_{25}}{T_2}}$$

工作状态相似时,同名物理量的比值保持不变,故

$$\frac{W_f}{P_{25}N_2} = \text{const} \tag{6.6}$$

高压转子转速相似参数 $\dfrac{N_2}{\sqrt{T_{25}}}$ 与高压压气机压比 $\dfrac{P_3}{P_{25}}$ 存在单值函数对应关系,因此可以将式(6.5)表示的加速控制规律中的 $\dfrac{N_2}{\sqrt{T_{25}}}$ 项替换为 $\dfrac{P_3}{P_{25}}$,得到不含总温项的加速控制规律如下:

$$\frac{W_f}{N_2P_{25}} = f\left(\frac{P_3}{P_{25}}\right) \tag{6.7}$$

工程中,由于结构限制或未配置 P_{25},可利用 P_2 传感器代替 P_{25} 传感器,实现按发动机进口总压传感器的加速供油规律,考虑到

$$\frac{P_{25}}{P_2} = \text{const}$$

符合相似条件,则

$$\frac{W_f}{N_2P_2} = f\left(\frac{P_3}{P_2}\right) \tag{6.8}$$

记式(6.7)为Ⅰ型加速供油规律,式(6.8)为Ⅱ型加速供油规律。

2. 设计算例 1

以涡喷发动机为例,给出加速供油规律的反设计流程。液压机械控制式涡喷发动机在全飞行包线、全状态范围内能够正常工作,该加速供油规律结构上采用了带高空加速修正器的升压限制器实现全飞行包线内的加速,不喘振、不超温。传感器仅配置了高空静压膜盒压力传感器和低压转子离心飞重转速传感器,为了对液压机械控制进行数字电子控制改进,设计方案上采用了油气比按高压转子换算转速的 3 种控制方案,如式(6.5)、式

(6.7)、式(6.8)所示,传感器有 T_2、T_{25}、P_2、P_{25}、P_3、N_2。考虑到 T_{25} 传感器的动态响应滞后难以保证加速性能这一工程实现问题,采用式(6.5)的变形,即不采用温度传感器的

$$\frac{W_f}{N_2 P_{25}} = f\left(\frac{P_3}{P_{25}}\right) \text{ 和 } \frac{W_f}{N_2 P_2} = f\left(\frac{P_3}{P_2}\right) \text{ 这两种加速油气比供油规律。}$$

获取某次飞行过程中从慢车状态到最大状态的随时间变化的 P_2、P_{25}、P_3、N_2、W_f 5 个参数,利用试验数据分别画出以 P_3/P_{25} 为横坐标、$W_f/(N_2 P_{25})$ 为纵坐标和以 P_3/P_2 为横坐标、$W_f/(N_2 P_2)$ 为纵坐标的散点图,拟合三次多项式加速供油规律曲线如图 6.10 和图 6.11 所示,图中试验数据为散点,拟合曲线为实线。

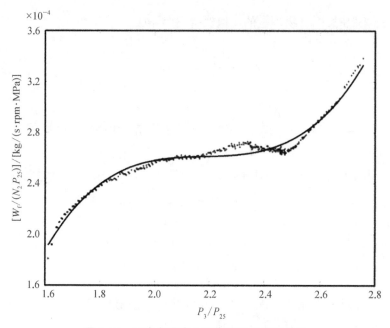

图 6.10　三次多项式 I 型加速供油规律曲线

I 型加速供油规律为

$$\frac{W_f}{N_2 P_{25}}\left(\frac{10^{-4} \text{ kg}}{\text{s} \cdot \text{rpm} \cdot \text{MPa}}\right) = a_3\left(\frac{P_3}{P_{25}}\right)^3 + a_2\left(\frac{P_3}{P_{25}}\right)^2 + a_1\left(\frac{P_3}{P_{25}}\right) + a_0 \tag{6.9}$$

其中,

$$a_3 = 3.6003, \ a_2 = -23.555, \ a_1 = 51.427, \ a_0 = -34.854$$

II 型加速供油规律为

$$\frac{W_f}{N_2 P_2}\left(\frac{10^{-4} \text{ kg}}{\text{s} \cdot \text{rpm} \cdot \text{MPa}}\right) = a_3\left(\frac{P_3}{P_2}\right)^3 + a_2\left(\frac{P_3}{P_2}\right)^2 + a_1\left(\frac{P_3}{P_2}\right) + a_0 \tag{6.10}$$

其中,

$$a_3 = 0.0244, \ a_2 = -0.3392, \quad a_1 = 2.4037, \ a_0 = -1.0508$$

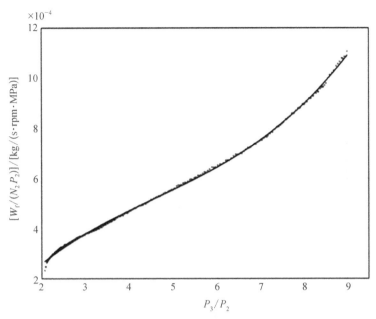

图 6.11　三次多项式 Ⅱ 型加速供油规律曲线

加速供油规律实现算法：

（1）按稳态工作点确定加速运行的初始条件，对于 Ⅰ 型加速供油规律为 N_{20}、P_{250}、P_{30}，对于 Ⅱ 型加速供油规律为 N_{20}、P_{20}、P_{30}，并给出加速目标转速 $N_{2target}$；

（2）按 Ⅰ 型加速供油规律式（6.9）或 Ⅱ 型加速供油规律式（6.10）计算 W_f；

（3）对于数字仿真，将 W_f 输入给发动机动态模型，由模型计算出 N_2、P_2、P_{25}、P_3；对于数字电子控制器，通过电液转换装置及其执行机构将数字 W_f 信号转换为真实燃油流量输入给真实发动机，由传感器实时采集 N_2、P_2、P_{25}、P_3 信号；

（4）如果 $N_2 \geqslant N_{2target}$，加速过程结束；否则转（2）。

上述方法也适用于减速过程，推导过程与加速供油规律类似，设计过程如下：按试验数据分别画出以 P_3/P_{25} 为横坐标、$W_f/(N_2 P_{25})$ 为纵坐标和以 P_3/P_2 为横坐标、$W_f/(N_2 P_2)$ 为纵坐标的散点图，二次多项式 Ⅰ 型减速供油规律曲线如图 6.12，二次多项式 Ⅱ 型减速供油规律曲线如图 6.13 所示。

Ⅰ 型减速供油规律为

$$\frac{W_f}{N_2 P_{25}}\left(\frac{10^{-4}\ \mathrm{kg}}{\mathrm{s}\cdot\mathrm{rpm}\cdot\mathrm{MPa}}\right) = b_2\left(\frac{P_3}{P_{25}}\right)^2 + b_1\left(\frac{P_3}{P_{25}}\right) + b_0 \tag{6.11}$$

其中，

$$b_2 = 1.721\,8,\ b_1 = -4.923\,2,\ b_0 = 3.828\,5$$

Ⅱ 型减速供油规律为

$$\frac{W_f}{N_2 P_2}\left(\frac{10^{-4}\ \mathrm{kg}}{\mathrm{s}\cdot\mathrm{rpm}\cdot\mathrm{MPa}}\right) = b_2\left(\frac{P_3}{P_2}\right)^2 + b_1\left(\frac{P_3}{P_2}\right) + b_0 \tag{6.12}$$

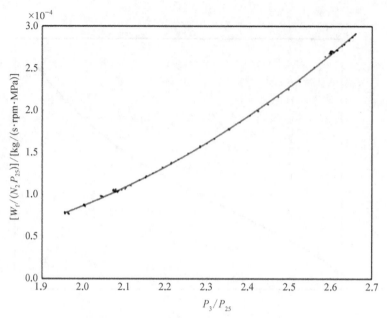

图 6.12　二次多项式 I 型减速供油规律曲线

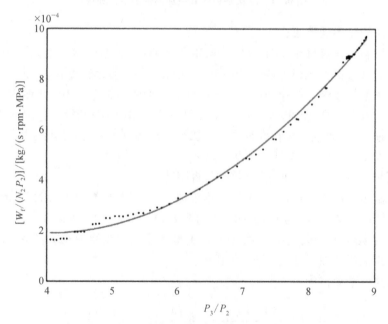

图 6.13　二次多项式 II 型减速供油规律曲线

其中，

$$b_2 = 0.329\ 2,\ b_1 = -2.648\ 9,\ b_0 = 7.243\ 4$$

对上述设计的两种加减速供油规律进行数字仿真验证，采用 I 型加减速供油规律的高、低压转子转速响应对比曲线如图 6.14 所示，图中实线为仿真数据、虚线为试验数据。采用 II 型加减速供油规律与图 6.14 非常相近，故略。

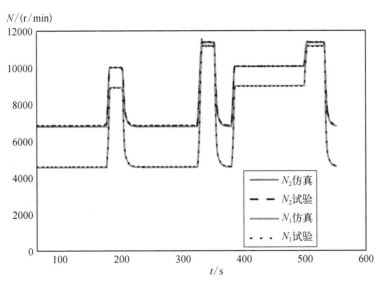

图 6.14　加减速过渡态高、低压转子转速响应对比曲线

定义高压转子转速相对误差：

$$e_{N2} = \left| \frac{N_{2\mathrm{simu}} - N_{2\mathrm{test}}}{N_{2\mathrm{test}}} \right| \times 100\%$$

设计的两种加减速供油规律与加减速试验对比，最大相对误差分别为 $e_{N2,\,\mathrm{I}} = 1.74\%$ 和 $e_{N2,\,\mathrm{II}} = 1.19\%$。

将按上述两种加减速供油规律的仿真过程表示在归一化压气机特性图上，图 6.15 为

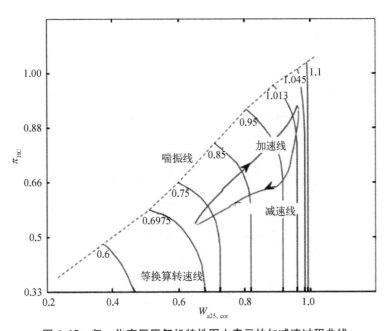

图 6.15　归一化高压压气机特性图上表示的加减速过程曲线

归一化高压压气机特性图上表示的加减速过程曲线,图 6.16 为归一化低压压气机特性图上表示的加减速过程曲线,规律 I 和规律 II 的仿真过程曲线几乎重合。加速线和减速线离喘振边界线有一定裕度,且比较均匀。

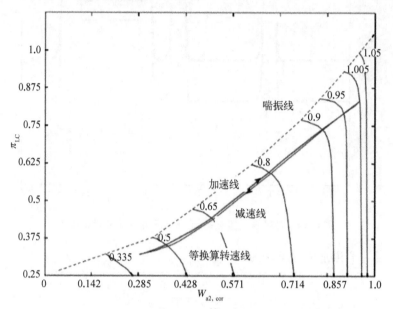

图 6.16 归一化低压压气机特性图上表示的加减速过程曲线

6.2 闭环 Ndot 加减速控制规律

6.2.1 直接 *Ndot* 控制规律设计

直接 *Ndot* 控制结构如图 6.17 所示。

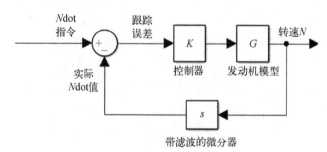

图 6.17 直接 *Ndot* 控制方块图

$N_2\text{dot}$ 控制规律为

$$N_2\text{dot}_{cor} = f(N_{2cor}) \tag{6.13}$$

$$N_2\text{dot} = \frac{P_2}{101\,325} f(N_{2cor}) \tag{6.14}$$

通过设计 PI 控制器实现 N_2dot 控制规律,设计过程中需要考虑以下两个要点:其一是控制回路中含有微分器;其二是设计过程要兼顾伺服跟踪性、稳定裕度和回路带宽的设计要求。工程上要求闭环控制伺服跟踪性好以满足跟踪精度、要求稳定裕度高以保证控制回路具有鲁棒性、要求回路带宽设计在低频段内以利于工程实现,三者需要折中选择,使最终设计在可实现的前提下具有满意的性能。

PI 控制器有两个作用,一是纯积分作用,在控制回路中嵌入积分环节能够消除稳态误差,但会带来 90° 的相位滞后,减小了系统的稳定裕度;二是在开环传递函数中配置了一个新的零点即 $-K_i/K_p$,零点的位置对于对根轨迹的影响很大,能够抵消或削弱部分极点所产生的负面效果,同时,带来一定程度的相位超前,使系统稳定裕度增大。考虑到上述情况,特选择 $-K_i/K_p$ 和 K_p 为待优化参数,以提高优化算法的效率。

差分进化算法是一种对计算初值不敏感,可以高效地实现随机、并行的全局参数搜索,并具有全局收敛性和鲁棒性的优化算法,因此,此处采用差分进化算法进行 PI 控制器参数设计。优化过程中可将跟随误差、相位裕度和与开环截止频率作为优化指标,优化设计目标 J 为

$$J = \int_{begin}^{end} \left(a \mid e(t) \mid + \frac{b}{PM} + c \times W_c \right) \mathrm{d}t$$

其中,$e(t)$ 是 N_2dot 指令与 N_2dot 跟随信号的误差,PM 为 N_2dot 控制回路开环传递函数的相位裕度,W_c 为 N_2dot 控制回路开环传递函数的截止频率,a、b、c 分别是三项指标的加权系数。

差分进化优化 N_2dot 控制器的设计流程如图 6.18 所示。

采用差分进化算法优化 N_2dot 控制器参数是一个迭代的智能优化过程,每一步迭代过程中首先判断控制回路是否稳定,淘汰掉不能使控制回路稳定的控制器参数,随后计算种群中每个个体的适应度函数值即优化目标值,若未达到最大迭代次数,则依次进行变异操作、交叉操作和选择操作,得到该次迭代中使目标函数最小的控制器参数值并记录,之后进入下一次迭代,若到达最大迭代次数,则输出所有记录中最优的控制器参数,作为最终确定的设计结果参数。

在地面慢车到最大状态之间选取 4 个工作点,在每个点上都利用差分进化算法优化得到该点处对应的 PI 控制器参数,再根据高压转子换算转速对控制器参数调度,以保证加速过程在每个工作点处都具有较高的伺服

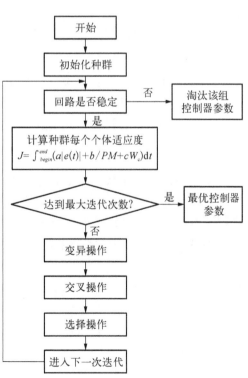

图 6.18　差分进化优化加速控制器流程图

跟踪精度和加速动态性能。

4 个稳态工作点均为地面标准大气状态（$H = 0$，$Ma = 0$），环境温度均为 288.15 K。各工作点下的导叶角度按照相应的控制计划进行开环调节。

第一稳定工作点处 $W_f = 0.291\ \text{kg/s}$，$N_2 = 55.8\%$，增广执行机构动态特性后的发动机传递函数为

$$G_1(s) = \frac{N_2(s)}{W_{fcmd}(s)} = \frac{3346s^3 + 104\,300s^2 + 909\,000s + 2.45 \times 10^6}{0.05s^5 + 2.698s^4 + 50.42s^3 + 381.1s^2 + 1\,054s + 311.4}$$

第二稳定工作点处 $W_f = 0.891\ \text{kg/s}$，$N_2 = 83.2\%$，增广执行机构动态特性后的发动机传递函数为

$$G_2(s) = \frac{N_2(s)}{W_{fcmd}(s)} = \frac{2\,368s^3 + 89\,460s^2 + 1\,041\,000s + 3\,631\,000}{0.05s^5 + 3.019s^4 + 66.22s^3 + 627.8s^2 + 2\,305s + 1\,665}$$

第三稳定工作点处 $W_f = 1.491\ \text{kg/s}$，$N_2 = 92\%$，增广执行机构动态特性后的发动机传递函数为

$$G_3(s) = \frac{N_2(s)}{W_{fcmd}(s)} = \frac{2\,352s^3 + 85\,540s^2 + 930\,400s + 3\,017\,000}{0.05s^5 + 3.037s^4 + 67.32s^3 + 649.6s^2 + 2\,454s + 1\,914}$$

第四稳定工作点处 $W_f = 2.491\ \text{kg/s}$，$N_2 = 100\%$，增广执行机构动态特性后的发动机传递函数为

$$G_3(s) = \frac{N_2(s)}{W_{fcmd}(s)} = \frac{2\,200s^3 + 79\,540s^2 + 874\,300s + 2\,980\,000}{0.05s^5 + 3.079s^4 + 70s^3 + 713.6s^2 + 3\,066s + 3\,879}$$

以第一稳定工作点为例，设计过程如下。

第一稳定工作点处增广系统传递函数的极点：$-20.0684 \pm 0.2118i$，$-6.7446 \pm 0.8939i$，-0.3340；传递函数的零点：-18.7841，$-6.1937 \pm 0.7865i$，取

$$-K_i/K_p \in [-200, 0.15],\quad K_p \in [1 \times 10^{-5}, 0.01]$$

采用 $margin()$ 函数计算相位裕度，并对该指标进行惩罚，如果相位裕度小于 60，那么将 J 在原基础上乘以 1.2 倍，以淘汰该组控制器参数。建立的 N_2dot 闭环控制系统差分进化寻优 Simulink 结构如图 6.19 所示。

差分进化算法参数为种群数量 NP、交叉概率 CR、最大进化代数 G、变异概率 F，分别设置为

$$NP = 33,\quad CR = 0.9,\quad G = 35$$

$$F_0 = 0.6,\quad \eta = e^{1 - \frac{G}{G+1-t}},\ t\ \text{为当前迭代次数}$$

$$F = 2^\eta F_0$$

优化结果：$K_p = 0.001\,06$，$K_i = 0.083\,475$，$PM = 63°$，$W_c = 91.3\ \text{rad/s} = 14.5\ \text{Hz}$。

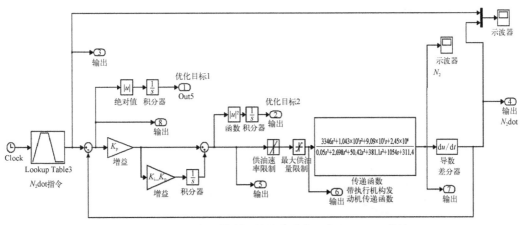

图 6.19　N_2dot 闭环控制系统差分进化寻优 Simulink 结构

N_2dot 指令及响应曲线如图 6.20 所示,燃油流量变化曲线如图 6.21 所示,高压转子转速响应曲线如图 6.22 所示。

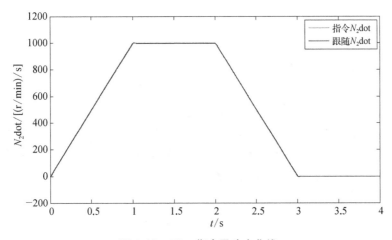

图 6.20　Ndot 指令及响应曲线

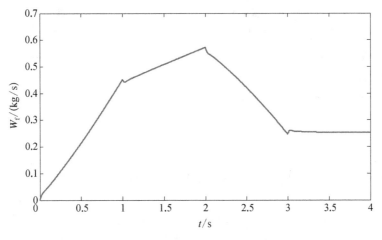

图 6.21　燃油流量变化曲线

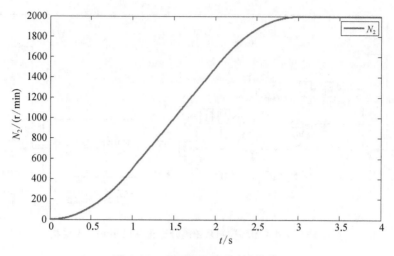

图 6.22　高压转子转速响应曲线

4 个稳态点性能设计参数如表 6.2 所示,在过渡态控制中用于闭环增益调度。

表 6.2　4 个稳态点性能参数

$W_f/(\mathrm{kg/s})$	0.291	0.891 2	1.491 2	2.491 2
K_p	0.001 06	0.001 32	0.001 64	0.001 69
K_i/K_p	79.545	54.778	53.966	79.755
PM	63.004	70.657	74.109	65.079
W_c/Hz	14.533 2	11.865 8	14.01	15.074 2

将上述控制器用于非线性模型闭环仿真,依次考虑传感器、加速度滤波器(时间常数取 0.01 s)的动态,以及因离散化导致的量化效应(如 20 ms 的纯延迟)的影响。

设 N_2 传感器动态为

$$G_{\text{sensor}}(s) = \frac{1}{s/50 + 1}$$

系统在未加 N_2 传感器动态和加入 N_2 传感器动态时,开环传递函数伯德图对比曲线如图 6.23 所示。由图可知,由 $N_2\text{dot}$ 控制器组成的闭环系统,由于加入了 N_2 传感器的动态,相位裕度由 65.1°(在 94.7 rad/s 频率处)降低到 8.13°(在 66.4 rad/s 频率处),导致闭环系统的稳定性变差。

如果进一步在系统中加入滤波器:

$$G_{\text{filter}}(s) = \frac{1}{\tau s + 1}$$

在不同的滤波时间常数下开环传递函数伯德图对比曲线如图 6.24 所示。由图可知,在 $\tau = 1/500$ s 时,相位裕度为 0.678°(在 66.1 rad/s 频率处),在 $\tau = 1/50$ s 时,相位裕度为 -35.4°(在 55 rad/s 频率处),可见,在加入 N_2 传感器动态的基础上,随着滤波器的加入,进一步导致闭环系统的稳定性丧失,滤波时间常数越大,稳定性丧失得越多。

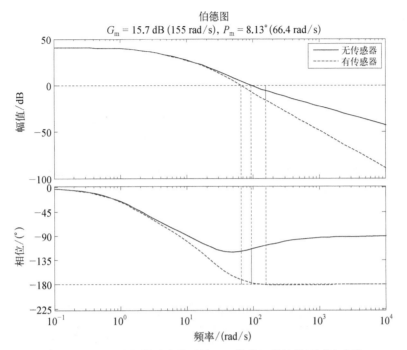

图 6.23　加入传感器动态前后的开环传递函数伯德图对比曲线

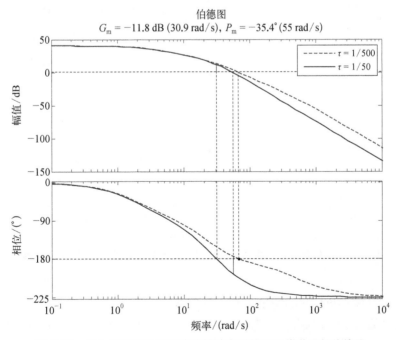

图 6.24　加入传感器动态及滤波器动态后的开环传递函数伯德图

为提高控制系统的鲁棒稳定性,采用差分进化算法中的裕度惩罚阈值将相位裕度提升到 65° 以上,设计的控制器参数如表 6.3 所示。

表 6.3　相位裕度提升后的 4 个稳态点性能参数

$W_f/(kg/s)$	0.2912	0.8912	1.4912	2.4912
K_p	$2.348×10^{-4}$	$2×10^{-4}$	$1.86×10^{-4}$	$1.17×10^{-4}$
K_i/K_p	56.3173	58.7250	63.1452	74.3590
PM	77.6833	75.0207	68.4877	65.7013
W_c/Hz	3.1465	3.0987	3.1693	3.2155

在加入 N_2 传感器动态的基础上,不同的滤波时间常数下开环传递函数伯德图对比曲线如图 6.25 所示。由图可知,在 $\tau = 1/500$ s 时,相位裕度为 66.6°(在 13.6 rad/s 频率处),在 $\tau = 1/50$ s 时,相位裕度为 54.5°(在 13.2 rad/s 频率处),可见,设计 N_2dot 控制器时,将相位裕度的设计指标提高,闭环控制系统的稳定性增强,对 N_2 传感器动态和滤波器动态具有抗干扰鲁棒性能。

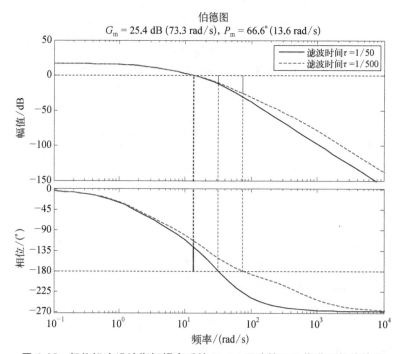

图 6.25　相位裕度设计指标提高后的 N_2dot 回路的开环传递函数伯德图

N_2dot 指令及 N_2dot 响应曲线如图 6.26 所示。

在上述基础上,设计稳态控制器、油气比加减速控制器和 N_2dot 加减速控制器,采用最大-最小选择逻辑计算主燃油流量指令,稳态、开环加减速、闭环加减速燃油流量变化曲线仿真对比曲线如图 6.27 所示。

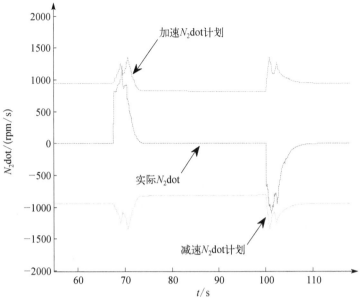

图 6.26 N_2dot 指令及 N_2dot 响应曲线

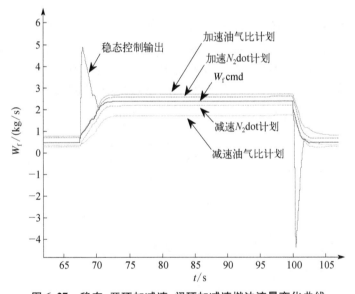

图 6.27 稳态、开环加减速、闭环加减速燃油流量变化曲线

6.2.2 间接 Ndot 控制规律设计

考虑到在直接 Ndot 闭环系统中的微分器对噪声有放大的不利影响,如果能将方块图中反馈回路中的微分环节移走,使闭环回路不出现微分环节,则可以避免这一问题。间接 Ndot 控制方案如图 6.28 所示,通过在指令通道上加入积分环节,通过控制转速间接实现对 Ndot 的控制,间接 Ndot 控制结构包含两个基本组成部分,其一是在闭环回路外部的指令通道上的积分器,其二是闭环回路。由于间接 Ndot 控制的闭环回路与稳态转速控制的闭环回路一样,因此,在设计间接 *Ndot* 控制时,闭环回路不需要重新设计,这样在稳态控制与 *Ndot* 过渡态控制切换时能够避免因控制模式转变而引发的振荡。

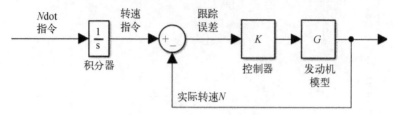

图 6.28　间接 *Ndot* 控制结构

设计间接 *Ndot* 控制时,主要应解决好指令通道上积分器的积分饱和问题,以避免进入和退出间接 *Ndot* 控制时出现的指令跳变问题。考虑到控制系统中各个回路的切换是由高低选逻辑决定,故用于加速过程的积分器算法可用以下公式描述:

$$N_{cmd,\,acc}(t) = \begin{cases} N_{real}(t)\,, & \text{当进入加速时} \\ N_{cmd,\,acc}(t - \Delta t) + \int_{t-\Delta t}^{t} \dot{N}_{cmd,\,acc}(t)\,\mathrm{d}t\,, & \text{处于加速状态} \\ N_{max}\,, & \text{退出加速后} \end{cases} \quad (6.15)$$

当进入一个过渡态的调节周期时,用于实现加减速的转速指令为当前实际转速,即指令通道上积分器初值为此刻实际转速;当处于加减速过程时,转速指令为 *Ndot* 加减速指令在本次加减速周期内积分的结果;当退出过渡态时,转速指令应该把控制权交给稳态控制,逻辑上被赋为一个很大的正数,在经过回路切换的高低选逻辑时实现自动切换。

图 6.29 反映了一次完整的加速过程,其中 *Ndot* 指令由发动机转速调度所得。t_0 时

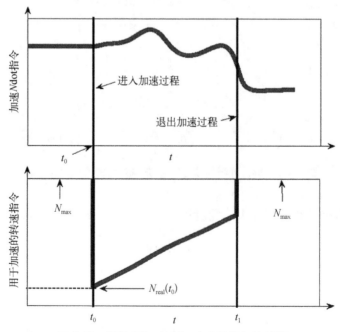

图 6.29　间接 *Ndot* 控制一次完整的加速过程

刻以前,发动机处于稳态,用于加速的转速指令为 N_{max};在 t_0 时刻进入过渡态开始加速,积分器开始工作,初值为 $N_{real}(t_0)$;在 t_0 时刻与 t_1 时刻之间,用于加速的转速指令为 Ndot 指令积分的结果,直到 t_1 时刻退出过渡态,用于加速的转速指令为 N_{max},间接 Ndot 加速控制回路在高低选切换逻辑下退出工作。

为了模拟未建模动态对 Ndot 控制的影响,在反馈回路上加入动态环节 $1/(0.02s+1)$,对直接 Ndot 控制和间接 Ndot 控制两种方案进行仿真对比验证。

从发动机慢车状态开始仿真,在第 2 秒时刻快推油门杆到最大状态,直接 Ndot 控制和间接 Ndot 控制的 Ndot 跟随对比曲线如图 6.30 所示,由图可知,采用直接 Ndot 控制,Ndot 跟随曲线和燃油流量变化曲线在过渡态期间出现了振荡现象,而间接 Ndot 控制未出现这一现象。

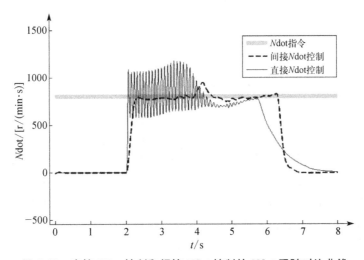

图 6.30　直接 Ndot 控制和间接 Ndot 控制的 Ndot 跟随对比曲线

直接 Ndot 控制和间接 Ndot 控制的转速跟随对比曲线如图 6.31 所示。

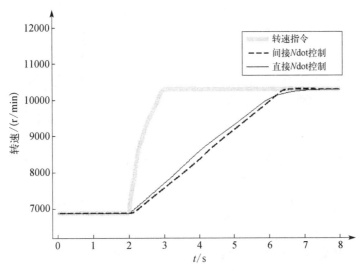

图 6.31　直接 Ndot 控制和间接 Ndot 控制的转速跟随对比曲线

直接 Ndot 控制和间接 Ndot 控制的燃油流量对比曲线如图 6.32 所示。

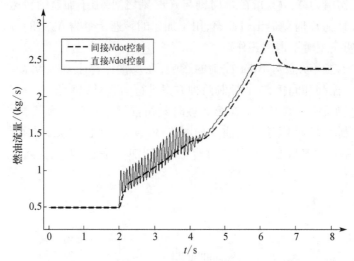

图 6.32　直接 **Ndot** 控制和间接 **Ndot** 控制的燃油流量对比曲线

同理,为了模拟测量噪声对 Ndot 控制的影响,在反馈回路上加入传感器测量噪声,对直接 Ndot 控制和间接 Ndot 控制两种方案进行仿真对比验证。

从发动机慢车状态开始仿真,在第 2 秒时刻快推油门杆到最大状态,加入传感器测量噪声条件下直接 Ndot 控制和间接 Ndot 控制的 Ndot 跟随对比曲线如图 6.33 所示,由图可知,采用直接 Ndot 控制,Ndot 跟随曲线和燃油流量变化曲线在过渡态期间出现了振荡现象,而间接 Ndot 控制未出现这一现象。

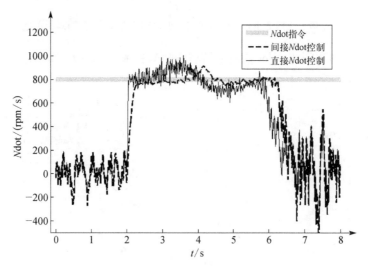

图 6.33　加入传感器测量噪声条件下直接 **Ndot** 控制和
间接 **Ndot** 控制的 **Ndot** 跟随对比曲线

加入传感器测量噪声条件下直接 Ndot 和间接 Ndot 控制的转速跟随对比曲线如图 6.34 所示。

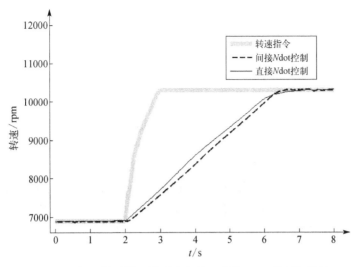

图 6.34　加入传感器测量噪声条件下直接 **Ndot** 控制和间接
Ndot 控制的转速跟随对比曲线

加入传感器测量噪声条件下直接 $Ndot$ 控制和间接 $Ndot$ 控制的燃油流量对比曲线如图 6.35 所示。

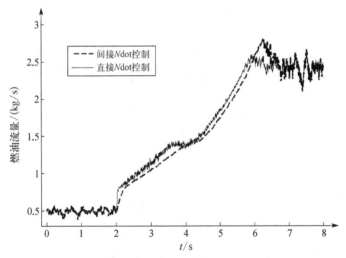

图 6.35　加入传感器测量噪声条件下直接 **Ndot** 控制和间接
Ndot 控制的燃油流量对比曲线

上述仿真表明,由于引入微分器使得系统对测量噪声和未建模动态十分敏感,直接 $Ndot$ 控制在工程应用中必须解决好高频噪声滤波器的设计问题,而间接 $Ndot$ 控制对高频测量噪声和未建模动态不敏感,具有高频噪声抑制的鲁棒性。

6.3　过渡态主控回路闭环控制律 LMI 优化

基于增益调度可作为非线性动态控制策略这一基本原理,将稳态多变量控制规律的

LMI 设计方法推广到过渡态主控回路闭环控制的设计中,采用最小化矩阵迹寻优闭环极点进行增益调度过渡态主控回路闭环控制律的 LMI 优化设计,并对过渡态性能仿真验证。

本节以涡扇发动机为对象进行研究。

6.3.1 过渡态主控回路闭环控制策略

双转子喷口可调的涡扇发动机具有过渡态工作范围大、非线性特性强的特点,如果将大偏离的过渡态非线性特性用若干段小偏离的稳态线性特性来代替,即采用增益调度的方法将稳态控制计划推广到过渡态主控回路的设计中,可形成图 6.36 所示的过渡态主控回路控制系统结构,过渡态主控回路控制器采用增益调度方法,同时保留辅助控制回路中的限制保护控制器,在保证加减速过程中不超转、不超温、不喘振等安全条件的同时,在主控制回路中采用增益调度的闭环优化控制律,避免了过渡态和稳态控制器的切换,从而避免多模态控制律的切换问题。

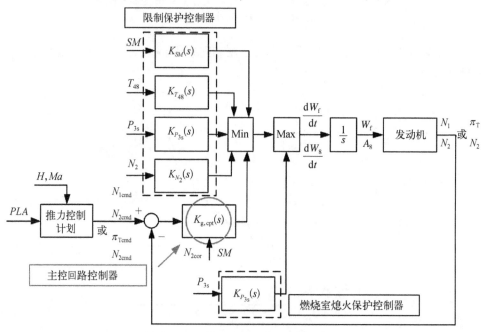

图 6.36 过渡态主控回路闭环控制结构

图 6.36 所示的控制系统指令信号通过油门杆角度(PLA)和环境条件(高度 H 和马赫数 Ma)通过推力控制计划给定,主控回路控制器 $K_{g, opt}(s)$,通过指令与反馈信号间的误差计算燃油流量(W_f)和尾喷口面积(A_8)变化量,辅助回路包含喘振裕度(SM)限制保护控制器 $K_{SM}(s)$、涡轮后温度(T_{48})限制保护控制器 $K_{T48}(s)$、压气机后静压(P_{3s})限制保护控制器 $K_{P3s}(s)$、转速限制保护控制器 $K_{N_2}(s)$ 和贫油熄火限制保护控制器 $K_{P3s}(s)$。主控回路和辅助回路通过高低选逻辑结构计算当前条件下满足限制条件的最适宜的控制量增量。

双转子喷口可调的涡扇发动机,其过渡态的工作特点是工作范围大、非线性特性明显,采用增益调度的方法可将大偏离的过渡态非线性特性用若干段小偏离的稳态线性特性来代替,设过渡态主控回路两种控制方案分别如下。

方案1:通过调节喷口面积 A_8 和主燃油流量 W_f 闭环控制低压转子转速 N_1 和高压转子转速 N_2,即

$$\begin{cases} W_f \to N_2 = f_1(\cdot) \\ A_8 \to N_1 = f_2(\cdot) \end{cases}$$

其中, $f_1(\cdot)$、$f_2(\cdot)$ 分别为给定的高压转子转速控制计划和低压转子转速控制计划。

方案2:通过调节喷口面积 A_8 和主燃油流量 W_f 闭环控制涡轮落压比 π_T 和高压转子转速 N_2。

$$\begin{cases} W_f \to N_2 = f_3(\cdot) \\ A_8 \to \pi_T = f_4(\cdot) \end{cases}$$

其中, $f_3(\cdot)$、$f_4(\cdot)$ 分别为给定的高压转子转速控制计划和涡轮落压比控制计划。

6.3.2 发动机增广 LPV 模型

由于 N_{2cor} 能够表征发动机工作的状态,且能够反映发动机随飞行条件变化的特性关系,故而选作增益调度参数。设 n 个稳态工作点上构建的 LPV 模型为

$$\sum{}_1: \begin{cases} \dot{x} = A(p)x + B(p)u \\ y = C(p)x + D(p)u \end{cases} \tag{6.16}$$

其中, $p = \begin{bmatrix} p_1 & p_2 & p_3 & \cdots & p_n \end{bmatrix}$ 为增益调度参数,满足

$$\sum_{j=1}^{n} p_j = 1, \quad p_j \geqslant 0 \tag{6.17}$$

系统矩阵为

$$\begin{cases} A(p) = \displaystyle\sum_{j=1}^{n} p_j A(j), \quad B(p) = \displaystyle\sum_{j=1}^{n} p_j B(j) \\ C(p) = \displaystyle\sum_{j=1}^{n} p_j C(j), \quad D(p) = \displaystyle\sum_{j=1}^{n} p_j D(j) \end{cases} \tag{6.18}$$

将时间常数为 τ 的一阶惯性环节执行机构动态增广到增益调度 LPV 线性模型中,可得增广增益调度 LPV 模型为

$$\sum{}_2: \begin{cases} \dot{x}_M = A_M(p)x_M + B_M(p)v \\ y = C_M(p)x_M \end{cases} \tag{6.19}$$

其中, $x_M = \begin{bmatrix} x & u \end{bmatrix}^T$ 为增广状态空间状态向量,系数矩阵为

$$A_M(p) = \begin{bmatrix} A(p) & B(p) \\ 0 & -\tau^{-1}I \end{bmatrix}, B_M(p) = \begin{bmatrix} 0 \\ \tau^{-1}I \end{bmatrix}, C_M(p) = \begin{bmatrix} C(p) & D(p) \end{bmatrix} \tag{6.20}$$

6.3.3 过渡态主控回路增益调度 LMI 优化控制设计

1. 闭环系统的等效变换

基于 $\sum_2$ 设计 LPV/PI 控制律：

$$v(t) = K_p(p)y(t) + K_i(p)\int_0^t y(\tau)\mathrm{d}\tau \tag{6.21}$$

其设计问题的 LPV/PI 控制闭环系统结构如图 6.37 所示。定义

$$z(t) = \begin{bmatrix} x_M(t) & \int_0^t y(\tau)\mathrm{d}\tau \end{bmatrix}^T, \ h(t) = \begin{bmatrix} y(t) \\ \int_0^t y(\tau)\mathrm{d}\tau \end{bmatrix} \tag{6.22}$$

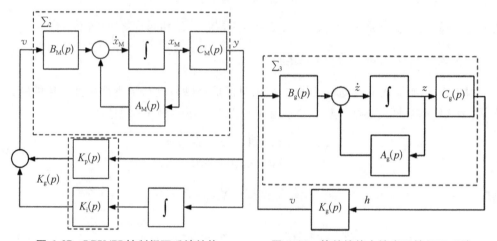

图 6.37　LPV/PI 控制闭环系统结构　　图 6.38　等效的静态输出反馈闭环系统

则，等效的静态输出反馈闭环系统如图 6.38 所示。

$$\sum_3 : \begin{cases} \dot{z}(t) = A_g(p)z(t) + B_g(p)v(t) \\ h(t) = C_g(p)z(t) \end{cases} \tag{6.23}$$

其中，

$$A_g(p) = \begin{bmatrix} A_M(p) & 0 \\ C_M(p) & 0 \end{bmatrix}, \quad B_g(p) = \begin{bmatrix} B_M(p) \\ 0 \end{bmatrix}, \quad C_g(p) = \begin{bmatrix} C_M(p) & 0 \\ 0 & 1 \end{bmatrix}$$

$$v(t) = K_g(p)h(t) \tag{6.24}$$

因此，对于 $\sum_2$，采用增益调度的 PI 反馈控制：

$$v(t) = K_p(p)y(t) + K_i(p)\int_0^t y(\tau)\mathrm{d}\tau \tag{6.25}$$

的设计问题，等价于基于增广 LPV 模型 $\sum_3$ 设计静态输出反馈：

$$v(t) = K_g(p)h(t) \tag{6.26}$$

的设计问题。

2. 过渡态主控回路增益调度 LMI 优化控制设计

在 s 个稳态工作点，高压压气机换算转速组成的向量为

$$N_{2\text{cor}} = \begin{bmatrix} N_{2\text{cor}, 1} & N_{2\text{cor}, 2} & N_{2\text{cor}, 3} & \cdots & N_{2\text{cor}, s} \end{bmatrix} \tag{6.27}$$

设 $N_{2\text{cor}, 1} > N_{2\text{cor}, 2} > \cdots > N_{2\text{cor}, s}$，设计参数 p 根据 $N_{2\text{cor}}$ 调度的调度规律：

$$p = f(N_{2\text{cor}}) = \begin{cases} p_l = 1 & l = j \\ p_l = 0 & l \neq j \end{cases} \quad l = 1, 2, \cdots, s \tag{6.28}$$

其中，

$$j = \begin{cases} 1, & N_{2\text{cor}} > \dfrac{N_{2\text{cor}, 1} + N_{2\text{cor}, 2}}{2} \\[2mm] k, & \dfrac{N_{2\text{cor}, k-1} + N_{2\text{cor}, k}}{2} \geqslant N_{2\text{cor}} > \dfrac{N_{2\text{cor}, k} + N_{2\text{cor}, k+1}}{2}, \ k = 2, \cdots, s-1 \\[2mm] s, & N_{2\text{cor}} \leqslant \dfrac{N_{2\text{cor}, s-1} + N_{2\text{cor}, s}}{2} \end{cases} \tag{6.29}$$

首先，根据第 5 章 5.6.3 小节极点配置算法在 s 个稳态点上，给定特征因子 $\alpha > 0$，$\beta > 0$，对于线性矩阵不等式组（LMIs）：

$$\begin{bmatrix} -(A_g(p_i)P + PA_g^T(p_i) + 2\alpha P) - B_g(p_i)Y - Y^T B_g^T(p_i) & A_g(p_i)P + B_g(p_i)Y \\ PA_g^T(p_i) + Y^T B_g^T(p_i) & \beta^{-1}P \end{bmatrix} > 0 \tag{6.30}$$

其中，$i = 1, \cdots, s$。则

$$\sum_{i=1}^{s} \begin{bmatrix} -(A_g(p_i)P + PA_g^T(p_i) + 2\alpha P) - B_g(p_i)Y - Y^T B_g^T(p_i) & A_g(p_i)P + B_g(p_i)Y \\ PA_g^T(p_i) + Y^T B_g^T(p_i) & \beta^{-1}P \end{bmatrix} > 0 \tag{6.31}$$

即

$$\begin{bmatrix} -\left(\sum_{i=1}^{s} A_g(p_i)P + P\sum_{i=1}^{s} A_g^T(p_i) + 2\alpha P\right) - \sum_{i=1}^{s} B_g(p_i)Y - Y^T \sum_{i=1}^{s} B_g^T(p_i) & \sum_{i=1}^{s} A_g(p_i)P + \sum_{i=1}^{s} B_g(p_i)Y \\ P\sum_{i=1}^{s} A_g^T(p_i) + Y^T \sum_{i=1}^{s} B_g^T(p_i) & \beta^{-1}P \end{bmatrix} > 0 \tag{6.32}$$

故

$$\left[\begin{array}{cc} -(A_g(p)P + PA_g^T(p) + 2\alpha P) - B_g(p)Y - Y^TB_g^T(p) & A_g(p)P + B_g(p)Y \\ PA_g^T(p) + Y^TB_g^T(p) & \beta^{-1}P \end{array}\right] > 0$$

$$(6.33)$$

考虑到系统状态矩阵的特征值与极点位置一一对应的关系,矩阵迹表示矩阵所有特征值的和,如果最小化迹则可保证系统闭环极点位置,使控制系统的性能得到优化,因此,在上述线性矩阵不等式的基础上,采用最小化对称正定矩阵 P 的迹的优化策略,即

$$\min \text{tr}(P)$$

$$s.t. \quad -\left[\begin{array}{cc} -(A_g(p)P + PA_g^T(p) + 2\alpha P) - B_g(p)Y - Y^TB_g^T(p) & A_g(p)P + B_g(p)Y \\ PA_g^T(p) + Y^TB_g^T(p) & \beta^{-1}P \end{array}\right] < 0$$

$$-P < 0 \quad\quad (6.34)$$

若对称正定矩阵解 P 和矩阵 Y 存在,则使闭环系统渐进稳定的、具有特征因子 α、β 的稳定裕度和鲁棒性能的过渡态主控回路闭环控制律为

$$K_g(p) = Y(C_g(p)P)^+ \quad\quad (6.35)$$

其中,

$$K_g(p) = \left[\begin{array}{cc} K_p(p) & K_i(p) \end{array}\right] \quad\quad (6.36)$$

6.3.4　设计算例

以涡扇发动机为对象,从中间状态到慢车状态选择 25 个稳态工作点对非线性模型进行线性归一化处理,调度变量为 N_{2cor},构建 LPV 模型,基于上述方法设计过渡态主控回路增益调度 LMI 优化控制律,以下分两种情况进行含发动机非线性动态模型的过渡态性能仿真验证。

1. 方案1 的仿真验证

发动机 LPV 状态空间线性模型为

$$\left[\begin{array}{c} \dot{N}_1 \\ \dot{N}_2 \end{array}\right] = A(p)\left[\begin{array}{c} N_1 \\ N_2 \end{array}\right] + B(p)\left[\begin{array}{c} A_8 \\ W_f \end{array}\right]$$

$$\left[\begin{array}{c} N_1 \\ N_2 \end{array}\right] = C(p)\left[\begin{array}{c} N_1 \\ N_2 \end{array}\right] + D(p)\left[\begin{array}{c} A_8 \\ W_f \end{array}\right]$$

以 100%转速点为设计点计算例设计,其他 24 个稳态点的计算类同。考虑执行机构的动态特性,归一化等效增广线性模型为

$$\begin{bmatrix} \dot{N}_1 \\ \dot{N}_2 \\ \dot{A}_8 \\ \dot{W}_f \\ N_1 \\ N_2 \end{bmatrix} = \begin{bmatrix} -6.55 & 5.57 & 1.98 & 0.48 & 0 & 0 \\ 0.13 & -3.72 & -0.01 & 0.66 & 0 & 0 \\ 0 & 0 & -10 & 0 & 0 & 0 \\ 0 & 0 & 0 & -10 & 0 & 0 \\ 1 & 0 & 0 & 0 & 0 & 0 \\ 0 & 1 & 0 & 0 & 0 & 0 \end{bmatrix} \begin{bmatrix} N_1 \\ N_2 \\ A_8 \\ W_f \\ \int_0^t N_1(\tau)d\tau \\ \int_0^t N_2(\tau)d\tau \end{bmatrix} + \begin{bmatrix} 0 & 0 \\ 0 & 0 \\ 10 & 0 \\ 0 & 10 \\ 0 & 0 \\ 0 & 0 \end{bmatrix} \begin{bmatrix} A_8 \\ W_f \end{bmatrix}$$

$$\begin{bmatrix} N_1 \\ N_2 \\ \int_0^t N_1(\tau)d\tau \\ \int_0^t N_2(\tau)d\tau \end{bmatrix} = \begin{bmatrix} 1 & 0 & 0 & 0 & 0 & 0 \\ 0 & 1 & 0 & 0 & 0 & 0 \\ 0 & 0 & 0 & 0 & 1 & 0 \\ 0 & 0 & 0 & 0 & 0 & 1 \end{bmatrix} \begin{bmatrix} N_1 \\ N_2 \\ A_8 \\ W_f \\ \int_0^t N_1(\tau)d\tau \\ \int_0^t N_2(\tau)d\tau \end{bmatrix}$$

给定特征参数 $\alpha = 0.9$，$\beta = 0.2$，上述 LMI 优化问题的解为

$$K_{g,opt}(f(N_{2cor,1})) = \begin{bmatrix} -0.72 & 0.26 & -4.62 & 5.12 \\ -0.02 & -2.12 & 0.06 & -7.41 \end{bmatrix}$$

其余 24 个非设计点处控制律的设计方法与此类同，可得 $K_{g,opt}(f(N_{2cor,l}))$，$l = 2$, 3, $\cdots$, 25。由此，按 N_{2cor} 对其进行调度获得方案 1 过渡态主控回路闭环控制的加减速控制律为

$$K_{g,opt}(p) = K_{g,opt}(f(N_{2cor})) = \sum_{l=1}^{s} p_l K_{g,opt}(f(N_{2cor,l}))$$

仿真时间为 30 s，第 0 秒到第 10 秒为中间状态稳态过程，从第 10 秒开始给出减速指令信号，低压转子转速响应如图 6.39 所示(图中实线为指令，虚线为响应曲线)、高压转子转速响应如图 6.40(图中实线为指令，虚线为响应曲线)所示，由图可知，N_1 调节时间为

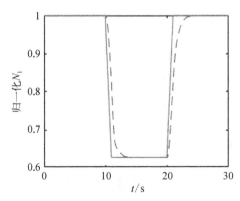

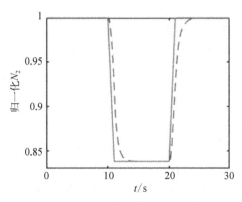

图 6.39　低压转子转速响应曲线　　图 6.40　高压转子转速响应曲线

$3.3\,\mathrm{s}$,无超调量;N_2 调节时间为 $2.8\,\mathrm{s}$,无超调量。从第 20 秒开始给出加速指令信号,低压转子转速响应如图 6.39 所示,高压转子转速响应如图 6.40 所示,由图可知,N_1 调节时间为 $3.4\,\mathrm{s}$,无超调量;N_2 调节时间为 $3.5\,\mathrm{s}$,无超调量。

主燃油流量 W_f 变化曲线如图 6.41 所示,喷口面积 A_8 变化曲线如图 6.42 所示,全过程中,W_f 和 A_8 在其限制值范围内,未出现饱和现象。

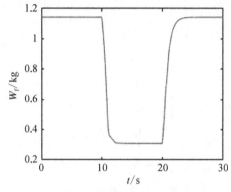

图 6.41　主燃油流量 W_f 变化曲线

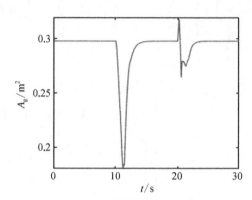

图 6.42　喷口面积 A_8 变化曲线

压气机喘振裕度 SM 曲线如图 6.43 所示,涡轮后总温 T_{48} 响应曲线如图 6.44 所示,全过程中,SM 最低为 $15°$,T_{48} 未超温。

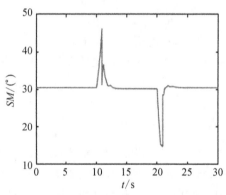

图 6.43　压气机喘振裕度 SM 曲线

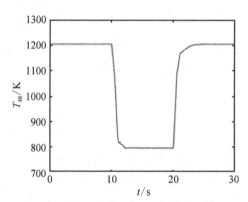

图 6.44　涡轮后总温 T_{48} 响应曲线

2. 方案 2 的仿真验证

发动机 LPV 状态空间线性模型为

$$\begin{bmatrix} \dot{N}_1 \\ \dot{N}_2 \end{bmatrix} = A(p) \begin{bmatrix} N_1 \\ N_2 \end{bmatrix} + B(p) \begin{bmatrix} A_8 \\ W_f \end{bmatrix}$$

$$\begin{bmatrix} \pi_{\mathrm{T}} \\ N_2 \end{bmatrix} = C(p) \begin{bmatrix} N_1 \\ N_2 \end{bmatrix} + D(p) \begin{bmatrix} A_8 \\ W_f \end{bmatrix}$$

以 100% 转速点为设计点计算例设计,其他 24 个稳态点的计算类同。考虑执行机构的动态特性,归一化等效增广线性模型为

$$
\begin{bmatrix}
\dot{N}_1 \\
\dot{N}_2 \\
\dot{A}_8 \\
\dot{W}_f \\
\pi_T \\
N_2
\end{bmatrix}
=
\begin{bmatrix}
-6.55 & 5.57 & 1.98 & 0.48 & 0 & 0 \\
0.13 & -3.72 & -0.01 & 0.66 & 0 & 0 \\
0 & 0 & -10 & 0 & 0 & 0 \\
0 & 0 & 0 & -10 & 0 & 0 \\
-0.88 & 1.14 & 0.74 & 0 & 0 & 0 \\
0 & 1 & 0 & 0 & 0 & 0
\end{bmatrix}
\begin{bmatrix}
N_1 \\
N_2 \\
A_8 \\
W_f \\
\int_0^t \pi_T(\tau)\,\mathrm{d}\tau \\
\int_0^t N_2(\tau)\,\mathrm{d}\tau
\end{bmatrix}
+
\begin{bmatrix}
0 & 0 \\
0 & 0 \\
10 & 0 \\
0 & 10 \\
0 & 0 \\
0 & 0
\end{bmatrix}
\begin{bmatrix}
A_8 \\
W_f
\end{bmatrix}
$$

$$
\begin{bmatrix}
\pi_T \\
N_2 \\
\int_0^t \pi_T(\tau)\,\mathrm{d}\tau \\
\int_0^t N_2(\tau)\,\mathrm{d}\tau
\end{bmatrix}
=
\begin{bmatrix}
-0.88 & 1.14 & 0.74 & 0 & 0 & 0 \\
0 & 1 & 0 & 0 & 0 & 0 \\
0 & 0 & 0 & 0 & 1 & 0 \\
0 & 0 & 0 & 0 & 0 & 1
\end{bmatrix}
\begin{bmatrix}
\pi_T \\
N_2 \\
A_8 \\
W_f \\
\int_0^t \pi_T(\tau)\,\mathrm{d}\tau \\
\int_0^t N_2(\tau)\,\mathrm{d}\tau
\end{bmatrix}
$$

给定特征参数 $\alpha = 0.9$, $\beta = 0.2$, LMI 优化解为

$$
K_{g,\,opt}(f(N_{2cor,\,1})) =
\begin{bmatrix}
-0.85 & 0.11 & -5.75 & -0.24 \\
0.10 & -2.01 & 0.51 & -6.87
\end{bmatrix}
$$

其余 24 个非设计点处控制律的设计方法与此类同,可得 $K_{g,\,opt}(f(N_{2cor,\,l}))$, $l = 2$, 3, $\cdots$, 25。 由此,按 N_{2cor} 对其进行调度获得方案 2 过渡态主控回路闭环控制的加减速控制律:

$$
K_{g,\,opt}(p) = K_{g,\,opt}(f(N_{2cor})) = \sum_{l=1}^{s} p_l K_{g,\,opt}(f(N_{2cor,\,l}))
$$

仿真时间为 30 s,从第 10 秒开始给出减速指令信号,π_T 响应如图 6.45 所示(图中实线指令,虚线为响应曲线)、高压转子转速响应如图 6.46(图中实线指令,虚线为响应曲

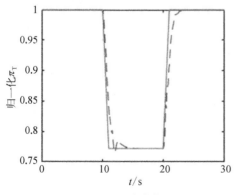

图 6.45 π_T 响应曲线

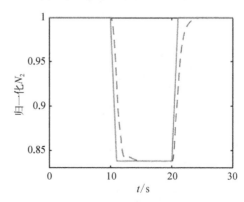

图 6.46 高压转子转速响应曲线

线)所示,由图可知, π_T 调节时间为 4.0 s,超调量为 2.4%; N_2 调节时间为 3.8 s,无超调量。从第 20 秒开始给出加速指令信号, π_T 响应如图 6.45 所示,高压转子转速响应如图 6.46 所示,由图可知, π_T 调节时间为 2.7 s,无超调量; N_2 调节时间为 3.6 s,无超调量。

主燃油流量 W_f 变化曲线如图 6.47 所示,喷口面积 A_8 变化曲线如图 6.48 所示,全过程中, W_f 和 A_8 在其限制值范围内,未出现饱和现象。

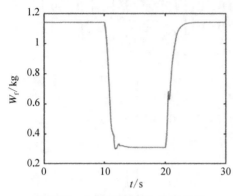

图 6.47　主燃油流量 W_f 变化曲线

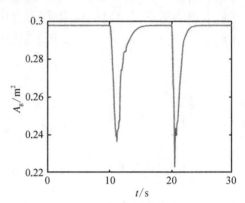

图 6.48　喷口面积 A_8 变化曲线

压气机喘振裕度 SM 曲线如图 6.49 所示,涡轮后总温 T_{48} 响应曲线如图 6.50 所示,全过程中, SM 最低为 14°, T_{48} 未超温。

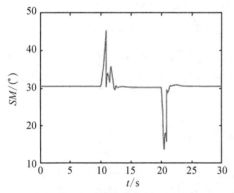

图 6.49　压气机喘振裕度 SM 曲线

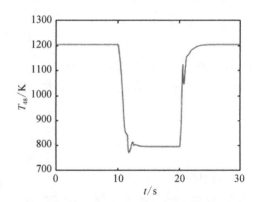

图 6.50　涡轮后总温 T_{48} 响应曲线

第 7 章
起动控制规律设计

航空发动机起动是一个非常复杂的过渡态过程,对起动过程的要求是起动加速时间要短,起动过程中不允许出现影响发动机工作安全的超温、喘振、热悬挂、冷悬挂现象。起动类型包括地面起动、空中风车起动、空中辅助起动等,起动控制规律包括起动控制逻辑、开环油气比起动供油规律和闭环 $N\mathrm{dot}$ 起动控制规律。

本章以某大涵道比涡扇发动机为例,重点讲授起动供油规律的设计,内容包括开环油气比起动控制规律、涡轮前总温闭环起动控制规律、$N_2\mathrm{dot}$ 闭环起动控制规律的设计方法,并简要介绍了起动控制逻辑的内容。

7.1　起动控制逻辑

7.1.1　地面起动控制逻辑

1. 控制逻辑
- 起动指令发出时,涡轮起动机开始工作,单独带转发动机运转;
- 当 $N_{2\mathrm{cor}}$ = 15% 时,开始点火、供油,涡轮发生功率,与涡轮起动机共同带转发动机运转;
- 当 $N_{2\mathrm{cor}}$ = 49.5% 时,断开涡轮起动机;
- 当 $N_{2\mathrm{cor}}$ > 50% 时,关断点火装置;
- 当 $N_{2\mathrm{cor}}$ = 66.79% 时,由起动进入慢车模式。
2. 起动过程中应考虑的因素
- 若 N_2 下降到 50% 以下,则执行起动供油计划;
- 一旦发生熄火,自动开启点火程序;
- 驾驶舱的点火开关无论在任何时刻,一旦被触发,则执行点火程序。
3. 发动机正常起动成功特性
- $EGT(T_{45})$ 起动限制在 1 100 K;
- 进入慢车时,燃油流量和 EGT 会下降;
- 地面起动时间一般为 40~60 s。
4. 点火逻辑
- 点火逻辑为延时程序,在接近燃油开始供油前或后的时刻开始点火;

- 当 $N_{2cor} > 50\%$ 时,关断点火装置;
- 每台发动机装有 2 套独立的点火装置,点火器安装在 4 点和 8 点的位置,ECU 的每个通道都能控制 2 个点火箱;
- 点火失效或正常都要求显示状态信息,熄火传感器报告熄火时刻,重新开始点火,驾驶员可选择连续点火方式。

起动流程如图 7.1 所示。

起动开始→根据飞行马赫数 $Ma = 0$ 判断为地面起动→起动机单独带转至高压相对

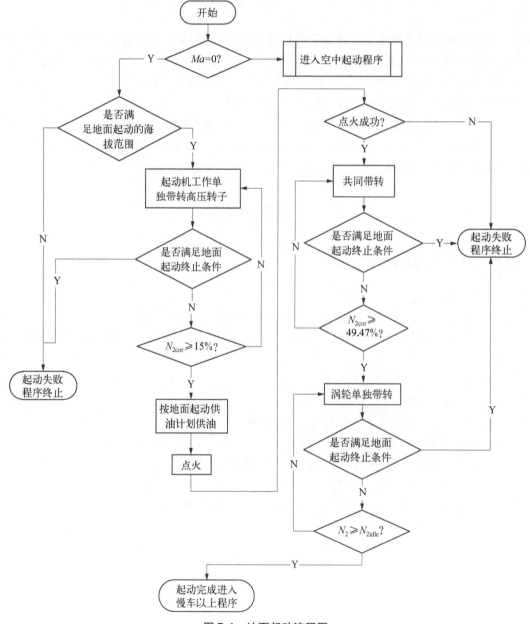

图 7.1 地面起动流程图

换算转速 $N_{2\mathrm{cor}}$ = 15% →开始供油→点火→ $N_{2\mathrm{cor}}$ = 49.47% 时断开起动机→到达慢车转速 $N_{2\mathrm{idle}}$。

7.1.2　空中起动控制逻辑

1. 风车起动

按起动初始转速划分,高飞行速度下,喷管中的可用压降接近临界压降,因而换算转速与飞行速度无关,但物理转速随进口总温增加而增加,可以达到最大转速的50%～60%。在高转速情况下,速度压头能使涡轮中的压降增大很多,而且能使平衡转速明显地降低,这种情况下属风车起动,不需要起动机,只需将燃油在燃烧室中点燃,然后由涡轮独自地将发动机带转到慢车转速。

2. 起动机辅助起动

在飞行速度较低情况下,发动机风车换算转速与飞行速度几乎成正比,这时与地面起动过程相近,需要起动机带转起动。

空中起动流程如图7.2所示。

风车转速特性在给定供油规律下,以发动机不超喘振边界来确定,可表示为高压转子换算转速与马赫数的函数关系,如图7.3所示。

低压风车转速按慢车以上稳态时的高低压转速之差来确定,超出插值范围用线性外插,外插时需要对低压转速进行限制,以免出现不合理的情况,初值采用地面起动时的初值换算到高空。

7.1.3　起动终止控制逻辑

1. 地面起动失速

起动早期失速条件一般发生在点火指示灯刚熄灭的时候,发动机转速悬挂,排气温度 EGT 迅速升高。这时,发动机不会自己退出失速状态,必须通过驾驶舱或 FADEC 进行相应操作。

起动后期失速条件发生在进入慢车前,排气温度 EGT 迅速升高,与早期失速一样,发动机不会自己退出失速状态,必须通过驾驶舱或 FADEC 进行相应操作。

地面起动失速控制逻辑为:若符合地面起动的早期失速条件,则关断5~6 s燃油流量计量阀门再打开,起动燃油计划以8%的速率减油,一直减到20%,一般若第3次检测到起动失速,则中止起动,并关断供油和点火装置,向飞行台报告。

2. 地面起动 EGT 超温

若满足超温条件,则关断燃油流量计量阀门6秒后再打开,并以8%的速率减油,直到20%为止。一般若第三次检测到超温,则终止起动,并关断供油和点火装置,向飞行台报告。

3. 点火失败逻辑

若检测到点火失败,则终止起动,并关断供油和点火装置,燃油冷转半分钟,将系统中的剩余燃油吹尽,再重新执行起动点火程序以及相应的起动计划。

4. 地面起动超时逻辑

地面起动超过40~60 s时,进行第二次起动,若第二次起动不成功,则停止起动,并关

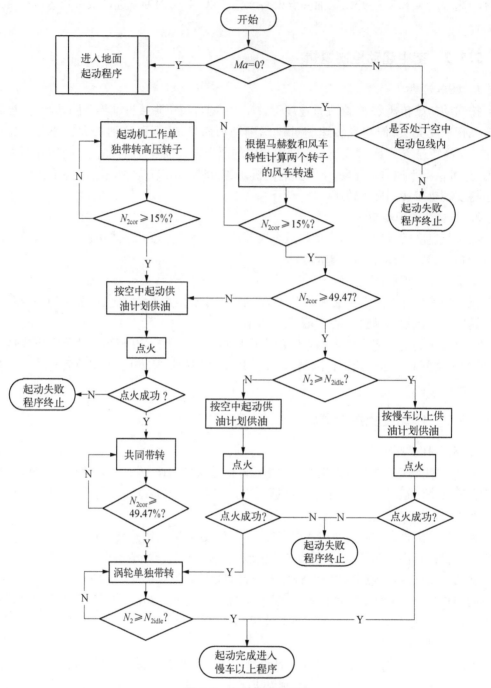

图 7.2 空中起动流程图

断供油和点火装置,向飞行台报告。

7.1.4 熄火保护逻辑

熄火条件一般为减速过程中 N_2 比正常减速计划低或 N_2 掉到 50% 以下,表明熄火发

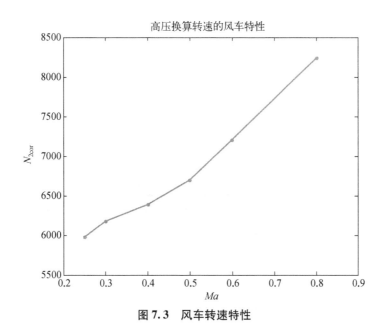

图 7.3　风车转速特性

生。此时点火程序自动工作,若在连续 3 次起动中检测到起动失速、热起动,则停止起动,关断供油和点火装置,向飞行台报告。

7.2　起动控制规律

起动控制规律设计需要同时考虑压气机稳定工作、燃烧室完全燃烧特性与点火特性、发动机最优的加速时间、大气条件和飞行条件等的影响,本节给出三种起动燃油控制规律的分析设计方法。

7.2.1　开环油气比起动控制规律

设计油气比为高压转子换算转速的函数,即

$$\left(\frac{W_{f,\,st}}{P_{3s,\,st}}\right)_{cor} = f(N_{2cor,\,st}) \qquad (7.1)$$

此计划需要根据一条通用起动供油曲线,通过耦合系数将其缩放到适合本发动机的供油范围,有足够的压气机喘振裕度、温度裕度并在燃烧室不熄火的前提下以最快的时间完成起动过程。开环油气比计划易受到发动机不确定因素和环境因素的影响,如发动机性能退化、控制系统供油特性变化、高原环境温度、压力等都会影响发动机起动性能。

7.2.2　涡轮前总温闭环起动控制规律

1. 基本原理

带限制保护的 T_4 闭环起动控制规律如图 7.4 所示。

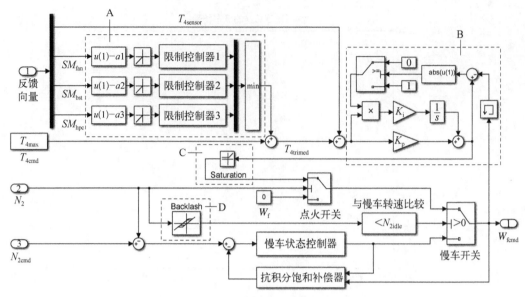

图 7.4 带限制保护的 T_4 闭环起动控制结构

　　起动过程中最大涡轮前总温 $T_{4\max}$ 作为参考输入,采用反馈回路控制技术,使起动过程中发动机始终以最大涡轮前温度运行,同时,利用限制保护控制的方法,将压气机的喘振裕度作为限制保护回路的被控目标,当裕度低于参考裕度时,限制保护回路开始工作,通过降低 T_4 指令提高喘振裕度,直到大于参考裕度时,限制保护回路退出工作,以发挥发动机最大加速性能,这一方法能有效地保证在不超过规定的最小喘振裕度前提下获得最短的起动加速时间。

　　图 7.4 虚线框 A 中为限制保护控制器,其作用是当发动机喘振裕度降低到某个值后对 T_{4_cmd} 指令输入进行修正,以恢复喘振裕度,否则不起作用。虚线框 B 为 T_4 闭环回路上的带有抗饱和功能的 PI 控制器。虚线框 C 中为一饱和非线性环节,目的为了防止其输出的燃油流量指令变为负值。虚线框 D 中为一间隙非线性环节,能防止发动机在起动结束后停留在慢车状态时由于转速超调的原因可能引起的起动控制器和慢车以上控制器之间的频繁切换。

　　2. 设计算例

　　仿真用设计参数如表 7.1 所示。

表 7.1 T_4 闭环起动控制模块参数

名　　称	参数值
限制保护控制器 1	$\dfrac{1\,000}{s/3 + 1}$
限制保护控制器 2	$\dfrac{1\,000}{s/3 + 1}$
限制保护控制器 3	$\dfrac{1\,000}{s/3 + 1}$

名　称	参数值
$a_1/\%$	1
$a_2/\%$	1
$a_3/\%$	30
K_p	0.000 812 7
K_i	0.000 473 2
T_{4_cmd}/K	1 100

在海平面、相对于标准大气温度−5 K 的温差、静止条件下,仿真时间 60 s,在第 6 秒开始供油、点火,起动过程燃油流量仿真变化曲线如图 7.5 所示。

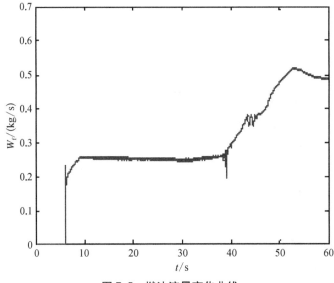

图 7.5　燃油流量变化曲线

三个喘振裕度的变化曲线如图 7.6 所示。

$T_{4trimed}$ 指令、T_{4cmd} 指令、$T_{4sensor}$ 跟踪被修正的 $T_{4trimed}$ 指令变化曲线如图 7.7 所示。

仿真时间 60 s,在第 6 秒开始供油、点火,燃油流量变化曲线如图 7.5 所示,三个喘振裕度的变化曲线如图 7.6 所示,开始阶段高压压气机喘振裕度迅速减小,此时 T_4 闭环回路开始工作,涡轮前总温开始跟踪 $T_{4trimed}$,如图 7.7 所示,在前 10 秒时间内三个喘振裕度未超过其下限值,限制保护控制器不工作,此时有 $T_{4cmd}=T_{4trimed}$。 在第 10 秒时高压压气机喘振裕度 SM_{hpc} 超过下限值 a_3,如图 7.6 所示,限制保护控制器开始工作,对指令 T_{4cmd} 进行修正,如图 7.7 所示。在第 40 秒至 43 秒期间时,三个喘振裕度又恢复,限制保护控制器退出工作,使得 $T_{4trimed}$ 又回到 T_{4cmd} 上。在第 43 秒增压级压气机喘振裕度 SM_{lpc} 超过下限值 a_2,使得限制保护控制器又开始工作直到第 48 秒时 SM_{lpc} 恢复,如图 7.6 所示。高、低压转子转速响应曲线如图 7.8 所示。

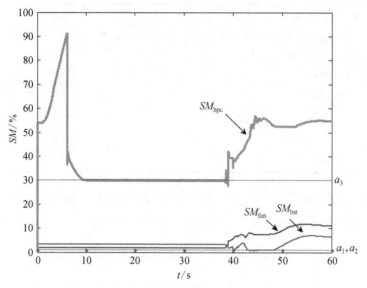

图7.6 三个喘振裕度的变化曲线

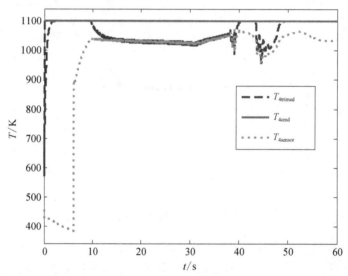

图7.7 $T_{4trimed}$ 指令、T_{4cmd} 指令、$T_{4sensor}$ 跟踪被修正的 $T_{4trimed}$ 指令变化曲线

　　风扇、增压压气机、高压压气机特性图中的共同工作线如图7.9、图7.10、图7.11所示。

　　图7.12表示了发动机在起动结束时,用于判断是否切换到慢车以上控制器时的高压转子相对转速随时间的变化过程。由于加入了间隙模块环节,保证了 N_2 在越过慢车转速后,输入给切换开关的判断值不会随着调节 N_2 的下降进入起动控制回路,避免了起动与慢车状态切换导致的转速振荡。

　　整个起动过程反馈量 $T_{4sensor}$ 受 PI 控制器的作用一直在试图跟踪 $T_{4trimed}$,保证了发动机在起动过程中能够持续保持最大剩余功率状态以缩短起动时间。

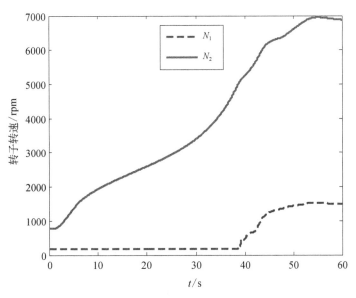

图 7.8　高、低压转子转速响应曲线

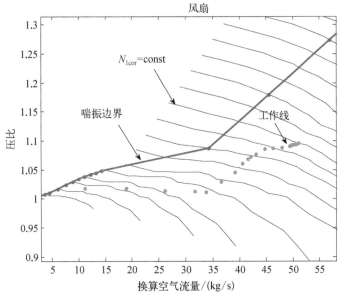

图 7.9　风扇特性图中的共同工作线

7.2.3　N_2dot 闭环起动控制规律

N_2dot 起动闭环控制方案为

$$N_2\mathrm{dot_{st}} = \mathrm{const} \tag{7.2}$$

由于 N_2dot 控制具有很强的驱使发动机进入喘振、超温、燃烧室熄火的趋势,起动控制规律中必须考虑这些参数的极值限制保护。

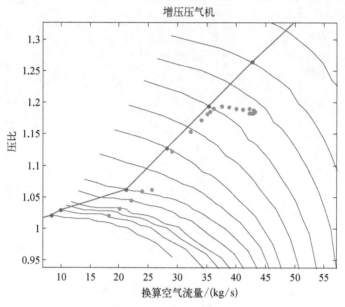

图 7.10 增压压气机特性图中的共同工作线

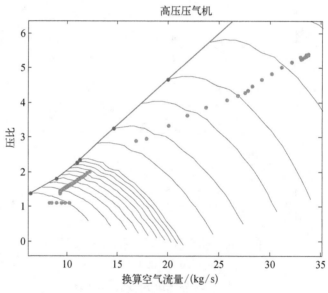

图 7.11 高压压气机特性图中的共同工作线

设慢车转速 $N_{2\text{idle}} = 10\,300 \times 0.667\,9$，起动初始转速 $N_{20} = 10\,300 \times 0.075$，期望起动时间为 $t = 45$ s，则常值指令为 $N_2\text{dot}_{\text{cmd}} = 10\,300 \times (0.667\,9 - 0.075)/45 = 135.708\,2$ rpm/s。带限制保护控制器的 $N_2\text{dot}$ 起动闭环控制结构如图 7.13 所示。

图 7.13 中点线框 A 中为限制保护控制器，点线框 B 中为 $N_2\text{dot}$ 闭环控制回路内的 PI 控制器。起动控制设计参数如表 7.2 所示。

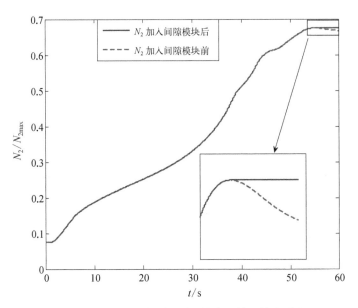

图 7.12 间隙特性模块前、后的高压转子转速对比

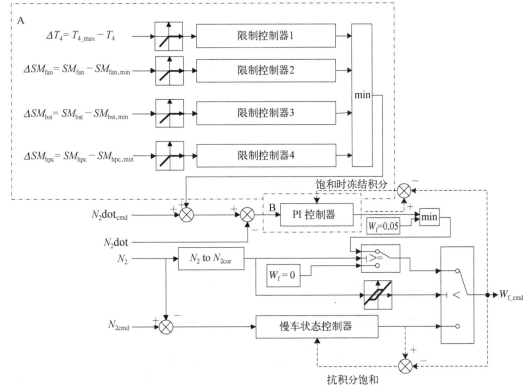

图 7.13 带限制保护的 N_2dot 闭环起动控制结构

表 7.2　带限制保护的 N_2dot 闭环起动控制参数值

限制保护控制器 1	10
限制保护控制器 2	$100/(s/3+1)$
限制保护控制器 3	$100/(s/3+1)$
限制保护控制器 4	$100/(s/3+1)$
T_{4max}/K	1 100
$SM_{fan, min}/\%$	1.5
$SM_{bst, min}/\%$	4
$SM_{hpc, min}/\%$	25
N_2dot$_{cmd}/(rpm/s)$	180
PI 控制器	$0.001\ 69+0.134\ 785\ 95/s$

　　限制保护控制器中的稳态增益系数太大,会导致振荡,太小限制效果不好,另外 T_{4max}、$SM_{fan, min}$、$SM_{bst, min}$、$SM_{hpc, min}$ 取值须合理,否则会导致转速悬挂,PI 控制器为慢车点设计的鲁棒控制器。

　　在实际情况中,限制保护参数无法测量,需要计算带限制保护参数下的修正 N_2dot 指令,如图 7.14 所示,对应的起动油气比计划如图 7.15 所示。

$$N_2\text{dot}_{cor, st} = f(N_{2cor}) \tag{7.3}$$

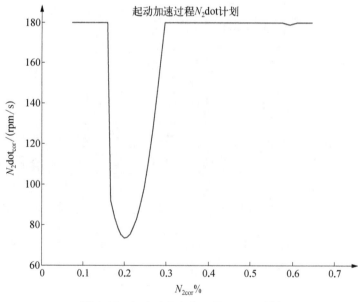

图 7.14　起动过程中修正的 N_2dot 计划

　　对比油气比起动计划和 N_2dot 起动计划的性能差别,分别在海平面和 4.5 km 高度进行仿真对比验证。

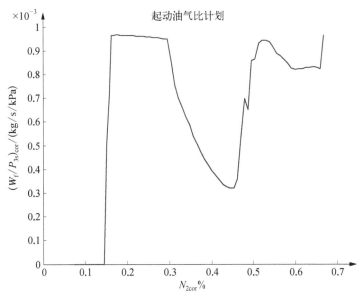

图 7.15　起动过程油气比计划

海平面、相对标准大气温差为 −5 K，静止条件下，高、低压转子转速对比曲线如图 7.16 所示，涡轮前总温 T_4 对比曲线如图 7.17 所示，高、低压压气机喘振裕度对比曲线如图 7.18 所示，燃油流量对比曲线如图 7.19 所示。从图 7.17 可知，在起动的前半阶段，采用 $N_2\mathrm{dot}$ 计划的涡轮前总温比采用油气比计划的涡轮前总温低 500 K 左右，两种起动计划的起动时间均为 45 s 左右。

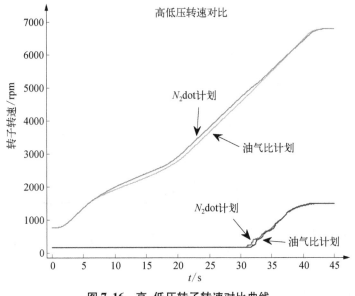

图 7.16　高、低压转子转速对比曲线

从图 7.17 可知，起动过程中采用 $N_2\mathrm{dot}$ 计划的高压压气机喘振裕度比采用油气比计划的喘振裕度要大，尤其在起动前半个过程中大 50% 左右，且燃油流量要小 0.2 kg/s。

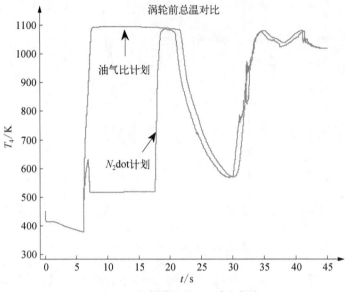

图 7.17　涡轮前总温 T_4 对比曲线

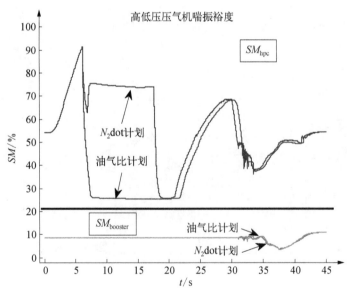

图 7.18　高、低压压气机喘振裕度对比曲线

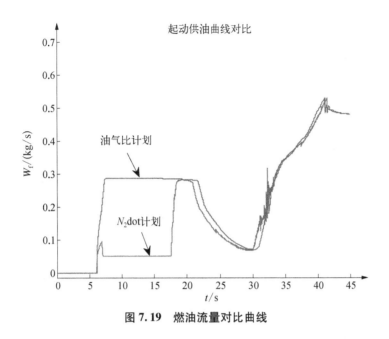

图 7.19　燃油流量对比曲线

海拔 4.5 km、标准大气静止条件下,高、低压转子转速对比曲线如图 7.20 所示,涡轮前总温 T_4 对比曲线如图 7.21 所示,高、低压压气机喘振裕度对比曲线如图 7.22 所示,燃油流量对比曲线如图 7.23 所示。从图 7.21 可知,在起动的前半阶段,采用 N_2dot 计划的涡轮前总温比采用油气比计划的涡轮前总温低 450 K 左右,采用 N_2dot 计划的起动时间比采用油气比计划起动时间慢 3~5 s,采用 N_2dot 计划的起动时间为 60 s。

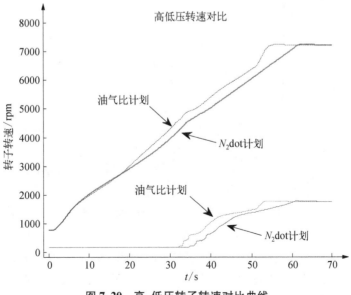

图 7.20　高、低压转子转速对比曲线

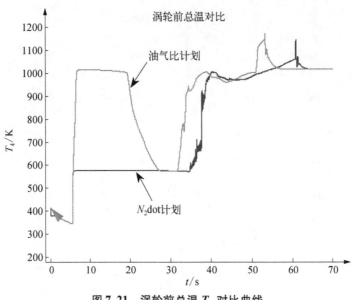

图 7.21 涡轮前总温 T_4 对比曲线

从图 7.22 可知,在起动过程中采用 N_2dot 计划的高压压气机喘振裕度比采用油气比计划的喘振裕度要大,尤其在起动前半个过程中大 40% 左右,且燃油流量要小 0.1 kg/s。

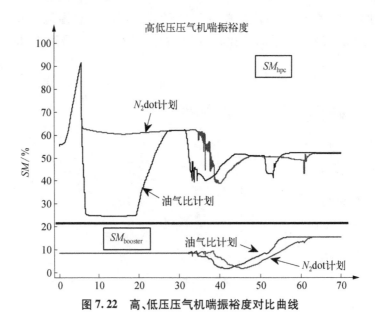

图 7.22 高、低压压气机喘振裕度对比曲线

不同海拔高度的仿真曲线对比,高海拔起动时间明显高于低海拔起动时间,在起动过程前期,油气比起动控制下的涡轮前温度比 N_2dot 控制下的要高,而起动后期,涡轮前温度基本一致,在起动过程前期,油气比起动控制下的高压压气机喘振裕度比 N_2dot 控制下

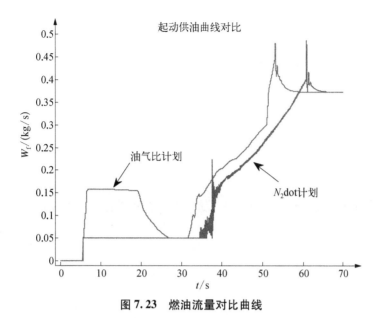

图 7.23 燃油流量对比曲线

的要小,而起动过程后期,喘振裕度基本一致。

第8章
限制保护控制规律设计

航空发动机在全飞行包线内工作时,随工作状态和飞行条件的变化,以及恶劣气候环境影响,都会给控制系统带来很大的不确定性,另外随着发动机工作循环次数的增多,长时间工作在高温、高压、高转速下而导致的发动机性能退化,控制系统仅仅采用稳态控制和过渡态控制难以保证航空发动机的安全性,必须同时配备限制保护控制,从而使发动机工作在安全的工作包线范围内。

本章以发动机排气温度 T_{45} 为典型案例,讲授 T_{45} 限制保护控制规律的设计方法和仿真验证。

8.1　限制结构的选择

限制保护控制结构上可分为两类:一是以直接限制燃油流量指令为手段,通过高低选策略来保证各类参数不超限;二是通过修正主回路的参考指令间接改变燃油流量指令从而达到限制保护的目的。

第一类又可分为两种:结构一是各限制回路与主回路共用一个稳态控制器,这要求每个限制回路的偏差通过一个比例因子折算为主回路偏差,再与主回路偏差通过低选器选出最小的偏差,再与下限保护参数通过高选器选出最大的偏差,再经过执行机构的位置饱和、速率饱和高低选逻辑选出最需要先控制的偏差进行控制,以满足所有受限的参数和当前主控参数的燃油控制需求,最后通过执行机构驱动发动机周而复始正常工作,限制保护控制结构一如图8.1所示。

结构二是将各限制回路的控制器与主回路的稳态控制器分开设计,各控制器各自输出一个燃油流量指令值再通过高低选策略选出最合适的那一回路作为执行机构的输入,CMAPSS40k 模型采用了这一结构,如图8.2所示,结构二相比结构一要复杂,不但需要同时设计多个限制控制器,且还需要考虑各控制器之间的抗积分饱和问题,这种结构引入了更多的自由度。

第二类是通过多种限制功能的限制控制器对主回路的参考指令进行修正而间接通过改变燃油流量指令对限制参数进行保护,限制控制器的设计受主回路控制器的影响,其特点是限制器只在参数超限后才输出非零值对参考指令进行修正,否则输出为零,将不起作用。

第一类结构存在极限环问题,在发动机处于限制边界时,多个控制器会来回抢夺

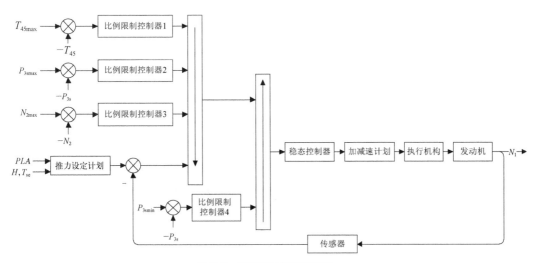

图 8.1　限制保护控制结构一

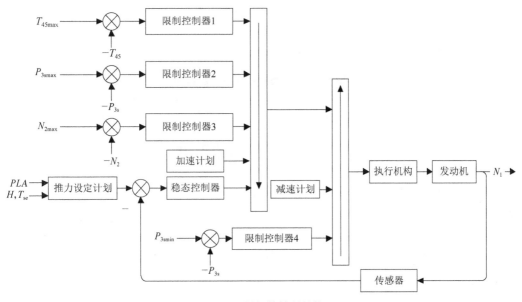

图 8.2　限制保护控制结构二

发动机的控制权,直接导致系统的振荡。而第二类结构由于限制作用仅对主回路的参考指令进行修正,保证了闭环控制的连续性,避免了不同回路切换引发的振荡问题。

本章以大涵道比涡扇发动机为对象,针对第二类限制保护控制的结构进行设计。

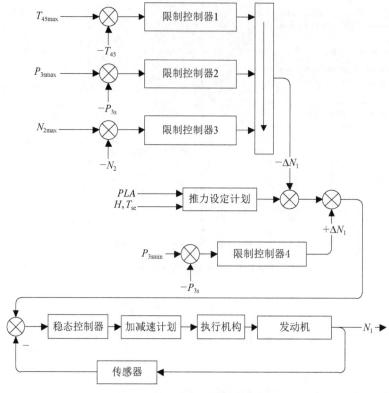

图 8.3　第二类限制保护控制结构

8.2　限制控制器设计

以 T_{45} 为典型案例进行限制控制器的设计。首先建立 T_{45} 限制保护结构控制框图如图 8.4 所示。

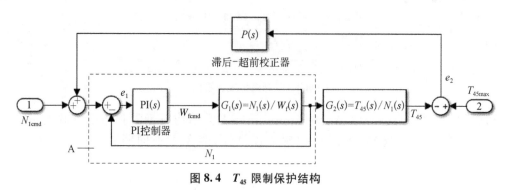

图 8.4　T_{45} 限制保护结构

图 8.4 中虚框 A 中的闭环回路是 N_1 伺服跟踪回路,其中 $G_1(s)$ 为从燃油流量到转速 N_1 的传递函数,$G_2(s)$ 为从转速 N_1 到温度 T_{45} 的传递函数。从燃油流量到低压转子转速

的传递函数为

$$G_1(s) = \frac{N_1(s)}{W_f(s)} = \frac{4\,288s^3 + 1.39 \times 10^5 s^2 + 1.058 \times 10^6 s + 1.867 \times 10^6}{s^4 + 40.53s^3 + 540.4s^2 + 2\,689s + 3\,644}$$

对虚框 A 设计 PI 控制器:

$$C_{\mathrm{PI}}(s) = \frac{0.004\,769s + 0.010\,054\,967\,609}{s}$$

则虚框 A 中的闭环传递函数为

$$G_{\mathrm{cl,in}}(s) = \frac{20.45s^4 + 706.2s^3 + 6\,444s^2 + 1.954 \times 10^4 s + 1.878 \times 10^4}{s^5 + 60.97s^4 + 1\,247s^3 + 9\,133s^2 + 2.319 \times 10^4 s + 1.878 \times 10^4}$$

从转速到温度的传递函数为

$$G_2(s) = \frac{0.040\,4s^4 + 1.58s^3 + 18.55s^2 + 79.55s + 91.87}{s^3 + 32.43s^2 + 246.8s + 435.5}$$

两者串联后经降阶处理的传递函数为

$$G_3(s) = \frac{0.826s^5 + 34.06s^4 + 447.5s^3 + 2\,427s^2 + 5\,308s + 3\,961}{s^5 + 60.97s^4 + 1\,247s^3 + 9\,133s^2 + 23\,190s + 18\,780}$$

考虑转速传感器和温度传感器动态特性,分别用一阶惯性环节来代替,时间常数分别取 $1/50\,\mathrm{s}$,$1/9\,\mathrm{s}$,增广后传递函数为

$$G_4(s) = \frac{T_{45}(s)}{N_{1\mathrm{cmd}}(s)}$$

$$= \frac{0.826s^5 + 34.06s^4 + 447.5s^3 + 2\,427s^2 + 5\,308s + 3\,961}{0.002\,222s^7 + 0.266\,6s^6 + 11.76s^5 + 244.8s^4 + 2\,496s^3 + 12\,220s^2 + 25\,650s + 18\,780}$$

$G_3(s)$ 和 $G_4(s)$ 的伯德图如图 8.5 所示,可见在中高频范围,二者的特性有明显的差异。由图可知,开环系统的稳态增益为 $-13.4\,\mathrm{dB}$,即 0.214。系统的根轨迹图如图 8.6 所示。

限制控制器如果采用 PI 结构,虽然对于阶跃参考输入可获得零稳态误差,当限制保护控制器起作用后,积分项会累积偏差起到消除稳态偏差的作用,当发动机退出限制保护控制后,需要设计外部逻辑对积分项的输出清零,但如果被保护的参数仅降低了一点,这时就会导致主回路的指令因为积分项的清零而回到原来较大的状态,经控制作用后由于指令较大又会使被保护的参数超出限制值,限制保护控制器的积分项又开始工作,这样会出现频繁切换的振荡现象。由于限制保护控制器只对偏差的一个符号方向进行积分,所以它没有自动减小(或增加)其积分输出的功能,而积分清零只能实现瞬间消除其积分输出值的功能。限制保护控制器理想的工作情况是其积分项能随主控制回路指令输入的降低而降低,从而保证被修正后的指令是一个定值,直到积分项降低(或增加)到 0 后为止,限制保护控制器才彻底退出工作,主回路恢复正常,显然用积分清零的方法不合理。

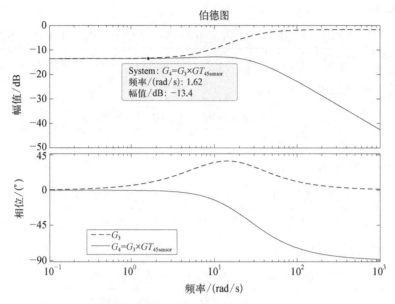

图 8.5　考虑转速传感器动态和温度传感器动态时 N_{1cmd} 到 T_{45} 的传递函数的频域特性

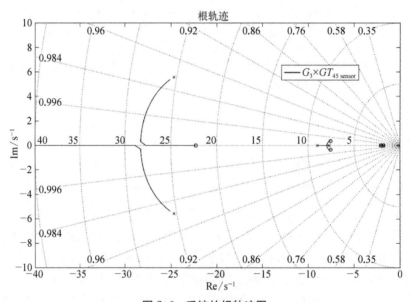

图 8.6　系统的根轨迹图

　　为了避免这一现象出现,可考虑频域校正的方法设计限制控制器,避免出现积分环节,通过损失了无偏跟随性的代价,换回消除频繁切换的收益,同时可考虑采用高回路增益的控制器将偏差降到允许的范围。设限制控制器采用纯比例环节,比例增益为 500 时,开环伯德图如图 8.7 所示。其稳态增益约 40 dB,对阶跃参考信号的稳态误差约 1%,但穿越频率为 3 790 rad/s,高频降噪能力明显不足,应进行滞后补偿,同时考虑幅频特性在穿越 0 dB 线时尽可能平缓,以获得较好的动态特性要求,采用滞后-超前校正,即

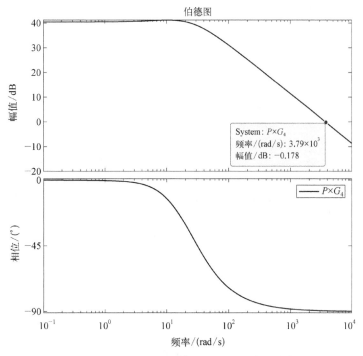

图 8.7　比例增益 P 取 500 时,开环系统的伯德图

$$P(s) = 500 \cdot \frac{(s^2 + 2 \cdot 10s + 10^2)/10^2}{s^2 + 2s + 1}$$

校正后的开环传递函数伯德图如图 8.8 所示,可知闭环系统的相位裕度为 103°,穿越频率为 30.5 rad/s,保证了系统的稳定性,同时具有较好的高频降噪能力。

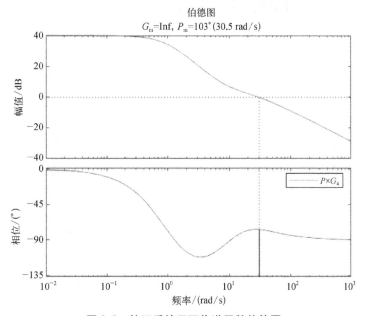

图 8.8　校正后的开环传递函数伯德图

校正后的闭环传递函数具有低通滤波特性,其伯德图如图 8.9 所示,带宽为 21.8 rad/s。

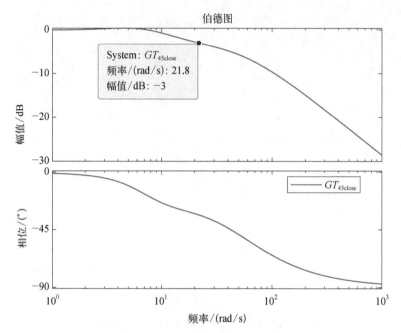

图 8.9　校正后的闭环传递函数伯德图

8.3　仿 真 验 证

8.3.1　基于线性模型的限制保护控制验证

T_{45} 限制保护控制器的 Simulink 图如图 8.10 所示。

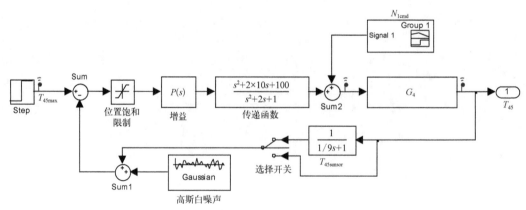

图 8.10　T_{45} 限制保护控制器的 Simulink 图

给参考指令 $T_{45\max}$ 加入单位阶跃信号,$N_{1\mathrm{cmd}}$ 指令作为干扰输入加在求和点 Sum2 处,使干扰逐渐增加,如图 8.11 所示,以使系统的输出 T_{45} 超出 T_{45max},同时在温度传感器上加入方差为 0.001 的高斯白噪声,如图 8.12 所示。

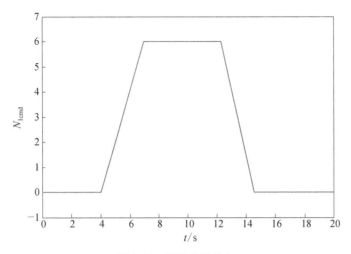

图 8.11　干扰信号输入

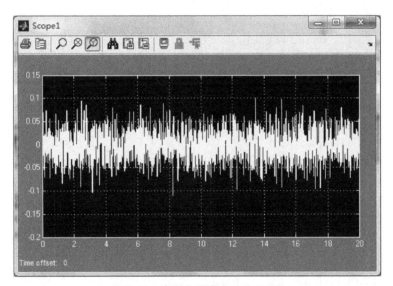

图 8.12　高斯白噪声方差为 0.001

限制保护的效果如图 8.13 所示。

同理,设计 P_{3s} 和 N_2 的限制保护控制器如表 8.1 所示。

表 8.1　各限制保护控制器

T_{45}	P_{3s}	N_2
$\dfrac{5s^2+100s+500}{s^2+2s+1}$	$\dfrac{20s+100}{0.012\,5s^3+1.018s^2+1.426s+1}$	$\dfrac{100s^2+1\,000s+2\,500}{0.5s^3+26s^2+50.5s+25}$

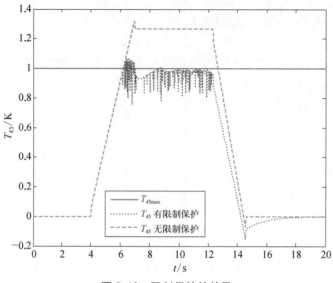

图 8.13 限制保护的效果

8.3.2 基于非线性模型的限制保护控制验证

以大涵道比涡扇发动机非线性模型为对象,建立控制系统仿真平台,其顶层管理部分如图 8.14 所示。

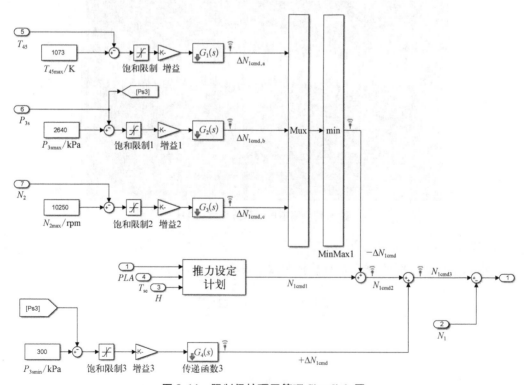

图 8.14 限制保护顶层管理 Simulink 图

推力设定计划模块输入指令如图 8.15 所示。

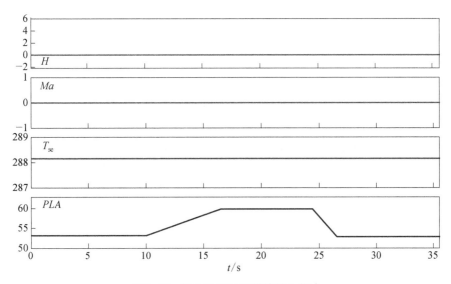

图 8.15　推力设定计划模块输入指令

仿真时间 36 s,高压转子转速响应如图 8.16 所示,被限制在了 10 250 rpm,与给定的限制值一致。

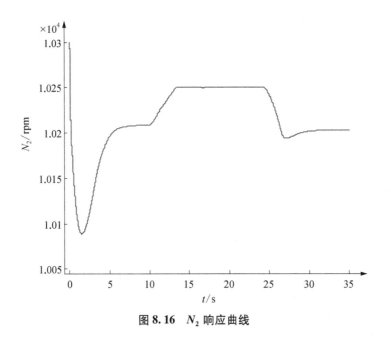

图 8.16　N_2 响应曲线

P_{3s} 没有超过限制值,如图 8.17 所示。

T_{4s} 没有超过限制值,如图 8.18 所示。

低压转子转速响应如图 8.19 所示,从图可知,在初始阶段,被保护的几个参数都超过

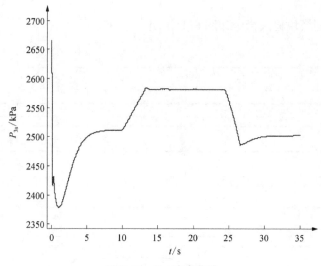

图 8.17 P_{3s} 响应曲线

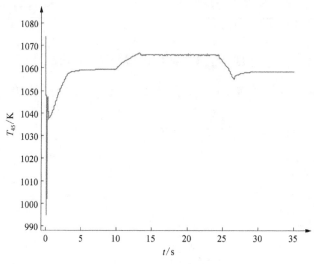

图 8.18 T_{4s} 响应曲线

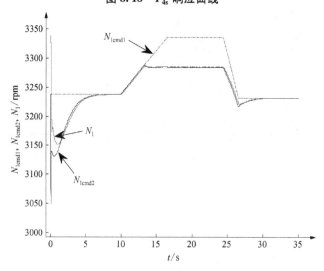

图 8.19 低压转子转速响应曲线

了限制值,各限制保护控制器开始起作用,通过低选选中最低值加在 N_{1cmd1} 上得到 N_{1cmd2}, N_{1cmd2} 小于 N_{1cmd1},在 13~23 s 期间, N_2 超过了限制值,限制保护控制器开始起作用,导致 N_{1cmd2} 再次小于 N_{1cmd1},使低压转子转速跟踪 N_{1cmd2},对 N_2 起到了限制保护作用。

第 9 章
控制系统设计综合

为了在全飞行包线内完成飞机特定的飞行任务,航空发动机作为动力装置在不同的飞行条件、不同的飞行状态为飞机提供不同的推力,推力的变化必须借助于发动机状态的变化才能实现,航空发动机控制系统通过飞机对发动机推力的需求,按照控制计划完成对发动机燃油流量、变几何参数的不同功能的调节,控制发动机的状态实现对推力的伺服控制。航空发动机的工作状态有稳态和过渡态两大部分,稳态又包括慢车状态、节流状态、中间状态、部分加力状态和最大加力状态,过渡态包括起动加速、慢车以上加速、减速,发动机在任何工作状态都不允许超出不同物理参数的安全边界限制值,如高低压转子转速的最大极值、高压涡轮进口总温的最大极值、高压压气机出口总压的最大最小极值、风扇喘振裕度极值、高压压气机喘振裕度极值、燃烧室富油、贫油熄火极值等,因此,发动机控制系统主要包括稳态控制、过渡态控制和极值限制保护控制三大组成部分,三大控制部分共同协同工作完成对发动机状态的控制。

根据飞机的飞行任务,需要发动机工作在不同的状态,这就需要对稳态和过渡态进行控制,同时,由于状态变化的需求,还需要对稳态和过渡态的频繁切换进行控制。过渡态控制的特点是要求发动机能够快速地从一个状态过渡到另一个状态,期间不允许出现发动机工作参数超出各自极值限制的安全边界,因此,在过渡态控制中,稳态控制、过渡态控制和极值限制保护控制都会参与工作,过渡态控制是对各类控制器和决策逻辑的综合。

在对稳态控制器和加减速及起动控制器进行综合时,一个关键问题需要解决,即积分饱和问题,积分饱和在不同的带有积分项的控制器切换时或控制器的输出受到执行机构的最大位移限制或速率限制时会发生,无论哪种情况,反馈偏差非零且符号同号,就会使控制器的积分项输出一直保持增加。为了避免积分饱和,当积分饱和现象发生时,应该冻结或者向下减小积分项的输出。

本章讲授控制系统设计的综合方法,以大涵道比涡扇发动机完成一次完整的飞行任务为典型案例,在前几章的基础上补充过渡态控制中的非线性饱和抑制方法、发动机几何调节方法等,内容包括慢车以上加减速控制中的抗积分饱和方法、起动加速控制中的积分冻结方法、高压压气机进口导叶调节(variable stator vane,VSV)、增压级后放气(variable bleed valve,VBV)、高压压气机后瞬态放气(transient bleed valve,TBV)控制规律设计等,最后完成大涵道比涡扇发动机控制系统的综合设计。

9.1　过渡态控制中的非线性饱和抑制方法

9.1.1　慢车以上加减速控制中的抗积分饱和方法

N_2dot 控制不能单独进行过渡态加速控制,需要辅助安全边界保护控制以配合协同工作才能发挥其作用,辅助配合的模式有三种,其一是采用极值限制保护的方式;其二是采用加减速油气比限制保护的方式;其三是极值限制保护与加减速油气比限制保护都采用的方式。对于第二种和第三种辅助配合模式,其决策逻辑为首先对主控回路的稳态控制输出与 N_2dot 加速输出低选,再与加速油气比计划输出低选,再与 N_2dot 减速输出高选,再与减速油气比计划高选,决策输出的燃油流量控制指令再经过执行机构的速率饱和高低选和执行机构的位置饱和高低选,最后输出的燃油流量通过燃油分配器经喷嘴喷出到燃烧室。上述燃油流量的输出过程反映了多模式控制中的选择逻辑必然出现的模式切换问题。如果在 N_2dot 闭环控制回路中有积分环节,如采用了 PID 控制,由于有积分环节,在切换过程中要进行积分冻结,积分冻结后燃油流量的输出情况如图 9.1 所示,由图可见,积分冻结使 N_2dot 计划在第一次起作用后退出工作并被冻结,在第二次加速时,此时积分器的输出还维持在上一次加速结束时的值,使得 N_2dot 计划失效。

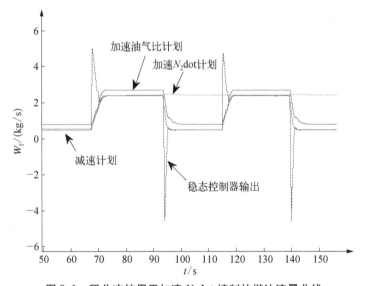

图 9.1　积分冻结用于加速 N_2dot 控制的燃油流量曲线

变结构 PID(variable structure proportional integral differential, VSPID)抗积分饱和加速控制器基本结构如图 9.2 所示。

抗积分饱和算法为

$$\dot{\eta} = \begin{cases} \alpha(u_s - u_n)/K_i, \ u_n \neq u_s \quad \text{且 } u_n - \bar{u} > 0 \\ e, \qquad\qquad\qquad\qquad\qquad \text{其他} \end{cases} \tag{9.1}$$

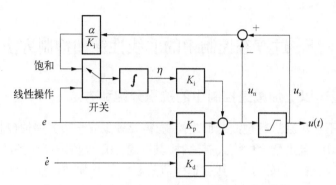

图 9.2　变结构 PID 抗积分饱和控制器的基本结构

其中，α 为反馈回路的时间常数的倒数；$\bar{u} = 0.5(u_{\text{steady}} + u_{\text{dec}})$；$u_n$ 为加速 $N_2\text{dot}$ 控制器的输出，饱和模块代表稳态、油气比加减速的输出。

对于加速 $N_2\text{dot}$ 控制器，$u_{\max}$ 是稳态控制器输出的变化燃油流量指令 W_{fsteady}，$u_{\min}$ 就是减速油气比计划输出的变化燃油流量指令 W_{fdec}，逻辑选择顺序是首先 u_n 与 W_{fsteady} 以及 W_{facc} 低选，再与 W_{fdec} 高选，最后输出的 W_{fcmd} 即是 u_s。进入抗饱和积分的逻辑条件如果仅为 $u_n \neq u_s$ 的条件，则当减速时会出现 $W_{\text{fsteady}} < W_{\text{fdec}}$，这时 $u_{\max}$ 为 W_{facc}，$u_{\min}$ 为 W_{fsteady}，$\min(W_{\text{fsteady}}, W_{\text{facc}})$ 为 W_{fsteady}，u_s 为 W_{fdec}，抗饱和积分一直工作，u_n 会去跟踪 u_s，当 W_{fsteady} 再次回到 W_{fdec} 线以上后，由于 u_n 首先和 W_{fsteady} 以及 W_{facc} 低选，然后再与 W_{fdec} 高选，有可能会导致此时 u_s 选择 W_{fdec} 而不是 W_{fsteady}，过一段时间才能选中 W_{fsteady}，如图 9.3 所示。

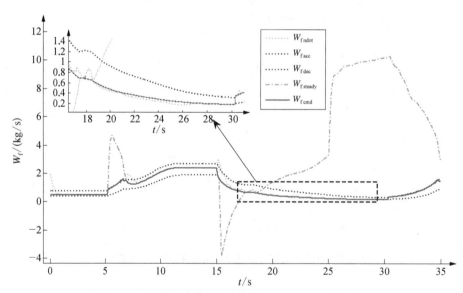

图 9.3　进入抗饱和积分逻辑条件仅为 $u_n \neq u_s$ 的情况

上述进入抗饱和积分的逻辑条件改为同时满足 $u_n \neq u_s$ 和 $u_n - \bar{u} > 0$，则上述情况下，仿真曲线如图 9.4 所示，不会出现上述问题。

由于直接 $N_2\text{dot}$ 控制反馈的转子加速度是通过对转速微分获得的，转速传感器噪声会被微分器放大，必须设计滤波器抑制噪声，但噪声和转子加速度信号的频带不是完全独

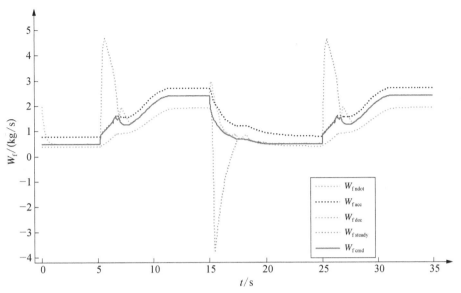

图 9.4 进入抗饱和积分逻辑条件为 $u_n \neq u_s$ 和 $u_n - \bar{u} > 0$ 同时成立的情况

立分开的,滤高频噪声不能对有用信号造成太大的损失,因此,高频噪声并不能完全滤掉,剩下的未滤掉的噪声在对多种模态选择时,通过 N_2dot 控制回路对稳态控制器的输出带来未滤掉噪声的干扰影响。N_2dot 加减速控制和稳态控制的输出曲线如图 9.5 所示。

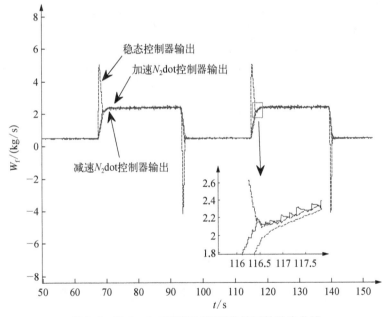

图 9.5 N_2dot 加减速控制和稳态控制的输出曲线

这种"紧贴"式的跟随会使 N_2dot 控制器传入的噪声影响到稳态控制器的输出,经过高低选逻辑决策后的燃油流量指令曲线如图 9.6 所示。

为了避免这种现象发生,抗积分饱和 VSPID 加速 N_2dot 控制器结构设计为

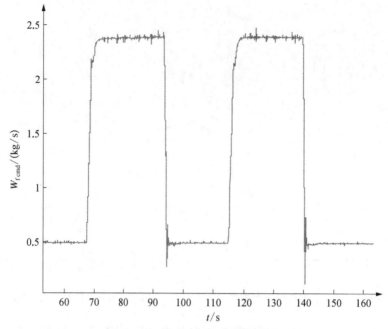

图 9.6　高低选后的燃油流量指令曲线

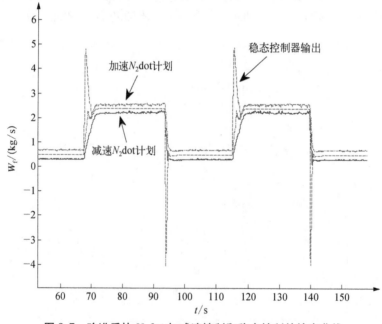

图 9.7　改进后的 $N_2\mathbf{dot}$ 加减速控制和稳态控制的输出曲线

$$\dot{\eta} = \begin{cases} \alpha(u_{\mathrm{s}} - u_{\mathrm{n}} + \Delta W_{\mathrm{f}})/K_{\mathrm{i}}, & u_{\mathrm{n}} \neq u_{\mathrm{s}} \quad \text{且} \quad u_{\mathrm{n}} - \bar{u} > 0 \\ e, & \text{其他} \end{cases} \quad (9.2)$$

选取合理的 $\Delta W_{\mathrm{f}} > 0$ 的值就能避免稳态控制器的输出在稳态时不被 $N_2\mathrm{dot}$ 控制器引入的噪声污染,对于减速 $N_2\mathrm{dot}$ 控制器, $\Delta W_{\mathrm{f}} < 0$。 这样使得加减速计划输出的燃油值在

稳态时与稳态控制器的输出是分离开的,正如采用油气比计划一样,在动态时还能保持之前的加速限制效果,既消除了稳态的不利影响,又保持了加减速较为平滑的切换性能,改进后的 N_2dot 加减速控制和稳态控制的输出曲线如图 9.7 所示,改进后的高低选后的燃油流量指令如图 9.8 所示,图中 ΔW_f 取 ± 0.2 kg/s。

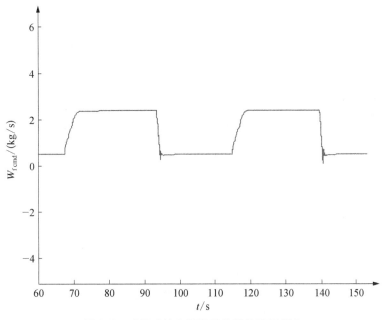

图 9.8　改进后的高低选后的燃油流量指令

9.1.2　起动加速控制中的积分冻结方法

采用积分冻结逻辑的 N_2dot 起动加速控制逻辑如图 9.9 所示。

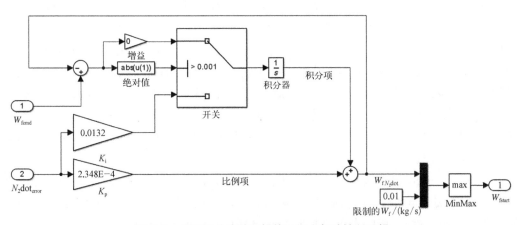

图 9.9　采用积分冻结逻辑的 N_2dot 起动控制逻辑

　　燃油流量指令曲线如图 9.10 中的曲线 b 所示,在 $5\sim20$ s 之间燃油流量指令一直保持 0.01 kg/s,表明控制器被高选选择器限制,如果将起动最小燃油流量的限制值改为 0,则

燃油流量指令曲线如图9.10中的曲线 a 所示,分析供油曲线 a 和 b 的差异如下:

(1) 燃烧室开始工作的时刻不一致;

(2) 起动 PI 控制器真正投入工作的时间不一致。

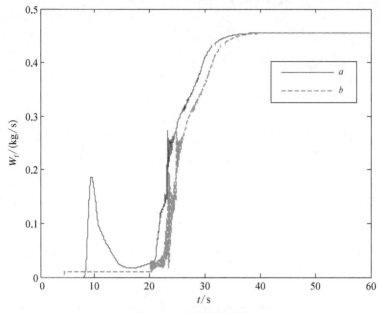

图 9.10　起动供油曲线

导致燃烧室开始工作的时刻不一致的原因是,对于 a 来说,当转子转速达到点火转速时(对应图中第4秒),FADEC 将控制权交给 N_2dot 的 PI 控制器,但此时由于转子加速度大于指令值,使得 PI 控制器输出一个负的燃油流量指令,高选后燃油流量指令保持为0,即燃烧室仍未工作。

导致起动 PI 控制器真正投入工作的时间不一致的原因有两种情况,其一是控制器比例增益过小;其二是积分项被冻结。如曲线 b,当控制器本该给出一个上升的燃油时(对应此时 N_2dot 偏差为正),由于比例增益过小,使得控制器输出小于限制值 0.01 kg/s,继而使得积分冻结逻辑判断出当前 PI 控制器输出与实际燃油流量指令不一致从而继续冻结积分项,直到在大约第20秒时,转子加速度已经比指令值足够小时,即偏差值足够大时,使得 PI 控制器的比例项的输出值大于限制值0.01 kg/s,控制器才真正投入工作,控制器中比例项的输入与输出如图9.11所示,此时积分项才开始积分,控制器输出与限制值的关系如图9.12所示。

根据以上分析可获得如下三种可选方案: 方案① 增加比例增益;方案② 改积分冻结为积分跟随;方案③ 将起动时刻的燃油限制值设为0,点火时刻由 Ndot 控制器决定,当加速度第一次小于指令值时,才开始供油,但需要考虑与点火失败逻辑的协调问题。

对于方案①,增加控制器的比例增益会降低系统的稳定裕度,且增加多少合适无法确定。

对于方案②,将 PI 控制器的抗饱和方法由积分冻结改为积分跟随,如上一节所述的 VSPID 方法,当燃油流量指令与控制器输出偏差大于 0 时,控制器即投入工作,通过增加

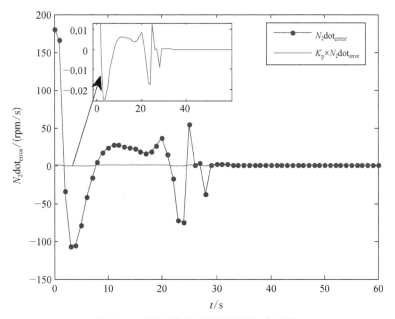

图 9.11　控制器中比例项的输入与输出

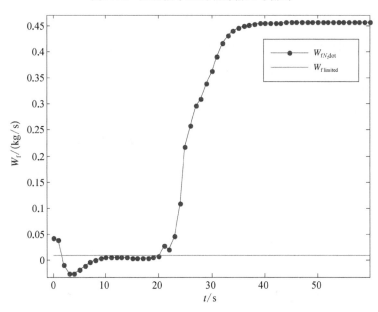

图 9.12　控制器输出与限制值的关系

燃油流量对偏差进行调节,能够使转子加速度跟随指令进行起动加速。

对于方案③,当转子加速度在控制器调节过程中如果有过大的振荡,会使控制器输出的燃油流量指令小于 0,被高选后输出为 0,燃油流量指令变为 0,这会导致在起动过程中燃烧室再次熄火。

综上分析,方案 2 合适,即将图 9.9 中的选择开关的第一路输入的增益改为一个大于零的数 W_n,如 $W_n = 4$,当判断出控制器的输出被限制后使其在大约 $\dfrac{4}{W_n}$s 内能够跟踪上实际的燃油流量指令,积分冻结方案改为积分跟随方案的起动供油对比曲线如图 9. 13 所示。

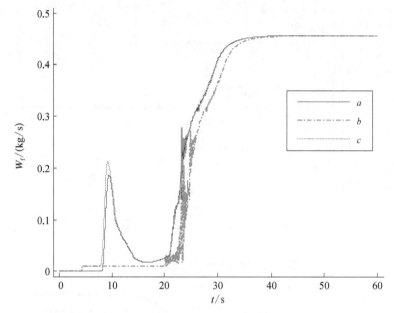

图 9. 13　积分冻结方案改为积分跟随方案的起动供油曲线对比

a: 积分跟随方案起动供油指令输出;b: 积分冻结方案起动供油指令输出;c: 积分跟随方案控制器输出供油

9.2　放气、几何导叶调节控制规律

可旋转导流叶片和静子叶片调节方法优点突出,不仅可以达到防喘目的,而且非设计点效率高,还可改善发动机的加速性,故这种防喘调节机构广泛应用于高增压比发动机的压气机设计中。

为了分析方便,本节只考虑增压级后放气(VBV),高压压气机后放气(TBV),以及高压压气机进口导叶调节(VSV)的控制规律。

9.2.1　VSV 控制规律

高压压气机可变静叶角度调节 VSV 控制目的在于稳态工作时用以增加高压压气机效率,过渡态工作时用以提高高压压气机稳定裕度,在加速、减速或低转速状态,VSV 优化了高压压气机效率,改善了发动机过渡态工作的喘振裕度。

VSV 控制效果如图 9. 14 所示,横坐标为高压压气机出口空气流量,纵坐标为高压压气机压比。开始发动机在慢车稳态点工作,从慢车状态沿着 1 号加速线加速过程中,当高压转子换算转速达到 30%时开始打开 VSV,当达到 87%时全部打开 VSV,最后加速到最大稳定状态;若不加入 VSV 控制,将沿 2 号轨迹进入喘振区;从最大稳定状态沿着 3 号线减速过程中,当高压转子换算转速下降到 87%时开始关闭 VSV,当下降到 30%时全部关闭

VSV,最后减速到慢车状态;实施 VSV 控制的稳态工作线如图中的 4 号线。

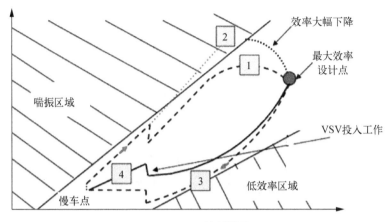

图 9.14　VSV 控制效果图

VSV 可变静叶角度调节高压压气机进口导向角和前 3 级静叶角度,是高压转子转速 N_2 和高压压气机进口总温 T_{25} 或风扇进口总温 T_2 的函数。当发动机工作在高转速区域或处于加速过渡状态时,VSV 打开;当发动机工作在低转速区域或处于减速过渡状态时,VSV 关闭,$-25°$对应 VSV 全关位置。VSV 调节规律如图 9.15 所示。

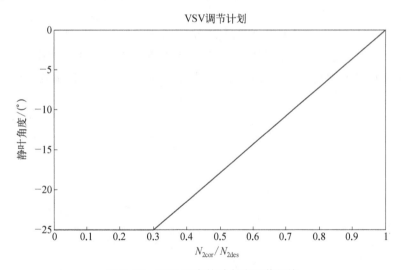

图 9.15　VSV 可变静叶角度调节规律

稳态、加速、减速 VSV 控制计划按高压转子换算转速设计,分别如下:

$$VSV_{ss} = f_{ss, VSV}(N_{2cor}) \tag{9.3}$$

$$VSV_{acc} = f_{acc, VSV}(N_{2cor}) \tag{9.4}$$

$$VSV_{dec} = f_{dec, VSV}(N_{2cor}) \tag{9.5}$$

其中,$N_{2cor} = N_2 \sqrt{\dfrac{288.15}{T_2}}$。

VSV 小闭环控制原理如图 9.16 所示。

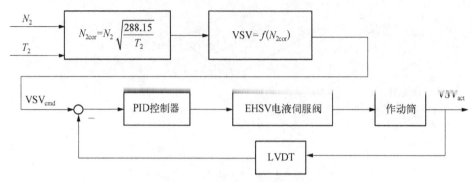

图 9.16　VSV 小闭环控制原理图

9.2.2　VBV 控制规律

增压级后放气 VBV 控制目的在于当处于加速、减速或低转速状态时,要求增压级压气机以最优方式工作,提高增压级压气机喘振裕度,使推力保持最佳状态。在减速过程中或低状态下,若不采用 VBV 放气,由于增压级压气机的出口流量下降的程度比增压级压气机压比下降的程度大得多,导致增压级压气机出口空气流量和出口压力不协调,会使增压级压气机喘振裕度降低。

VBV 控制效果如图 9.17 所示,横坐标为增压级压气机出口空气流量,纵坐标为增压级压气机压比。开始发动机在慢车稳态点工作,从慢车状态沿着 1 号加速线加速过程中,当高压转子换算转速达到 61% 时开始关闭 VBV,当达到 85% 时全部关闭 VBV,若不加入 VBV 控制,将沿 2 号轨迹进入低效工作区;从最大稳定状态沿着 3 号线减速过程中,当高压转子换算转速下降到 85% 时开始打开 VBV,当下降到 61% 时全部打开 VBV,若不加入 VBV 控制,将沿 4 号轨迹进入喘振区。实施 VSV 控制的稳态工作线如图中的 5 号线。

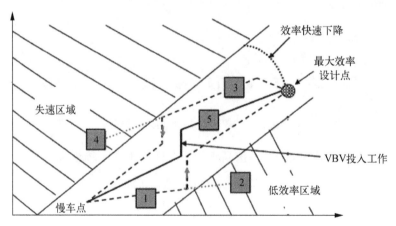

图 9.17　VBV 控制效果图

在增压级压气机出口与高压压气机进口之间设计 VBV 调节装置,在低状态下,VBV 全开,将增压级压气机出口空气部分放出到外涵道中,以防止失速的发生,同时具有防止水和外来物进入到高压压气机中的功能,30°对应 VBV 全开位置,放气 10%,全部引入外涵道。增压级后放气 VBV 调节规律如图 9.18 所示,稳态、加速态、减速态的 VBV 控制规律通过开环控制实现。

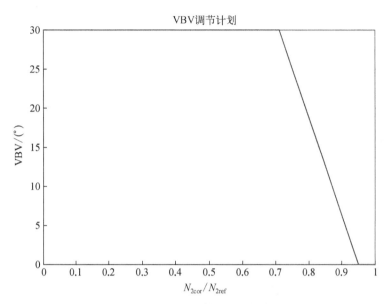

图 9.18 增压级后放气 VBV 调节规律

稳态、加速、减速 VBV 控制计划按高压转子换算转速设计:

$$\text{VBV}_{\text{ss}} = f_{\text{ss, VBV}}(N_{\text{2cor}}) \tag{9.6}$$

$$\text{VBV}_{\text{acc}} = f_{\text{acc, VBV}}(N_{\text{2cor}}) \tag{9.7}$$

$$\text{VBV}_{\text{dec}} = f_{\text{dec, VBV}}(N_{\text{2cor}}) \tag{9.8}$$

其中,$N_{\text{2cor}} = N_2 \sqrt{\dfrac{288.15}{T_2}}$。

VBV 小闭环控制原理图如图 9.19 所示。

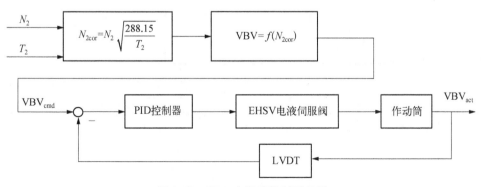

图 9.19 VBV 小闭环控制原理图

9.2.3 TBV 控制规律

高压压气机后瞬态放气 TBV 控制目的在于发动机起动或加速过渡态改善高压压气机喘振裕度。高压压气机后放气 TBV 调节规律如图 9.20 所示,30°对应 TBV 全开位置,放气 5%,该部分气流全部引入于高低压涡轮间。

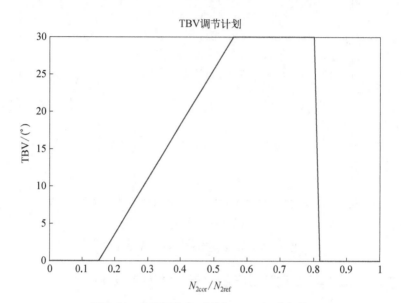

图 9.20　高压压气机后放气 TBV 调节规律

从高压压气机出口向飞机客舱的引气量根据需求而定,如 0.75 kg/s。
TBV 控制计划按高压转子换算转速设计:

$$TBV = f_{TBV}(N_{2\,cor}) \tag{9.9}$$

TBV 小闭环控制原理图如图 9.21 所示。

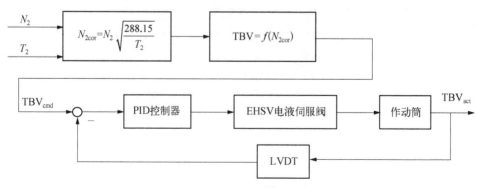

图 9.21　TBV 小闭环控制原理图

9.3 控制系统设计综合

大涵道比涡扇发动机控制系统设计综合仿真平台,考虑了各传感器和执行机构动态,传感器动态特性如表9.1所示。

表9.1 传感器动态特性

序　号	名　称	结　构	带　宽
1	N_2	开环	50 rad/s
2	N_1	开环	50 rad/s
3	P_3	开环	25 rad/s
4	P_5	开环	25 rad/s
5	T_5	开环	9 rad/s
6	T_{25}	开环	9 rad/s
7	P_{25}	开环	25 rad/s
8	T_3	开环	9 rad/s
9	T_{case}	开环	9 rad/s
10	T_4	开环	9 rad/s
11	T_{45}	开环	9 rad/s

执行机构动态如表9.2所示

表9.2 执行机构动态特性

序　号	名　称	结　构	带　宽
1	W_f	小闭环	25 rad/s
2	VBV	小闭环	23 rad/s
3	VSV	小闭环	23 rad/s
4	TBV	小闭环	23 rad/s

首先在发动机建模方面,考虑了发动机各部件的容腔效应,利用通过流量平衡和能量平衡建立的容腔动力学公式将迭代模型中的隐式平衡方程变成了显式的微分方程,从而建立了非迭代的发动机非线性模型。模型是在 MATLAB\Simulink 环境下建立的,该环境提供的图形用户界面、库模块、自带的求解器以及可以自动生成 C 代码的 RTW 工具给发动机建模和控制系统的设计带来了极大的方便。将发动机模型转成 s 函数后,可以大大提高模型的仿真速度,提高了控制律设计调试的效率。

其次,在已有的涡扇发动机慢车以上部件特性及其稳态、过渡态非线性模型基础上,利用慢车以上部件特性对低转速部件特性进行外扩,通过指数平衡法外推出了慢车以下的部件特性,获得了完整的从起动到最大状态的民用涡扇发动机部件特性,通过简单的功率修正以及对几个关键截面的压力进行限制,考虑涡扇发动机起动过程的特点,按部件法非线性模型建模原理补充完善了起动状态的非线性模型。

进而采用小偏差线性化法以非线性模型为基础建立了状态空间线性模型,并结合调度变量法建立了大偏差线性参数变量 LPV(linear parameter variable)模型;为了提高全包线实时线性模型的精度,采用对飞行包线分区域建立稳态数据库的方法,按不同的飞行区域建立区域 LPV 模型,在全包线工作仿真时,按工作区域的标号运行区域 LPV 模型,以获得连续的全包线实时线性模型。

建立的实时模型能模拟全包线范围内发动机起动过程和慢车以上加减速过程;能模拟 VSV/VBV/TBV 等可变几何的影响;能模拟起动机、引气、功率提取等对发动机性能的影响。

为仿真验证控制系统的功能、性能、安全限制等设计的正确性,拟定的飞行任务如图 9.22 所示。图中大涵道比涡扇发动机从 A 点起动,滑跑至 B 点起飞,到达 C 点开始巡航,然后降落至 D,最后滑跑至 A 点终止。

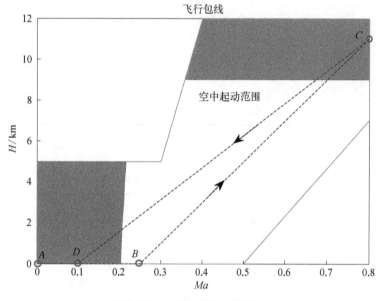

图 9.22　一次完整的飞行任务

大涵道比涡扇发动机控制系统如图 9.23 所示,系统功能模块主要包括起动控制、加减速控制、推力设定、顶层管理(限制保护)、几何调节以及发动机非线性模型六大部分,按上述系统功能模块在 Simulink 上建立的双轴涡扇发动机控制系统设计综合全数字仿真平台进行控制系统的功能、性能、安全限制仿真验证。

飞行高度、飞行马赫数、地面环境温度及油门杆输入信号如图 9.24 所示。

风扇、增压级压气机、高压压气机喘振裕度的响应曲线如图 9.25 所示。

高压压气机进、出口总温、高压涡轮进口总温响应曲线如图 9.26 所示。

高压涡轮机匣温度、出口总温、低压涡轮出口总温响应曲线如图 9.27 所示。

高压压气机进口总压、出口静压、低压涡轮出口总压响应曲线如图 9.28 所示。

低压转子转速指令、低压转子和高压转子转速响应曲线如图 9.29 所示。

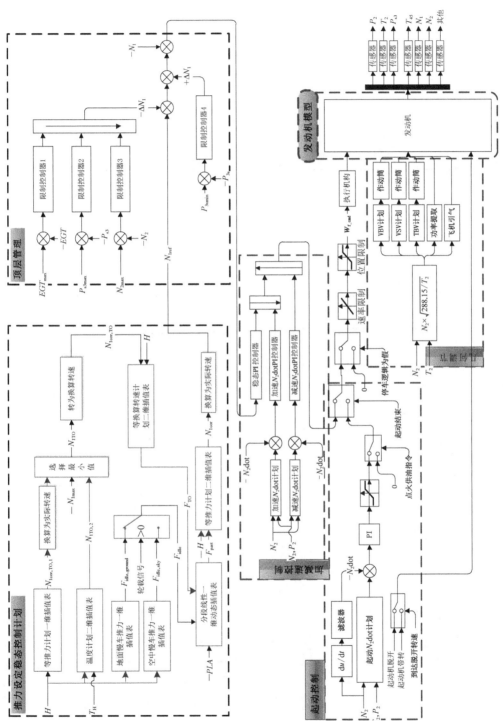

图 9.23 大涵道比涡扇发动机控制系统

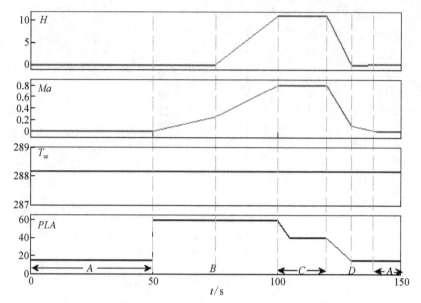

图 9.24 飞行高度、飞行马赫数、地面环境温度及油门杆输入信号

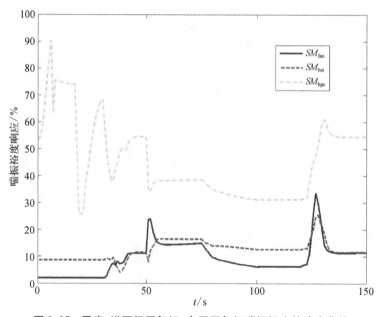

图 9.25 风扇、增压级压气机、高压压气机喘振裕度的响应曲线

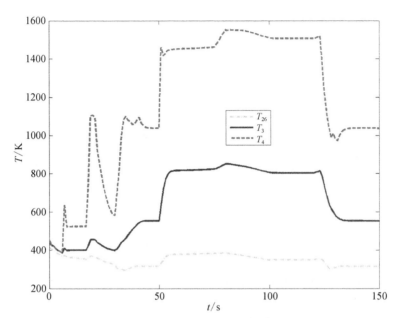

图 9.26　高压压气机进、出口总温、高压涡轮进口总温响应曲线

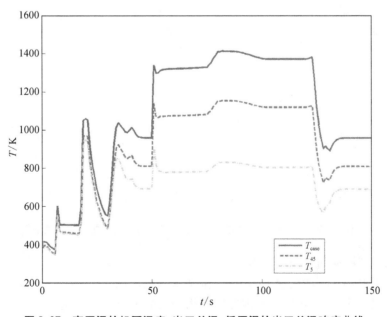

图 9.27　高压涡轮机匣温度、出口总温、低压涡轮出口总温响应曲线

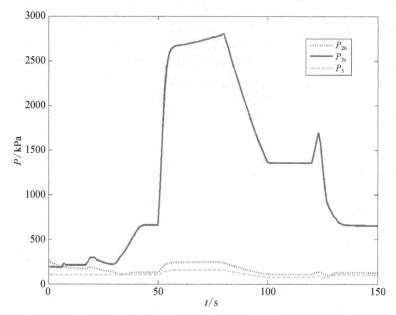

图 9.28　高压压气机进口总压、出口静压、低压涡轮出口总压响应曲线

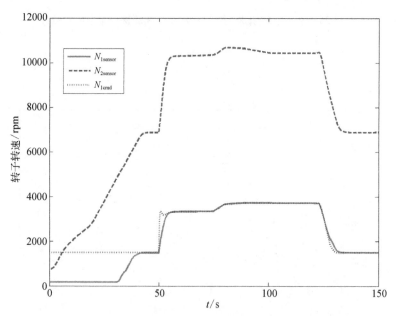

图 9.29　低压转子转速指令、低压转子和高压转子转速响应曲线

发动机推力响应曲线如图 9.30 所示。

发动机单位推力燃油耗油率响应曲线如图 9.31 所示。

仿真结果表明,在全包线范围内发动机物理参数没有发生超温、超压及喘振等现象,地面起动时间为 45 s,从慢车到最大状态的过渡时间小于 6 s,且高低压转子转速没有超调。

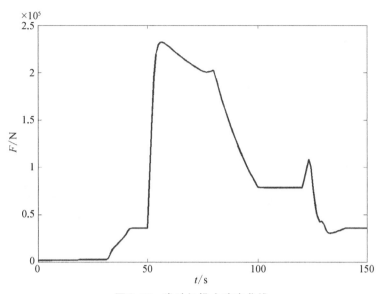

图 9.30　发动机推力响应曲线

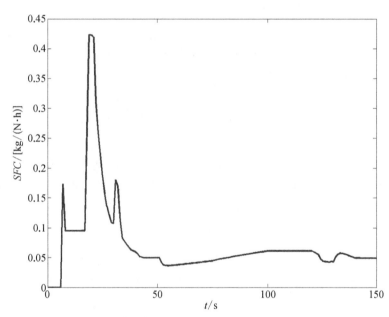

图 9.31　发动机燃油耗油率响应曲线

第 10 章
直接推力控制

    航空发动机作为飞机的动力装置,为每一次的飞行任务提供飞机所需的推力,要求对推力按飞机不同飞行姿态、飞行轨迹对推力的需求进行伺服控制。然而,由于飞行过程中无法对推力测量,一直以来只能采用传统的转速控制、发动机压比控制等方法间接地实现对推力的控制,随着航空发动机技术水平的不断提高,采用机载发动机推力模型可以实时计算发动机推力,从而为实现直接推力控制建立了基础条件。间接推力控制是一种对推力的近似控制方法,总存在一定的转换误差,而直接推力控制不存在其他物理量转换为推力的误差,因此,直接推力控制的伺服性能将大大提高,对现代和未来高性能航空发动机的发展具有重要意义。

    本章以某型双转子喷口不可调涡扇发动机为被控对象,讲授直接推力控制的方法,内容包括直接推力控制结构、内环控制、外环控制的设计方法。

10.1 直接推力控制结构设计

    直接推力控制采用外环控制推力、内环控制高压转子转速的双环控制结构方案如图 10.1 所示。发动机机载实时模型根据飞行条件和驾驶员操作的油门杆实时计算发动机推力,作为参考信号给外环提供期望推力指令,以机载发动机推力估算器的输出估算推力作为反馈值,与推力指令形成推力偏差,通过外环抗积分饱和 PID 控制器进行伺服跟踪推

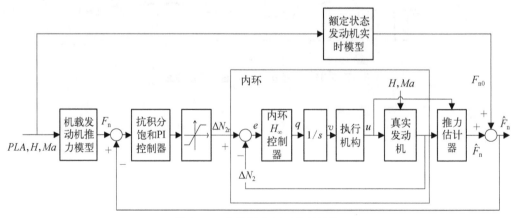

图 10.1 直接推力双环控制结构

力性能的调节,并经过高压转子转速饱和限制形成内环期望高压转子转速指令信号,与发动机实际转速的反馈值进行比较,形成内环控制偏差,内环控制器采用带位置饱和限制和速率饱和限制的综合 H_∞ 控制算法,对增广的被控对象(内嵌积分环节、执行机构、发动机)进行鲁棒稳定性、伺服跟踪转速性能、抗干扰性能的调节。

图 10.1 中,e 为转速的偏差信号;q 为 H_∞ 控制器输出信号;v 为积分器输出信号;u 为燃油输出信号。

直接推力控制设计采用先内后外的顺序进行设计,推力估计器需要发动机高压转子转速传感器和计量活门位移传感器作为输入对推力进行估计。

10.2　内　环　控　制

10.2.1　混合灵敏度/限制饱和 H_∞ 控制

内环控制结构如图 10.2 所示。

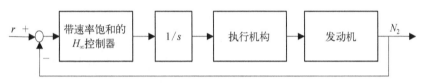

图 10.2　内环控制框图

实际航空发动机转速控制系统由于调节指令受到执行机构的物理限制,在调节过程中出现非线性饱和现象,如果饱和程度较大,闭环系统的稳定裕度减少,控制品质变差,严重时会丧失稳定性,在设计控制器时应予考虑。为此,内环控制采用具有特性饱和的 H_∞ 控制结构,同时考虑伺服跟踪性能和抗干扰性能,在控制回路中加入了积分环节。

涡扇发动机燃油流量执行机构主要包括高速占空比电磁阀、随动活塞和燃油流量计量活门,随动活塞位移与燃油流量的传递函数为

$$G_a(s) = \frac{0.023\,72s + 0.423\,5}{s^2 + 11.95s + 2.055}$$

执行机构稳态输入输出非线性特性如图 10.3 所示,函数关系为

$$W_f(x) = 31\,190\,000x^2 - 188\,500x + 331.7$$

燃油流量最大变化率为

$$\frac{dW_f(x)}{dx} = 158\,[\,kg/(s \cdot m)\,]$$

此值可作为燃油执行机构速率限制的设计条件,燃油执行机构结构如图 10.4 所示。

具有执行机构饱和特性的 H_∞ 标准控制结构如图 10.5 所示。图中,航空发动机被控对象为 G_e;执行机构为 G_a;灵敏度加权函数为 W_1;补灵敏度加权函数 W_3;位置控制加权

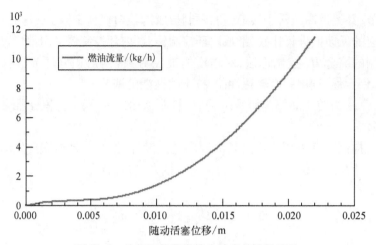

图 10.3　执行机构稳态输入输出非线性特性

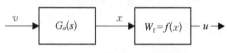

图 10.4　燃油执行机构结构

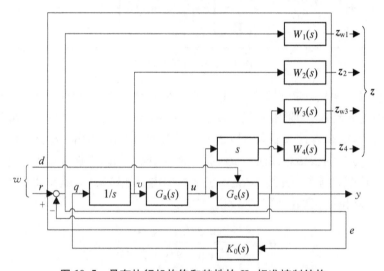

图 10.5　具有执行机构饱和特性的 H_∞ 标准控制结构

函数为 W_2；速率控制加权函数为 W_4。

航空发动机被控对象：

$$G_e: \begin{cases} \dot{x}_e = A_e x_e + B_e u \\ y = B_e x_e + D_e u \end{cases} \tag{10.1}$$

执行机构：

$$G_a: \begin{cases} \dot{x}_a = A_a x_a + B_a v \\ u = C_a x_a + D_a v \end{cases} \tag{10.2}$$

积分环节：

$$I: \dot{v} = q \tag{10.3}$$

灵敏度加权函数：

$$W_1: \begin{cases} \dot{x}_{w1} = A_{w1}x_{w1} + B_{w1}e \\ z_1 = C_{w1}x_{w1} + D_{w1}e \end{cases} \tag{10.4}$$

补灵敏度加权函数：

$$W_3: \begin{cases} \dot{x}_{w3} = A_{w3}x_{w3} + B_{w3}y \\ z_3 = C_{w3}x_{w3} + D_{w3}y \end{cases} \tag{10.5}$$

位置控制加权函数：

$$W_2: z_2 = k_2 v \tag{10.6}$$

速率控制加权函数：

$$W_4: z_4 = k_4 \dot{u} \tag{10.7}$$

其中，$e = r - y$；k_2 为位置加权系数；k_4 为速率加权系数。

定义广义被控系统状态向量为 $x = [x_e, \ x_a, \ v, \ x_{w1}, \ x_{w3}]^T$，干扰向量 $w = r$，性能评估输出向量 $z = [z_{w1}, \ z_2, \ z_{w3}, \ z_4]^T$，则广义被控对象 G 的状态空间实现可表示为

$$G: \begin{cases} \dot{x} = Ax + B_1 w + B_2 q \\ z = C_1 x + D_{11} w + D_{12} q \\ e = C_2 x + D_{21} w + D_{22} q \end{cases} \tag{10.8}$$

其中，

$$A = \begin{bmatrix} A_e & B_e C_a & 0 & 0 & 0 \\ 0 & A_a & B_a & 0 & 0 \\ 0 & 0 & 0 & 0 & 0 \\ -B_{w1}C_e & -B_{w1}D_e C_a & -B_{w1}D_e D_a & A_{w1} & 0 \\ B_{w3}C_e & B_{w3}D_e C_a & B_{w3}D_e D_a & 0 & A_{w3} \end{bmatrix}, \ B_1 = \begin{bmatrix} 0 \\ 0 \\ 0 \\ B_{w1} \\ 0 \end{bmatrix}, \ B_2 = \begin{bmatrix} 0 \\ 0 \\ I \\ 0 \\ 0 \end{bmatrix}$$

$$C_1 = \begin{bmatrix} -D_{w1}C_e & -D_{w1}D_e C_a & -D_{w1}D_e D_a & C_{w1} & 0 \\ 0 & 0 & k_2 & 0 & 0 \\ D_{w3}C_e & D_{w3}D_e C_a & D_{w3}D_e D_a & 0 & C_{w3} \\ 0 & k_4 C_a A_a & k_4 C_a B_a & 0 & 0 \end{bmatrix}, \ D_{11} = \begin{bmatrix} D_{w1} \\ 0 \\ 0 \\ 0 \end{bmatrix}, \ D_{12} = \begin{bmatrix} 0 \\ 0 \\ 0 \\ k_4 D_a \end{bmatrix}$$

$$C_2 = [-C_e \ \ -D_e C_a \ \ -D_e D_a \ \ 0 \ \ 0], \ D_{21} = [I], \ D_{22} = [0]$$

10.2.2 设计算例

双转子喷口不可调涡扇发动机的状态空间模型为

$$
\begin{bmatrix} \dot{N}_2 \\ \dot{N}_1 \end{bmatrix} = A_e \begin{bmatrix} N_2 \\ N_1 \end{bmatrix} + B_e [W_f]
$$

$$
N_2 = C_e \begin{bmatrix} N_2 \\ N_1 \end{bmatrix} + D_e [W_f]
$$

其中,

$$
A_e = \begin{bmatrix} -40.881 & 8.478 \\ 12.254 & 55.598 \end{bmatrix} \quad B_e = \begin{bmatrix} 71\,390 \\ 147\,972 \end{bmatrix}
$$

$$
C_e = \begin{bmatrix} 1 & 0 \end{bmatrix} \quad D_e = \begin{bmatrix} 0 \end{bmatrix}
$$

执行机构状态空间模型为

$$
A_a = \begin{bmatrix} 0 & 1 \\ -2.055 & -11.95 \end{bmatrix} \quad B_a = \begin{bmatrix} 0 \\ 1 \end{bmatrix}
$$

$$
C_a = \begin{bmatrix} 0.423\,5 & 0.023\,72 \end{bmatrix} \quad D_a = \begin{bmatrix} 0 \end{bmatrix}
$$

取 $\omega_B = 1.7$, $\alpha = 0.5$, $\varepsilon_S = 0.000\,1$, 则加权灵敏度函数为

$$
W_1(s) = 0.5 \frac{s + 1.7}{s + 0.000\,17}
$$

取 $\omega_B = 1.7$, $\beta = 0.2$, $\varepsilon_T = 0.000\,1$, 则加权补灵敏度函数为

$$
W_3(s) = 0.2 \frac{s + 1.7}{0.000\,17s + 1.7}
$$

位置饱和加权系数为

$$
k_2 = 10\,000
$$

速率饱和加权系数为

$$
k_4 = 1\,000
$$

基于 MATLAB 的 *hinflmi* 函数求解标准 H_∞ 设计问题,所求 H_∞ 控制器降阶后传递函数为

$$
K_0(s) = \frac{1.313 \times 10^{14} s^5 + 1.929 \times 10^{18} s^4 + 6.286 \times 10^{21} s^3 + 2.117 \times 10^{23} s^2 + 1.8 \times 10^{24} s + 3.273 \times 10^{23}}{s^6 + 1.482 \times 10^9 s^5 + 2.232 \times 10^{15} s^4 + 1.503 \times 10^{20} s^3 + 1.787 \times 10^{24} s^2 + 5.093 \times 10^{27} s + 3.611 \times 10^{29}}
$$

上述 H_∞ 控制器与积分环节合并,构成带有积分环节的 H_∞ 控制器,即

$$K(s) = \frac{1}{s}K_0(s)$$

$$= \frac{1.313 \times 10^{14}s^5 + 1.929 \times 10^{18}s^4 + 6.286 \times 10^{21}s^3 + 2.117 \times 10^{23}s^2 + 1.8 \times 10^{24}s + 3.273 \times 10^{23}}{s(s^6 + 1.482 \times 10^9 s^5 + 2.232 \times 10^{15}s^4 + 1.503 \times 10^{20}s^3 + 1.787 \times 10^{24}s^2 + 5.093 \times 10^{27}s + 3.611 \times 10^{29})}$$

闭环控制系统单位阶跃响应如图 10.6 所示，N_2 上升时间约 1.5 s，无超调。

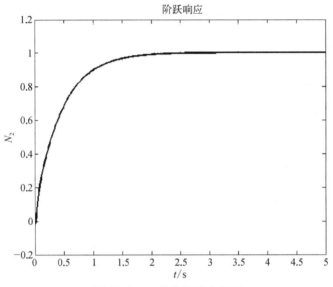

图 10.6　N_2 单位阶跃响应图

回路开环传递函数伯德如图 10.7 所示。

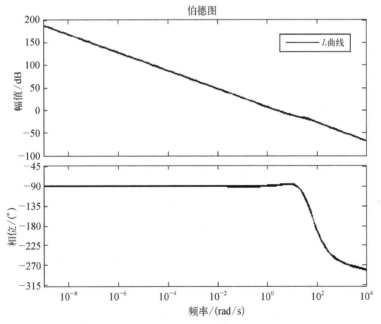

图 10.7　回路开环传递函数 L 伯德图

$S(s)$ 与 $1/W_1$ 的奇异值频谱曲线如图 10.8 所示,$T(s)$ 与 $1/W_3$ 的奇异值频谱曲线如图 10.9 所示。

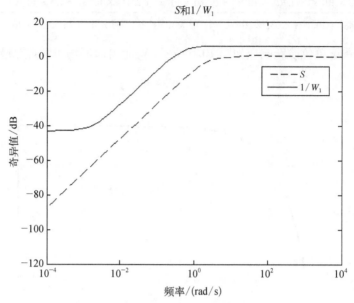

图 10.8 S 与 $1/W_1$ 的频率响应曲线

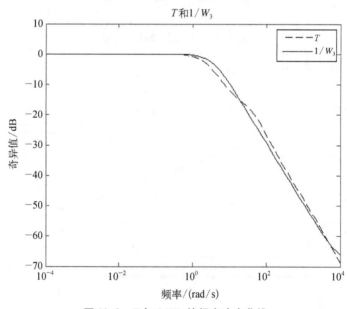

图 10.9 T 与 $1/W_3$ 的频率响应曲线

其次,把飞行包线内其他工况点模型作为设计点模型的摄动,分析系统的鲁棒性能。

选取 $H = 9\,\text{km}$, $Ma = 1.5$; $H = 10\,\text{km}$, $Ma = 0.8$; $H = 0.6\,\text{km}$, $Ma = 0.5$ 三种飞行状态工况点,参考输入 N_{2r} 为单位阶跃信号的 N_2 响应曲线如图 10.10 所示,在 $H = 9\,\text{km}$, $Ma = 1.5$, N_2 上升时间约 $1.6\,\text{s}$,无超调,在 $H = 10\,\text{km}$, $Ma = 0.8$, N_2 上升时间约 $0.7\,\text{s}$,无

超调,在 $H = 0.6\,\mathrm{km}$, $Ma = 0.5$, N_2 上升时间约 $0.4\,\mathrm{s}$,超调量约 3% 左右。

回路开环传递函数 L 伯德图如图 10.11 所示。闭环灵敏度函数 S 与权函数 $1/W_1$ 的频率响应曲线如图 10.12 所示,闭环补灵敏度函数 T 与权函数 $1/W_3$ 的频率响应曲线如图 10.13 所示。

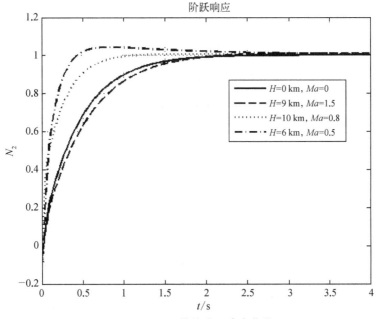

图 10.10 N_2 单位阶跃响应曲线

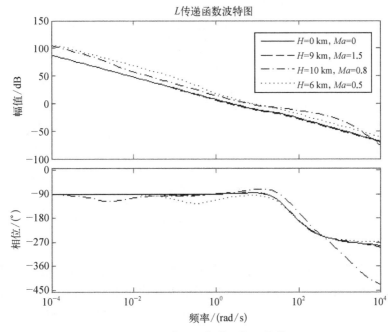

图 10.11 回路开环传递函数 L 伯德图

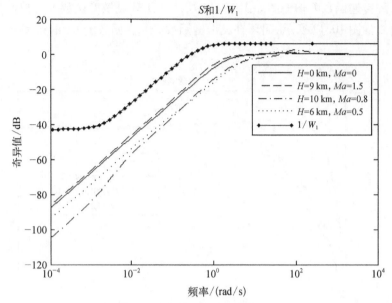

图 10.12　S 与 $1/W_1$ 的频率响应曲线

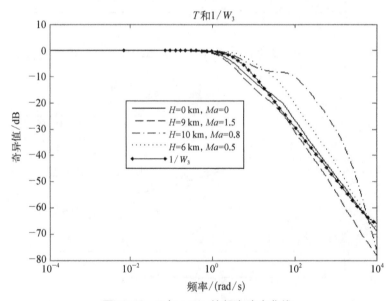

图 10.13　T 与 $1/W_3$ 的频率响应曲线

　　设最大燃油流量速率为 0.25 kg/s,未加入速率饱和限制的燃油流量仿真曲线如图 10.14 所示,由图可知,燃油流量速率超过了最大速率饱和限制;加入速率饱和限制的燃油流量仿真曲线如图 10.15 所示,由图可知,燃油流量速率未超过了最大速率饱和限制。

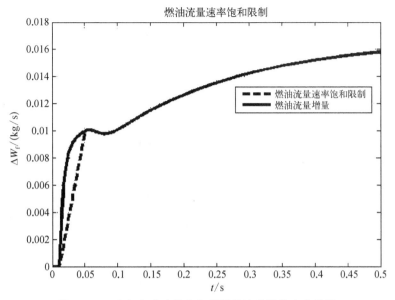

图 10.14　未加入速率饱和限制的燃油流量仿真曲线图

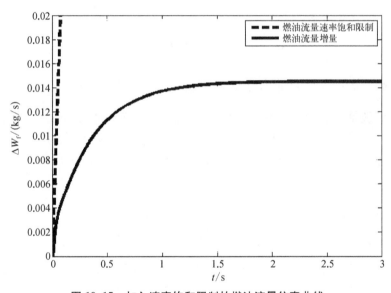

图 10.15　加入速率饱和限制的燃油流量仿真曲线

10.3　外　环　控　制

10.3.1　卡尔曼滤波器

设线性定常系统为

$$\begin{cases} \dot{x} = Ax + Bu + \mu \\ y = Cx + Du + v \end{cases} \tag{10.9}$$

其中, x、y、u、μ、ν 分别为线性系统的状态量、输出量、控制量、系统噪声以及测量噪声，假设系统噪声和测量噪声为不相关的零均值白噪声，满足下述条件：

系统噪声的期望值 $E(\mu) = 0$；

测量噪声的期望值 $E(\nu) = 0$；

系统噪声的协方差 $E[\mu(t)\mu^{\mathrm{T}}(\tau)] = Q\delta(t - \tau)$；

测量噪声的协方差 $E[\nu(t)\nu^{\mathrm{T}}(\tau)] = R\delta(t - \tau)$。

其中, Q 为系统噪声的协方差矩阵；R 为测量噪声的协方差矩阵。

线性定常系统卡尔曼滤波方程为

$$\dot{\hat{x}} = A\hat{x} + Bu + K(y - \hat{y}) \tag{10.10}$$

$$\hat{y} = C\hat{x} + Du \tag{10.11}$$

其中, $\hat{x}$ 为卡尔曼滤波器的状态估计；$\hat{y}$ 为卡尔曼滤波器的输出估计。则卡尔曼滤波器增益阵为

$$K = PC^{\mathrm{T}}R^{-1} \tag{10.12}$$

其中, P 满足下述里卡蒂方程：

$$AP + PA^{\mathrm{T}} - PC^{\mathrm{T}}R^{-1}CP + Q = 0 \tag{10.13}$$

10.3.2 卡尔曼滤波推力估计器设计

卡尔曼滤波推力估计器结构如图 10.16 所示，卡尔曼滤波器的输入为燃油执行机构的输出和真实发动机测量输出与推力估计器输出的差值，机载发动机推力估计模型根据卡尔曼滤波器的输出和外部输入指令及飞行条件计算，由此获得推力估计值。

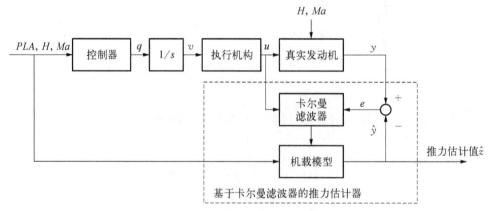

图 10.16 卡尔曼滤波推力估计器

设双转子喷口不可调涡扇发动机非线性模型为

$$\begin{aligned}\dot{x} &= f(x, u, w) \\ y &= \varphi(x, u, w)\end{aligned} \tag{10.14}$$

其中,x 为状态变量;u 为控制输入;w 为外界干扰;y 为测量输出。

在不考虑发动机性能退化的情况下,从慢车到最大状态,选取 n 个不同的稳态工作点,对上述发动机非线性模型进行小偏差线性化处理,得

$$\dot{x} = A_i x + B_i u + M_i w$$
$$y = C_i x + D_i u + N_i w \qquad (10.15)$$
$$z = E_i x + F_i u + L_i w$$

其中,$i = 1, 2, \cdots, n$,$x = \begin{bmatrix} N_2 \\ N_1 \end{bmatrix}$ 为一个二维状态向量,N_2、N_1 分别为高、低压转子转速;$u = W_f$ 为控制向量,W_f 为主燃油流量;$w = \begin{bmatrix} H \\ Ma \end{bmatrix}$ 为干扰向量,H、Ma 为高度和马赫数;$y = [N_2, N_1, P_3, P_5, T_5]^T$ 为一个五维输出向量,P_3、P_5、T_5 分别为高压压气机出口总压、低压涡轮出口总压和低压涡轮出口总温;$z = F_n$ 为不可测性能向量,F_n 为发动机推力。

以高压转子相对换算转速 N_{2cor} 为增益调度变量,对上述 n 个稳态点线性化模型采用增益调度的方法,构造发动机增益调度线性模型:

$$\dot{x} = A(N_{2cor}) x + B(N_{2cor}) u + M(N_{2cor}) w$$
$$y = C(N_{2cor}) x + D(N_{2cor}) u + N(N_{2cor}) w \qquad (10.16)$$
$$z = E(N_{2cor}) x + F(N_{2cor}) u + L(N_{2cor}) w$$

考虑到发动机在真实工作过程中状态向量误差和传感器测量噪声的影响,构造具有卡尔曼滤波形式的涡扇发动机动态线性模型为

$$\dot{x} = Ax + Bu + Mw + \mu$$
$$y = Cx + Du + Nw + \nu \qquad (10.17)$$

其中,μ、ν 分别为系统噪声和测量噪声,均为互不相关的零均值白噪声;系统噪声协方差阵 Q、测量噪声协方差阵 R 都为对角阵。

为获得 w 的估计值,对状态向量增广,增广的涡扇发动机状态空间模型为

$$\begin{cases} \begin{bmatrix} \dot{x} \\ \dot{w} \end{bmatrix} = A_1 \begin{bmatrix} x \\ w \end{bmatrix} + B_1 u + \begin{bmatrix} \mu \\ \mu_w \end{bmatrix} \\ y = C_1 \begin{bmatrix} x \\ w \end{bmatrix} + D_1 u + \nu \end{cases} \qquad (10.18)$$

其中,

$$A_1 = \begin{bmatrix} A & M \\ 0 & 0 \end{bmatrix}, \quad B_1 = \begin{bmatrix} B \\ 0 \end{bmatrix}, \quad C_1 = \begin{bmatrix} C & N \end{bmatrix}, \quad D_1 = D \qquad (10.19)$$

对于增广的涡扇发动机状态空间模型,根据线性定常系统卡尔曼滤波方程,得卡尔曼滤波器的最优状态估计和输出估计为

$$\begin{cases} \begin{bmatrix} \dot{\hat{x}} \\ \dot{\hat{w}} \end{bmatrix} = (A_\mathrm{I} - KC_\mathrm{I}) \begin{bmatrix} \hat{x} \\ \hat{w} \end{bmatrix} + (B_\mathrm{I} - KD_\mathrm{I})u + Ky \\ \hat{y} = C_\mathrm{I} \begin{bmatrix} \hat{x} \\ \hat{w} \end{bmatrix} + D_\mathrm{I}u \end{cases} \tag{10.20}$$

其中，$\hat{x}$ 为状态向量 x 的估计值；$\hat{w}$ 为干扰向量 w 的估计值；K 为卡尔曼滤波器增益矩阵：

$$K = PC_\mathrm{I}^\mathrm{T}R^{-1} \tag{10.21}$$

P 为下述里卡蒂方程的解：

$$A_\mathrm{I}P + PA_\mathrm{I}^\mathrm{T} - PC_\mathrm{I}^\mathrm{T}R^{-1}C_\mathrm{I}P + Q = 0 \tag{10.22}$$

则机载发动机推力估计模型为

$$\begin{cases} \begin{bmatrix} \dot{\hat{x}} \\ \dot{\hat{w}} \end{bmatrix} = (A_\mathrm{I} - KC_\mathrm{I}) \begin{bmatrix} \hat{x} \\ \hat{w} \end{bmatrix} + (B_\mathrm{I} - KD_\mathrm{I})u + Ky \\ \hat{z} = (E \quad L) \begin{bmatrix} \hat{x} \\ \hat{w} \end{bmatrix} + Fu \end{cases} \tag{10.23}$$

10.3.3　设计算例

设发动机状态空间模型系数矩阵分别为

$$A = \begin{bmatrix} -31.754\,9 & 10.167\,2 \\ -2.000\,0 & -34.000\,0 \end{bmatrix}, \quad B = \begin{bmatrix} 69\,390 \\ 177\,972 \end{bmatrix}, \quad M = 10^3 \begin{bmatrix} -0.146\,6 & 2.326\,6 \\ 7.100\,1 & -6.140\,1 \end{bmatrix}$$

$$C = \begin{bmatrix} 1.000\,0 & 0 \\ 0 & 1.000\,0 \\ 705.707\,7 & -150.159\,5 \\ 170.275\,3 & -80.350\,0 \\ -0.120\,0 & 0.173\,1 \end{bmatrix}, \quad D = 10^3 \begin{bmatrix} 0 \\ 0 \\ 3.625\,4 \\ 8.226\,5 \\ 0.100\,2 \end{bmatrix}, \quad N = 10^4 \begin{bmatrix} 0 & 0 \\ 0 & 0 \\ -5.100\,0 & -0.390\,0 \\ -0.445\,1 & -0.742\,1 \\ -0.001\,4 & 0.002\,7 \end{bmatrix}$$

增广状态空间模型为

$$A_\mathrm{I} = 10^3 \begin{bmatrix} -0.031\,8 & 0.010\,2 & -0.146\,6 & 2.326\,6 \\ -0.002\,0 & -0.034\,0 & 7.100\,1 & -6.140\,1 \\ 0 & 0 & 0 & 0 \\ 0 & 0 & 0 & 0 \end{bmatrix}, \quad B_\mathrm{I} = \begin{bmatrix} 69\,390 \\ 177\,972 \\ 0 \\ 0 \end{bmatrix}$$

$$C_\mathrm{I} = 10^4 \begin{bmatrix} 0.000\,1 & 0 & 0 & 0 \\ 0 & 0.000\,1 & 0 & 0 \\ 0.070\,6 & -0.015\,0 & -5.100\,0 & -0.390\,0 \\ 0.017\,0 & -0.008\,0 & -0.445\,1 & -0.742\,1 \\ -0.000\,0 & 0.000\,0 & -0.001\,4 & 0.002\,7 \end{bmatrix}, \quad D_\mathrm{I} = 10^3 \begin{bmatrix} 0 \\ 0 \\ 3.625\,4 \\ 8.226\,5 \\ 0.100\,2 \end{bmatrix}$$

系统噪声的协方差阵为

$$Q = \begin{bmatrix} 0.0100 & 0 & 0 & 0 \\ 0 & 0.0100 & 0 & 0 \\ 0 & 0 & 0.0100 & 0 \\ 0 & 0 & 0 & 0.0100 \end{bmatrix}$$

测量噪声的协方差阵为

$$R = \begin{bmatrix} 0.0100 & 0 & 0 & 0 & 0 \\ 0 & 0.0100 & 0 & 0 & 0 \\ 0 & 0 & 0.0100 & 0 & 0 \\ 0 & 0 & 0 & 0.0100 & 0 \\ 0 & 0 & 0 & 0 & 0.0100 \end{bmatrix}$$

通过求解里卡蒂方程,计算的卡尔曼滤波推力估计器增益矩阵 K 为

$$K = \begin{bmatrix} 12.3344 & -13.0776 & 2.6428 & 4.2677 & 2.3267 \\ -13.0776 & 14.1867 & -3.0346 & -4.0173 & -2.4873 \\ 0.1852 & -0.1971 & -0.9607 & 0.0530 & 0.0344 \\ 0.3130 & -0.3350 & 0.0826 & -0.8826 & 0.0632 \end{bmatrix}$$

10.3.4 抗积分饱和 PI 控制器设计

直接推力控制是通过外环回路的推力偏差计算内环指令的输入,再通过内环转速回路的偏差计算燃油流量,以此方式来控制涡扇发动机推力。为防止超温、超转等破坏发动机的情况出现,保证内环的控制器指令在可调节的范围内,外环控制器应具有抗饱和功能,同时,应保证内环控制回路的响应速度要快于外环控制回路的响应速度,以满足串级控制的设计要求。

抗饱和变结构 PI 控制结构如图 10.17 所示。

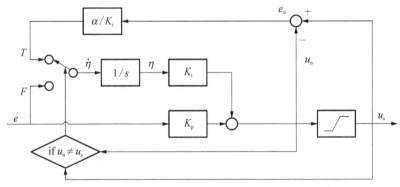

图 10.17 抗饱和的变结构 PI 控制结构

抗饱和变结构 PI 控制算法为

$$u(t) = K_{\mathrm{p}} e(t) + K_{\mathrm{i}} \eta \tag{10.24}$$

其中,抗饱和变结构 PI 控制中的积分支路的输出是通过自适应系数 η 的变化率按条件 $u_s - u_n$ 是否为零进行饱和反馈支路与控制偏差支路的选择,若 $u_s - u_n \neq 0$,则对饱和反馈支路误差 $u_s - u_n$ 进行积分,否则,对控制回路的偏差 e 进行积分,自适应系数的变化率为

$$\dot{\eta} = \begin{cases} -\alpha(u_n - u_s)/K_i, & (u_n - u_s) > 0 \\ e, & \text{其他} \end{cases} \tag{10.25}$$

其中,$\alpha > 0$。

10.4 仿 真 验 证

在飞行包线内,飞行高度和飞行马赫数随时间变化的给定轨迹如图 10.18、图 10.19 所示。

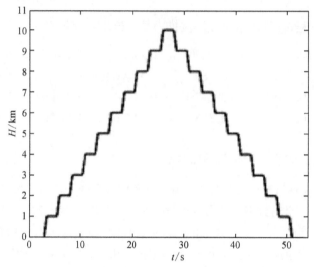

图 10.18 飞行高度运动轨迹

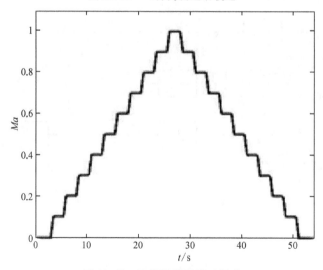

图 10.19 飞行马赫数运动轨迹

油门杆 *PLA* 按图 10.20 给定的曲线变化,模拟发动机从慢车加速到最大状态再从最大状态减速到慢车的稳态和动态变化过程。

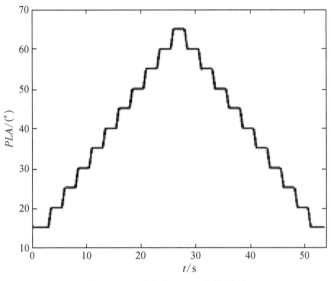

图 10.20　油门杆 *PLA* 变化轨迹

参考推力与油门杆的关系曲线如图 10.21 所示。

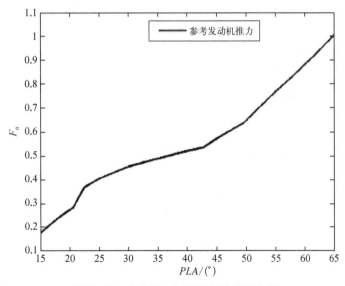

图 10.21　参考推力与油门杆的关系曲线

由卡尔曼滤波推力估计器的估计值 $\hat{F}_n$ 与机载发动机推力模型中计算值 F_n 进行比较,仿真对比曲线如图 10.22 所示。

高压转子转速估计值与机载模型计算值仿真对比曲线如图 10.23 所示。

低压转子转速的估计值与机载模型计算值仿真对比曲线如图 10.24 所示。

高压压气机出口总压的估计值与机载模型计算值仿真对比曲线如图 10.25 所示。

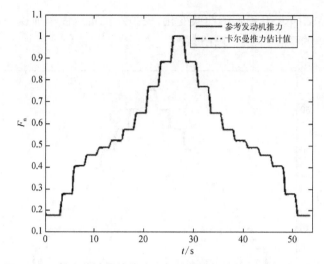

图 10.22　推力估计器的估计值与机载模型计算值仿真对比曲线

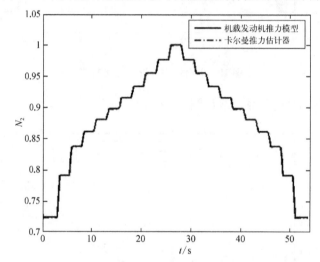

图 10.23　高压转子转速的估计值与机载模型计算值仿真对比曲线

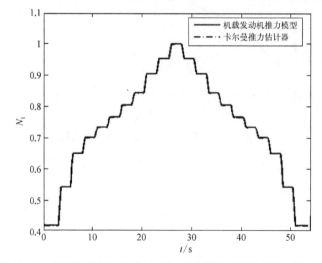

图 10.24　低压转子转速的估计值与机载模型计算值仿真对比曲线

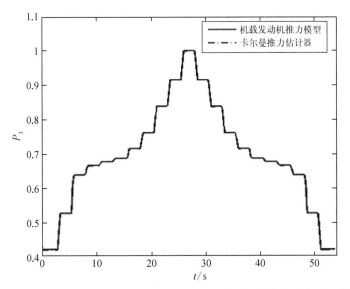

图 10.25　高压压气机出口总压的估计值与机载模型计算值仿真对比曲线

低压涡轮出口总压的估计值与机载模型计算值仿真对比曲线如图 10.26 所示。

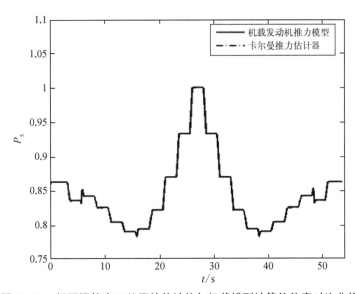

图 10.26　低压涡轮出口总压的估计值与机载模型计算值仿真对比曲线

低压涡轮出口总温的估计值与机载模型计算值仿真对比曲线如图 10.27 所示。

从仿真结果可以看出,卡尔曼推力估计器估计的推力与机载发动机推力模型给定的推力相比较,最大相对误差小于 0.1%。发动机的高压转子转速、低压转子转速、高压压气机出口总压、低压涡轮出口总压和低压涡轮出口总温的卡尔曼滤波器估计值和机载发动机模型中对应的输出值最大相对误差均小于 0.5%,仿真结果表明基于卡尔曼滤波器的小台阶阶跃直接推力控制,具有伺服跟踪目标和抗干扰的抑制能力。

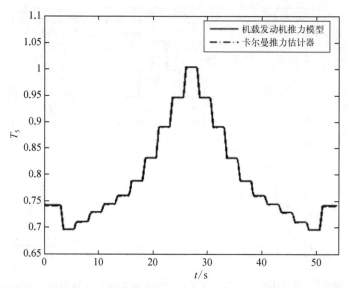

图 10.27 低压涡轮出口总温的估计值与机载模型计算值仿真对比曲线

为模拟发动机直接推力控制过渡态过程,在飞行包线内,飞行高度和飞行马赫数随时间变化的给定轨迹如图 10.28、图 10.29 所示。

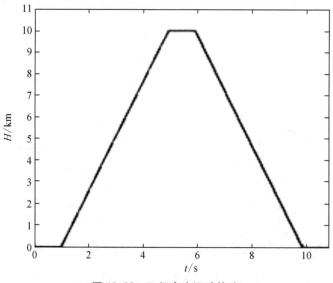

图 10.28 飞行高度运动轨迹

油门杆 PLA 按图 10.30 给定的曲线变化。

参考发动机推力与油门杆的关系曲线如图 10.31 所示。

由卡尔曼滤波推力估计器的估计值 $\hat{F}_n$ 与机载发动机推力模型中计算值 F_n 进行比较,仿真对比曲线如图 10.32 所示。

高压转子转速的估计值与机载模型计算值仿真对比曲线如图 10.33 所示。

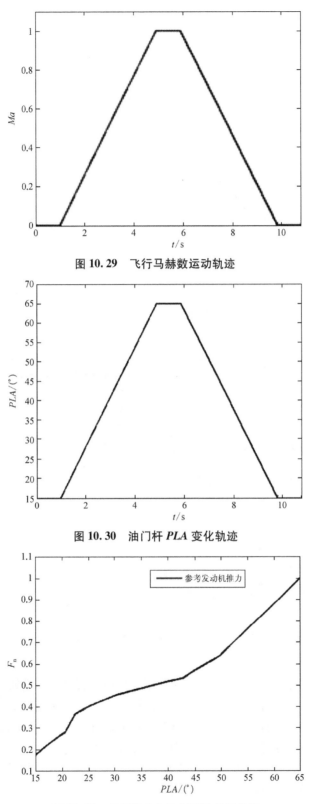

图 10.29 飞行马赫数运动轨迹

图 10.30 油门杆 *PLA* 变化轨迹

图 10.31 参考推力与油门杆的关系曲线

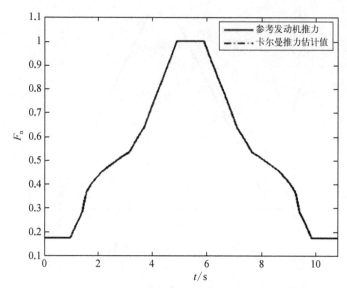

图 10.32　推力的估计值与机载模型计算值仿真对比曲线

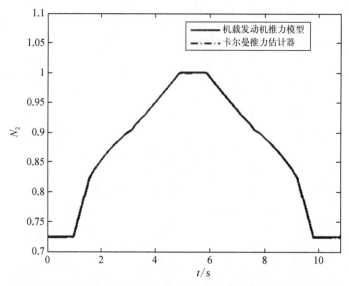

图 10.33　高压转子转速的估计值与机载模型计算值仿真对比曲线

　　高压压气机出口总压的估计值与机载模型计算值仿真对比曲线如图 10.34 所示。
低压涡轮出口总压的估计值与机载模型计算值仿真对比曲线如图 10.35 所示。
低压涡轮出口总温的估计值与机载模型计算值仿真对比曲线如图 10.36 所示。
　　在过渡态过程中,卡尔曼推力估计器的推力估计值与机载发动机推力模型给定的推力最大相对误差小于 0.3%。高压转子转速、低压转子转速、高压压气机出口总压、低压涡轮出口总压和低压涡轮出口总温的卡尔曼滤波器估计值与机载发动机模型对应的输出值最大相对误差均小于 0.5%。

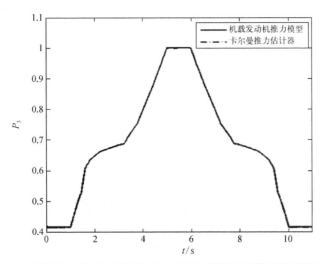

图 10.34　高压压气机出口总压的估计值与机载模型计算值仿真对比曲线

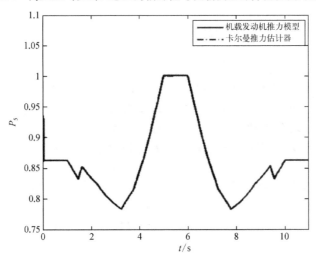

图 10.35　低压涡轮出口总压的估计值与机载模型计算值仿真对比曲线

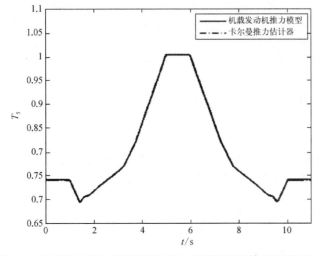

图 10.36　低压涡轮出口总温的估计值与机载模型计算值仿真对比曲线

参考文献

陈康康,2020.带执行机构的航空发动机加力控制研究[D].北京:北京航空航天大学硕士论文.

崔颖,王曦,2019.涡扇发动机极点配置圆的多变量 PI 控制设计[J].航空发动机,45(3):31-38.

党伟,2014.发动机喷口调节系统故障诊断与控制设计研究[D].北京:北京航空航天大学硕士论文.

党伟,王华威,王曦,2015.一种航空发动机广义模型的建立方法[J].航空发动机,41(4):40-46.

樊思齐,2008.航空发动机控制[M].西安:西北工业大学出版社.

樊思齐,徐芸华,1995.航空推进系统控制[M].西安:西北工业大学出版社.

韩京清,1987.线性系统理论代数基础[M].沈阳:辽宁科学技术出版社.

何皑,2012.基于 LMI 的航空发动机智能容错控制技术研究[D].北京:北京航空航天大学博士学位论文.

黄金泉,2018.现代航空动力装置控制(第3版)[M].北京:航空工业出版社.

蒋平国,2006.航空发动机数控系统抗积分器饱和算法研究[J].推进技术,27(6):532-535.

解学书,1986.最优控制理论与应用[M].北京:清华大学出版社.

孔祥兴,2013.民用涡扇发动机故障诊断仿真平台关键技术研究[D].北京:北京航空航天大学博士学位论文.

李志鹏,2014.双轴涡扇发动机建模仿真及其全状态控制率设计[D].北京:北京航空航天大学硕士论文.

李志鹏,王曦,王华威,2015.基于差分进化算法的涡喷发动机增推研究[J].推进技术,36(11):1715-1720.

廉筱纯,吴虎,2005.航空发动机原理[M].西安:西北工业大学出版社.

刘金琨,2012.先进 PID 控制 MATLAB 仿真(第3版)[M].北京:电子工业出版社.

刘金琨,沈晓蓉,赵龙,2014.系统辨识理论及 MATLAB 仿真[M].北京:电子工业出版社.

芦海洋,2017.涡扇发动机执行机构及传感器故障诊断研究[D].北京:北京航空航天大学硕士论文.

苗浩洁,2020.采用 NMPC 的航空发动机控制系统闭环仿真研究[D].北京:北京航空航天大学硕士论文.

苗浩洁,王曦,杨舒柏,2019.基于相似参数的加速供油规律反设计方法研究[J].推进技术,40(3):675-681.

孙健国,2009.现代航空动力装置控制[M].北京:航空工业出版社.

王斌,2014.模型基涡扇发动机直接推力智能控制[D].北京:北京航空航天大学博士学位论文.

王斌,王曦,石玉麟,2014.一种航空发动机分段实时线性动态模型[J].航空动力学报,29(3):696-701.

王磊,王曦,何皑,2010.基于 LMI 的涡扇发动机抗积分饱和 PI 控制[J].推进技术,31(2):210-215,

王曦,1998.航空发动机结构不确定性系统多变量鲁棒 H_∞ 控制[D].西安:西北工业大学博士学位论文.

王曦,党伟,李志鹏,等,2015.1 种 $Ndot$ 过渡态 PI 控制律的设计方法[J].航空发动机,41(6):1-5.

王曦,李志鹏,2016. 涡扇发动机极值限制保护闭环控制设计[J]. 航空发动机,42(5):1-7.

王曦,林永霖,2004. H_∞ 控制在飞行/推进综合控制系统中的应用[J]. 航空动力学报,19(5):695-702.

王曦,姚华,2003. 弹用涡喷发动机鲁棒性能 μ 综合控制[J]. 推进技术,24(3):236-239.

王曦,曾庆福,1999. 广义参数不确定性系统输出反馈控制器设计[J]. 西北工业大学学报,17(2):
    316-321.

王曦,曾庆福,1999. 频域不确定性系统加权混合灵敏度函数频域整形[J],航空学报,20(4):358-361.

吴麒,2006. 自动控制原理(第2版)[M]. 北京:清华大学出版社.

颜庆津,2012. 数值分析(第4版)[M]. 北京:北京航空航天大学出版社.

杨超,2014. 涡轴发动机控制系统及故障诊断研究[D]. 北京:北京航空航天大学硕士论文.

杨舒柏,2020. 航空发动机滑模控制研究[D]. 北京:北京航空航天大学博士学位论文.

姚华,2014. 航空发动机全权限数字电子控制系统[M]. 北京:航空工业出版社.

俞立,2002. 鲁棒控制—线性矩阵不等式处理方法[M]. 北京:清华大学出版社.

张冬雯,2014. 不确定系统的鲁棒分析与综合[M]. 北京:国防工业出版社.

张恕森,王曦,2018. 燃油流量计量型孔几何正反设计方法研究[J]. 航空发动机,44(3):55-59.

郑大中,2002. 线性系统理论(第2版)[M]. 北京:清华大学出版社.

郑铁军,王曦,2005. 建立航空发动机状态空间模型的修正方法[J]. 推进技术,26(1):46-49.

周宗才,1997. 飞机推进系统控制[M]. 西安:空军工程学院.

朱行健,王雪瑜,1992. 燃气轮机工作原理及性能[M]. 北京:科学出版社.

Adibhatla S, 1996. Turbofan engine control design using robust multivariable control technologies[R]. AIAA-
    96-2587.

Adibhatla S, Collier G J, Zhao X, 1998. H_∞ control design for a jet engine[R]. AIAA 98-3753.

Amato F, Iervolino R, 2004. μ synthesis for a small commercial aircraft: Design and simulator validation
    [J]. Journal of Guidance Control Dynamics, 27(3):479-490.

Ariffin A E, Munro N, 1997. Robust control analysis of a gas-turbine aeroengine[J]. IEEE Transactions on
    Control Systems Technology, 5(2):178-188.

Balas G J, Doyle J C, Glover K, et al, 1991. μ-analysis and synthesis toolbox[M]. Natick: The Math
    Works, Inc.

Boyd S, El Ghaoui L, Feron E, et al, 1994. Linear matrix inequalities in system and control theory[M].
    Philadelphia: SIAM.

Boyd S, Vandenberghe L, 2004. Convex optimization[M]. Cambridge: Cambridge University Press.

Broyden C G, 1965. A class of methods for solving nonlinear simultaneous equations[J]. Mathematics of
    computation, 1965:577-593.

Broyden C G, 1967. Quasi-Newton methods and their application to function minimisation[J]. Mathematics of
    Computation, 1967:368-381.

Bruzelius F, Breitholtz C, Pettersson S, 2002. LPV-based gain scheduling technique applied to a turbofan
    engine model[C]. Proceedings of the 2002 International Conference on Control Applications, 713-718.

Cao Y, Lam J, Sun Y, 1998. Static output feedback stabilization: An ilmi approach[J]. Automatica, 34
    (12):1641-1645.

Cengel Y A, Boles M A, 2011. Thermodynamics an engineering approach[M]. New York: McGraw-Hill.

Csank J, Ryan D M, Jonathan S L, 2010. Control design for a generic commercial aircraft engine[R], NASA,
    TM-2010-216811.

Dang W, Wang X, Wang H, et al, 2015. Design of transient state control mode based on rotor acceleration [C]. (IBCAST) 12th International Bhurban Conference on Applied Sciences and Technology, 126 – 132.

Dan Simon,2013. 最优状态估计：卡尔曼, H_∞ 及非线性滤波[M]. 张勇刚,李宁,奔粤阳,译. 北京：国防工业出版社.

De Hoff R L, Hall W E, Adams R J, et al, 1977. F100 multivariable control synthesis program-volume I: Development of F100 control system[R]. AFAPL – TR – 77 – 35.

Doyle J C, 1982. Analysis of feedback system with structured uncertainties[C]. IEEE Proceedings D: Control Theory and Applications, 129: 242 – 250.

Doyle J C, 1985. Structured uncertainty in control system design[C]. Proceedings of the 24 IEEE Conference on Decision and Control: 260 – 265.

Doyle J C, 1987. A review of μ: For case studies in robust control[C]. Proceedings of 10th IFAC World Congress: 395 – 402.

Doyle J C, Francis B A, Tannenbaum A, 1992. Feedback control theory[M]. London: Macmillan.

Doyle J C, Glover K, Khargonekar P P, et al, 1989. State-space solutions to standard H_2 and Hinfinity control problems[J]. IEEE Transactions on Automatic Control, 34(8): 831 – 847.

El Ghaoui L, Nikoukhah R, Delebecque F, 1995. LMITOOL: a package for LMI optimization[C]. Proceedings of the 34th IEEE Conference on Decision and Control, 3: 3096 – 3101.

Eugene L, Kevin A W, 2013. Robust and adaptive control with aerospace applications[M]. London: Springer-Verlag London.

Frederick D K, DeCastro J A, Litt J S, 2007. User's guide for the commercial modular aero-propulsion system simulation (C – MAPSS)[R]. NASA/TM – 2007 – 215026.

Frederick D K, Garg S, Adibhatla S, 2000. Turbofan engine control design using robust multivariable control technologies[J]. IEEE Transactions on Control Systems Technology, 8(6): 961 – 970.

Gahinet P, 1996. Explicit controller formulas for LMI-based H_∞ synthesis [J]. Automatica, 32 (7): 1007 – 1014.

Gahinet P, Apkarian P, 1994. A linear matrix inequality approach to H_∞ control[J]. International. Journal of Robust and Nonlinear Control, 4: 421 – 44.

Gahinet P, Nemirovski A, Laub A J, et al, 1995. LMI control toolbox[R]. MathWorks.

Garg S, 1997. A simplified scheme for scheduling multivariable controllers[J]. Control Systems IEEE, 17 (4): 24 – 30.

Geir E D, Fernando P, 2000. A course in robust control theory: A convex approach [M]. New York: Springer.

Hanus R, Kinnaert M, Henrotte J, 1987. Conditioning technique, a general anti-windup and bumpless transfer method[J]. Automatica, 23(6): 729 – 739.

He A, Tan D, Wang X, et al, 2011. An LMI-based anti-windup design for acceleration and deceleration control of jet engines using the H_2/H_∞ optimization [C]. San Diego: 47th AIAA/ASME/SAE/ASEE Joint Propulsion Conference & Exhibit, AIAA 2011 – 5856.

Jaw L C, Garg S, 2005. Propulsion control technology development in the united states. A historical perspective[R]. NASA/TM – 2005 – 213978.

Kalman R E,1960. A new approach to linear filtering and prediction problems[J]. ASME Journal of Basic

Engineering, 82: 35 – 45.

Katsuhiko O. Modern control engineering (Third edition)[M]. Upper Saddle River: Prentice Hall, Inc.

Kong X, Wang X, Tan D, et al, 2013. An extrapolation approach for aeroengine's transient control law design [J]. Chinese Journal of Aeronautics, 26(5): 1106 – 1113.

Kulikov G G, Thompson H A, 2004. Dynamic modelling of gas turbines: Identification, simulation, condition monitoring and optimal control[M]. London: Springer.

Leith D J, Leithead W E, 2000. Survey of gain-scheduling analysis and design[J]. International Journal of Control, 73(11): 1001 – 1025.

Jaw L C, Mattingly J D. Mattingly, 2011. 飞机发动机控制：设计、系统分析和健康监视[M]. 张新国, 译. 北京：航空工业出版社.

Li Z, Wang X, Dang W, 2015. Research on control law for a sub-idle engine operation[C]. Islamabad: 12th International Bhurban Conference on Applied Sciences & Technology.

Lundstrom P, Skogestad S, Doyle J C, 1999. Two-degree-of-freedom controller design for an ill-conditioned distillation process using μ-synthesis[J]. IEEE Transactions on Control Systems Technology, 7(1): 12 – 21.

Martin S, Wallace I, Bates D G, 2008. Development and validation of a civil aircraft engine simulation model for advanced controller design[J]. ASME Journal of Engineering for Gas Turbines and Power, 130(5): 1 – 15.

Merrill W, Lehtinen B, Zeller J, 1984. The role of modern control theory in the design of controls for aircraft turbine engines[J]. AIAA Journal of Guidance, Control, and Dynamics, 7(6): 652 – 661.

Miao K, Wang X, Zhu M, 2020. Full flight envelope transient main control loop design based on lmi optimization[C]. ASME 2020, GT2020 – 16048.

Nguyen N T, 2018. Model-reference adaptive control: A prime [M]. London: Springer International Publishing.

Pakmehr M, Fitzgerald N, Feron E M, et al, 2013 Gain scheduling control of gas turbine engines: Stability by computing a single quadratic Lyapunov function[C]. ASME. GT2013 – 96012.

Rami M A, El Faiz S, Benzaouia A, 2005. Robust exact pole placement via an LMI-based algorithm[C]. Proceedings of the 44th IEEE Conference on Decision and Control.

Richard C D, Robert H B, 2005. Modern control systems (10th ed)[M]. Beijing: Science Press and Pearson Education Asia Limited.

Richter H, 2012. Advanced control of turbofan engine[M]. New York: Springer.

Roger A H, Charles R J, 2014. 矩阵分析[M]. 张明尧, 张凡, 译. 北京：机械工业出版社.

Rugh W J, Shamma J S, 2000. Research on gain scheduling[J]. Automatica, 36(10): 1401 – 1425.

Safonov M G, Cihang R, 1988. CACSD using the state-space L_∞ theory: A design example[J]. IEEE Transactions on Automatic Control, 33(5): 477 – 479.

Safonov M G. Stability margins of diagonally perturbed multivariable feedback systems[J]. IEEE Proceedings Part D: Control Theory and Applications, 129: 251 – 256.

Scherer C, Gahinet P M. Chilali M, 1997. Multiobjective output-feedback control via LMI optimization [J]. IEEE Transactions on Atuomatic Control, 42(7): 896 – 910.

Scherer C, Weiland S, 1999. Linear matrix inequalities in control[M]. Berlin: Spring.

Sellers J F, Daniele C J, 1975. DYNGEN: A program for calculating steady-state and transient performance of turbojet and turbofan engines[R]. NASA − TN − D − 7901.

Shi Y, Wang X, 2015. Constructive non-iterative explicit models of turbofan engines with introduced poles [C]. Islamabad: 12th International Bhurban Conference on Applied Sciences & Technology.

Sigurd S, Ian P, 2011. 多变量反馈控制：分析与设计[M]. 韩崇昭, 译. 西安: 西安交通大学出版社.

Soeder J F, 1983. F100 multivariable control synthesis program[R]. NASA Technical Paper 2231.

Spack J M, 2011. Linear parameter varying controller for a small turboshaft engine[D]. Boston: Northeastern University.

Spang III H A, Brown H, 1999. Control of jet engines [J]. Control Engineering Practice, 7 (9): 1043 − 1059.

Storn R, Price K, 1995. Differential evolution-a simple and efficient adaptive scheme for global optimization over continuous spaces[R]. TR − 95 − 012.

Sugiyama N, 1992. Derivation of ABCD system matrices from nonlinear dynamic simulation of jet engine [C]. AIAA − 92 − 3391.

Sukhovii S I, Sirenko F F, Yepifanov S V, et al, 2014. Alternative method to simulate a sub-idle engine operation in order to synthesize its control system[C]. American Society of Mechanical Engineers.

Szuch J R, Soeder J F, Seldner K, et al, 1977. F100 multivariable control synthesis program: Evaluation of multivariable control using a real-time engine simulation[R]. NASA Lewis Research Center Technical Paper 1056.

Vasiljevic L K, Khalil H K, 2006. Differentiation with high-gain observers the presence of measurement noise [C]. 2006 45th IEEE Conference on Decision and Control, 4717 − 4722.

Walsh P P, Fletcher P, 2004. Gas turbine performance(Second Edition)[M]. Hoboken: Blackwell.

Wang H, Wang X, Dang W, et al, 2014. Generic design methodology for electro-hydraulic servo actuator in aero-engine main fuel control system[C]. ASME, GT2014 − 27337.

Wolodkin G, Balas G J, Garrard W L, 1999. Application of parameter-dependent robust control synthesis to turbofan engines[J]. Journal of Guidance, Control, and Dynamics, 22(6): 833 − 838.

Yang S, Wang X, 2016. A comparative study on Ndot acceleration technique [C]. ASME, 2016 − GT − 57341.

Ypma T J, 1995. Historical development of the Newton-Raphson method [J]. SIAM Review, 37 (4): 531 − 551.

Zames G, 1981. Feedback optimal sensitivity: model reference transformations, multiplicative seminorms and approximate inverse[J]. IEEE Transactions on Automatic Control, AC − 26: 301 − 320.

Zheng F, Wang Q, Lee T, 2002. On the design of multivariable pid controller via lmi approach [J]. Automatica, 38(3): 517 − 526.

Zhu M, Wang X, Dan Z, et al, 2019. Two freedom linear parameter varying μ synthesis control for flight environment testbed[J]. Chinese Journal of Aeronautics, 32(5): 1204 − 1214.

Zhu M, Wang X, Miao K, et al. Two degree-of-freedom μ synthesis control for turbofan engine with slow actuator dynamics and uncertainties[C]. ISAIC − MS − 1087, ISAIC 2020.